MATLAB 仿真应用精品丛书

MATLAB R2016a 控制系统设计与仿真

邓奋发　编著

电子工业出版社
Publishing House of Electronics Industry
北京·BEIJING

内 容 简 介

本书以 MATLAB R2016a 为仿真平台，以控制系统为主线，以 MATLAB 为辅助工具，三者有机结合介绍控制系统的仿真设计，实用性强，内容丰富。本书主要内容包括 MATLAB 软件简介、线性控制系统模型、线性控制系统分析、时域分析、根轨迹分析、频域分析、PID 控制器分析、非线性系统分析、状态空间控制系统分析、鲁棒控制器分析和智能控制分析。

本书可作为控制工程、通信工程、电子信息工程领域广大科研人员、学者、工程技术人员的参考用书，也可作为高等院校相关专业的教学用书。

未经许可，不得以任何方式复制或抄袭本书之部分或全部内容。
版权所有，侵权必究。

图书在版编目（CIP）数据

MATLAB R2016a 控制系统设计与仿真 / 邓奋发编著. —北京：电子工业出版社，2018.1
（MATLAB 仿真应用精品丛书）

ISBN 978-7-121-33362-0

Ⅰ. ①M… Ⅱ. ①邓… Ⅲ. ①自动控制系统—系统仿真—Matlab 软件 Ⅳ. ①TP273-39

中国版本图书馆 CIP 数据核字（2017）第 321902 号

策划编辑：陈韦凯
责任编辑：康　霞
印　　刷：北京虎彩文化传播有限公司
装　　订：北京虎彩文化传播有限公司
出版发行：电子工业出版社
　　　　　北京市海淀区万寿路 173 信箱　邮编　100036
开　　本：787×1 092　1/16　印张：27.25　字数：697.6 千字
版　　次：2018 年 1 月第 1 版
印　　次：2021 年 3 月第 2 次印刷
定　　价：69.00 元

凡所购买电子工业出版社图书有缺损问题，请向购买书店调换。若书店售缺，请与本社发行部联系，联系及邮购电话：（010）88254888，88258888。

质量投诉请发邮件至 zlts@phei.com.cn，盗版侵权举报请发邮件至 dbqq@phei.com.cn。
本书咨询联系方式：（010）88254441；chenwk@phei.com.cn。

前　言

　　MATLAB 是美国 MathWorks 公司出品的商业数学软件，是 matrix&laboratory 两个词的组合，意为矩阵工厂（矩阵实验室）。MATLAB 和 Mathematica、Maple 并称为三大数学软件，主要包括 MATLAB 和 Simulink 两大部分。MATLAB 的基本数据单位是矩阵，用于算法开发、数据可视化、数据分析，以及数值计算的高级技术计算语言和交互环境。Simulink 是一种用于对多领域动态和嵌入式系统进行仿真和模型设计的图形化环境，主要应用于工程计算、控制设计、信号处理与通信、图像处理、信号检测、金融建模设计与分析等领域。

　　控制系统仿真技术是利用地面仿真设备来研究飞行器控制系统动态性能的技术，是近几十年发展起来的，建立在控制理论、系统科学与辨识、计算机技术等学科上的综合性很强的实验科学技术。同时，仿真实验作为一种科学研究手段，具有不受设备和环境条件限制、不受时间和地点限制、投资小等优点而得到了人们越来越多的重视。为了进行控制系统的仿真研究，需要建立仿真系统，这就首先要确定系统模型并用仿真计算机和各种仿真设备（如运动模拟器、目标模拟器和环境模拟器等）来具体实现这个模型。这样建成的仿真系统可以重复使用。仿真设备具有通用性，既便于使用又便于维修，比飞行试验的成本低得多，因而仿真是研究和设计控制系统的一种有效方法。

　　在众多仿真软件中，适用于控制系统计算机辅助设计的有很多，但 MATLAB 以其模块化的计算方法、可视化与智能化的人机交互功能、以矩阵为计算单位、具有丰富的绘图功能、数据处理能力强等独特的特点，而成为控制系统设计和仿真领域最受欢迎的软件系统。

　　本书以 MATLAB 系统的分析和设计为对象，以 MATLAB 为工具，既介绍了控制系统的特点与分析方法，又介绍了利用 MATLAB 解决各种控制问题，做到了理论与实践相结合。结合目前市场需求，本书在编写上具有如下特点：

　　（1）以 MATLAB 为主线，内容紧扣自动控制原理。因此，本书既可以独立使用，也可以作为自动控制原理课程的辅助教材。

　　（2）理论与实践相结合。本书以控制系统设计的概念切入，利用 MATLAB 解决实际控制问题，做到理论与实践相结合，提高读者的动手能力。

　　（3）深入浅出，内容丰富。本书从控制系统仿真设计最基本的内容着手，逐渐深入各种控制问题，每个概念都有对应的典型实例。

　　（4）内容全，覆盖面广。本书内容非常全面，覆盖了大部分控制系统仿真问题，是一本不错的控制系统参考书。

　　全书共分为 11 章，主要包括以下内容。

　　第 1 章简单介绍了 MATLAB R2016a，主要包括 MATLAB 的功能特点、工作环境、基础知识等内容。

　　第 2 章介绍了 MATLAB 线性控制系统模型，主要包括控制系统概述、线性控制系统模型、系统模型间的转换、系统模型间的连接等内容。

第 3 章介绍了 MATLAB 线性控制系统分析，主要包括线性系统稳定性概述、线性系统性质分析、线性系统的能控性与能观性等内容。

第 4 章介绍了 MATLAB 时域分析，主要包括时域分析的方法、二阶系统时域分析、高阶系统分析等内容。

第 5 章介绍了 MATLAB 根轨迹分析，主要包括根轨迹的基本概念、根轨迹的 MATLAB 函数、控制系统的根轨迹校正方法等内容。

第 6 章介绍了 MATLAB 频域分析，主要包括频域分析的一般方法、频域分析的系统性能分析、频域分析校正等内容。

第 7 章介绍了 PID 控制器分析，主要包括 PID 控制概述、PID 控制的设计、PID 控制器参数整定法等内容。

第 8 章介绍了 MATLAB 非线性系统分析，主要包括非线性系统的其他相关概念、Simulink 介绍、非线性系统分析与仿真、离散系统等内容。

第 9 章介绍了 MATLAB 状态空间控制系统分析，主要包括状态的基本概念、状态空间表达式的标准型、极点配置等内容。

第 10 章介绍了 MATLAB 鲁棒控制器分析，主要包括鲁棒控制问题概述、鲁棒控制系统的 MATLAB 法、范数鲁棒控制器的设计等内容。

第 11 章介绍了 MATLAB 智能控制分析，主要包括智能控制概述、神经网络控制系统、模糊逻辑控制系统、遗传算法等内容。

本书由邓奋发编著，参加编写的还有赵书兰、刘志为、栾颖、王宇华、吴茂、方清城、李晓东、何正风、丁伟雄、李娅、辛焕平、杨文茵、顾艳春、张德丰。

本书可作为控制工程、通信工程、电子信息领域广大科研人员、学者、工程技术人员的参考用书，也可作为高等院校相关专业的教学用书。

由于时间仓促，加之作者水平有限，错误和疏漏之处在所难免。在此，诚恳地期望得到各领域专家和广大读者的批评指正。

编 著 者

目　　录

第 1 章　MATLAB R2016a 软件介绍 ·····1

1.1　MATLAB 的功能特点 ·····1
1.1.1　MATLAB 的主要特性 ·····1
1.1.2　MATLAB R2016a 的新功能 ·····3
1.2　MATLAB 窗口介绍 ·····5
1.2.1　启动 MATLAB ·····5
1.2.2　命令窗口 ·····6
1.2.3　当前文件夹 ·····8
1.2.4　工作空间 ·····11
1.3　MATLAB 基础知识 ·····12
1.3.1　常量与变量 ·····12
1.3.2　矩阵与数组 ·····14
1.4　MATLAB 的控制流 ·····16
1.4.1　循环结构 ·····16
1.4.2　选择结构 ·····17
1.4.3　多选择结构 ·····18
1.5　MATLAB 的帮助系统 ·····19
1.5.1　命令行帮助 ·····19
1.5.2　帮助导航/浏览器 ·····20
1.5.3　DEMO 帮助系统 ·····20
1.5.4　网络资源帮助 ·····21

第 2 章　MATLAB 线性控制系统模型 ·····22

2.1　控制系统概述 ·····22
2.2　线性控制系统模型 ·····23
2.2.1　线性连续系统 ·····23
2.2.2　线性离散时间系统 ·····28
2.2.3　系统模型的相互转换 ·····30
2.2.4　线性系统模型的降阶 ·····35
2.2.5　线性系统的辨识 ·····46
2.3　系统模型间的转换 ·····58

2.4 系统模型间的连接 · 64
   2.4.1 串联方式 · 64
   2.4.2 并联方式 · 66
   2.4.3 反馈方式 · 67
   2.4.4 模型连接的综合实现 · 69

第3章 MATLAB 线性控制系统分析 · 72

3.1 线性系统稳定性概述 · 72
   3.1.1 系统稳定的概念 · 72
   3.1.2 系统稳定的意义 · 72
   3.1.3 系统特征多项式 · 73
   3.1.4 系统稳定的判定 · 73

3.2 线性系统性质分析 · 73
   3.2.1 直接判定 · 73
   3.2.2 线性相似变换 · 77
   3.2.3 线性判定的实现 · 79

3.3 MATLAB LTI Viewer 稳定性判定 · 80

3.4 线性系统的能控性与能观性 · 83
   3.4.1 能控性 · 83
   3.4.2 能观性 · 86

3.5 系统的范数 · 88

3.6 线性系统的数字仿真 · 89
   3.6.1 线性系统的阶跃响应 · 89
   3.6.2 任选输入下的系统响应 · 95
   3.6.3 非零初始状态下系统的时域响应 · 97

第4章 MATLAB 时域分析 · 98

4.1 典型的时域分析 · 98
   4.1.1 典型输入信号 · 98
   4.1.2 动态与稳态过程 · 99
   4.1.3 时域性能指标 · 100
   4.1.4 一阶系统时域分析 · 101
   4.1.5 线性系统的时域分析求法 · 102

4.2 二阶系统时域分析 · 103
   4.2.1 二阶系统的数学模型 · 103
   4.2.2 二阶系统分类 · 103
   4.2.3 欠阻尼二阶系统的性能分析 · 104
   4.2.4 二阶系统的重要结论 · 104

4.3	高阶系统分析	105
4.4	时域稳定性分析	106
4.5	常用时域函数	107
4.6	时域分析的应用实例	110
4.7	MATLAB 图形化时域分析	120

第5章 MATLAB 根轨迹分析 ... 124

- 5.1 根轨迹的基本概念 ... 124
  - 5.1.1 根轨迹方程 ... 124
  - 5.1.2 根轨迹图的规则 ... 125
  - 5.1.3 根轨迹的性能 ... 126
- 5.2 二阶系统的根轨迹分析 ... 127
- 5.3 根轨迹的 MATLAB 函数 ... 127
  - 5.3.1 绘制根轨迹 ... 127
  - 5.3.2 计算根轨迹增益 ... 128
  - 5.3.3 频率网格 ... 129
- 5.4 根轨迹的应用实例 ... 131
- 5.5 控制系统的校正方法 ... 140
  - 5.5.1 串联校正 ... 140
  - 5.5.2 反馈校正 ... 141
- 5.6 控制系统的根轨迹校正 ... 141
  - 5.6.1 根轨迹超前校正 ... 142
  - 5.6.2 根轨迹滞后校正 ... 146
- 5.7 图形化工具 ... 150

第6章 MATLAB 频域分析 ... 154

- 6.1 频域分析的一般方法 ... 154
  - 6.1.1 频率特性的概念 ... 154
  - 6.1.2 频域分析法的特点 ... 155
  - 6.1.3 频率特性的表示法 ... 155
  - 6.1.4 频率特性的几何表示法 ... 156
  - 6.1.5 频域的性能指标 ... 157
  - 6.1.6 典型环节的频率特性 ... 157
- 6.2 频率分析其他相关概念 ... 164
- 6.3 频域分析的系统性能分析 ... 165
  - 6.3.1 奈奎斯特稳定判据 ... 165
  - 6.3.2 Bode 图相对稳定性分析 ... 166
  - 6.3.3 频域闭环性能指标 ... 166

- 6.4 频域分析的 MATLAB 函数 ·· 167
  - 6.4.1 奈奎斯特图 ·· 167
  - 6.4.2 Bode 图 ·· 169
  - 6.4.3 尼科尔斯图 ·· 170
  - 6.4.4 求取稳定裕度 ··· 171
  - 6.4.5 计算交叉频率和稳定裕度 ·· 173
  - 6.4.6 网格线 ··· 174
- 6.5 频域分析的应用实例 ·· 175
- 6.6 频域分析校正 ·· 182
  - 6.6.1 频域串联超前校正 ·· 182
  - 6.6.2 频域滞后校正 ··· 189
  - 6.6.3 频域滞后-超前校正 ··· 196

第 7 章 PID 控制器分析 ·· 205

- 7.1 PID 控制概述 ··· 205
  - 7.1.1 PID 控制的基本原理 ·· 205
  - 7.1.2 PID 控制的优点 ··· 206
  - 7.1.3 比例（P）控制 ··· 206
  - 7.1.4 比例微分控制 ··· 208
  - 7.1.5 积分控制 ··· 211
  - 7.1.6 比例积分控制 ··· 214
  - 7.1.7 比例积分微分控制 ·· 216
- 7.2 PID 控制器的设计 ·· 223
  - 7.2.1 连续 PID 控制器 ·· 223
  - 7.2.2 离散 PID 控制器 ·· 225
- 7.3 PID 控制器参数整定法 ·· 227
  - 7.3.1 Ziegler-Nichols 整定法 ··· 227
  - 7.3.2 改进的 Ziegler-Nichols 整定法 ··· 233
  - 7.3.3 Cohen-Coon 参数整定 ·· 238
  - 7.3.4 最优 PID 整定经验 ·· 242

第 8 章 MATLAB 非线性系统分析 ·· 246

- 8.1 非线性系统的其他相关概念 ·· 247
- 8.2 Simulink 介绍 ··· 249
  - 8.2.1 Simulink 的特点 ··· 250
  - 8.2.2 Simulink 的启动 ··· 251
  - 8.2.3 Simulink 实例 ·· 252
- 8.3 非线性系统分析与仿真 ··· 253

8.3.1 相轨迹图分析 253
8.3.2 函数法非线性系统分析 256
8.3.3 非线性定时/定常系统 260
8.3.4 饱和非线性环节仿真 261
8.3.5 死区非线性环节仿真 265
8.3.6 间隙非线性环节仿真 267
8.4 离散系统 268
8.4.1 差分方程法 269
8.4.2 Z变换 271
8.5 S-函数 275
8.5.1 S-函数的含义 275
8.5.2 S-函数模块 276
8.5.3 S-函数模板 277
8.5.4 S-函数的实现 280

第9章 MATLAB 状态空间控制系统分析 285

9.1 状态空间控制系统概述 285
9.2 状态的基本概念 287
9.3 状态空间方程 287
9.4 状态空间表达式的标准型 288
9.4.1 对角标准型 288
9.4.2 约当标准型 289
9.4.3 能控标准型 291
9.4.4 能观标准型 294
9.5 极点配置 296
9.5.1 单输入系统的极点配置 297
9.5.2 多输入系统的极点配置 298
9.5.3 极点配置的实例应用 300
9.6 二次型最优控制 309
9.6.1 无限时间 LQ 状态调节 310
9.6.2 无限时间 LQ 输出调节 312
9.6.3 离散二次型最优控制 314
9.7 状态反馈控制系统 316
9.7.1 全维状态观测器的控制器 317
9.7.2 全维状态观测器的调节器 318

第10章 MATLAB 鲁棒控制器分析 327

10.1 鲁棒控制问题概述 327

- 10.1.1 小增益 ... 327
- 10.1.2 标准鲁棒性 ... 328
- 10.1.3 H_∞ 控制概述 ... 328
- 10.2 鲁棒控制系统的 MATLAB 法 ... 330
  - 10.2.1 鲁棒控制工具箱法 ... 330
  - 10.2.2 系统矩阵法 ... 332
  - 10.2.3 不确定系统法 ... 333
- 10.3 范数鲁棒控制器的设计 ... 335
  - 10.3.1 H_2, H_∞ 鲁棒控制器的设计 ... 335
  - 10.3.2 H_2, H_∞ 鲁棒控制器的实现 ... 336
- 10.4 鲁棒控制的其他函数 ... 346
  - 10.4.1 混合灵敏度函数 ... 346
  - 10.4.2 回路成型函数 ... 348
  - 10.4.3 μ 分析的综合鲁棒控制器设计 ... 351
- 10.5 线性矩阵不等式 ... 353
  - 10.5.1 线性不等式的描述 ... 353
  - 10.5.2 线性矩阵不等式的 MATLAB 求解 ... 354

第 11 章 MATLAB 智能控制分析 ... 361

- 11.1 智能控制概述 ... 361
  - 11.1.1 智能控制与传统控制的比较 ... 361
  - 11.1.2 智能控制的主要方法 ... 362
  - 11.1.3 智能控制的研究热点 ... 362
- 11.2 神经网络控制系统 ... 362
  - 11.2.1 神经网络概述 ... 362
  - 11.2.2 神经自适应 PID 控制 ... 365
  - 11.2.3 神经网络的智能控制 ... 365
- 11.3 三种典型的神经网络控制系统 ... 367
  - 11.3.1 模型预测控制 ... 367
  - 11.3.2 反馈线性化控制 ... 374
  - 11.3.3 模型参考控制 ... 377
- 11.4 模糊逻辑控制系统 ... 382
  - 11.4.1 模糊控制概述 ... 382
  - 11.4.2 带 PID 功能的模糊控制器 ... 387
- 11.5 MATLAB 模糊逻辑工具箱的实现 ... 388
  - 11.5.1 模糊推理系统的基本类型 ... 389
  - 11.5.2 模糊逻辑工具箱函数 ... 390
  - 11.5.3 模糊推理的应用实例 ... 396

11.5.4 模糊逻辑工具箱图形用户界面……400
　　11.5.5 模糊逻辑系统模块……407
　　11.5.6 模糊推理系统的实现……408
11.6 遗传算法……415
　　11.6.1 遗传算法概述……415
　　11.6.2 遗传算法的实现……416

参考文献……421

第 1 章　MATLAB R2016a 软件介绍

MATLAB 是由 MathWorks 公司开发的一套强大的数学软件，也是当今科技界使用最广泛的计算机语言之一。它集数值计算、符号运算、计算机可视化为一体，是其他许多语言所不能比拟的。尤其是其不断更新的工具箱，更是获得各专业领域科技工作者的青睐。MATLAB 不仅仅在控制领域或数值分析领域所使用，在金融分析、神经网络、优化、虚拟实现等许多领域都能看到 MATLAB 的影子。许多大型软件都提供了 MATLAB 软件接口。

1.1　MATLAB 的功能特点

MATLAB 的应用范围非常广，包括信号和图像处理、通信、控制系统设计、测试和测量、财务建模和分析，以及计算生物学等众多应用领域。附加的工具箱（单独提供的专用 MATLAB 函数集）扩展了 MATLAB 环境，以解决这些应用领域内特定类型的问题。

1.1.1　MATLAB 的主要特性

MATLAB 给用户带来的是最直观、最简洁的程序开发环境。其具有以下主要特性。

1. 编程效率高

MATLAB 由一系列工具组成。这些工具方便用户使用 MATLAB 函数和文件，其中许多工具采用的是图形用户界面，包括 MATLAB 桌面和命令窗口、历史命令窗口、编辑器和调试器、路径搜索和用户浏览帮助、工作空间、文件浏览器。随着 MATLAB 的商业化及软件本身的不断升级，MATLAB 的用户界面也越来越精致，更加接近 Windows 的标准界面，人机交互性更强，操作更简单。新版本的 MATLAB 提供了完整的联机查询、帮助系统，极大地方便了用户使用。简单的编程环境提供了比较完备的调试系统，程序不必经过编译就可以直接运行，并且能够及时报告出现的错误及进行出错原因分析。

2. 简单易用

MATLAB 是一个高级矩阵/阵列语言，它包含控制语句、函数、数据结构、输入/输出和面向对象编程特点。用户可以在命令窗口中将输入语句与执行命令同步，也可以先编写好一个较大的复杂的应用程序（M 文件）后再一起运行。新版本的 MATLAB 语言基于最流行的 C++语言，因此语法特征与 C++语言极为相似，且更加简单，更加符合科技人员对数学表达式的书写格式，使之更利于非计算机专业的科技人员使用。这种语言可移植性好、可拓展性极强，这也是MATLAB能够深入到科学研究及工程计算各个领域的重要原因。

3．强处理能力

MATLAB是一个包含大量计算算法的集合，其拥有600多个工程中要用到的数学运算函数，可以方便地实现用户所需的各种计算功能。函数中所使用的算法都是科研和工程计算中的最新研究成果，而且经过了各种优化和容错处理。通常情况下，可以用它来代替底层编程语言，如C和C++。在计算要求相同的情况下，使用MATLAB的编程工作量会大大减少。MATLAB的这些函数集包括从最简单、最基本的函数到诸如矩阵、特征向量、快速傅里叶变换等复杂函数。函数所能解决的问题大致包括矩阵运算和线性方程组的求解、微分方程及偏微分方程组的求解、符号运算、傅里叶变换和数据统计分析、工程中的优化问题、稀疏矩阵运算、复数的各种运算、三角函数和其他初等数学运算、多维数组操作及建模动态仿真等。

4．图形处理

MATLAB自产生之日起就具有方便的数据可视化功能，可以将向量和矩阵用图形表现出来，并且可以对图形进行标注和打印。高层次的作图包括二维和三维的可视化、图像处理、动画和表达式作图，可用于科学计算和工程绘图。新版本的MATLAB对整个图形处理功能进行了很大改进和完善，使它不仅在一般数据可视化软件都具有的功能（如二维曲线和三维曲面的绘制和处理等）方面更加完善，而且对于一些其他软件所没有的功能（如图形的光照处理、色度处理及四维数据的表现等）同样表现了出色的处理能力。同时对一些特殊的可视化要求，如图形对话等，MATLAB也有相应的功能函数，保证了用户不同层次的要求。另外新版本的MATLAB还着重在图形用户界面（GUI）的制作上做了很大改善，对这方面有特殊要求的用户也可以得到满足。

MATLAB对许多专门领域都开发了功能强大的模块集和工具箱。一般来说，它们都是由特定领域的专家开发的，用户可以直接使用工具箱学习、应用和评估不同的方法而不需要自己编写代码。目前，MATLAB已经把工具箱延伸到了科学研究和工程应用的诸多领域，如数据采集、数据库接口、概率统计、样条拟合、优化算法、偏微分方程求解、神经网络、小波分析、信号处理、图像处理、系统辨识、控制系统设计、LMI控制、鲁棒控制、模型预测、模糊逻辑、金融分析、地图工具、非线性控制设计、实时快速原型及半物理仿真、嵌入式系统开发、定点仿真、DSP与通信、电力系统仿真等，都在工具箱（Toolbox）家族中有了自己的一席之地。

5．程序接口

新版本的MATLAB可以利用MATLAB编译器和C/C++数学库和图形库，将自己的MATLAB程序自动转换为独立于MATLAB运行的C和C++代码。允许用户编写可以和MATLAB进行交互的C或C++语言程序。另外，MATLAB网页服务程序还容许在Web应用中使用自己的MATLAB数学和图形程序。MATLAB的一个重要特色就是具有一套程序扩展系统和一组称之为工具箱的特殊应用子程序。工具箱是 MATLAB 函数的子程序库，每一个工具箱都是为某一类学科专业和应用而定制的，主要包括信号处理、控制系统、神经网络、模糊逻辑、小波分析和系统仿真等方面的应用。

6．可移植性及扩充能力

MATLAB 的可移植性好，基本上不进行任何修改就可在各种型号的计算机和操作系统上使用。此外，MATLAB 的扩充能力极强，其自身附带丰富的库函数可随时调用，而且也可以随时调用自己的用户文件，用户可以随时扩充用户文件，增加功能，此外还可以充分利用 C、FORTRAN 等语言资源，包括已经编好的 C、FORTRAN 语言程序或子程序。

1.1.2　MATLAB R2016a 的新功能

1．MATLAB 产品系列

MATLAB R2016a 在 MATLAB 产品系列的更新主要有以下几个方面。

（1）实时编辑器
- 开发包含结果和图形及相关代码的实时脚本。
- 创建用于分享的交互式描述，包括代码、结果和图形及格式化文本、超链接、图像及方程式。

（2）MATLAB 方面
- App Designer，使用增强的设计环境和扩展的 UI 组件集构建带有线条图和散点图的 MATLAB 应用。
- 全新的 y-轴图、极坐标图和等式可视化。
- 暂停、调试和继续 MATLAB 执行。

（3）Neural Network Toolbox

使用 Parallel Computing Toolbox 中的 GPU 加速深度学习图像分类任务的卷积神经网络（CNN）。

（4）Symbolic Math Toolbox

与 MATLAB 实时编辑器集成，以便编辑符号代码和可视化结果，并将 MuPAD 笔记本转换为实时脚本。

（5）Statistics and Machine Learning Toolbox

Classification Learner 应用，可以自动培训多个模型，按照级别标签对结果进行可视化处理，并执行逻辑回归分类。

（6）Control System Toolbox

新建及重新设计的应用，用于设计 SISO 控制器、自动整定 MIMO 系统和创建降阶模型。

（7）Image Acquisition Toolbox

支持 Kinect for Windows v2 和 USB 3 Vision。

（8）Computer Vision System Toolbox

光学字符识别（OCR）训练程序应用、行人侦测和来自针对 3-D 视觉的动作和光束平差结构体。

（9）Trading Toolbox

对交易、灵敏性和交易后执行的交易成本进行分析。

2. Simulink 产品系列

MATLAB R2016a 在 Simulink 产品系列的更新主要有以下几方面。

（1）Simulink

- 通过访问模板、最近模型和精选示例更快开始或继续工作的起始页。
- 自动求解器选项可更快速地设置和仿真模型。
- 针对异构设备的系统模型仿真，如 Xilin 和 Altera SoC 架构。
- Simulink 单位，可在 Simulink、Stateflow 和 Simscape 组件的接口指定单位，对其进行可视化处理并检查。
- 变量源和接收器模块，用于定义变量条件并使用生成代码中的编译器指令将其传播至连接的功能。

（2）Aerospace Blockset

标准座舱仪器，用于显示飞行条件。

（3）SimEvents

全新离散事件仿真和建模引擎，包括事件响应、MATLAB 离散事件系统对象制作及 Simulink 和 Stateflow 自动域转换。

（4）Simscape

全新方程简化和仿真技术，用于生成代码的快速仿真和运行时的参数调整。

（5）Simscape Fluids

Thermal Liquid 库，用于对属性随温度而变化的液体的系统建模。

（6）Simulink Design Optimization

用于实验设计、Monte Carlo 仿真和相关性分析的灵敏度分析工具。

（7）Simulink Report Generator

三向模型合并，以图形方式解决 Simulink 项目各修订版之间的冲突。

3. 信号处理和通信

MATLAB R2016a 在信号处理和通信方面的更新主要表现在以下方面。

（1）Antenna Toolbox

该工具箱用于设计、分析天线单元和阵列，并提供了使其可视化的功能。

（2）RF Toolbox

该工具箱是为运营商在通信行业无线电天线设计方面的一款专用软件。

（3）SimRF

SimRF 能够帮助用户进行系统级（而非电路级）的需求分析和算法设计，并快速提供仿真环境。

（4）Audio System Toolbox

一款用于设计和测试音频处理系统的新产品。

（5）WLAN System Toolbox

一款用于对 WLAN 通信系统物理层进行仿真、分析和测试的新产品。

4．代码生成

MATLAB R2016a 在代码生成方面的更新主要表现在以下方面。

（1）Embedded Coder

编译器指令生成，将信号维度作为#define 进行实施。

（2）HDL Coder

针对 HDL 优化的 FFT 和 IFFT，支持每秒 GB 采样（GSPS）设计的帧输入。

（3）HDL Verifier

用于通过 PCI Express 接口仿真 Xilinx KC705/VC707 和 Altera Cyclone V GT/Stratix V DSP 开发板上的算法。

5．验证和确认

MATLAB R2016a 在验证和确认方面的更新主要表现在以下方面。

（1）Polyspace Code Prover

支持 long-double 浮点，并且改进了对无穷大和 NaN 的支持。

（2）Simulink Design Verifier

对 C 代码 S-function 自动生成测试。

（3）IEC Certification Kit

对 Simulink Verification and Validation™ 提供 IEC 62304 医学标准支持。

（4）Simulink Test

使用 Simulink Real-Time 制作和执行实时测试。

1.2　MATLAB 窗口介绍

初始接触 MATLAB 时可能觉得窗口非常多，一时难以适应，这也是 MATLAB 非常灵活的一个反映。下面从最基本的启动 MATLAB 讲起，逐步介绍该软件的一些基础知识。

1.2.1　启动 MATLAB

启动 MATLAB R2016a 常用以下两种方法。

（1）从系统桌面选择"开始|所有程序|MATLAB|R2016a|MATLAB R2016a"菜单，这是比较常用的方法。

（2）在安装完成 MATLAB 后，一般会在桌面上创建快捷方式，可以双击该 MATLAB 图标打开。如果桌面上没有，可以按方法（1）把鼠标放到 MATLAB R2016a 上，按鼠标右

键选择"发送到|桌面快捷方式"命令,下次即可这样打开。

打开 MATLAB R2016a 后将显示如图 1-1 所示的界面。

MATLAB 的窗口设置比较灵活,可以根据个人习惯调整布局。界面中主要包括命令窗口、当前文件夹、工作区、历史命令窗口等。

下面简要介绍一下选项卡,它包含了 3 个标签页,分别集成了主页、绘图和应用程序,如单击主页标签中文件区域的新建按钮,可以新建 M 文件、Figure 图像等,弹出菜单如图 1-2 所示。

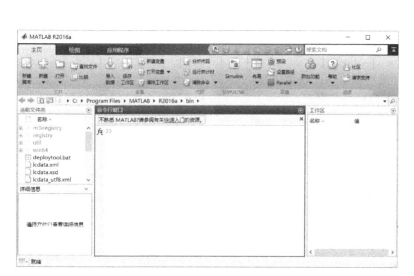

图 1-1　MATLAB 工作界面　　　　图 1-2　单击新建按钮弹出菜单

1.2.2　命令窗口

MATLAB 窗口的风格非常自由,甚至可以像草稿纸一样来用,随时解决你学习或工作中遇到的各种问题,无论是公式推导还是数值计算问题。

【例 1-1】已知矩阵 $A = \begin{bmatrix} 2 & -3 \\ 8 & 1 \end{bmatrix}, B = \begin{bmatrix} 5 & 9 \\ 4 & 6 \end{bmatrix}$,计算 AB。

```
>> clear all;
>> A=[2 -3;8 1];B=[5,9;4,6];
>> C=A*B
```

运行程序,输出如下:

```
C =
    -2     0
    44    78
```

其操作过程在 MATLAB 中如图 1-3 所示。

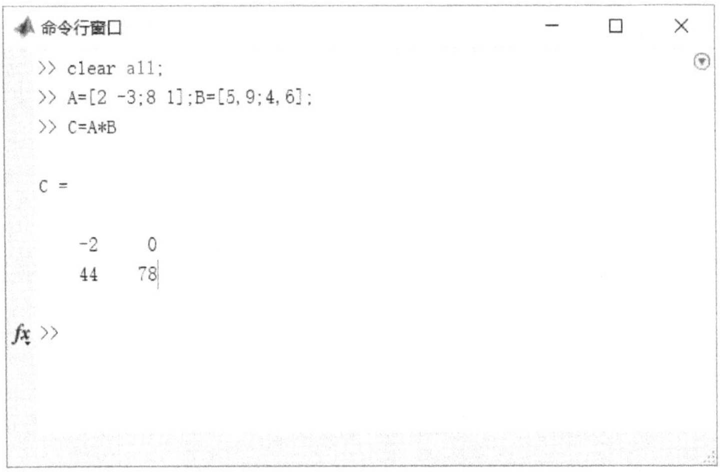

```
>> clear all;
>> A=[2 -3;8 1];B=[5,9;4,6];
>> C=A*B

C =

    -2     0
    44    78
```

图 1-3 在 MATLAB 中的运行情况

MATLAB 同样可以出色地完成烦琐的公式推导问题。现举例说明，这里会用到一些命令，初学 MATLAB 的读者可以先不去理会命令的具体含义，只需大概知道如何使用就行。

【例 1-2】求函数 $f(x)=\dfrac{1}{(1-x)}$ 在 0 点的八阶泰勒展开。

```
>> clear all;
>> syms x;
>> f=1/(1-x);
>> f1=taylor(f,x,'order',8)
```

运行程序，输出如下：

```
f1 =
x^7 + x^6 + x^5 + x^4 + x^3 + x^2 + x + 1
```

表示展开到八阶的展开式为：

$$f_1 = 1 + x + x^2 + x^3 + x^4 + x^5 + x^6 + x^7$$

其操作过程在 MATLAB 中如图 1-4 所示。

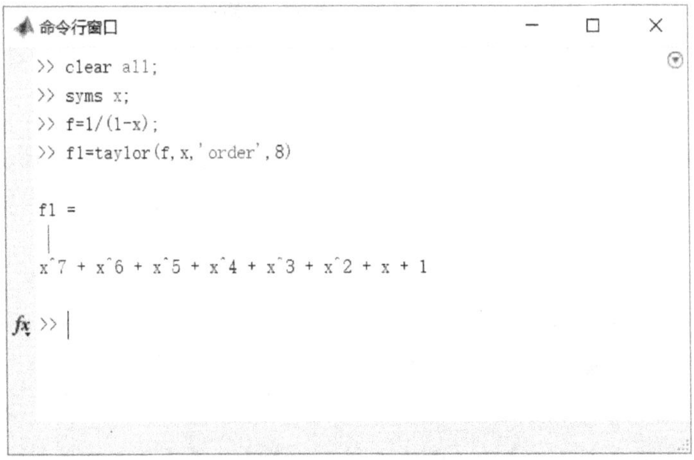

```
>> clear all;
>> syms x;
>> f=1/(1-x);
>> f1=taylor(f,x,'order',8)

f1 =

x^7 + x^6 + x^5 + x^4 + x^3 + x^2 + x + 1
```

图 1-4 在 MATLAB 中的运行情况

如果需要计算一组雷同的运算，通过 MATLAB 可以很方便地实现编程。只要按"↑"键，就可以出现刚才的命令，而不必重新输入。如现在要推导 $f(x)=\dfrac{1}{(1-x)}$ 的八阶泰勒展开，只需要在刚才的命令窗口中按两次"↑"键，出现：

>> f=1/(1-x);

把表达式改为 f=1/(1+x)后再按"↑"键得到：

>> f1=taylor(f,x,'order',8)

按回车键，得到的结果为：

f1 =

- x^7 + x^6 - x^5 + x^4 - x^3 + x^2 - x + 1

MATLAB 中自带了许多命令，熟练掌握这些命令很有必要。在此整理了一些常用命令，如表 1-1 所示。

表 1-1 MATLAB 常用命令

命 令	说 明	命 令	说 明
exit	退出 MATLAB	help	获得帮助信息
clear	清除工作空间中的变量	clc	清除显示的内容
demo	获得 demo 演示帮助信息	edit	打开 M 文件编辑器
type	显示指定 M 文件的内容	which	指出其后文件所在的目录
figure	打开图形窗口	md	创建目录
clf	清除图形窗口	cd	设置当前工作目录
dir	列出指定目录下的文件和了目录清单	quit	退出 MATLAB
who	显示内存变量	whos	内存变量的详细信息

这些可以不必一次全部掌握，在使用中逐渐熟悉是比较好的方法。值得注意的是：

● 在编辑代码的时候使用分号是为了不显示中间结果，如果没有使用，则每次运算的结果都会输出到窗口。

● 运算时，通常显示的是 5 位有效数字，这样做只是为了使输出比较简洁、紧凑，实际上在计算中都是采用双精度。用户可以根据需要直接输入命令，获得所需要的显示结果。

1.2.3 当前文件夹

在 MATLAB 中如果用鼠标左键单击当前文件夹浏览器右上角的 图标，在弹出的菜单中选择"取消停靠"选项，则当前文件夹浏览器会从 MATLAB 界面中脱离出来，如图 1-5 所示。

在当前文件夹上有菜单栏、当前目录路径、路径设置区及该目录下的 M 文件或数据文件等。如果把鼠标放到 M 文件上单击鼠标右键，则可以弹出如图 1-6 所示的快捷菜单，通过菜单中的选项可以对文件完成一般的操作，如打开、删除等。

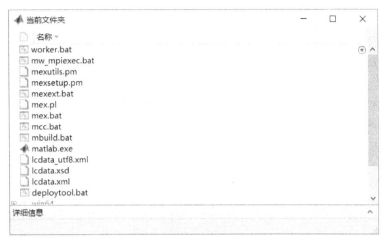

图 1-5　当前文件夹

图 1-6　当前文件夹下 M 文件弹出的菜单

在程序设计时，如果不特别指明存放数据和文件的路径，MATLAB 会默认把它们放在当前目录下。虽然目录 MATLAB 允许用户存放文件，但读者最好把用户目录设置成当前工作目录。下面给出两种设置方法。

（1）直接使用命令。如想把 E:\example 设置为当前目录，则只要使用 cd 命令就可以。在命令窗口中输入：

>> cd:E:\example

这时查看 MATLAB 界面上的当前目录已经变成刚才设置的路径。

（2）在工具栏右侧的当前目录设置部分，单击其中的 ▸ 图标（见图 1-7），弹出...对话框，选择期望的目录作为当前目录。

图 1-7　当前目录

如果有多个目录需要同时与 MATLAB 交换信息，则可以把这些目录设置到 MATLAB

的搜索路径上。一种快速把文件夹添加到 MATLAB 搜索路径的方法是使用 addpath 命令。如想把 E 盘下目录为 example 的文件夹添加到搜索路径中，只要在命令窗口中输入：

>>addpath('E:\example')

就可以把该文件夹添加到搜索路径中，但是这样的设置随着 MATLAB 的关闭就结束了，再次打开 MATLAB 的时候该文件夹不在搜索路径中。要想 addpath 命令设置后，在下次启动 MATLAB 时搜索路径同样有效，可以使用 savepath 命令，即在路径设置以后，直接在命令窗口输入：

>>savepath

这样就保存了当前的路径设置。

要查看 MATLAB 的路径设置情况，可在命令窗口中输入：

>>path

回车即显示查看结果：

```
MATLABPATH
C:\Users\ASUS\Documents\MATLAB
C:\Program Files\MATLAB\R2016a\toolbox\matlab\datafun
C:\Program Files\MATLAB\R2016a\toolbox\matlab\datatypes
C:\Program Files\MATLAB\R2016a\toolbox\matlab\elfun
C:\Program Files\MATLAB\R2016a\toolbox\matlab\elmat
...
C:\Program Files\MATLAB\R2016a\toolbox\rtw\targets\xpc\target\build\xpcblocks
C:\Program Files\MATLAB\R2016a\toolbox\rtw\targets\xpc\target\build\xpcobsolete
C:\Program Files\MATLAB\R2016a\toolbox\rtw\targets\xpc\xpc\xpcmngr
C:\Program Files\MATLAB\R2016a\toolbox\rtw\targets\xpc\xpcdemos
```

这就是 MATLAB 的路径情况，包括各工具箱的路径及用户自己添加的路径。上面的操作也可以通过图形界面设置，在路径设置对话框中完成，打开路径设置对话框的方法有两种，一是选择主页中的"设置路径"按钮，打开路径设置对话框，如图 1-8 所示；二是直接在命令窗口输入：

>> pathtool

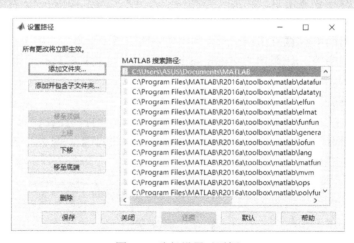

图 1-8　路径设置对话框

这时系统也会弹出如图 1-8 所示的路径设置对话框。

添加搜索路径的方法是用鼠标左键单击"添加文件夹"按钮，选择要添加的路径，如果希望在 MATLAB 关闭后该路径同样有效，则可以用鼠标左键单击图 1-8 中的"保存"按钮，也可以在命令窗口直接输入 savepath。如果希望恢复系统安装时候的默认设置，则可以用鼠标左键单击图 1-8 中的"默认"按钮。

1.2.4　工作空间

用鼠标左键单击工作空间浏览器，可以使此界面脱离 MATLAB 界面。在工作空间浏览器中可以看到各内存变量，如果用鼠标激活这些变量，则可以方便、快捷地实现对数据的操作。下面以实例说明。

【例 1-3】在命令窗口中输入：

```
>> clear all;
>> x=0:pi/50:5*pi;
>> y=cos(x);
```

表示 x 取值在 0 到 5π 之间，取离散点的间隔为 $\dfrac{\pi}{50}$，y 为 x 的余弦函数。这时查看工作空间，如图 1-9 所示。

图 1-9　工作空间浏览器

用鼠标双击变量 y，将得到如图 1-10 所示的值，可以看到 y 的值用数组编辑器显示，非常方便。

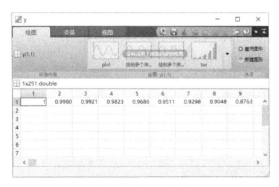

图 1-10　数组 y 的值

当激活 y 时，在"绘图"页中选择任意一种绘图类型，马上得到 y 的函数图像，如图 1-11 所示。这个过程非常方便，不需要再输入命令。

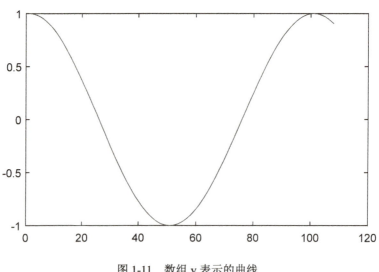

图 1-11 数组 y 表示的曲线

1.3 MATLAB 基础知识

本节将介绍 MATLAB 语言的一些基本知识及数值计算的基础知识。如果熟悉其他高级语言（如 C/C++、Pascal、Fortran 等）会很容易理解这些内容。当然，如果没有做过程序设计，通过阅读本小节，也可以掌握程序设计的基本方法。MATLAB 有许多特殊优点，学习起来比一般高级语言更容易、快捷。

1.3.1 常量与变量

1．常量

常量是指程序中其值固定不变的一些量。在此主要介绍一些基本常量：数值常量、逻辑常量和字符串常量。

数值常量可以采用小数点计数法和科学计数法，比如：

12   36   8.7   1.6-5   2.6e

都是合法的。

在 MATLAB 中，逻辑常量真为 1，假为 0，例如：

```
>> 4>6          %输入一个表达式 4>6
ans =           %返回判断结果为假
    0
>> 4<5          %输入一个表达式 4<5
ans =           %返回判断结果为真
```

字符串常量应该包含在单引号对中，**注意单引号对需要是英文状态下的引号**。

2. 变量

MATLAB 中的变量可以不用先声明，在 Workspace 中可以随时查看变量的变化。变量名第一个字符必须为英文字母，可以包含下画线及数字。**注意，MATLAB 语言区分大小写**。在给变量命名时最好能做到见名知章，这会给自己的程序设计带来方便。同时最好不要使用系统的保留字。变量也有和常量类似的几种类型。因为 MATLAB 直接面向矩阵与数组计算，后面将单独介绍数组与矩阵。

在此给出 MATLAB 常用的一些保留变量，如表 1-2 所示。

表 1-2 MATLAB 常用的特殊变量表

特 殊 变 量	取　　值
ans	MATLAB 中运行结果的默认变量名
pi	圆周率 π
flintmax	计算机中的最大正整数
eps	计算机中的最小数
flops	浮点运算数
inf	无穷大，如 1/0
NaN	不定值，如 0/0，∞/∞，0*∞
i 或 j	复数中的虚数单位，$i=j=\sqrt{-1}$
nargin	函数输入变量数目
narout	函数输出变量数目
realmax	最大可用正实数
realmin	最小可用正实数

【例 1-4】 保留字的使用演示。

```
>> i              %虚数单位 i
ans =
    0.0000 + 1.0000i
>> j              %虚数单位 j
ans =
    0.0000 + 1.0000i
>> flintmax       %计算机中的最大正整数
ans =
    9.0072e+15
>> realmin        %计算机中的最小正实数
ans =
    2.2251e-308
>> realmax        %计算机中的最大正实数
ans =
    1.7977e+308
```

1.3.2 矩阵与数组

1. 矩阵的生成

MATLAB 在矩阵运算方面有非常强的优势,这是使其成为工程应用软件佼佼者的重要原因之一。在 MATLAB 中矩阵完全可以是数学意义上的矩阵,对于矩阵的生成,可以是键盘直接输入、语句或函数产生、建立在 M 文件中,也可以是从外部文件装入。

对于一般比较小的简单矩阵可以直接用键盘输入。

【例 1-5】生成两个矩阵 $A = \begin{bmatrix} 4 & -1 & 2 \\ 5 & 7 & 3 \end{bmatrix}, B = \begin{bmatrix} 1 & 4 \\ 2 & 5 \\ 3 & 6 \end{bmatrix}$。

```
>> A=[4 -1 2;5 7 3]
A =
     4    -1     2
     5     7     3
>> B=[1 4;...       % "..." 为续行号
2 5;...
3 6]
B =
     1     4
     2     5
     3     6
```

在输入中每行的元素之间必须用空格或逗号分开,每一行的结束必须用回车键或分号隔开,整个矩阵则应该放在方括号中。

$A(i,j)$ 表示矩阵 A 中的第 i 行第 j 列的元素,由此可以对其进行修改。$A(i,:)$ 表示矩阵 A 中第 i 行的全部元素,同样 $A(:,j)$ 表示矩阵 A 中第 j 列的全部元素。

【例 1-6】把例 1-5 中矩阵 B 中的第 3 行元素赋值给矩阵 C。

```
>> C=B(3,:)
```

运行程序,输出如下:

```
C =
     3     6
```

MATLAB 还可以很方便地实现矩阵的合并。

【例 1-7】分别创建两个矩阵 A,B,并把矩阵 A,B 进行合并。

```
>> clear all;
>> A=[1 2 3;4 5 6];
>> B=[4 5 6;7 8 9];
>> D=[A B]
D =
     1     2     3     4     5     6
     4     5     6     7     8     9
>> D=[A;B]
D =
```

```
     1     2     3
     4     5     6
     4     5     6
     7     8     9
```

对于一些特殊矩阵则可以使用函数直接生成。

【例1-8】分别生成单位矩阵、魔方矩阵及由向量生成的对角矩阵。

```
>> eye(3,2)    %3*2 阶单位矩阵
ans =
     1     0
     0     1
     0     0
>> magic(3)    %3 阶魔方矩阵,必须为方阵
ans =
     8     1     6
     3     5     7
     4     9     2
>> a=[2 6 8 7 11];
>> A=diag(a)   %对角矩阵
A =
     2     0     0     0     0
     0     6     0     0     0
     0     0     8     0     0
     0     0     0     7     0
     0     0     0     0    11
```

2. 数组及运算

数组与矩阵是有很大差别的,矩阵有其严格的数学意义,而数组是MATLAB所定义的规则,目的是方便数据管理、操作简单。在其他高级语言中一般也有数组的概念。

数组与常数的四则运算是指对每个元素进行运算。

数组之间的加、减与矩阵加、减法完全相同,不过其乘、除法运算符号为".*"、"./"、".\"。

数组的乘方完全类似,对每个元素而言,其与矩阵的幂运算不同。

【例1-9】数组的四则运算。

```
>> A=[1 4 7;2 5 8];
>> B=[-1 3 -2;9 5 4];
>> A+3
ans =
     4     7    10
     5     8    11
>> A*3
ans =
     3    12    21
```

```
     6    15    24
>> A+B
ans =
     0     7     5
    11    10    12
>> C=A.*B
C =
    -1    12   -14
    18    25    32
>> D=A./B
D =
   -1.0000    1.3333   -3.5000
    0.2222    1.0000    2.0000
>> E=A.\B
E =
   -1.0000    0.7500   -0.2857
    4.5000    1.0000    0.5000
>> A.^3
ans =
     1    64   343
     8   125   512
```

1.4 MATLAB 的控制流

1966 年，Bohm 和 Jacopini 提出了三种基本程序设计结构：顺序结构、选择结构和循环结构。已经证明，由这三种结构组成的算法可以解决任何复杂问题。由基本结构构成的算法属于结构化算法，不存在无规律的转移。这三种结构都有以下特点：

- 只有一个入口。
- 只有一个出口。
- 结构内不存在死循环。
- 结构内的每一部分都有机会被执行到。

因此，基本结构不一定局限于上面三种，只要具备上面的 4 个特点，就可以定义自己的基本结构，并组成结构化程序。事实上，为了程序设计的方便，很多语言都外加了一些基本结构。

1.4.1 循环结构

MATLAB 提供了 for 循环和 while 循环两种循环结构。

1. for 循环

for 循环语句格式为：

```
for 控制变量=初始值：步长：终值
    循环体
end
```

步长默认为 1。

【例 1-10】 计算 $\sum_{x=1}^{60} x$ 的值。

```
>> s=0;
for x=1:60         %从 1 到 60 循环，默认值长为 1
s=s+x;             %对循环变量 x 依次求和
s
```

运行程序，输出如下：

```
s =
       1830
```

2. while 循环

while 循环语句格式为：

```
while 循环判断条件
    循环体
end
```

【例 1-11】 用 while 循环语句计算等差数列求和 $\sum_{x=1}^{60} x$。

```
>> s=0;
x=1;
while x<=60
s=s+x;    %对循环变量 x 依次求和
x=x+1;
end
s
```

运行程序，输出如下：

```
s =
       1830
```

1.4.2 选择结构

MATLAB 主要有 3 种分支选择结构，其格式为：

```
if 判断表达式
    执行语句
end
```

当表达式成立时，进行执行语句。

```
if 判断表达式
    执行语句 1
else
    执行语句 2
end
```
当表达式成立时,执行语句 1,否则执行语句 2。
```
if 判断表达式 1
    执行语句 1
elseif 判断表达式 2
    执行语句 2
else
    执行语句 3
end
```
表达式 1 成立时,执行语句 1,不成立时判断表达式 2,如果成立执行语句 2,如果还是不成立,执行语句 3。

【例 1-12】用 if 语句计算 $x=10$ 时的表达式 $y(x)=\begin{cases}2x & (x<0)\\ 1.5x & (0\leq x\leq 5)\\ 2x+3 & (x\geq 5)\end{cases}$ 的值。

```
>> clear all;
x=10;
if x<0
    y=2*x;
elseif x>=0& x<=5
    y=1.5*x;
else
    y=2*x+3;
end
y
```
运行程序,输出如下:
```
y =
    23
```

1.4.3 多选择结构

除了前面提到的 if-else-end if 结构,在 MATLAB 中还提供了多分支选择结构。语句格式为:
```
switch 选择判断变量
    case 变量的值 1
        对应值 1 的执行语句
    case 变量的值 2
        对应值 2 的执行语句
        ...
```

```
        case 变量的值 n
            对应值 n 的执行语句
        otherwise
            所有 case 都不发生，则执行该语句
```

【例 1-13】 使用 switch-case 判断一个输入值。

```
>> mynumber = input('输入一个数值:');
switch mynumber
    case -1
        disp('负 1');
    case 0
        disp('0');
    case 1
        disp('正 1');
    otherwise
        disp('其他值');
end
```

运行程序，输出如下：

```
输入一个数值:-1
负 1
```

1.5　MATLAB 的帮助系统

一般来说，用户很难也没有必要记住软件的所有操作或命令，但在遇到困难时，知道怎样利用帮助系统解决问题是一个基本要求。作为一款优秀的科学计算软件，MATLAB 有多种友好的帮助系统。主要有以下几种。

- 命令行帮助。
- 帮助导航/浏览器。
- DEMO 帮助系统。
- 网络资源帮助。

1.5.1　命令行帮助

命令行帮助是纯文本帮助方式，方便快捷。下面通过例子来了解其用法。

【例 1-14】 如果想知道函数 cos 的用法，只需在命令窗口中输入：

```
>> help cos
```

回车，输出为：

```
cos    Cosine of argument in radians.
    cos(X) is the cosine of the elements of X.
    See also acos, cosd.
    cos 的参考页
```

名为 cos 的其他函数

这即为 cos 函数的说明及用法,同时还可以得到一些相关的信息,如函数 acos 和 cosd。其他函数或工具箱的查询也一样。

1.5.2 帮助导航/浏览器

帮助导航/浏览器界面非常友好,是寻求帮助的主要资源。打开有以下几种方法:
(1)在命令窗口运行 doc。
(2)使用快捷键 F1。
(3)在主页标签中单击 Help 按钮。

进行以上操作,打开的帮助导航/浏览器界面如图 1-12 所示。

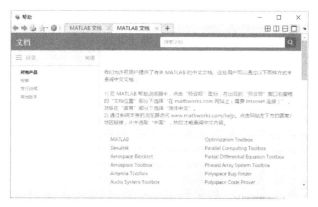

图 1-12　帮助导航/浏览器界面

1.5.3　DEMO 帮助系统

DEMO 帮助系统也是 MATLAB 非常优秀的帮助系统,且其方便性是许多书籍无法代替的。打开 DEMO 帮助系统有以下方法:
(1)单击 Help 按钮,在弹出的菜单中选择"示例"选项。
(2)直接在命令窗口中输入 demo 或 demos。

打开的 DEMO 主界面如图 1-13 所示。

图 1-13　DEMO 帮助系统

MATLAB 中提供了 3 种基本的 DEMO，其中包括视频演示方法。如想了解 2D 绘图基础，只需要依次选择 Graphics|2-D Plots 后会看到如下界面，如图 1-14 所示。

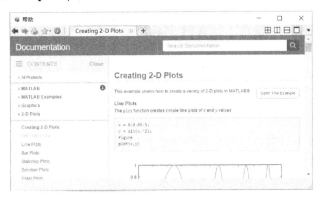

图 1-14　2D 绘图的 DEMOS 帮助界面

Graphics 目录下有几种图形，可以一一打开，能够看到相关代码并且可以运行。当然用户也可以把这些代码复制到命令行，然后运行，以达到学习该方法的目的，同时可以很方便地学习各工具箱的用法。

1.5.4　网络资源帮助

MATLAB 官方网站上有丰富的资源，如相关书箱介绍、使用建议、常见问题解答。其官方网站为：http://ww.mathworks.com。

当然，也可以在一些国内编程网站论坛上寻求帮助，与其他同行交流。

有了这些帮助系统，相信它会逐步扫清你的编程学习障碍，引导你步入程序设计高手行列。

第2章　MATLAB线性控制系统模型

控制系统意味着通过它可以按照所希望的方式保持和改变机器、机构或其他设备内任何感兴趣或可变的量。控制系统同时是为了使被控制对象达到预定理想状态而实施的。控制系统使被控制对象趋于某种需要的稳定状态。

2.1　控制系统概述

控制系统的数学模型在控制系统的研究中有着相当重要的地位，要对系统进行仿真处理，首先应当知道系统的数学模型，然后才可以对系统进行模拟。同样，首先要知道系统的模型，才可以在此基础上设计一款合适的控制器，使得原系统响应达到预期效果，从而满足工程实际需要。

在线性系统理论中，一般常用的数学模型形式并不是很多，最常用的有传递函数模型（系统外部模型）、状态方程模型（系统内部模型）、零极点模型和部分分式模型等。这些模型之间都有着内在联系，可以相互进行转换。在不同的场合需要用不同模型，因而它们之间的转换也非常重要。同时，由于工程应用中的对象往往都是较复杂的实体，因此模型之间的连接也是分析具体控制系统的基础。

控制系统有几种分类方法。

（1）按控制原理的不同，自动控制系统分为开环控制系统和闭环控制系统。

在开环控制系统中，系统输出只受输入控制，控制精度和抑制干扰的特性都比较差。开环控制系统中，基于按时序进行逻辑控制的称为顺序控制系统，由顺序控制装置、检测元件、执行机构和被控工业对象所组成，主要应用于机械、化工、物料装卸运输等过程控制及机械手和自动生产线。

闭环控制系统是建立在反馈原理基础之上的，利用输出量同期望值的偏差对系统进行控制，可获得比较好的控制性能。闭环控制系统又称反馈控制系统。

（2）按给定信号分类，自动控制系统可分为恒值控制系统、随动控制系统和程序控制系统。

恒值控制系统为给定值不变，要求系统输出量以一定的精度接近给定希望值的系统，如生产过程中的温度、压力、流量、液位高度、电动机转速等自动控制系统都属于恒值控制系统。

随动控制系统为给定值按未知时间函数变化，要求输出跟随给定值的变化的系统，如跟随卫星的雷达天线系统。

程序控制系统为给定值按一定时间函数变化的系统，如程控机床。

2.2 线性控制系统模型

一般线性系统控制理论教学和研究中经常将控制系统分为连续系统和离散系统，描述线性连续系统常用的方式是传递函数（矩阵）和状态方程，相应地离散系统可以用离散传递函数和离散状态方程表示。在一些场合下需要用到其中一种模型，而另一场合下可能又需要另外一种模型。其实这些模型均是描述同样系统的方式，它们又有着某种内在等效关系。传递函数和状态方程之间、连续系统和离散系统之间还可以进行相互转换。

2.2.1 线性连续系统

线性连续系统一般可以用传递函数表示，也可以用状态方程表示，它们适用的场合不同，前者是经典控制的常用模型，后者以"现代控制理论"的基础，但它们应该是描述同样系统的不同描述方式。除了这两种描述方法外，还常用零极点形式来表示线性连续系统模型。

1. 线性系统的传递函数模型

连续动态系统一般是由微分方程来描述的，而线性系统又是以线性常微分方程来描述的。假设系统的输入信号为 $u(t)$，且输出信号为 $y(t)$，则 n 阶系统的微分方程可以写成

$$a_1 \frac{\mathrm{d}^n y(t)}{\mathrm{d}t^n} + a_2 \frac{\mathrm{d}^{n-1} y(t)}{\mathrm{d}t^{n-1}} + \cdots + a_n \frac{\mathrm{d}y(t)}{\mathrm{d}t} + a_{n+1} y(t)$$
$$= b_1 \frac{\mathrm{d}^m u(t)}{\mathrm{d}t^m} + b_2 \frac{\mathrm{d}^{m-1} u(t)}{\mathrm{d}t^{m-1}} + \cdots + b_m \frac{\mathrm{d}u(t)}{\mathrm{d}t} + b_{m+1} u(t) \tag{2-1}$$

定义输出信号和输入信号拉氏变换的比值为增益信号，该比值又称为系统的传递函数，从变换后得出的多项式方程可以马上得出单变量线性连续系统的传递函数为：

$$G(s) = \frac{b_1 s^m + b_2 s^{m-1} + \cdots + b_m s + b_{m+1}}{a_1 s^n + a_2 s^{n-1} + \cdots + a_n s + a_{n+1}} \tag{2-2}$$

式中，$b_i(i=1,2,\cdots,m+1)$ 和 $a_i(i=1,2,\cdots,n+1)$ 为常数。这样的系统又称为线性时不变（Linear Time Invariant，LTI，又称为线性定常）系统。系统的分母多项式又称为系统的特征多项式。对物理可实现系统来说，一定要满足 $m \leq n$，这种情况下又称系统为正则（proper）系统。如果 $m > n$，则称系统为严格正则。阶次 $n - m$ 又称为系统的相对阶次。

由式（2-2）可看出，传递函数可表示成两个多项式的比值，在 MATLAB 中，多项式用向量表示，因此在 MATLAB 中将多项式的系数按 s 的降幂次序表示就可以得到一个数值向量，用这个向量就可以表示多项式。分别表示完分子和分母后，再利用控制系统工具箱提供的 tf 函数即可用一个变量表示传递函数变量。tf 函数的调用格式为：

sys=tf(num,den)：生成传递函数模型 sys。

sys=tf(num,den,'Property1',Value1,…,'PropertyN',ValueN)：生成传递函数模型 sys。模型 sys 的属性

（Property）及属性值（Value）用'Property', Value 指定。

sys=tf('s')：指定传递函数模型以拉氏变换算子 s 为自变量

tfsys=tf(sys)：将任意线性定常系统 sys 转换为传递函数模型 tfsys。

【例 2-1】用 MATLAB 实现将传递函数模型 $G(s) = \dfrac{12s^3 + 24s^2 + 12s + 20}{2s^4 + 4s^3 + 6s^2 + 2s + 2}$ 输入到 MATLAB 工作空间中。

```
>> clear all;
>> num=[12 24 12 20];
>> den=[2 4 6 2 2];
>> G=tf(num,den)      %获得系统的数学模型 G
```

运行程序，输出如下：

```
G =
 
      12 s^3 + 24 s^2 + 12 s + 20
    -------------------------------
    2 s^4 + 4 s^3 + 6 s^2 + 2 s + 2
 
Continuous-time transfer function.
```

如果采用 G=tf('s')形式，同样可以输入系统的传递函数模型，二者完全一致。例如：

```
>> s=tf('s');
>> G=(12*s^3+24*s^2+12*s+20)/(2*s^4+4*s^3+6*s^2+2*s+2)
```

运行程序，输出如下：

```
G =
 
      12 s^3 + 24 s^2 + 12 s + 20
    -------------------------------
    2 s^4 + 4 s^3 + 6 s^2 + 2 s + 2
 
Continuous-time transfer function.
```

【例 2-2】再考虑一个带有多项式的混合运算模型 $G(s) = \dfrac{s^3 + 2s^2 + 3s + 4}{s^3(s+2)[(s+5)^2 + 5]}$，可以看出，分母多项式内部含有 $(s+5)^2 + 5$ 项，用 G=tf(num,den)方式输入更烦琐，所以可以用 G=tf('s')方式直接利用算子法输入系统的传递函数模型。

实现代码为：

```
>> s=tf('s');
>> G=(3^3+2*s^2+3*s+4)/(s^3*(s+2)*((s+5)^2+5))
```

运行以后，得到系统的传递函数为：

```
G =
 
           2 s^2 + 3 s + 31
    ---------------------------------
    s^6 + 12 s^5 + 50 s^4 + 60 s^3
 
Continuous-time transfer function.
```

此外，也可以利用 get(tf)命令列出模型的全部属性，例如：

```
>> get(tf)
         Numerator: {}
```

```
        Denominator: {}
           Variable: 's'
            IODelay: []
         InputDelay: [0x1 double]
        OutputDelay: [0x1 double]
                 Ts: 0
           TimeUnit: 'seconds'
          InputName: {0x1 cell}
          InputUnit: {0x1 cell}
         InputGroup: [1x1 struct]
         OutputName: {0x1 cell}
         OutputUnit: {0x1 cell}
        OutputGroup: [1x1 struct]
               Name: ''
              Notes: {}
           UserData: []
       SamplingGrid: [1x1 struct]
```

其中,除了 num、den 属性外,还有其他诸多属性可以选择,例如,Ts 属性为采样周期,连续系统的采样周期为 0,属性 IODelay 为系统的输入/输出延迟。

【例 2-3】 如果系统的时间延迟常数为 $\tau=3$,即延迟系统模型为 $G(s)\mathrm{e}^{-3s}$,则可以用命令 G.ioDelay=3 直接输入。

实现代码为:

```
>> G.ioDelay=3;
>> G.ioDelay=3
G =
                      2 s^2 + 3 s + 31
  exp(-3*s) * -------------------------------
                s^6 + 12 s^5 + 50 s^4 + 60 s^3

Continuous-time transfer function.
```

如果有了传递函数模型 G,还可以由 tfdata 函数来提取系统的分子和分母多项式,例如:

```
>> [n,d]=tfdata(G,'v')    %其中'v'表示想获得的数值
n =
     0     0     0     0     2     3    31
d =
     1    12    50    60     0     0     0
```

更简单地,通过以下语句实现提取传递函数的分子和分母多项式:

```
>> n=G.num{1}
n =
     0     0     0     0     2     3    31
>> d=G.den{1}
d =
     1    12    50    60     0     0     0
```

此处的{1}实际上为{1,1}，表示第 1 路输入和第 1 路输出之间的传递函数，该方法直接适用于多变量系统的描述。

2. 线性系统的状态方程

状态方程是描述控制系统的另一种重要方式，这种方式由于是基于系统内部状态变量的，所以又称为系统的内部描述方法。和传递函数不同，状态方程可以描述更广的控制系统模型，包括非线性模型。假设有 p 路输入信号 $u_i(t)(i=1,2,\cdots,p)$ 与 q 路输出信号 $y_i(t)(i=1,2,\cdots,q)$，且有 n 个状态，构成状态变量向量 $\boldsymbol{x}=[x_1,x_2,\cdots,x_n]^T$，则此动态系统的状态方程可表示为：

$$\begin{cases} \dot{x}_i = f_i(x_1,x_2,\cdots,x_n;u_1,u_2,\cdots,u_p), & i=1,2,\cdots,n \\ y_i = g_i(x_1,x_2,\cdots,x_q;u_1,u_2,\cdots,u_q) & i=1,2,\cdots,q \end{cases} \quad (2\text{-}3)$$

式中，$f_i()$ 和 $g_i()$ 可以为任意线性或非线性函数。对线性系统来说，状态方程可简单地描述为：

$$\begin{cases} \dot{x}(t) = \boldsymbol{A}(t)\boldsymbol{x}(t) + \boldsymbol{B}(t)\boldsymbol{u}(t) \\ y(t) = \boldsymbol{C}(t)\boldsymbol{x}(t) + \boldsymbol{D}(t)\boldsymbol{u}(t) \end{cases}$$

式中，$\boldsymbol{u}=[u_1,u_2,\cdots,u_p]^T$ 与 $\boldsymbol{y}=[y_1,y_2,\cdots,y_q]^T$ 分别为输入和输出向量，矩阵 $\boldsymbol{A}(t)$、$\boldsymbol{B}(t)$、$\boldsymbol{C}(t)$ 和 $\boldsymbol{D}(t)$ 为维数相容的矩阵。准确地说，$\boldsymbol{A}$ 是 $n\times n$ 方阵，$\boldsymbol{B}$ 为 $n\times q$ 矩阵，$\boldsymbol{C}$ 为 $q\times n$ 矩阵，$\boldsymbol{D}$ 为 $q\times p$ 矩阵。如果这 4 个矩阵均与时间无关，则该系统又称为线性时不变系统，可写成：

$$\begin{cases} \dot{x}(t) = \boldsymbol{A}\boldsymbol{x}(t) + \boldsymbol{B}\boldsymbol{u}(t) \\ y(t) = \boldsymbol{C}\boldsymbol{x}(t) + \boldsymbol{D}\boldsymbol{u}(t) \end{cases}$$

在 MATLAB 中，提供了 ss 函数用于建立状态方程模型，函数的调用格式为：

sys = ss(a,b,c,d)：生成线性定常连续系统的状态空间模型 sys。

sys = ss(a,b,c,d,'Property1',Value1,···,'PropertyN',ValueN)：生成连续系统的状态空间模型 sys。状态空间模型 sys 的属性（Property）及属性值（Value）用'Property', Value 指定。

sys_ss = ss(sys)：将任意线性定常系统 sys 转换为状态空间。

【例 2-4】考虑一个双输入/双输出系统的状态方程模型 $\begin{cases} \dot{x}(t) = \boldsymbol{A}\boldsymbol{x}(t) + \boldsymbol{B}\boldsymbol{u}(t) \\ y(t) = \boldsymbol{C}\boldsymbol{x}(t) \end{cases}$，其中，

$$\boldsymbol{A} = \begin{bmatrix} -12 & -17.2 & -16.8 & -11.9 \\ 6 & 8.6 & 8.4 & 6 \\ 6 & 8.7 & 8.4 & 6 \\ -5.9 & -8.6 & -8.3 & -6 \end{bmatrix}, \boldsymbol{B} = \begin{bmatrix} 1.5 & 0.2 \\ 1 & 0.3 \\ 2 & 1 \\ 0 & 0.5 \end{bmatrix}, \boldsymbol{C} = \begin{bmatrix} 2 & 0.5 & 0 & 0.8 \\ 0.3 & 0.3 & 0.2 & 1 \end{bmatrix}$$

将系统状态方程模型用 MATLAB 输入工作空间中。

```
>> clear all;
>> A=[-12 -17.2 -16.8 -11.9;6 8.6 8.4 6;6 8.7 8.4 6;-5.9 -8.6 -8.3 -6];
>> B=[1.5 0.2;1 0.3;2 1;0 0.5];
>> C=[2 0.5 0 0.8;0.3 0.3 0.2 1];
>> D=zeros(2,2);
>> G=ss(A,B,C,D)    %输入并显示系统状态方程模型
```

运行程序，输出如下：
```
G =
  A = 
           x1      x2      x3      x4
   x1    -12    -17.2   -16.8   -11.9
   x2      6      8.6     8.4      6
   x3      6      8.7     8.4      6
   x4    -5.9    -8.6    -8.3     -6
  B = 
           u1     u2
   x1     1.5    0.2
   x2      1     0.3
   x3      2      1
   x4      0     0.5
  C = 
           x1     x2     x3     x4
   y1      2     0.5     0     0.8
   y2     0.3    0.3    0.2     1
  D = 
           u1     u2
   y1      0      0
   y2      0      0
Continuous-time state-space model.
```

3．线性系统的零极点模型

零极点模型实际上是传递函数模型的另一种表现形式，对原系统传递函数的分子和分母分别进行分解因式处理，则可得到系统的零极点模型为：

$$G(s) = K \frac{(s-z_1)(s-z_2)\cdots(s-z_m)}{(s-p_1)(s-p_2)\cdots(s-p_n)}$$

式中，K 为系统的增益，$z_i(i=1,2,\cdots,m)$ 和 $p_i(i=1,2,\cdots,n)$ 分别称为系统的零点和极点。很显然，对实系数的传递函数模型来讲，系统的零点或为实数，或以共轭复数的形式出现。

在 MATLAB 下表示零极点模型的方法很简单，先用向量的形式输入系统的零点和极点，然后调用 zpk 函数就可以输入这个零极点模型了。zpk 函数的调用格式为：

sys = zpk(z,p,k)：建立连续系统的零极点增益模型 sys。z, p, k 分别对应零极点系统中的零点向量、极点向量和增益。

sys = zpk(z,p,k,'Property1',Value1,…,'PropertyN',ValueN)：建立连续系统的零极点增益模型 sys。模型 sys 的属性（Property）及属性值（Value）用'Property', Value 指定。

sys = zpk('s')：指定零极点增益模型以拉氏变换算子 s 为自变量。

sys = zpk('z')：指定零极点增益模型以 Z 变换算子为自变量。

zsys = zpk(sys)：将任意线性定常系统模型 sys 转换为零极点增益模型。

【例 2-5】有零极点模型 $G(s) = \dfrac{5(s+4)(s+2+2\mathrm{j})(s+2-2\mathrm{j})}{(s+4)(s+2)(s+3)(s+4)}$，利用 MATLAB 输入这个

系统模型到工作空间。

```
>> clear all;
>> P=[-1;-2;-3;-4];    %注意应使用列向量，另外注意符号
>> Z=[-4;-2+2i;-2-2i];
>> G=zpk(Z,P,5)
```

运行程序，输出如下：

```
G =
 
  5 (s+4) (s^2 + 4s + 8)
  ----------------------
  (s+1) (s+2) (s+3) (s+4)

Continuous-time zero/pole/gain model.
```

注意：在 MATLAB 的零极点模型显示中，如果有复数零极点存在，则用二阶多项式表示两个因式，而不是直接展开成一阶复数因式。

2.2.2 线性离散时间系统

一般的单变量离散系统可以由下列差分方程表示：

$$a_1 y(T+n) + a_2 y(T+n-1) + \cdots + a_n y(T+1) + a_{n+1} y(T)$$
$$= b_0 u(T+n) + b_1 u(T+n-1) + \cdots + b_{n-1} u(T+1) + b_n u(T)$$

式中，T 为离散系统的采样周期。

1. 离散传递函数模型

可由差分方程推导出系统的离散传递函数模型为：

$$H(z) = \frac{b_0 z^n + b_1 z^{n-1} + \cdots + b_{n-1} z + b_n}{a_1 z^n + a_2 z^{n-1} + \cdots + a_n z + a_{n+1}} \qquad (2\text{-}4)$$

在 MATLAB 中，输入离散系统传递函数模型和连续系统传递函数模型一样简单，只需分别按要求输入系统的分子和分母多项式，就可以利用 tf 函数将其输入到 MATLAB 中。和连续传递函数不同的是，同时还需要输入系统的采样周期 T。调用格式为：

sys=tf(num,den,Ts)：生成离散时间系统的脉冲传递函数模型 sys。

sys=tf(num,den,Ts, 'Property1',Value1,...,'PropertyN',ValueN)：生成离散时间系统的脉冲传递函数模型 sys。

sys=tf('z',Ts)：指定脉冲传递函数模型以 Z 变换算子 z 为自变量，以 Ts 为采样周期。

【例 2-6】假设离散系统的传递函数为 $H(z) = \dfrac{6z^2 - 0.6z + 0.12}{z^4 - z^3 - 0.25z^2 + 0.25z - 0.125}$，且系统的采样周期为 $T = 0.15\text{s}$，用 MATLAB 将模型输入到工作空间中。

```
>> clear all;
>> num=[6 -0.6 0.12];
>> den=[1 -1 -0.25 0.25 -0.125];
>> H=tf(num,den,'Ts',0.15)    %输入并显示系统的传递函数模型
```

运行程序，输出如下：

```
H =
```

```
           6 z^2 - 0.6 z + 0.12
    ----------------------------------
    z^4 - z^3 - 0.25 z^2 + 0.25 z - 0.125
```
Sample time: 0.15 seconds
Discrete-time transfer function.

该模型还可以采用 s=tf('z',Ts)形式直接输入，代码为：
```
>> z=tf('z',0.15);
>> H=(6*z^2-0.6*z+0.12)/(z^4-z^3-0.25*z^2+0.25*z-0.125)
```
运行程序，输出如下：

H =
```
           6 z^2 - 0.6 z + 0.12
    ----------------------------------
    z^4 - z^3 - 0.25 z^2 + 0.25 z - 0.125
```
Sample time: 0.15 seconds
Discrete-time transfer function.

离散系统的时间延迟模型和连续系统不同，一般可以写成：

$$H(z) = \frac{b_0 z^n + b_1 z^{n-1} + \cdots + b_{n-1} z + b_n}{a_1 z^n + a_2 z^{n-1} + \cdots + a_n z + a_{n+1}} z^{-d}$$

这就要求实际延迟时间是采样周期 T 的整数倍，即时间延迟常数为 dT。如果要输入这样的传递函数模型，只需将传递函数的 ioDelay 属性设置成 d，即 H.ioDelay=d。

如果将式（2-4）中传递函数的分子和分母同时除以 z^n，则传递函数变为：

$$\hat{H}(z^{-1}) = \frac{b_0 + b_1 z^{-1} + \cdots + b_{n-1} z^{-n+1} + b_n z^{-n}}{a_1 + a_2 z^{-1} + \cdots + a_n z^{-n+1} + a_{n+1} z^{-n}}$$

该模型是离散传递函数的另一种形式，多用于表示滤波器。在数学模型表示中还可以用 q 取代 z^{-1}，即离散传递函数还可变为：

$$\hat{H}(q) = \frac{b_0 + b_1 q + \cdots + b_{n-1} q^{n-1} + b_n q^n}{a_1 + a_2 q + \cdots + a_n q^{n-1} + a_{n+1} q^n}$$

类似于连续系统的零极点模型，离散系统的零极点模型也可以用同样的方法输入，即先输入系统的零点和极点，再使用 zpk 函数就可以输入该模型，注意输入离散系统模型时还应该同时输入采样周期。

【例 2-7】已知离散系统的零极点模型为 $H(z) = \dfrac{\left(z-\dfrac{1}{2}\right)\left(z-\dfrac{1}{2}+\dfrac{i}{2}\right)\left(z-\dfrac{1}{2}-\dfrac{i}{2}\right)}{120\left(z+\dfrac{1}{2}\right)\left(z+\dfrac{1}{3}\right)\left(z+\dfrac{1}{4}\right)\left(z+\dfrac{1}{5}\right)}$，其采样周期为 $T=0.15\mathrm{s}$，试将其输入到 MATLAB 工作空间中。

```
>> clear all;
>> z=[1/2;1/2+i/2;1/2-i/2];
>> p=[-1/2;-1/3;-1/4;-1/5];
>> H=zpk(z,p,1/120,'Ts',0.15)
```

运行程序，输出如下：

```
H =
    0.0083333 (z-0.5) (z^2 - z + 0.5)
    ---------------------------------
    (z+0.5) (z+0.3333) (z+0.25) (z+0.2)
Sample time: 0.15 seconds
Discrete-time zero/pole/gain model.
```

2. 离散状态方程模型

离散系统状态方程模型可表示为：

$$\begin{cases} x[(k+1)T] = \boldsymbol{F}x(kT) + \boldsymbol{G}u(kT) \\ y(kT) = \boldsymbol{C}x(kT) + \boldsymbol{D}u(kT) \end{cases} \quad (2\text{-}5)$$

可以看出，该模型的输入应该与连续系统状态方程一样，只需输入 $\boldsymbol{F}$、$\boldsymbol{G}$、$\boldsymbol{C}$ 和 $\boldsymbol{D}$ 矩阵，就可以用 ss 函数将其输入到 MATLAB 工作空间中。ss 函数的调用格式为：

sys = ss(a,b,c,d,Ts)：生成离散系统的状态空间模型 sys。

sys = ss(a,b,c,d,Ts,'Property1',Value1,...,'PropertyN',ValueN)：生成离散系统的状态空间模型 sys。

带有时间延迟的离散系统状态方程模型为：

$$\begin{cases} x[(k+1)T] = \boldsymbol{F}x(kT) + \boldsymbol{G}u[(k-d)T] \\ y(kT) = \boldsymbol{C}x(kT) + \boldsymbol{D}u[(k-d)T] \end{cases}$$

其中，d 为时间延迟常数，这样系统可用以下语句直接输入到 MATLAB 工作空间中：

H=ss(F,G,C,D,'Ts',T,'ioDelay',D)

2.2.3 系统模型的相互转换

本节将介绍 MATLAB 的系统模型转换方法，如连续与离散系统之间的转换，并将介绍状态方程转换成传递函数模型、状态方程模型的各种实现方法。

1. 连续模型和离散模型的转换

假设连续系统的状态方程模型由式（2-3）给出，则状态变量的解析解为：

$$x(t) = e^{A(t-t_0)}x(t_0) + \int_{t_0}^{t} e^{A(t-\tau)}Bu(\tau)d\tau \quad (2\text{-}6)$$

选择采样周期为 T，对其进行离散化，可选择 $t_0 = kT, t = (k+1)T$，可得

$$x[(k+1)T] = e^{AT}x(kT) + \int_{kT}^{(k+1)T} e^{A[(k+1)T-\tau]}Bu(\tau)d\tau$$

考虑对输入信号采用零阶保持器，即在同一采样周期内输入信号的值保持不变。假设在采样周期内输入信号为固定的值 $u(kT)$，因此上式可简化为：

$$x[(k+1)T] = e^{AT}x(kT) + \int_{0}^{T} e^{A\tau}d\tau Bu(kT)$$

对照式（2-6）与式（2-5）可发现，使用零阶保持器后连续系统离散化可以直接获得离散状态方程模型，离散后系统的参数可由下式求出：

$$F = \mathrm{e}^{AT}, \quad G = \int_0^T \mathrm{e}^{A\tau}\mathrm{d}\tau B \tag{2-7}$$

且二者的 **C** 与 **D** 矩阵完全一致。

如果连续系统由传递函数给出，如式（2-2），可以选择 $s = \dfrac{2(z-1)}{T(z+1)}$ 代入连续系统的传递函数模型，则可以将连续系统传递函数变换成 z 的函数，经过处理就可以直接得到离散系统的传递函数模型，这样的变换又称为双线性变换或 Tustin 变换，是一种常用的离散化方法。

如果已知连续系统的数学模型 G，不论它是传递函数模型还是状态方程模型，都可以通过 MATLAB 控制系统工具箱中的 c2d 函数将其离散化。该函数不但能处理一般线性模型，还可以求解带有时间延迟的系统离散化问题。此外，该函数允许使用不同的算法对连续模型进行离散化处理。函数的调用格式为：

sysd = c2d(sys,Ts)：参数 sys 为连续时间模型，Ts 为采样时间周期，单位为秒（s）。
sysd = c2d(sys,Ts,method)：method 定义离散化方法，其取值为：
- 'imp'——脉冲响应不变法，即 Z 变换；
- 'zoh'——采用零阶保持器；
- 'foh'——采用一阶保持器；
- 'tustin'——采用双线性逼近法；
- 'prewarp'——采用改进的 tustin 方法，此时调用格式为 sysd=c2d(sysc,Ts,'prewarp',ωe),其中 ωe 为截止频率；
- 'matched'——采用零极点匹配法，仅适用于单输入/单输出系统。

sysd = c2d(sys,Ts,opts)：离散系统使用 opts 选项集，使用 c2dOptions 函数指定。
[sysd,G] = c2d(sys,Ts,method)：返回状态空间模型的初始条件 x0 及 u0 有关的 G 矩阵。

【例 2-8】考虑例 2-4 中给出的多变量状态方程模型，假设采样周期为 $T = 0.15\mathrm{s}$，则可以用以下代码将模型输入到 MATLAB 工作空间，并得出离散化的状态方程模型。

```
>> clear all;
A=[-12 -17.2 -16.8 -11.9;6 8.6 8.4 6;6 8.7 8.4 6;-5.9 -8.6 -8.3 -6];
B=[1.5 0.2;1 0.3;2 1;0 0.5];
C=[2 0.5 0 0.8;0.3 0.3 0.2 1];
D=zeros(2,2);
G=ss(A,B,C,D);         %输入并显示系统状态方程模型
T=0.15;
G=c2d(G,T)             %连续状态方程模型的离散化
```

运行程序，输出如下：

```
G =
  A =
            x1        x2        x3        x4
   x1   -0.6885    -2.42    -2.359    -1.674
   x2    0.8411    2.205    1.175     0.8411
   x3    0.8475    1.23     2.184     0.8475
   x4   -0.8325   -1.214   -1.169     0.1526
  B =
```

```
              u1       u2
    x1    -0.5163  -0.2965
    x2     0.5197   0.2081
    x3     0.6727   0.3143
    x4    -0.3676  -0.0876
C =
          x1    x2    x3    x4
    y1     2   0.5     0   0.8
    y2   0.3   0.3   0.2     1
D =
         u1   u2
    y1    0    0
    y2    0    0
Sample time: 0.15 seconds
Discrete-time state-space model.
```

【例 2-9】 假设连续系统的数学模型为 $G(s)=\dfrac{1}{(s+2)^3}\mathrm{e}^{-2s}$，选择采样周期为 $T=0.15\mathrm{s}$，尝试将输入该系统的传递函数。

```
>> clear all;
s=tf('s');
G=1/(s+2)^3;
G.ioDelay=2;
%采用零阶保持器对其离散化
G1=c2d(G,0.15,'zoh')   %零阶保持器变换
```

运行程序，输出如下：

```
G1 =
               0.0001436 z^3 + 0.001336 z^2 + 0.0006878 z + 9.132e-06
  z^(-14) * -------------------------------------------------------------
                       z^3 - 2.222 z^2 + 1.646 z - 0.4066

Sample time: 0.15 seconds
Discrete-time transfer function.
```

还可以采用双线性变换算法对其离散化，代码为：

```
>> G2=c2d(G,0.15,'tustin')   %双线性变换
```

运行程序，输出如下：

```
G2 =
               0.0002774 z^3 + 0.0008322 z^2 + 0.0008322 z + 0.0002774
  z^(-13) * -------------------------------------------------------------
                       z^3 - 2.217 z^2 + 1.639 z - 0.4038

Sample time: 0.15 seconds
Discrete-time transfer function.
```

在一些特殊应用中，有时需要由已知的离散系统模型变换出连续系统模型，假设离散系统由状态方程给出，对式（2-7）进行反变换，则可得出转换公式：

$$A = \frac{1}{T} \ln F, \quad B = (F-I)^{-1} AG$$

如果离散系统由传递函数模型给出，则将 $z = \dfrac{1+s\dfrac{T}{2}}{1-s\dfrac{T}{2}}$ 代入离散传递函数模型就可以获得相应的连续系统传递函数模型，这样的变换为 Tustin 反变换。

在 MATLAB 控制工具箱中，提供了 d2c 函数进行模型连续化变换，函数的调用格式为：

sysc = d2c(sysd)
sysc = d2c(sysd,method)
sysc = d2c(sysd,opts)
[sysc,G] = d2c(sysd,method,opts)

其中，可获得离散系统 sysd 对应的连续系统 sysc，method 的具体含义与 c2d 函数中的相同。

【例 2-10】考虑例 2-9 中获得的离散系统状态方程模型，采用 d2c 函数对其反变换，就得出连续状态方程模型。

```
>> clear all;
A=[-12 -17.2 -16.8 -11.9;6 8.6 8.4 6;6 8.7 8.4 6;-5.9 -8.6 -8.3 -6];
B=[1.5 0.2;1 0.3;2 1;0 0.5];
C=[2 0.5 0 0.8;0.3 0.3 0.2 1];
D=zeros(2,2);
G=ss(A,B,C,D);        %输入并显示系统状态方程模型
T=0.15;
Gd=c2d(G,T);          %连续状态方程模型的离散化
G1=d2c(Gd)            %对离散状态方程连续化，注意调用函数时不用采样周期
```

运行程序，输出如下：

G1 =
  A =
          x1   x2   x3   x4
   x1   -12   -17.2   -16.8   -11.9
   x2   6   8.6   8.4   6
   x3   6   8.7   8.4   6
   x4   -5.9   -8.6   -8.3   -6
  B =
              u1   u2
   x1   1.5   0.2
   x2   1   0.3
   x3   2   1
   x4   4.626e-17   0.5
  C =
          x1   x2   x3   x4
   y1   2   0.5   0   0.8
   y2   0.3   0.3   0.2   1

```
D =
         u1   u2
    y1   0    0
    y2   0    0
```
Continuous-time state-space model.

可以看出，这样的连续化过程基本上能还原出原来的连续系统模型，虽然在计算中可能引入微小的误差，但由于其误差幅值极小，所以可以忽略不计。

2. 状态方程的最小实现

在介绍系统的最小实现前，首先考虑 $G(s) = \dfrac{5s^3 + 50s^2 + 155s + 150}{s^4 + 11s^3 + 41s^2 + 61s + 30}$，如果不对其进行任何变换，则不能发现该模型可能有哪些特点。现在对该模型进行转换，如将其转换为零极点模型：

```
>> G=tf([5 50 155],[1 11 41 61 30]);   %输入传递函数模型
>> zpk(G)    %获得系统的零极点模型
```

运行程序，可得零极点模型为：

```
ans =
    5 (s^2 + 10s + 31)
    ---------------------
    (s+5) (s+3) (s+2) (s+1)
```
Continuous-time zero/pole/gain model.

从零极点模型可以发现，系统在 $s=-2,-3,-5$ 处有相同的零极点，在数学上它们直接就可以对消，以达到原始模型的化简。经过这样的化简，就可以得出一个一阶模型 $G_r(s) = \dfrac{5}{s+1}$，该系统和原始系统完全相同。

因此称完全对消相同零极点后的系统模型为最小实现（minimum realization）模型。对单变量系统来说，可以将其转换成零极点形式，对消掉全部的共同零极点，就可以对原始系统进行化简，获得系统的最小实现模型。如果系统模型为多变量模型，则很难通过这样的方法来获得最小实现模型，这时可以借助于控制系统工具箱提供的 minreal 函数来获得系统的最小实现模型。函数的调用格式为：

sysr = minreal(sys)：获取状态方程 sys 的最小实现模型。

sysr = minreal(sys,tol)：tol 为设定的误差容限。

[sysr,u] = minreal(sys,tol)：返回最小实现模型 sysr 外同时返回正交矩阵 u，满足(u*A*u',u*B,C*u')。

【例 2-11】假设系统的状态方程模型为 $\begin{cases} \dot{x}(t) = Ax(t) + Bu(t) \\ y(t) = Cx(t) \end{cases}$，其中，

$$A = \begin{bmatrix} -6 & -1.5 & 2 & 4 & 9.5 \\ -6 & -2.5 & 2 & 5 & 12.5 \\ -5 & 0.25 & -0.5 & 3.5 & 9.75 \\ -1 & 0.5 & 0 & -1 & 1.5 \\ -2 & -1 & 1 & 2 & 3 \end{bmatrix}, B = \begin{bmatrix} 6 & 4 \\ 5 & 5 \\ 3 & 4 \\ 0 & 2 \\ 3 & 1 \end{bmatrix}, C = \begin{bmatrix} 2 & 0.75 & -0.5 & -1.5 & -2.75 \\ 0 & -1.25 & 1.5 & 1.5 & 2.25 \end{bmatrix}, D = \begin{bmatrix} 0 & 0 \\ 0 & 0 \end{bmatrix}。$$

试求状态方程的最小实现模型。

```
>> clear all;
A=[-6 -1.5 2 4 9.5;-6 -2.5 2 5 12.5;-5 0.25 -0.5 3.5 9.75;...
    -1 0.5 0 -1 1.5;-2 -1 1 2 3];    %输入系统矩阵 A
B=[6 4;5 5;3 4;0 2;3 1];
C=[2 0.75 -0.5 -1.5 -2.75;0 -1.25 1.5 1.5 2.25];
D=zeros(2,2);
G=ss(A,B,C,D);
G1=minreal(G) %求取最小实现模型
```

运行程序，输出如下：

```
2 states removed.
G1 =
  A =
            x1         x2         x3
   x1   -2.347      1.379     -0.2011
   x2   -0.512      0.05715   -0.351
   x3   -0.5079     1.751     -1.71
  B =
            u1         u2
   x1    6.886      4.362
   x2    4.536      3.379
   x3    3.318      5.618
  C =
            x1         x2         x3
   y1    0.8451    -0.001719   0.05692
   y2    0.2775     0.3349     0.4731
  D =
         u1    u2
   y1    0     0
   y2    0     0
Continuous-time state-space model.
```

在最小实现模型求取过程中，消去了两个状态变量，使得原始的状态方程模型简化成一个三阶状态方程模型。这样可以得出关于状态变量 $\dot{x}(t)$ 的状态方程模型，该模型即为原来的五阶多变量系统的最小实现模型，应该指出的是，经过最小实现变换，就失去了原来状态变量的直接物理意义。

2.2.4 线性系统模型的降阶

前面介绍了系统模型的最小实现问题，用最小实现方法可以对消掉位于相同位置的系统零极点，得到对原始模型的精确简化。如果一个高阶模型不能被最小实现方法降低阶次，那还有其他办法对其进行某种程度的近似，以得到一个低阶的近似模型吗？这是模型降阶技术需要解决的问题。

控制系统的模型降阶问题首先是在 1966 年由 Edward J. Davison 提出的，经过几十年的发展，出现了各种各样的降阶算法及应用领域。

1. Padé 降阶算法与 Routh 降阶算法

假设系统的原始模型由式（2-2）给出，模型降阶所要解决的问题是获得如下所示的传递函数模型：

$$G_{\frac{r}{k}}(s) = \frac{\beta_1 s^r + \beta_2 s^{r-1} + \cdots + \beta_{r+1}}{\alpha_1 s^k + \alpha_2 s^{k-1} + \cdots + \alpha_k s + \alpha_{k+1}} \quad (2\text{-}8)$$

其中，$k < r$。为简单起见，仍需假设 $\alpha_{r+1} = 1$。

假设原始模型 $G(s)$ 的 Maclaurin 级数可写为：

$$G(s) = c_0 + c_1 s + c_2 s^2 + \cdots \quad (2\text{-}9)$$

其中，c_i 又称为系统的时域矩量，可由递推公式求出：

$$c_0 = b_{k+1}, \quad \text{且} \ c_i = b_{k+1-i} - \sum_{j=0}^{i-1} c_j a_{n+1-i+j}, \ i = 1, 2, \cdots$$

如果系统 $G(s)$ 由状态方程给出，还可以用下面的式子求出 c_i 系数为：

$$c_i = \frac{1}{i!} \left. \frac{d^i G(s)}{ds^i} \right|_{s=0} = -CA^{-(i+1)}B, \ i = 1, 2, \cdots$$

根据需要，自定义编写 momtc 函数用来求取系统 G 的前 k 个时域矩量，这些矩量由向量 C 返回，函数源代码为：

```
function M=momtc(G,k)
G=ss(G);
C=G.c;
B=G.b
iA=inv(G.a);
iA1=iA;
M=zeros(1,k);
for i=1:k
    M(i)=-C*iA1*B;
    iA1=iA*iA1;
end
```

如果想让降阶模型保留原始模型的前 $r+k+1$ 个时域矩量 $c_i(i = 0, 1, \cdots, r+k)$，将式（2-9）代入式（2-8），并比较 s 的相同幂次项的系数，则可以列出下面的等式：

$$\begin{cases} \beta_{r+1} = c_0 \\ \beta_r = c_1 + \alpha_k c_0 \\ \vdots \\ \beta_1 = c_r + \alpha_k c_{r-1} + \cdots + \alpha_{k-r+1} c_0 \\ 0 = c_{r+1} + \alpha_k c_r + \cdots + \alpha_{k-r} c_0 \\ 0 = c_{r+2} + \alpha_k c_{r+1} + \cdots + \alpha_{k-r-1} c_0 \\ \vdots \\ 0 = c_{r+l} + \alpha_k c_{k+r-1} + \cdots + \alpha_2 c_{r+1} + \alpha_1 c_r \end{cases} \quad (2\text{-}10)$$

由式（2-10）中的后 k 项可以建立起下面的关系式：

$$\begin{bmatrix} c_r & c_{r-1} & \cdots & \cdots \\ c_{r+1} & c_r & \cdots & \cdots \\ \vdots & \vdots & \ddots & \vdots \\ c_{k+r-1} & c_{k+r-2} & \cdots & c_r \end{bmatrix} \begin{bmatrix} \alpha_k \\ \alpha_{k-1} \\ \vdots \\ \alpha_1 \end{bmatrix} = -\begin{bmatrix} c_{r+1} \\ c_{r+2} \\ \vdots \\ c_{k+r} \end{bmatrix}$$

可见，如果 c_i 已知，则可以通过线性代数方程求解的方法立即解出降阶模型的分母多项式系数 α_i。再由式（2-10）中的前 $r+1$ 个式子可以列出求解降阶模型分子多项式系数 β_i 的表达式为：

$$\begin{bmatrix} \beta_{r+1} \\ \beta_r \\ \vdots \\ \beta_1 \end{bmatrix} = \begin{bmatrix} c_0 & 0 & \cdots & 0 \\ c_1 & c_0 & \cdots & 0 \\ \vdots & \vdots & \ddots & \vdots \\ c_r & c_{r-1} & \cdots & c_0 \end{bmatrix} \begin{bmatrix} 1 \\ \alpha_k \\ \vdots \\ \alpha_{k-r+1} \end{bmatrix}$$

可自定义编写 pademod 函数实现上述算法，可以用来直接求解 Padé 降阶模型的问题，函数的源代码为：

```
function Gr=pademod(G,r,k)
c=momtc(G,r+k+1);
Gr=padetol(c,r,k)
```

其中，G 和 Gr 分别为原始模型和降阶模型，r、k 分别为期望降阶模型的分子和分母阶次。在函数中调用了对系统时域矩量作 Padé 近似的函数 pade，函数的源代码为：

```
function Gr=padetol(c,r,k)
w=-c(r+2:r+k+1)';
vv=[c(r+1:-1:1)';zeros(k-1-r,1)];
W=rot90(hankel(c(r+k:-1:r+1),vv));
V=rot90(hankel(c(r:-1:1)));
x=[1 (W\w)'];
dred=x(k+1:-1:1)/x(k+1);
y=[c(1) x(2:r+1)*V'+c(2:r+1)];
nred=y(r+1:-1:1)/x(k+1);
Gr=tf(nred,dred);
```

其中，c 为给定的时域矩量，Gr 为得出的 Padé 近似模型。

【例 2-12】试求出传递函数模型 $G(s)=\dfrac{s^3+7s^2+11s+5}{s^4+7s^3+21s^2+37s+30}$ 的二阶 Padé 降阶模型。

```
>> clear all;
G=tf([1 7 11 5],[1 7 21 37 30]);
Gr=pademod(G,1,2)
legend('原模型阶跃','降阶模型阶跃');
figure;bode(G,Gr,'r--');
legend('原模型 Bode 图','降阶模型 Bode 图');
```

运行程序，得到系统的 Padé 降阶模型为：

```
Gr =
     0.8544 s + 0.6957
```

```
--------------------
s^2 + 1.091 s + 4.174
Continuous-time transfer function.
```

同时得出阶跃响应曲线和 Bode 系统图，如图 2-1 和图 2-2 所示。

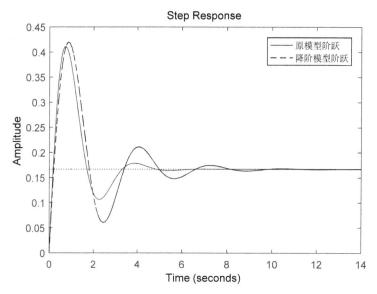

图 2-1　原模型和降阶模型的阶跃曲线比较

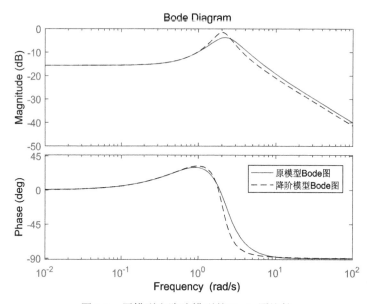

图 2-2　原模型和降阶模型的 Bode 图比较

由图 2-1 及图 2-2 可见，这样得出的降阶模型的响应接近于原始模型。

从上面的例子可以看出，给定一个原始模型，可以很容易得到降阶模型，该降阶模型在时域和频域下都能很好地接近原来的四阶模型。下面通过一个例子来给出此算法的一个反例。

【例 2-13】 假设原模型为：
$$G(s) = \frac{0.067s^5 + 0.6s^4 + 1.5s^3 + 2.016s^2 + 1.55s + 0.6}{0.067s^6 + 0.7s^5 + 3s^4 + 6.67s^3 + 7.93s^2 + 4.63s + 1}$$

试求其零极点模型及降阶模型。

```
>> clear all;
num=[0.067 0.6 1.5 2.016 1.66 0.6];
den=[0.067 0.7 3 6.67 7.93 4.63 1];
G=tf(num,den);
zpk(G)
```

运行程序，得到零极点模型为：

```
ans =
          (s+5.92) (s+1.221) (s+0.897) (s^2 + 0.9171s + 1.381)
  ---------------------------------------------------------------
    (s+2.805) (s+1.856) (s+1.025) (s+0.501) (s^2 + 4.261s + 5.582)
Continuous-time zero/pole/gain model.
```

显然，该模型是稳定的。利用 Padé 降阶算法，求出三阶降阶模型，并得出零极点模型，代码为：

```
>> Gr=pademod(G,1,3)    %三阶降阶模型
Gr =
              -0.6328 s - 0.4869
         ---------------------------
         s^3 - 1.49 s^2 - 2.567 s - 0.8115
Continuous-time transfer function.
>> zpk(Gr)    %降阶后零极点模型
ans =
              -0.6328 (s+0.7695)
         ---------------------------
         (s-2.598) (s^2 + 1.108s + 0.3123)
Continuous-time zero/pole/gain model.
```

可见降阶模型是不稳定的，这意味着 Padé 降阶算法并不能保持原系统的稳定性，因此有时该算法失效，所以在使用 Padé 降阶时要注意。

由于 Padé 降阶算法有时并不能保持原降阶模型的稳定性，所以 Hutton 提出了基于稳定性考虑的降阶算法，即利用 Routh 因子的近似方法，该方法总能得出渐近稳定的降阶模型。通过编写 routhmod 函数实现算法，函数源代码为：

```
function Gr=routhmod(G,nr)
num=G.num{1};
den=G.den{1};
n0=length(den);
n1=length(num);
a1=den(end:-1:1);
b1=[num(end:-1:1) zeros(1,n0-n1-1)];
for k=1:n0-1
```

```
            k1=k+2;
            alpha(k)=a1(k)/a1(k+1);
            beta(k)=b1(k)/a1(k+1);
            for i=k1:2:n0-1,
                a1(i)=a1(i)-alpha(k)*a1(i+1);
                b1(i)=b1(i)-beta(k)*a1(i+1);
            end
    end
nn=[];dd=[1];
nn1=beta(1);
dd1=[alpha(1),1];
nred=nn1;dred=dd1;
for i=2:nr,
        nred=[alpha(i)*nn1,beta(i)];
        dred=[alpha(i)*dd1,0];
        n0=length(dd);
        n1=length(dred);
        nred=nred+[zeros(1,n1-n0),nn];
        dred=dred+[zeros(1,n1-n0),dd];
        nn=nn1; dd=dd1;
        nn1=nred;dd1=dred;
end
Gr=tf(nred(nr:-1:1),dred(end:-1:1));
```

其中，G 与 Gr 为原始模型与降阶模型，而 nr 为指定的降阶阶次。注意，用 Routh 算法得出的降阶模型分子阶次总是比分母阶次少 1。

【例 2-14】仍考虑例 2-13 给出的原始传递函数模型，用 Routh 算法函数获取三阶降阶模型。

```
>> clear all;
num=[0.067 0.6 1.5 2.016 1.66 0.6];
den=[0.067 0.7 3 6.67 7.93 4.63 1];
G=tf(num,den);
Gr=zpk(routhmod(G,3))     %获得降阶模型，并导出其零极点格式
step(G,Gr,'r--');
legend('原模型阶跃','降阶模型阶跃');
figure;bode(G,Gr,'r--');
legend('原模型 Bode 图','降阶模型 Bode 图');
```

运行程序，得出系统降阶模型为：

```
Gr =
    0.37792 (s^2 + 0.9472s + 0.3423)
    --------------------------------
    (s+0.4658) (s^2 + 1.15s + 0.463)

Continuous-time zero/pole/gain model.
```

得到原模型和降阶模型的阶跃响应曲线如图 2-3 所示。

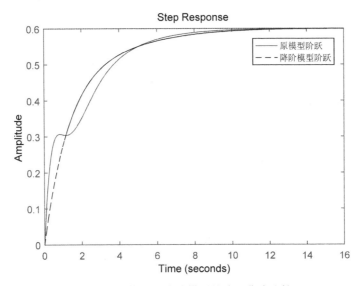

图 2-3　原模型和降阶模型的阶跃曲线比较

得到原模型与降阶模型的 Bode 图如图 2-4 所示。

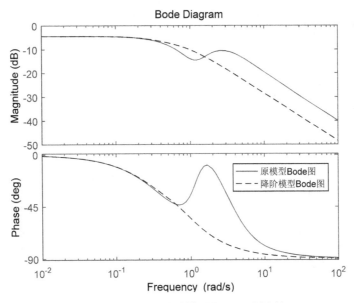

图 2-4　原模型和降阶模型的 Bode 图比较

由输出降阶模型结果及图 2-3、图 2-4 可看出，尽管降阶模型是稳定的，但拟合的效果不甚理想。

2. 时间延迟 Padé 近似

类似于 Padé 模型降阶算法，Padé 近似技术还可以用于带有时间延迟模型的降阶研究，假设已知纯时间延迟项 $e^{-\tau s}$ 的 k 阶传递函数模型为：

$$P_{k,\tau}(s) = \frac{1 - \dfrac{\tau s}{2} + p_2(\tau s)^2 - p_3(\tau s)^3 + \cdots + (-1)^{n+1} p_n(\tau s)^k}{1 + \dfrac{\tau s}{2} + p_2(\tau s)^2 + p_3(\tau s)^3 + \cdots + p_n(\tau s)^k}$$

MATLAB 控制系统工具箱提供了 pade 函数，可以求取纯时间延迟的 Padé 近似，函数的调用格式为：

[num,den] = pade(T,N)：其中，T 为延迟时间常数，N 为近似的阶次，得出的 num 和 den 为有理近似的分子和分母多项式系数。在这样的近似方法中，分子和分母是同阶多项式。

sysx = pade(sys,N)：得出含有延迟或内部延迟的线性模型 sys 的 Padé 近似 sysx。

现在考虑分子的阶次可以独立选择的情况。对纯时间延迟项可以用 Maclaurin 级数近似为：

$$\mathrm{e}^{-\tau s} = 1 - \frac{1}{1!}\tau s + \frac{1}{2!}\tau^2 s^2 - \frac{1}{3!}\tau^3 s^3 + \cdots \quad (2\text{-}11)$$

该式类似于式（2-9）中的时域矩量表达式，因此可以用同样的 Padé 算法得出纯时间延迟的有理近似。编写 paderm 函数可以直接求取任意选择分子、分母阶次的 Padé 近似系数。函数的源代码为：

```
function [n,d]=paderm(tau,r,k)
c(1)=1;
for i=2:r+k+1
    c(i)=-c(i-1)*tan(i-1);
end
Gr=padetol(c,r,k);
n=Gr.num{1}(k-r+1:end);
d=Gr.den{1};
```

【例 2-15】有纯时间延迟模型 $G(s) = \mathrm{e}^{-s}$，求模型的 Padé 近似模型。

```
>> clear all;
tau=1;
[n1,d1]=pade(tau,3);
G1=tf(n1,d1)
[n2,d2]=paderm(tau,1,3);
G2=tf(n2,d2)
```

运行程序，得到如下两种不同的近似模型：

```
G1 =
  -s^3 + 12 s^2 - 60 s + 120
  --------------------------
   s^3 + 12 s^2 + 60 s + 120
Continuous-time transfer function.
G2 =
             1.404 s - 0.4832
  ----------------------------------
```

s^3 - 0.6302 s^2 + 0.6512 s - 0.4832
Continuous-time transfer function.

【例 2-16】考虑带有时间延迟的原传递函数模型 $G(s)=\dfrac{3s+1}{(s+1)^3}\mathrm{e}^{-2s}$，对纯时间延迟进行 Maclaurin 幂级数展开，求整个传递函数的时域矩量，在此基础上求整个系统的 Padé 近似。

```
>> clear all;
cd=[1];tau=2;
for i=1:5
    cd(i+1)=tau*cd(i)/i;
end
cd
G=tf([3,1],[1,3,3,1]);
c=momtc(G,5);
c_hat=conv(c,cd);
Gr=padetol(c_hat,1,3)
G.ioDelay=2;
Gr1=pade(G,2)
step(G,Gr,'r--',Gr1,':');
legend('原模型阶跃响应曲线','降阶模型阶跃响应曲线');
figure;bode(G,Gr,'r--',Gr1,':');
legend('原模型 Bode 图','降阶模型 Bode 图');
```

运行程序，得到系统的 Padé 降阶模型为：

```
Gr =
          -26.25 s - 8.625
      ---------------------------
      s^3 + 9.375 s^2 - 9 s - 8.625

Continuous-time transfer function.
```

得到 Padé 高阶近似模型为：

```
Gr1 =
            3 s^3 - 8 s^2 + 6 s + 3
    ------------------------------------------
    s^5 + 6 s^4 + 15 s^3 + 19 s^2 + 12 s + 3

Continuous-time transfer function.
```

三个模型的阶跃响应和 Bode 图比较如图 2-5 和图 2-6 所示。

由图 2-5 及图 2-6 可见，用不带延迟的三阶 Padé 降阶模型去逼近延迟模型效果不是很理想，所以可以考虑用带有延迟的模型去近似原模型。高阶近似可对原模型有较好的逼近效果。

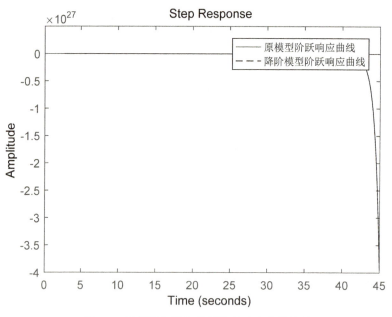

图 2-5　原模型和降阶模型阶跃响应曲线比较

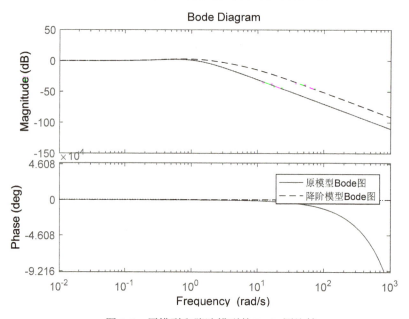

图 2-6　原模型和降阶模型的 Bode 图比较

3. 状态方程模型的降阶

在 MATLAB 中可通过均衡实现降阶。首先可以得出处理后系统的能控 Gram 矩阵，根据该矩阵的值可以看出哪些状态重要，哪些是次要的、对全局没有太大影响的，找到这些状态，则可以将其忽略，从而得出所需的降阶模型。

利用矩阵分块方法，可以重新写出原系统模型的均衡实现表示：

$$\begin{bmatrix} \dot{x}_1 \\ \dot{x}_2 \end{bmatrix} = \begin{bmatrix} A_{11} & A_{12} \\ A_{21} & A_{22} \end{bmatrix} \begin{bmatrix} x_1 \\ x_2 \end{bmatrix} + \begin{bmatrix} B_1 \\ B_2 \end{bmatrix} u$$

$$y = \begin{bmatrix} C_1 & C_2 \end{bmatrix} \begin{bmatrix} x_1 \\ x_2 \end{bmatrix} + Du$$

（2-12）

并假设子状态变量 x_2 需要消去，这样可以得到如下的状态方程模型：

$$\begin{cases} \dot{x}_1 = (A_{11} - A_{12}A_{22}^{-1}A_{21})x_1 + (B_1 - A_{12}A_{22}^{-1}B_2)u \\ y = (C_1 - C_2A_{22}^{-1}A_{21})x_1 + (D - C_2A_{22}^{-1}B_2)u \end{cases}$$

在 MATLAB 控制工具箱中，提供了 modred 函数用于求取降阶模型。函数的调用格式为：

rsys = modred(sys,elim)：sys 为均衡实现的原始模型；elim 为需要消去的状态变量，返回参数 rsys 为降阶模型。

rsys = modred(sys,elim,'method')：'method'为指定降阶的方法。

【例 2-17】已知系统模型 $h(s) = \dfrac{s^3 + 11s^2 + 36s + 26}{s^4 + 14.6s^3 + 74.96s^2 + 153.7s + 99.65}$，求系统模型的均衡的能控 Gram 矩阵。

```
>> clear all;
h = tf([1 11 36 26],[1 14.6 74.96 153.7 99.65]);
[hb,g] = balreal(h);
>> g'          %%Gram 矩阵
ans =
    0.1394    0.0095    0.0006    0.0000
```

显然，第 3、4 个状态变量不是很重要，所以可以考虑消去这两个状态，得出降阶模型，代码为：

```
>> zpk(hb)
%用两种方法进行降阶
hmdc = modred(hb,2:4,'MatchDC');
hdel = modred(hb,2:4,'Truncate');
bodeplot(h,'-',hmdc,'x',hdel,'*')
legend('MatchDC 降阶模型 Bode 图','Truncate 降阶模型 Bode 图');
stepplot(h,'-',hmdc,'-.',hdel,'--')
legend('atchDC 降阶阶跃响应曲线','Truncate 降阶阶跃响应曲线');
```

运行程序，得到降阶模型为：

```
ans =
           (s+1) (s^2 + 10s + 26)
     -----------------------------------
        (s+1.2) (s+3.001) (s^2 + 10.4s + 27.67)
Continuous-time zero/pole/gain model.
```

得到两种方法的 Bode 图及阶跃响应曲线分别如图 2-7 及图 2-8 所示。

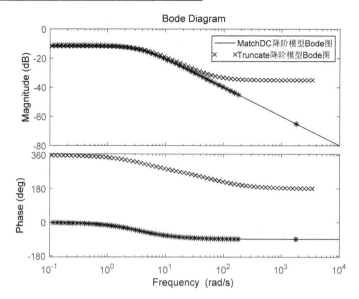

图 2-7 两种方法的 Bode 图比较

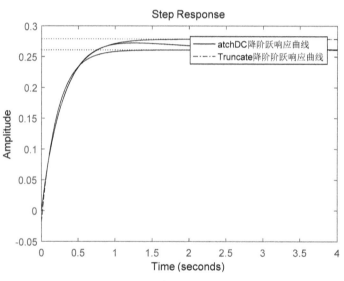

图 2-8 两种方法的阶跃响应比较曲线

2.2.5 线性系统的辨识

在实际应用中并不是所有的能控对象都可以推导出数学模型,很多能控对象甚至连系统的结构都是未知的,所以需要从实测的系统输入/输出数据或其他数据,用数值的手段重构其数学模型,这样的办法称为系统辨识。

在实际应用中,可以采用许多方法从给定的系统响应数据,如时域响应中的输入和输出数据或频域响应的频率、幅值与相位数据等拟合出系统的传递函数模型,但由于这样的拟合有时解不唯一或效果较差,因此一般不对连续系统数学模型进行直接辨识,而更多地对离散系统模型进行辨识。如果需要系统的连续模型,则可以通过离散模型连续化的方法,

1. 离散系统辨识离散

离散系统传递函数可以为

$$G(z^{-1}) = \frac{b_0 + b_1 z^{-1} + \cdots + b_m z^{-m+1}}{1 + a_1 z^{-1} + a_2 z^{-2} + \cdots + a_n z^{-n}} z^{-d} \quad (2\text{-}13)$$

它对应的差分方程为

$$y(t) = a_1 y(t-1) + a_2 y(t-2) + \cdots + a_n y(t-n) \\ b_1 u(t-d) + b_2 u(t-d-1) + \cdots + b_m u(t-d-m+1) + \varepsilon(t) \quad (2\text{-}14)$$

其中，$\varepsilon(t)$ 为残差信号。这里，为了方便起见，输出信号简记为 $y(t)$，且用 $y(t-1)$ 表示输出信号 $y(t)$ 在前一个采样周期处的函数值，这种模型又称为自回归历遍（auto-regressive exogenous，ARX）模型。假设已经测出了一组输入信号 $u = [u(1), u(2), \cdots, u(M)]^T$ 和一组输出信号 $y = [y(1), y(2), \cdots, y(M)]^T$，则由式（2-14）可以写出：

$$y(1) = -a_1 y(0) - \cdots - a_n y(1-n) + b_1 u(1-d) + \cdots + b_m u(2-m-d) + \varepsilon(1)$$
$$y(2) = -a_1 y(1) - \cdots - a_n y(2-n) + b_2 u(2-d) + \cdots + b_m u(3-m-d) + \varepsilon(2)$$
$$\vdots$$
$$y(M) = -a_1 y(M-1) - \cdots - a_n y(M-n) + b_1 u(M-d) + \cdots + b_m u(M-m-d+1) + \varepsilon(M)$$

其中，$y(t)$ 和 $u(t)$（当 $t \leq 0$ 时）的初值均假设为零。上述方程可以写成矩阵形式：

$$y = \Phi \theta + \varepsilon$$

其中，

$$\Phi = \begin{bmatrix} y(0) & \cdots & y(1-n) & u(1-d) & \cdots & u(2-m-d) \\ y(1) & \cdots & y(2-n) & u(2-d) & \cdots & u(3-m-d) \\ \vdots & & \vdots & \vdots & & \vdots \\ y(M-1) & \cdots & y(M-n) & u(M-d) & \cdots & u(M+1-m-d) \end{bmatrix}$$

$$\theta^T = [-a_1 \quad -a_2 \quad \cdots \quad -a_n \quad b_1 \quad b_2 \quad \cdots \quad b_m] \quad (2\text{-}15)$$

$$\varepsilon^T = [\varepsilon(1) \quad \varepsilon(2) \quad \cdots \quad \varepsilon(M)]$$

为使得残差的平方和最小，也即 $\min_\theta \sum_{i=1}^{M} \varepsilon^2(i)$，则可以得出特定参数 θ 最优估计值为：

$$\theta = [\Phi^T \Phi]^{-1} \Phi^T y \quad (2\text{-}16)$$

该方法称为最小化残差的平方和，因此这样的辨识方法又称为最小二乘法。

MATLAB 的系统辨识工具箱中提供了各种各样的系统辨识函数，其中 ARX 模型的辨识可以由 arx 函数实现。函数的调用格式为：

sys = arx(data,[na nb nk])：参数 data 为输入数据；na 为分母多项式阶次；nb 为分子多项式阶次；nk 为系统的纯滞后。sys 为一个结构体，其 sys.B 和 sys.A 分别表示辨识得出的分子和分母多项式模型。

sys = arx(data,[na nb nk],Name,Value)：设置对应的属性名 Name 及对应属性名的属性值 Value。

sys = arx(data,[na nb nk],___,opt)：参数 opt 用于设置位移量与权值。

【例2-18】假设已知系统的实测输入与输出数据如表 2-1 所示，且已知系统分子和分母阶次分别为 3 和 4，则可以根据这些数据辨识出系统的传递函数模型。

表 2-1 系统的输入与输出数据

t	$u(t)$	$y(t)$	t	$u(t)$	$y(t)$	t	$u(t)$	$y(t)$
0	1.4601	0	1.6	1.4483	16.411	3.2	1.056	11.871
0.1	0.8849	0	1.7	1.4335	14.336	3.3	1.4454	13.857
0.2	1.1854	8.7606	1.8	1.0282	15.746	3.4	1.0727	14.694
0.3	1.0887	13.194	1.9	1.4149	18.118	3.5	1.0349	17.866
0.4	1.413	17.41	2	0.7463	17.784	3.6	1.3769	17.654
0.5	1.3096	17.636	2.1	0.9822	18.81	3.7	1.1201	16.639
0.6	1.0651	18.763	2.2	1.6505	15.309	3.8	0.8621	17.107
0.7	0.7148	18.53	2.3	0.7078	13.7	3.9	1.2377	16.537
0.8	1.3571	17.041	2.4	0.8111	14.818	4	1.3704	14.643
0.9	1.0557	13.415	2.5	0.8622	13.235	4.1	0.7157	15.086
1	1.1923	14.454	2.6	0.8589	12.299	4.2	1.245	16.806
1.1	1.3335	14.59	2.7	1.183	11.6	4.3	1.0035	14.764
1.2	1.4374	16.11	2.8	0.9177	11.607	4.4	1.3654	15.498
1.3	1.2905	17.685	2.9	0.859	13.766	4.5	1.1022	14.679
1.4	0.841	19.498	3	0.7122	14.195	4.6	1.2675	16.655
1.5	1.0245	19.593	3.1	1.2974	13.763	4.7	1.0431	16.63

其实现的 MATLAB 代码为:

```
>> clear all;
u=[1.4601 0.8849 1.1854 1.0887 1.413 1.3096 1.0651 0.7148 1.3571 1.0557 1.1923 ...
    1.3335 1.4374 1.2905 0.841 1.0245 1.4483 1.4335 1.0282 1.4149 0.7463 0.9822 ...
    1.6505 0.7078 0.8111 0.8622 0.8589 1.183 0.9177 0.859 0.7122 1.2974 1.056 ...
    1.4454 1.0727 1.0349 1.3769 1.1201 0.8621 1.2377 1.3704 0.7157 1.245 1.0035 ...
    1.3654 1.1022 1.2675 1.0431]';
y=[0 0 8.7606 13.194 17.41 17.636 18.763 18.53 17.041 13.415 14.454 14.59 16.11 ...
    17.685 19.498 19.593 16.411 14.336 15.746 18.118 17.784 18.81 15.309 13.7 14.818 ...
    13.235 12.299 11.6 11.607 13.766 14.195 13.763 11.871 13.857 14.694 17.866 17.654...
    16.639 17.107 16.537 14.643 15.086 16.806 14.764 15.498 14.679 16.655 16.63]';
t1=arx([y,u],[4,4,1])    %直接辨识系统模型
```

运行程序, 得到辨识模型结果为:

```
t1 =
Discrete-time ARX model:    A(z)y(t) = B(z)u(t) + e(t)
    A(z) = 1 - 0.9691 z^-1 + 0.1374 z^-2 + 0.3565 z^-3 - 0.1585 z^-4
    B(z) = 0.215 z^-1 + 5.635 z^-2 - 0.3116 z^-3 - 0.4149 z^-4
Sample time: 1 seconds
Parameterization:
   Polynomial orders:   na=4   nb=4   nk=1
   Number of free coefficients: 8
```

Use "polydata", "getpvec", "getcov" for parameters and their uncertainties.
Status:
Estimated using ARX on time domain data.
Fit to estimation data: 94.23% (prediction focus)
FPE: 0.08158, MSE: 0.04895

比较正规的辨识方法是，用 iddata 函数处理辨识用数据，再用 tf 函数提取系统的传递函数模型，代码为：

```
>> U=iddata(y,u,0.1)
U =
Time domain data set with 48 samples.
Sample time: 0.1 seconds
Outputs      Unit (if specified)
   y1
Inputs       Unit (if specified)
   u1
>> T=arx(U,[4,4,1]);
>> H=tf(T);
>> G=H(1)    %系统的传递函数模型
G =
  From input "u1" to output "y1":
    0.215 z^-1 + 5.635 z^-2 - 0.3116 z^-3 - 0.4149 z^-4
    --------------------------------------------------------
    1 - 0.9691 z^-1 + 0.1374 z^-2 + 0.3565 z^-3 - 0.1585 z^-4
Sample time: 0.1 seconds
Discrete-time transfer function.
```

直接用 tf 函数提出来的传递函数模型是双输入传递函数矩阵，其第一个传递函数是所需要的传递函数，第 2 个是从误差信号 $\varepsilon(k)$ 到输出信号的传递函数，在此可以忽略。

其实如果不直接使用系统辨识工具箱中的 arx 函数，也可以用式（2-15）和式（2-16）直接辨识系统的模型参数，代码为：

```
>> Phi=[[0;y(1:end-1)] [0;0;y(1:end-2)],[0;0;0;y(1:end-3)] ...
[0; 0; 0; 0;y(1:end-4)] [0;u(1:end-1)] [0;0;u(1:end-2)],...
[0;0;0;u(1:end-3)] [0; 0; 0; 0;u(1:end-4)]];    %建立Φ
T=Phi\y;
T'    %辨识出结果，其中 Phi/y，求出最小二乘解
```

运行程序，得到辨识参数的向量：

```
ans =
    0.9536   -0.1322   -0.3520    0.1532    0.1532    5.7413   -0.2530   -0.3651
```

下面语句可以重建传递函数模型：

```
>> Gd=tf(ans(5:8),[1,-ans(1:4)],'Ts',0.1)
```

输出重建传递函数模型为：

```
Gd =
    0.1532 z^3 + 5.741 z^2 - 0.253 z - 0.3651
```

```
-------------------------------------------
  z^4 - 0.9536 z^3 + 0.1322 z^2 + 0.352 z - 0.1532
Sample time: 0.1 seconds
Discrete-time transfer function.
```

用 u 信号去激励辨识出的传递函数模型，由控制系统工具箱中的 lsim 函数可以直接绘制出时域响应曲线（该函数后面展开介绍）。还可以将原来输出数据叠印在该图上，实现代码为：

```
>> t=0:0.1:4.7;
lsim(Gd,u,t);
hold on;           %图像叠加
plot(t,y,'ro');    %绘制图像，并设置线型
legend('原始模型数据','辨识后的模型数据');
```

运行程序，效果如图 2-9 所示。

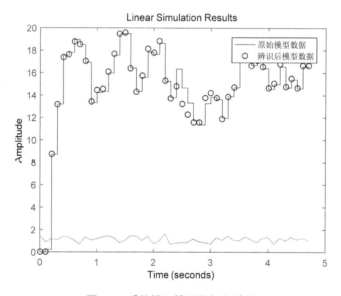

图 2-9　系统辨识模型的拟合效果

由图 2-9 可看出，辨识模型很接近原始数据。

系统辨识工具箱还提供了一个程序界面 System Identification Tool，可以用可视化的方式进行离散模型的辨识。在 MATLAB 命令窗口中给出 ident 命令，则将给出一个如图 2-10 所示的程序界面，该界面允许用户用可视化的方法对系统进行辨识。如果想辨识模型，首先应该输入相应的数据，可以通过单击界面左上角的列表框，选择 Import Data 栏目的 Time-Domain Data 选项，这时将得出如图 2-11 所示的对话框，在 Input 和 Output 栏中分别填写系统的输入和输出数据，单击 Import 按钮完成数据输入。

这时如果想辨识 ARX 模型，可以选择主界面中间部分的 Estimate 辨识列表框，从中选择 Polynomial Model 选项，将得出如图 2-12 所示的对话框，用户可以选择系统的阶次进行辨识，然后单击 Estimate 按钮，则将自动辨识出系统的离散传递函数模型。双击辨识主界面中的辨识模型图标，则将弹出一个显示窗口，如图 2-13 所示。可见，辨识的结果与 arx

函数辨识的结果完全一致,因为界面调用的语句是一样的。

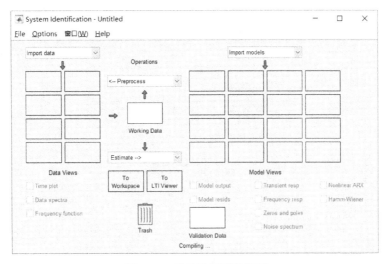

图 2-10　系统辨识程序界面

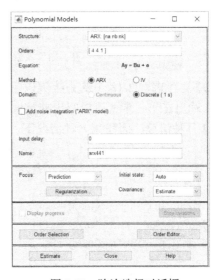

图 2-11　数据输入对话框　　　　图 2-12　阶次选择对话框

2. 辨识模型的阶次选择

从前面介绍的辨识函数可看出,如果给出了系统的阶次,则可以得到系统的辨识模型。但如何较好地选择一个合适的模型阶次呢?AIC 准则(Akaike's Information Criterion)是一种实用的判定模型阶次的准则,其定义为:

$$\text{AIC} = \lg\left\{\det\left[\frac{1}{M}\sum_{i=1}^{M}\varepsilon(i,0)\varepsilon^{\text{T}}(i,0)\right]\right\} + \frac{k}{M}$$

式中,M 为实测数据的组数;ε 为待辨识参数向量;k 为需要辨识的参数个数。可以用 MATLAB 提供的 aic 函数来计算辨识模型。函数的调用格式为:

value = aic(model):计算辨识系统 model 的 AIC 准则的值 value。其中,model 是由 arx 函数直接得出

的 idpoly 对象。

如果计算出的 AIC 较小,如小于-20,则该误差可能对应于损失函数的 10^{-10} 级别,则这时 n、m、d 的组合可以看成系统合适的阶次。

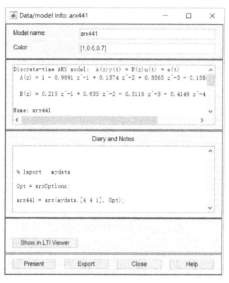

图 2-13 系统辨识结果窗口

【例 2-19】再考虑例 2-18 中的系统辨识问题。由表 2-1 中给出的实际数据可见,在输入信号作用下,输出在第 3 步就可以得出非零值,所以延迟的值 d 不应该超过 2。这样只需探讨 d=0,1,2 几种情况,而在每一种情况下,可以用循环语句尝试各种准则的值。

```
>> U=iddata(y,u,0.1);
for n=1:7
    for m=1:7
        T=arx(U,[n,m,0]);TAic0(n,m)=aic(T);
        T=arx(U,[n,m,1]);TAic1(n,m)=aic(T);
        T=arx(U,[n,m,2]);TAic2(n,m)=aic(T);
    end
end
```

对于其得到的结果,大家有兴趣可以自行尝试。

3. 离散系统辨识信号的生成

伪随机二进制序列(Pseudo-random Binary Sequence,PRBS,又称 M-序列)信号是用于线性系统辨识的很重要的一类信号,该信号可以通过系统辨识工具箱中的辨识信号生成函数 idinput 生成。函数的调用格式为:

u = idinput(N):序列长度 $N=2^n-1$,且 n 为整数。

u = idinput(N,type,band,levels):参数 type 为指定信号的类型,包括 'rbs'、'prbs' 和 'sine' 这 3 种信号。参数 band 为通常的范围。levels 为信号的尺度。

下面通过例子演示 PRBS 信号的生成及其在系统辨识中的应用。

【例 2-20】如果想生成一组 63 个点的数据,则可以通过如下代码实现:

```
>> clear all;
>> u=idinput(63,'PRBS');  %产生 PRBS 序列
>> t=[0:0.1:6.2]';
>> stairs(u);set(gca,'XLim',[0 63],'YLim',[-1.1 1.1]);   %PRBS 曲线
```

运行程序，效果如图 2-14 所示。

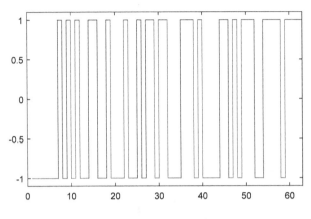

图 2-14 PRBS 序列波形

如果想要绘制信号的自相关曲线，可通过 MATLAB 提供的 crosscorr 函数实现，函数的调用格式为：

crosscorr(x,y)：自动绘制出 x、y 向量的互相关函数曲线。
crosscorr(x,x)：绘制出 x 向量的自相关函数曲线。

可通过以下代码绘制 PRBS 信号的自相关曲线，

```
>> figure;crosscorr(u,u)   %绘制自相关函数
```

运行程序，效果如图 2-15 所示。

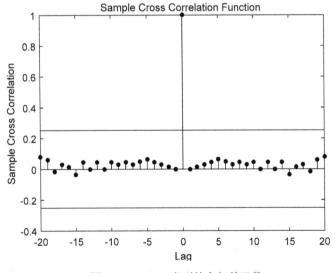

图 2-15 PRBS 序列的自相关函数

由图 2-15 可见，基本上可以认为该信号是独立信号。

利用长度为 31 的 PRBS 输入信号激励系统则可以计算出系统的输出信号，再由这样的输入/输出数据反过来直接辨识出系统的离散传递函数模型。

```
>> num=[6 -0.6 -0.12];
>> den=[1 -1 0.25 0.25 -0.125];
>> G=tf(num,den,'Ts',0.1);
>> u=idinput(31,'PRBS');
>> t=[0:0.1:3]';
>> y=0.0001*fix(10000*lsim(G,u,t));   %保留小数点后四位数
>> T1=arx([y,u],[4,4,1]) %辨识系统模型
```

运行程序，输出的辨识信息为：

```
T1 =
Discrete-time ARX model:    A(z)y(t) = B(z)u(t) + e(t)
  A(z) = 1 - z^-1 + 0.25 z^-2 + 0.25 z^-3 - 0.125 z^-4
  B(z) = -4.611e-07 z^-1 + 6 z^-2 - 0.6001 z^-3 - 0.12 z^-4

Sample time: 1 seconds
Parameterization:
   Polynomial orders:    na=4   nb=4   nk=1
   Number of free coefficients: 8
   Use "polydata", "getpvec", "getcov" for parameters and their uncertainties.
Status:
Estimated using ARX on time domain data.
Fit to estimation data: 100% (prediction focus)
FPE: 2.163e-09, MSE: 9.557e-10
```

求辨识出的系统模型代码为：

```
>> Gr=tf(T1)
Gr =
  From input "u1" to output "y1":
  -4.611e-07 z^-1 + 6 z^-2 - 0.6001 z^-3 - 0.12 z^-4
  -------------------------------------------------
     1 - z^-1 + 0.25 z^-2 + 0.25 z^-3 - 0.125 z^-4

Sample time: 1 seconds
Discrete-time transfer function.
```

可以看出，这样得出的系统传递函数模型更接近于原始系统模型。从这个例子可以看出，虽然采用的输入/输出组数比例 2-18 中少，但辨识的精度却大大高于该例中的结果，这就是选择 RPBS 信号作为辨识输入信号的原因。

4. 连续系统的辨识

连续系统辨识也存在各种各样的算法，例如，Levy 提出的基于频域响应拟合的辨识方法（MATLAB 函数为 invfreqs），但由于频域响应拟合的非唯一性，有时辨识结果不是很理想，甚至不稳定，所以可以采用间接的方法，首先辨识出离散传递函数模型，然后用连续化的方法再转化成所需的连续系统传递函数模型。

【例 2-21】 假设系统的传递函数模型为 $G(s) = \dfrac{s^3 + 7s^2 + 11s + 5}{s^4 + 7s^3 + 21s^2 + 37s + 30}$，并假设系统的采样周期为 $T = 0.15\text{s}$，用 PRBS 信号激励该系统模型，实现系统辨识。

```
>> clear all;
>> G=tf([1 7 11 5],[1 7 21 37 30]);      %原始系统模型
>> t=[0:0.2:6]';
>> u=idinput(31,'PRBS');                 %生成 PRBS 信号
>> y=lsim(G,u,t);                        %计算系统输出信号
>> U=arx([y,u],[4 4 1]);                 %辨识离散系统传递函数模型
>> G1=tf(U);G1=G1(1);
>> G1.Ts=0.2;G2=d2c(G1)                  %连续化
```

运行程序，可以精确得到辨识系统的传递函数为：

```
G2 =
  From input "u1" to output "y1":
       s^3 + 7 s^2 + 11 s + 5
    ------------------------------
    s^4 + 7 s^3 + 21 s^2 + 37 s + 30

Continuous-time transfer function.
```

可见，这样得出辨识模型的精度还是较高的。如果不采用 PRBS 信号作为输入，而采用 81 个点的正弦信号，也可以辨识系统的离散模型，再进行连续化，代码为：

```
>> t=[0:0.1:8]'; u=sin(t);               %生成正弦输入信号
>> y=lsim(G,u,t);                        %计算系统输出信号
>> U=arx([y,u],[4 4 1]);                 %辨识离散系统传递函数模型
>> G1=tf(U);G1=G1(1);
>> Ts=0.15; G2=d2c(G1)                   %连续化
```

运行程序，得到辨识系统的模型为：

```
G2 =
  From input "u1" to output "y1":
  0.001706 s^3 - 0.0008085 s^2 + 0.009901 s - 0.0002577
  -----------------------------------------------------
       s^4 + 0.7 s^3 + 0.21 s^2 + 0.037 s + 0.003

Continuous-time transfer function.
```

虽然使用正弦信号的已知数据点更多了，但由于未采用有效的输入激励信号，所以得出了不准确的辨识结果。从这个例子可以看出，PRBS 信号在线性系统辨识中还是很重要的。

采用正弦信号激励系统进行辨识失败的原因在于，正弦信号是单一频率的信号，而 PRBS 信号的频率信息丰富，所以正弦信号不适合作为激励信号，而 PRBS 信号或其他频率信息丰富的信号可以用于实际的系统辨识任务。

对本例来说，下面代码也可以直接由频域响应数据辨识出连续模型：

```
>> w=logspace(-2,2);
>> H=frd(G,w);
>> h=H.ResponseData;
>> [n,d]=invfreqs(h(:),w,4,4);
```

```
>> Gd=tf(n,d)
```
运行程序，辨识连续模型为：
```
Gd =
    -4.375e-16 s^4 + s^3 + 7 s^2 + 11 s + 5
    ---------------------------------------
        s^4 + 7 s^3 + 21 s^2 + 37 s + 30
Continuous-time transfer function.
```

5. 多变量离散系统辨识

系统辨识工具箱函数 arx 可以用于多变量系统的辨识，在辨识工具箱中，p 路输入 q 路输出的多变量系统的数学模型可以由差分方程描述，

$$A(z^{-1})y(t) = B(z^{-1})u(t-d) + \varepsilon(t)$$

其中，d 为各个延迟构成的矩阵，$A(z^{-1})$ 和 $B(z^{-1})$ 均为 $p \times q$ 多项式矩阵，且

$$\begin{cases} A(z^{-1}) = I_{p \times q} + A_1 z^{-1} + \cdots + A_{n_a} z^{-n_a} \\ B(z^{-1}) = I_{p \times q} + B_1 z^{-1} + \cdots + B_{n_b} z^{-n_b} \end{cases}$$

使用 arx 函数可以直接辨识出系统的 A_i 和 B_i 矩阵，最终可以通过 tf 函数来提取系统的传递函数矩阵。

【例 2-22】假设系统的传递函数矩阵为：

$$G(z) = \begin{bmatrix} \dfrac{0.5234z - 0.1235}{z^2 + 0.8864z + 0.4352} & \dfrac{3z + 0.69}{z^2 + 1.084z = 0.3974} \\ \dfrac{1.2z - 0.54}{z^2 + 1.764z + 0.9804} & \dfrac{3.4z - 1.469}{z^2 + 0.24z + 0.2848} \end{bmatrix}$$

对两个输入分别使用 PRBS 信号，则可以得出系统的响应数据。

```
>> clear all;
u1=idinput(31,'PRBS');
t=0:0.1:3;
u2=u1(end:-1:1);    %u2 为 u1 的逆序序列，仍为 PRBS
g11=tf([0.5234,-0.1235],[1,0.8864,0.4352],'Ts',0.1);
g12=tf([3,0.69],[1,1.084,0.3974],'Ts',0.1);
g21=tf([1.2 -0.54],[1,1.764,0.9804],'Ts',0.1);
g22=tf([3.4 1.469],[1 0.24 0.2848],'Ts',0.1);
G=[g11,g12;g21 g22];        %输入离散传递函数矩阵
y=lsim(G,[u1,u2],t);        %用仿真方法获得系统的输出数据
na=4*ones(2); nb=na;nc=ones(2);  %这里的 4 是试凑得出的
U=iddata(y,[u1,u2],0.1);
T=arx(U,[na,nb,nc])    %辨识系统
```
运行程序，输出辨识结果为：
```
T =
Discrete-time ARX model:
  Model for output "y1": A(z)y_1(t) = - A_i(z)y_i(t) + B(z)u(t) + e_1(t)
    A(z) = 1 + 1.97 z^-1 + 1.793 z^-2 + 0.824 z^-3 + 0.1729 z^-4
```

$A\_2(z) = 1.529e\text{-}15\ z^{\wedge}\text{-}1 + 1.195e\text{-}15\ z^{\wedge}\text{-}2 - 4.146e\text{-}17\ z^{\wedge}\text{-}3 - 5.884e\text{-}16\ z^{\wedge}\text{-}4$

$B1(z) = 0.5234\ z^{\wedge}\text{-}1 + 0.4439\ z^{\wedge}\text{-}2 + 0.07413\ z^{\wedge}\text{-}3 - 0.04908\ z^{\wedge}\text{-}4$

$B2(z) = 3\ z^{\wedge}\text{-}1 + 3.349\ z^{\wedge}\text{-}2 + 1.917\ z^{\wedge}\text{-}3 + 0.3003\ z^{\wedge}\text{-}4$

Model for output "y2": $A(z)y\_2(t) = -A\_i(z)y\_i(t) + B(z)u(t) + e\_2(t)$

$A(z) = 1 + 2.004\ z^{\wedge}\text{-}1 + 1.689\ z^{\wedge}\text{-}2 + 0.7377\ z^{\wedge}\text{-}3 + 0.2792\ z^{\wedge}\text{-}4$

$A\_1(z) = 3.411e\text{-}14\ z^{\wedge}\text{-}1 + 5.881e\text{-}14\ z^{\wedge}\text{-}2 + 4.133e\text{-}14\ z^{\wedge}\text{-}3 + 1.105e\text{-}14\ z^{\wedge}\text{-}4$

$B1(z) = 1.2\ z^{\wedge}\text{-}1 - 0.252\ z^{\wedge}\text{-}2 + 0.2122\ z^{\wedge}\text{-}3 - 0.1538\ z^{\wedge}\text{-}4$

$B2(z) = 3.4\ z^{\wedge}\text{-}1 + 7.467\ z^{\wedge}\text{-}2 + 5.925\ z^{\wedge}\text{-}3 + 1.44\ z^{\wedge}\text{-}4$

Sample time: 0.1 seconds
Parameterization:
　　Polynomial orders:　　na=[4 4;4 4]　　nb=[4 4;4 4]　　nk=[1 1;1 1]
　　Number of free coefficients: 32
　　Use "polydata", "getpvec", "getcov" for parameters and their uncertainties.
Status:
Estimated using ARX on time domain data "U".
Fit to estimation data: [100;100]% (prediction focus)
MSE: 3.69e-29

辨识出来的结果是系统的多变量差分方程，所以需要对之进行转换，变换成所需要的传递函数矩阵，以第一输入对第一输出为例介绍子传递函数 $g11(z)$ 的提取：

```
>> H=tf(T);
>> g11=H(1,1)   %提取第一传递函数
```

运行程序，输出为：

g11 =

　From input "u1" to output "y1":

　0.5234 z^-1 + 1.493 z^-2 + 1.847 z^-3 + 1.235 z^-4 + 0.5004 z^-5 + 0.09574 z^-6 - 0.01551 z^-7 - 0.0137 z^-8

　---

　1 + 3.974 z^-1 + 7.431 z^-2 + 8.483 z^-3 + 6.585 z^-4 + 3.611 z^-5 + 1.401 z^-6 + 0.3577 z^-7 + 0.04829 z^-8

Sample time: 0.1 seconds
Discrete-time transfer function.

从得出的传递函数看是一个高阶函数，应该对之进行最小实现化简，并假设有较大的误差容限，就可以得出接近的原系统的传递了。

```
>> G1=minreal(g11)   %求出辨识模型的最小实现形式
```

运行程序，输出为：

G1 =

　From input "u1" to output "y1":

　　0.5234 z^-1 - 0.1235 z^-2

　　---------------------------

　　1 + 0.8864 z^-1 + 0.4352 z^-2

Sample time: 0.1 seconds

Discrete-time transfer function.

由结果可看到,生成的系统模型和原系统模型完全一致,可见此处给出的辨识是可以使用的。用类似的方法还可以提取出其他子系统函数,从而辨识出这个系统的传递函数矩阵。

由于状态方程的唯一性,单从系统的实测输入/输出信号直接辨识状态方程是很不切合实际的方法,因为这时冗余的参数太多,所以最好先辨识出传递函数模型,再进行适当的转换,获得系统的状态方程模型。

2.3 系统模型间的转换

传递函数模型、零极点模型和状态方程模型三种 LTI 对象,从数值角度来说,特别是对高阶系统来说,最好用状态方程描述对象进行性能分析。事实上其中每一种都可以转换为另一种,因为它们彼此都是等效的。

系统的线性时不变(LTI)模型有传递函数(tf)模型、零极点增益(zpk)模型和状态模型。它们之间可以相互转化。

模型之间的转换函数可分成两类:

第一类是把其他类型的模型转换为函数表示的模型,其用法为:

tfsys=tf(sys):将其他类型的模型转换为多项式传递函数模型。
zsys=zpk(sys):将其他类型的模型转换为零极点模型。
sys_ss=ss(sys):将其他类型的模型转换为 ss 模型。

【例 2-23】已知系统的传递函数模型 $G(s)=\dfrac{6}{(s^2+2s+1)(s+2)}$,试求其零极点模型及状态空间模型。

```
>> clear all;
>> num=[6];              %分子
>> den=conv([1 2],[1 2 1]); %分母
>> G1=tf(num,den)        %得到系统多项式传递函数表示
G1 =
             6
    ---------------------
    s^3 + 4 s^2 + 5 s + 2

Continuous-time transfer function.
>> G2=zpk(G1)    %将多项式传递函数模型转换为零极点模型
G2 =
           6
    ---------------
    (s+2) (s+1)^2

Continuous-time zero/pole/gain model.
>> G3=ss(G1)    %将多项式传递函数模型转换为状态空间模型
G3 =
```

```
A =
         x1    x2    x3
  x1    -4   -2.5   -1
  x2     2     0     0
  x3     0     1     0
B =
         u1
  x1     2
  x2     0
  x3     0
C =
         x1    x2    x3
  y1     0     0    1.5
D =
         u1
  y1     0
Continuous-time state-space model.
```

用这类方法进行传递函数类型的转换，可直接得到转换后的函数表示。

第二类是将本类型传递函数参数转换为其他类型传递函数参数，下面分别对相关函数进行介绍。

1. 状态空间模型转换为传递函数模型

如果系统的状态空间表达式为：

$$\begin{cases} \dot{\boldsymbol{x}} = \boldsymbol{A}x(t) + \boldsymbol{B}u(t) \\ y = \boldsymbol{C}x(t) + \boldsymbol{D}u(t) \end{cases}$$

则系统的传递函数为：

$$G(s) = \frac{C(s)}{R(s)} = C(sI - A)^{-1}B + D = \frac{b_0 s^m + b_1 s^{m-1} + \cdots + b_{m-1}s + b_m}{a_0 s^n + a_1 s^{n-1} + \cdots + a_{n-1}s + a_n}$$

在 MATLAB 中提供了 ss2tf 函数用于将状态空间表达式转换到传递函数。函数的调用格式为：

[b,a] = ss2tf(A,B,C,D,ni)：参数 ni 用来指定输入序号。单变量系统时，ni=1。如果是多变量系统，ni 则表示要求的输入序号，这时必须对各个输入信号逐个求取传递函数子矩阵，最后获得整个传递函数矩阵，也就是说不能用此函数一次性地求出对所有输入变量的整个传递函数矩阵。

【例 2-24】将以下状态空间模型转化为多项式形式、零极点增益形式的传递函数。

$$\begin{cases} \dot{\boldsymbol{x}}(t) = \begin{bmatrix} 0 & 1 \\ 0 & -2 \end{bmatrix} x(t) + \begin{bmatrix} 1 & 0 \\ 0 & 1 \end{bmatrix} u(t) \\ \boldsymbol{y}(t) = \begin{bmatrix} 1 & 0 \\ 0 & 1 \end{bmatrix} x(t) \end{cases}$$

其实现的 MATLAB 代码为：

```
>> clear all;
```

```
>> A=[0 1;0 -2];      %系统状态矩阵
>> B=[1 0;0 1];       %系统输入矩阵
>> C=[1 0;0 1];       %系统输出矩阵
>> D=zeros(2,2);      %系统输入/输出矩阵
>> sys=ss(A,B,C,D);   %生成状态空间模型
>> [num1,den1]=ss2tf(A,B,C,D,1);   %获得 tf 模型参数,输入序号为 1
>> [num2,den2]=ss2tf(A,B,C,D,2);   %获得 tf 模型参数,输入序号为 2
>> tfsys=tf(sys)      %直接得到多项式传递函数
```

运行程序,输出为:

```
tfsys =

  From input 1 to output...
        1
   1:   -
        s

   2:   0

  From input 2 to output...
          1
   1:  ---------
        s^2 + 2 s

          1
   2:   -----
         s + 2

Continuous-time transfer function.
>> zpksys=zpk(sys)    %直接得到零极点增益形式传递函数
zpksys =

  From input 1 to output...
        1
   1:   -
        s

   2:   0

  From input 2 to output...
          1
   1:   -------
         s (s+2)

          1
   2:   -----
        (s+2)

Continuous-time zero/pole/gain model.
```

2. 状态空间模型转换为零极点增益

在 MATLAB 中,根据状态空间表达式获得系统零极点增益形式的传递函数为 ss2zp。函数的调用格式为:

[z,p,k]=ss2zp(A,B,C,D,i):A,B,C,D 为状态空间模型的系数矩阵,i 用于指定变换所需要的输入量;z,p,k

为函数的零点、极点及增益量。

【例 2-25】 利用 ss2zp 函数将例 2-24 状态空间变换转换为零极点增益形式的传递函数。

```
>> [z,p,k]=ss2zp(A,B,C,D,1)
```

运行程序，输出为：

```
z =
    -2   Inf
p =
     0
    -2
k =
     1
     0
```

3. 传递函数模型转换为状态空间模型

系统的实现是指利用系统的传递函数模型获取状态空间表达式的过程。由于系统的状态变量是可以任意选取的，所以系统的实现方法不一定是唯一的，在此只介绍一种比较常用的实现方法。

对于单输入/多输出系统，适当地选择系统状态变量，则系统的状态空间表达式可以写为：

$$\begin{cases} \dot{x} = \begin{bmatrix} -a_1 & \cdots & -a_{n-1} & -a_n \\ 1 & \cdots & 0 & 0 \\ \vdots & \ddots & \vdots & \vdots \\ 0 & \cdots & 1 & 0 \end{bmatrix} x + \begin{bmatrix} 1 \\ 0 \\ \vdots \\ 0 \end{bmatrix} u \\ y = [B_1 \quad B_2 \quad \cdots \quad B_n] x + d_0 u \end{cases}$$

在 MATLAB 中，这种转换方法称为能控标准实现法，利用 tf2ss 函数可以实现。函数的调用格式为：

[A,B,C,D]=tf2ss(b,a)：输入参数 b 和 a 分别为传递函数分子和分母多项式系数；输出 A,B,C,D 为状态空间模型系数矩阵。

【例 2-26】 将传递模型 $H(s) = \dfrac{\begin{bmatrix} 2s+3 \\ s^2+2s+1 \end{bmatrix}}{s^2+0.4s+1}$ 转换为状态空间模型。

```
>> clear all;
b = [0 2 3; 1 2 1];
a = [1 0.4 1];
[A,B,C,D] = tf2ss(b,a)      %传递模型转换为状态空间模型
H=ss(A,B,C,D)               %以状态空间模型形式显示
```

运行程序，输出如下：

```
A =
    -0.4000   -1.0000
     1.0000         0
B =
```

```
           1
           0
C =
     2.0000    3.0000
     1.6000         0
D =
      0
      1
H =
  A =
          x1    x2
     x1  -0.4   -1
     x2   1     0
  B =
          u1
     x1   1
     x2   0
  C =
          x1    x2
     y1   2     3
     y2   1.6   0
  D =
          u1
     y1   0
     y2   1
Continuous-time state-space model.
```

4. 传递函数模型转换为零极点增益模型

在 MATLAB 中，提供了 tf2zp 函数用于实现将传递函数模型转换为零极点增益模型。函数的调用格式为：

[z,p,k]=tf2zp(b,a)：参数 b，a 分别为传递函数的分子和分母多项式系数；z,p,k 为零极点增益模型的零点、极点和增益向量。

【例 2-27】将传递函数模型 $H(s) = \dfrac{2s^2 + 3s}{s^2 + 0.4 + 1}$ 转换为零极点增益模型。

```
>> clear all;
b = [2 3];
a = [1 0.4 1];
[b,a] = eqtflength(b,a);        %使长度相等
[z,p,k] = tf2zp(b,a)            %获取零极点增益模型
```

运行程序，输出如下：

```
z =
        0
```

```
        -1.5000
p =
    -0.2000 + 0.9798i
    -0.2000 - 0.9798i
k =
     2
```

5．零极点增益模型转换为状态空间模型

在 MATLAB 中，提供了 zp2ss 函数用于将零极点增益模型转换为状态变量在空间表达式模型。函数的调用格式为：

[A,B,C,D] = zp2ss(z,p,k)：输入参数 z,p,k 为零极点增益模型的零点、极点和增益向量。输出参数 A,B,C,D 为状态空间模型的系数矩阵、控制矩阵、输出矩阵和直接输出矩阵。

6．零极点增益模型转换为传递函数模型

在 MATLAB 中，提供了 zp2tf 函数用于将零极点增益模型转换为传递函数模型。函数的调用格式为：

[b,a]=zp2tf(z,p,k)：b,a 分别为传递函数的分子和分母多项式系数；z,p,k 为零极点增益模型的零点、极点及增益向量。

【例 2-28】设系统传递函数 $G(s) = \dfrac{5(s+2)(s+4)}{(s+1)(s+3)(s-2)}$，求其状态空间函数模型与多项式传递函数。

```
>> clear all;
>> z=[-2 -4];
>> p=[-1 -3 2];
>> k=5;
>> zsys=zpk(z,p,k);
>> [A,B,C,D]=zp2ss(z,p,k);
>> sssys=ss(zsys)
sssys =
  A =
            x1      x2      x3
    x1      -1    2.449     1
    x2       0       2    2.449
    x3       0       0      -3
  B =
            u1
    x1       0
    x2       0
    x3       4
  C =
            x1      x2      x3
```

```
        y1    1.25   3.062   1.25
    D =
            u1
        y1    0
Continuous-time state-space model.
>> tfsys=tf(zsys)
tfsys =
    5 s^2 + 30 s + 40
    ---------------------
    s^3 + 2 s^2 - 5 s - 6
Continuous-time transfer function.
```

2.4 系统模型间的连接

在实际应用中，自动控制系统由能控对象和控制装置组成，可以分解为多个环节并通过各种连接方式连接构成。系统由多个单一的模型组合而成，每个单一模型都可以用一组微分方程或传递函数来描述。基于模型不同的连接和互连信息，合成后的模型有不同的结果。模型间的连接主要有串联连接、并联连接和反馈连接等。通过对系统的不同连接情况进行处理，可以简化系统模型。

MATLAB 控制工具箱中提供了对自动控制系统的简单模型进行连接的函数，下面给予介绍。

2.4.1 串联方式

在自动控制系统中，将 n 个环节根据信号的传递方向串联起来的连接方式称为串联连接。串联连接结构框图如图 2-16 所示。

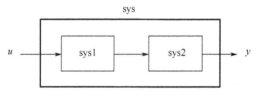

图 2-16　串联连接结构框图

其传递函数为：

$$sys=sys1 \cdot sys2$$

如果两个模型进行广义串联，即其连接结构框图如图 2-17 所示。

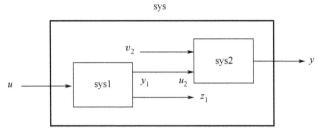

图 2-17 串联连接的广义形式

在 MATLAB 中，提供了控制系统的串联连接处理函数为 series。此函数既可以处理传递函数表示的单输入多输出系统，也可以处理由状态方程表示的系统。函数的调用格式为：

sys=series(sys1,sys2)：将 sys1 和 sys2 进行串联连接，构成基本串联连接形式。此时的连接方式相当于 sys=sys1·sys2。

sys = series(sys1,sys2,outputs1,inputs2)：将 sys1 和 sys2 进行广义的串联连接。

【例 2-29】设系统有两个模块的传递函数，分别为 $G_1(s) = \dfrac{s^2 + 4}{(s+1)(s^2 + 4s + 2)}$ 和 $G_2(s) = \dfrac{s-1}{s^2 + 2s + 1}$，求其串联后的传递函数。

有两个方法可以实现模块的串联，下面分别给予介绍。

方法 1：

```
>> num1=[1 0 4];
>> den1=conv([1 1],[1 4 2]);
>> num2=[1 -1];
>> den2=[1 2 1];
>> [num,den]=series(num1,den1,num2,den2)    %串联后系统传递函数的分子分母
num =
     0     0     1    -1     4    -4
den =
     1     7    17    19    10     2
>> G=tf(num,den)    %串联后的系统传递函数
G =
          s^3 - s^2 + 4 s - 4
  ---------------------------------------
  s^5 + 7 s^4 + 17 s^3 + 19 s^2 + 10 s + 2
Continuous-time transfer function.
```

方法 2：

```
>> num1=[1 0 4];
>> den1=conv([1 1],[1 4 2]);
>> G1=tf(num1,den1);
>> num2=[1 -1];
>> den2=[1 2 1];
>> G2=tf(num2,den2);
>> G=series(G1,G2)
```

G =

$$\frac{s^3 - s^2 + 4s - 4}{s^5 + 7s^4 + 17s^3 + 19s^2 + 10s + 2}$$

Continuous-time transfer function.

2.4.2 并联方式

在自动控制系统中，n 个环节的输入信号相同，输出信号等于各个环节输出信号的代数和，这种连接方式称为并联连接。

图 2-18 所示为一般情况下模型并联连接的结构框图。

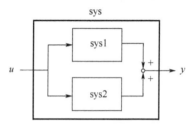

图 2-18　基本并联连接形式

单输入单输出（SISO）系统 sys1 和 sys2 并联连接时，合成系统 sys=sys1+sys2。

如果两个模型进行广义并联，其连接结构框图如图 2-19 所示。

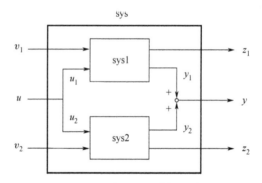

图 2-19　广义并联连接形式

在 MATLAB 中，提供了系统的并联连接处理函数为 parallel，该函数可以处理由传递函数表示的系统，也可以处理由状态方程表示的系统。函数的调用格式为：

sys=parallel(sys1,sys2)：将 sys1 和 sys2 进行并联连接，构成如基本并联连接形式。此时的连接方式相当于 sys=sys1+sys2。

sys=parallel(sys1,sys2,u1,u2,y1,y2)：将 sys1 和 sys2 进行广义并联连接，并联后得到的模型 sys 的输入向量和输出向量如下：

$$R = [v_1 \quad u \quad v_2]^T$$
$$T = [z_1 \quad y \quad z_2]^T$$

【例 2-30】求例 2-29 中两个模型并联之后的传递函数。

```
>> num1=[1 0 4];
den1=conv([1 1],[1 4 2]);
G1=tf(num1,den1);
num2=[1 -1];
den2=[1 2 1];
[num,den]=parallel(num1,den1,num2,den2)    %并联系统传递函数的分子分母
G=tf(num,den)    %并联后的系统传递函数
```

运行程序，输出如下：

```
num =
     0    2    6    6    4    2
den =
     1    7   17   19   10    2
G =
    2 s^4 + 6 s^3 + 6 s^2 + 4 s + 2
  -------------------------------------
  s^5 + 7 s^4 + 17 s^3 + 19 s^2 + 10 s + 2
Continuous-time transfer function.
```

2.4.3 反馈方式

在自动控制系统中，输出信号 $C(s)$ 经反馈环节 $H(s)$ 与输入信号相加或相减后作用于 $G(s)$ 环节，这种连接方式称为反馈连接。在控制系统中，闭环反馈系统的应用最广泛。

反馈系统又分为正反馈和负反馈系统两种。

单输入单输出（SISO）系统采用正反馈时，系统的传递函数为：

$$\Phi(s) = \frac{G(s)}{1 - G(s)H(s)}$$

单输入单输出（SISO）系统采用负反馈时，系统的传递函数为：

$$\Phi(s) = \frac{G(s)}{1 + G(s)H(s)}$$

图 2-20 和图 2-21 所示分别为正反馈系统和负反馈系统的结构框图。

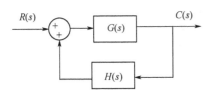
图 2-20　正反馈系统结构框图

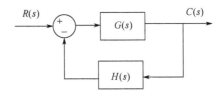
图 2-21　负反馈系统结构框图

在 MATLAB 中，提供了系统反馈连接处理函数 feedback，该函数可以处理传递函数表示的系统，也可以处理状态方程表示的系统，函数的调用格式为：

```
[num,den]=feedback(num1,den1,num2,den2,sign)
sys=feedback(sys1,sys2,sign)
```

```
[A,B,C,D]=feedback(A1,B1,C1,D1A2,B2,C2,D2,sign)
```

其中，sys1 为系统的前向通道传递函数，sys2 为反馈通道传递函数。sign 为反馈极性，sign=-1 表示负反馈，sign=1 表示正反馈，没有 sign 时为负反馈。

【例 2-31】 设系统前向通道环节的传递函数为 $G_1(s)$，反馈通道环节的传递函数为 $G_2(s)$。

$$G_1(s) = \frac{s^2+3s}{(2s+3)(s^2+3s+2)}, \quad G_2(s) = \frac{s+2}{(s+2)(s+4)}$$

求系统的正、负反馈的传递函数。

```
>> clear all;
num1=[1 0];den1=conv([1 2],[1 4 2]);      %输入 G1 分子分母多项式
G1=tf(num1,den1);      %生成 G1 传递函数
num2=[1 2];den2=conv([1 2],[1 4]);         %输入 G2 分子分母多项式
G2=tf(num2,den2);      %生成 G2 传递函数
[num,den]=feedback(num1,den1,num2,den2,1);    %正反馈系统分子分母系数
[num,den]=feedback(num1,den1,num2,den2,2);    %负反馈系统分子分母系数
Gp=feedback(G1,G2,1)     %正反馈传递函数
Gn=feedback(G1,G2)       %负反馈传递函数
Gnmin=minreal(Gn)        %化简，获得系统最小实现模型
Gpmin=minreal(Gp)
```

运行程序，输出如下：

```
Gp =
               s^3 + 6 s^2 + 8 s
  -------------------------------------
  s^5 + 12 s^4 + 54 s^3 + 111 s^2 + 102 s + 32

Continuous-time transfer function.
Gn =
               s^3 + 6 s^2 + 8 s
  -------------------------------------
  s^5 + 12 s^4 + 54 s^3 + 113 s^2 + 106 s + 32

Continuous-time transfer function.
Gnmin =
          s^2 + 4 s
  ---------------------------
  s^4 + 10 s^3 + 34 s^2 + 45 s + 16

Continuous-time transfer function.
Gpmin =
          s^2 + 4 s
  ---------------------------
  s^4 + 10 s^3 + 34 s^2 + 43 s + 16

Continuous-time transfer function.
```

采用 feedback 函数实现反馈连接，得到的系统传递函数的阶次有可能会高于实际系统阶次，所以说 feedback 函数需要配合 minreal 函数使用，通过 minreal 函数进一步获得传递函数的最小实现。

2.4.4 模型连接的综合实现

前面已经介绍了几种常用的模型连接方式,下面通过实例来综合演示。

【例 2-32】 已知系统 $G_1(s) = \dfrac{1}{s^2+5s+23}$,$G_2(s) = \dfrac{1}{s+4}$,求 $G_1(s)$ 和 $G_2(s)$ 分别进行串联、并联和反馈连接后的系统模型。

```
>> clear all;
>> num1=1;                      %G1 分子
>> den1=[1 5 23];               %G1 分母
>> num2=1;                      %G2 分子
>> den2=[1 4];                  %G2 分母
>> G1=tf(num1,den1);            %得到系统 G1
>> G2=tf(num2,den2);            %得到系统 G2
%进行串联
>> Gs=G2*G1
Gs =
                1
    -----------------------
    s^3 + 9 s^2 + 43 s + 92
Continuous-time transfer function.
%进行并联
>> Gs1=series(G1,G2)   %进行串联,结果与串联方式 G2 相同
Gs1 =
                1
    -----------------------
    s^3 + 9 s^2 + 43 s + 92
Continuous-time transfer function.
%并联方式 1
>> Gp=G1+G2     %进行并联
Gp =
         s^2 + 6 s + 27
    -----------------------
    s^3 + 9 s^2 + 43 s + 92
Continuous-time transfer function.
%并联方式 2
>> Gp1=parallel(G1,G2)    %进行并联,结果与并联方式 1 相同
Gp1 =
         s^2 + 6 s + 27
    -----------------------
    s^3 + 9 s^2 + 43 s + 92
Continuous-time transfer function.
%负反馈连接方式 1
>> Gf=feedback(G1,G2)    %负反馈化简
```

```
Gf =
              s + 4
     ---------------------------
     s^3 + 9 s^2 + 43 s + 93
Continuous-time transfer function.
%负反馈连接方式2
>> Gf1=G1/(1+G1*G2)    %进行负反馈化简，模型阶次高于实际阶次
Gf1 =
                    s^3 + 9 s^2 + 43 s + 92
     ---------------------------------------------------
     s^5 + 14 s^4 + 111 s^3 + 515 s^2 + 1454 s + 2139
Continuous-time transfer function.
>> Gf2=minreal(Gf1)    %获得系统的最小实现模型，结果与反馈连接方式1相同
Gf2 =
              s + 4
     ---------------------------
     s^3 + 9 s^2 + 43 s + 93
Continuous-time transfer function.
```

由以上结果可知，在串联实现方面，如果传递函数是状态空间形式，则 $G_2(s)\ G_1(s)$ 与 $G_1(s)\ G_2(s)$ 显然是不相同的。而对于非 SISO 系统，$G_1(s)\ G_2(s)$ 不一定存在，即使存在也极有可能得不出正确结果。

对于反馈连接，虽然运算式与 feedback 函数等效，但得到的系统阶次可能高于实际系统阶次，需要通过 minreal 函数进一步求其最小实现。

【例 2-33】化简如图 2-22 所示的系统，求系统的传递函数。

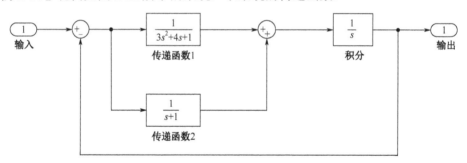

图 2-22　系统框图

实现的 MATLAB 代码为：
```
>> clear all;
>> G1=tf(1,[1 1]);       %得到子系统 G1
>> G2=tf(1,[3 4 1]);     %得到子系统 G2
>> GP=G1+G2;             %系统并联部分的化简
>> G3=tf(1,[1 0]);       %得到子系统 G3
>> Gs=series(G3,GP);     %系统串联部分的化简
>> Gc=Gs/(1+Gs)          %系统负反馈连接
```

Gc =

$$\frac{9s^6 + 36s^5 + 56s^4 + 42s^3 + 15s^2 + 2s}{9s^8 + 42s^7 + 88s^6 + 112s^5 + 95s^4 + 52s^3 + 16s^2 + 2s}$$

Continuous-time transfer function.

```
>> Gc1=minreal(Gc)    %得到系统的最小实现
```

Gc1 =

$$\frac{s^4 + 3.667s^3 + 5s^2 + 3s + 0.6667}{s^6 + 4.333s^5 + 8.333s^4 + 9.667s^3 + 7.333s^2 + 3.333s + 0.6667}$$

Continuous-time transfer function.

第 3 章　MATLAB 线性控制系统分析

如果建立起了系统的数学模型，就可以对系统的性质进行分析。对线性系统来说，最重要的性质是稳定性。在控制理论发展初期，相关的理论成果都是有关系统稳定性的，当时人们受传统数学理论影响，认为高阶系统对应的高阶代数方程不能求出所有特征根，因此需要通过间接的方法判定系统的稳定性，于是出现了各种各样的间接判定方法，如连续系统的 Routh 表、Hurwite 矩阵法，以及离散系统的判据等。有了 MATLAB 这样的计算机语言，求解系统特征根是轻而易举的。

控制系统的分析是系统设计的重要步骤之一，主要表现在以下两方面。

（1）在设计控制器前要分析系统的不可变部分，确定原系统在哪些方面的性能指标不满足设计要求，有针对性地设计控制器。

（2）控制器设计完成后要验证整个闭环系统的性能指标是否满足设计要求。

3.1　线性系统稳定性概述

本节先对稳定性的几个概念进行简单概述。

3.1.1　系统稳定的概念

经典控制分析中，关于线性定常系统稳定性的概念是：如果控制系统在初始条件和扰动作用下，其瞬态响应随时间的推移而逐渐衰减并趋于原点（原平衡工作点），则称该系统是稳定的；反之，如果控制系统受到扰动作用后，其瞬态响应随时间的推移而发散，输出呈持续振荡过程，或者输出无限制地偏离平衡状态，则称该系统是不稳定的。

3.1.2　系统稳定的意义

系统稳定性是系统设计与运行的首要条件。只有稳定的系统，才有价值分析与研究系统自动控制的其他问题。例如，只有稳定的系统，才会进一步计算稳态误差，所以控制系统的稳定性分析是系统时域分析、稳态误差分析、根轨迹分析和频域分析的前提。

对一个稳定的系统来说，还可以用相对稳定性进一步衡量系统的稳定程度。系统的相对稳定性越低，系统的灵敏性和快速性则越强，系统的振荡也越激烈。

3.1.3 系统特征多项式

以线性连续系统为例,设其闭环传递函数为:

$$\Phi(s) = \frac{M(s)}{D(s)} = \frac{b_0 s^m + b_1 s^{m-1} + \cdots + b_{m-1} s + b_m}{a_0 s^n + a_1 s^{n-1} + \cdots + a_{n-1} s + a_n}$$

式中,$D(s) = a_0 s^n + a_1 s^{n-1} + \cdots + a_{n-1} s + a_n$ 称为系统特征多项式。$D(s) = a_0 s^n + a_1 s^{n-1} + \cdots + a_{n-1} s + a_n = 0$ 为系统特征方程。

3.1.4 系统稳定的判定

对于线性连续系统,其稳定的充分必要条件是:描述该系统微分方程的特征方程的根全具有负实部,即全部根在左半复平面内,或者说系统的闭环传递函数的极点均位于左半 s 平面内。

对于线性离散系统,其稳定的充分必要条件是:如果闭环系统的特征方程根或闭环脉冲传递函数的极点为 $\lambda_1, \lambda_2, \cdots, \lambda_n$,则当所有特征根的模都小于 1 时,即 $|\lambda_i| < 1 (i=1,2,\cdots,n)$,则该线性离散系统是稳定的;如果模的值大于 1,则该线性离散系统是不稳定的。

3.2 线性系统性质分析

在系统特性研究中,系统的稳定性是最重要的指标,如果系统稳定,则可以进一步分析系统的其他性能;如果系统不稳定,则不能直接应用,需要引入控制器来使得系统稳定。这种使得系统稳定的方法又称为系统的镇定。

3.2.1 直接判定

连续线性系统的数学描述包括系统的传递函数描述和状态方程描述。通过适当地选择状态变量,可以容易地得出系统的状态方程模型,在 MATLAB 控制系统工具箱中,直接调用 ss 函数则能立刻得出系统的状态方程实现,所以在此统一采用状态方程描述线性系统的模型。

考虑连续线性系统的状态方程模型:

$$\begin{cases} \dot{x}(t) = Ax(t) + Bu(t) \\ y(t) = Cx(t) + Du(t) \end{cases}$$

在某给定信号 $u(t)$ 的激励下,其状态变量的解析解可以表示为:

$$x(t) = e^{A(t-t_0)} x(t_0) + \int_{t_0}^{t} e^{A(t-t_0)} Bu(\tau) \mathrm{d}\tau$$

可见,如果输入信号 $u(t)$ 为有界信号,若要使得系统的状态变量 $x(t)$ 有界,则要求系统的状态转移矩阵 e^{At} 有界,即 A 矩阵的所有特征根的实部均为负数,因而可以得出结论:连续线性系统稳定的前提条件是系统状态方程中 A 矩阵的特征根均有负实部。由控制理论可知,系统 A 的特征根和系统的极点是完全一致的,所以如果能获得系统的极点,则可以立即判定给定线性系统的稳定性。

在控制理论发展初期,由于没有直接可用的计算机软件能求取高阶多项式的根,所以无法用求根的方法直接判定系统的稳定性,因而出现了各种各样的间接方法,如在控制理论中著名的 Roth 判据、Hurwite 判据和 Lyapunov 判据等。对线性系统来说,既然现在有了类似 MATLAB 这样的语言,直接获得系统特征根是轻而易举的事,所以没有必要再使用间接方法判定连续线性系统的稳定性了。

在 MATLAB 控制工具箱中,求取一个线性定常系统特征根只需用 p=eig(G) 即可,其中 p 为返回系统的全部特征根。无论系统的模型 G 是传递函数、状态方程还是零极点模型,且无论系统是连续的还是离散的,都可以用这样简单的命令来求解系统的全部特征根,这就使得系统的稳定性判定变得十分容易。

另外,在 MATLAB 中,由 pzmap(G) 函数能用图形的方式绘制出系统所有特征根在 s 复平面上的位置,所以判定连续系统是否稳定时需看一下系统所有的极点在 s 复平面上是否均位于虚轴左侧。

如果在 MATLAB 工作空间内已经定义了系统的数学模型 G,则 pole(G) 和 zero(G) 函数还可以分别求出系统的极点和零点。

再考虑离散状态方程模型:

$$\begin{cases} x[(k+1)T] = Fx(kT) + Gu(kT) \\ y(kT) = Cx(kT) + Du(kT) \end{cases}$$

其状态变量的解析解为:

$$x(kT) = F^k x(0) + \sum_{i=0}^{k-1} F^{k-i-1} Gu(iT)$$

可见,若要使得系统的状态变量 $x(kT)$ 有界,则要求系统的指数矩阵 F^k 有界,即 F 矩阵的所有特征根的模均小于 1。因此可以得出结论:离散系统稳定的前提条件是系统状态方程中 F 矩阵所有特征根的模均小于 1,或系统所有的特征根均位于单位圆内,这就是离散系统稳定性的判定条件。

MATLAB 可以用直接方法求出系统的特征根,观察其位置是否位于单位圆内就可用直接方法判定离散系统的稳定性,同样还能用 pzmap(G) 命令在复平面上绘制系统所有的零极点位置,用图示的方法也可以立即判定离散系统的稳定性,因而没有必要再用复杂的间接方法判定稳定性了。

更简单地,控制系统工具箱还提供了 key=isstable(G) 函数来直接判定系统的稳定性,如果 key 为 1 则稳定,否则不稳定,其中 G 可以为单变量、多变量、连续与离散的线性系统模型,但该函数不能处理含有内部延迟的状态方程模型。

【例 3-1】假设有开环高阶系统的传递函数:

$$G(s) = \frac{10s^4 + 50s^3 + 100s^2 + 100s + 40}{s^7 + 21s^6 + 184s^5 + 870s^4 + 238s^3 + 3664s^2 + 2496s}$$

则可以通过以下代码输入系统的传递函数模型并得出单位负反馈构成的闭环系统模型,还可以立即求出系统的全部闭环极点。

```
>> clear all;
>> num=[10 50 100 100 40];
```

```
>> den=[1 21 184 870 2384 3664 2496 0];
>> G=tf(num,den);
>> GG=feedback(G,1)    %输入开环传递函数并得出闭环模型
>> eig(GG),pzmap(GG),isstable(GG)    %三种不同判定方法
```

运行程序，输出如下，效果如图 3-1 所示。

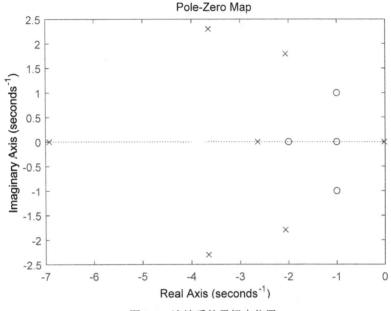

图 3-1 连续系统零极点位置

```
GG =
              10 s^4 + 50 s^3 + 100 s^2 + 100 s + 40
       -----------------------------------------------------------
       s^7 + 21 s^6 + 184 s^5 + 880 s^4 + 2434 s^3 + 3764 s^2 + 2596 s + 40
Continuous-time transfer function.
ans =         %闭环系统的极点
   -6.9223 + 0.0000i
   -3.6502 + 2.3020i
   -3.6502 - 2.3020i
   -2.0633 + 1.7923i
   -2.0633 - 1.7923i
   -2.6349 + 0.0000i
   -0.0158 + 0.0000i
ans =         %逻辑是否为稳定的
   1
```

由以上结果可知，系统全部极点都在 s 左半平面，因此闭环系统是稳定的。此外，由于其中一个实极点离虚轴较近，可以认为是主导极点，所以可以断定该系统的性能接近于一阶系统。这样的结论是 Routh 判据这类间接方法不可能得到的，由此可见直接方法的优势。

采用零极点变换语句 zpk(GG)，可得到如下的零极点模型：

```
>> zpk(GG)
ans =
           10 (s+2) (s+1) (s^2 + 2s + 2)
  -----------------------------------------------------------------
  (s+6.922) (s+2.635) (s+0.01577) (s^2 + 4.127s + 7.47) (s^2 + 7.3s + 18.62)
Continuous-time zero/pole/gain model.
```

【例 3-2】假设离散能控对象传递函数为 $H(z) = \dfrac{6z^2 - 0.6z - 0.12}{z^4 - z^3 + 0.25z^2 + 0.25z - 0.125}$，且已知控制器模型为 $G_c = 0.3\dfrac{z-0.6}{z+0.8}$，采样周期为 $T = 0.15\text{s}$。试分析单位负反馈下闭环系统的稳定性。

```
>>clear all;
>> num=[6 -0.6 -0.12];
>> den=[1 -1 0.25 0.25 -0.125];
>> H=tf(num,den,'Ts',0.15);        %输入系统的传递函数模型
>> z=tf('z','Ts',0.15);
>> Gc=0.3*(z-0.6)/(z+0.8);         %控制器模型
>> GG=feedback(H*Gc,1)              %闭环系统的模型
>> v=abs(eig(GG)),pzmap(GG),isstable(GG)    %三种不同的判定方法
```

运行程序，输出如下，效果如图 3-2 所示。

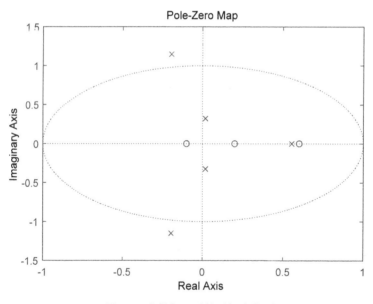

图 3-2 离散闭环系统零极点位置

```
GG =
         1.8 z^3 - 1.26 z^2 + 0.072 z + 0.0216
  -------------------------------------------------
  z^5 - 0.2 z^4 + 1.25 z^3 - 0.81 z^2 + 0.147 z - 0.0784
Sample time: 0.15 seconds
```

Discrete-time transfer function.
v =
    1.1644
    1.1644
    0.5536
    0.3232
    0.3232
ans =
    0

由结果可判定该闭环系统是不稳定的。

利用系统零极点变换语句 zpk(GG) 也容易得出系统的零极点模型。

\>\> zpk(GG)

ans =

$$\frac{1.8\,(z-0.6)\,(z-0.2)\,(z+0.1)}{(z-0.5536)\,(z^2 - 0.03727z + 0.1045)\,(z^2 + 0.3908z + 1.356)}$$

Sample time: 0.15 seconds
Discrete-time zero/pole/gain model.

如果不采用直接方法，而采用像 Routh 和 Jury 这样的间接判断，则除了系统稳定与否这一判定结论外，不能得到任何其他信息。但如果采用了直接判定方法，除了能获得稳定性的信息外，还可以立即看出零极点分布，从而对系统的性能有一个更好的了解。例如对连续系统来说，如果存在距离虚轴特别近的复极点，则可能会使得系统有很强的振荡，对离散系统来说，如果复极点距单位圆较近，也可能得出较强的振荡，这样的定性判定用间接判据是不可能得出的。从这个方面可以看出直接方法和间接方法相比所具有的优越性。

3.2.2 线性相似变换

由于状态变量可以有不同的选择，因此系统的状态方程实现将不同，在此将研究这些状态方程之间的关系。

假设存在一个非奇异矩阵 T，且定义了一个新的状态变量 z 使得 $z = T^{-1}x$，这样关于新状态变量 z 的状态方程模型可以写成：

$$\begin{cases} \dot{z}(t) = A_t z(t) + B_t u(t) \\ y(t) = C_t z(t) + D_t u(t) \end{cases}, \quad 且\ z(0) = T^{-1}x(0)$$

式中，$A_t = T^{-1}A$；$B_t = T^{-1}B$；$C_t = CT$；$D_t = D$。在矩阵 T 下的状态变换称为相似性变换，而 T 又称为变换矩阵。

控制系统工具箱中提供了 ss2ss 函数来完成状态方程模型的相似性变换。函数的调用格式为：

sysT = ss2ss(sys,T)：其中，sys 为原始的状态方程模型，T 为变换矩阵，在 T 下的变换结果由 sysT 变量返回。

注意：在该函数调用中输入和输出的变量都是状态方程对象，而不是其他对象。

【例 3-3】 在实际应用中，变换矩阵 T 可以任意选择，只要它为非奇异矩阵即可。假设已知系统的状态方程模型为：

$$\begin{cases} \dot{x}(t) = \begin{bmatrix} 0 & 1 & 0 & 0 \\ 0 & 0 & 1 & 0 \\ 0 & 0 & 0 & 1 \\ -24 & -50 & -35 & -10 \end{bmatrix} x(t) + \begin{bmatrix} 0 \\ 0 \\ 0 \\ 1 \end{bmatrix} u(t) \\ y(t) = \begin{bmatrix} 24 & 24 & 7 & 1 \end{bmatrix} x(t) \end{cases}$$

如果选择一个反对角矩阵，使得反对角线上的元素均为 1，而其余元素都为 0，则在这一变换矩阵下新的状态方程模型为：

$$\begin{cases} \dot{z}(t) = \begin{bmatrix} -10 & -35 & -50 & -24 \\ 1 & 0 & 0 & 0 \\ 0 & 1 & 0 & 0 \\ 0 & 0 & 1 & 0 \end{bmatrix} z(t) + \begin{bmatrix} 1 \\ 0 \\ 0 \\ 0 \end{bmatrix} u(t) \\ y(t) = \begin{bmatrix} 1 & 7 & 24 & 24 \end{bmatrix} z(t) \end{cases}$$

实现的 MATLAB 代码为：

```
>> clear all;
>> A=[0 1 0 0;0 0 1 0;0 0 0 1;-24 -50 -35 -10];
>> G1=ss(A,[0;0;0;1],[24 24 7 1],0);   %系统的状态方程模型
>> T=fliplr(eye(4));
>> G2=ss2ss(G1,T)   %系统的线性相似变换
```

运行程序，输出如下：

```
G2 =
  A =
          x1    x2    x3    x4
   x1   -10   -35   -50   -24
   x2     1     0     0     0
   x3     0     1     0     0
   x4     0     0     1     0
  B =
          u1
   x1     1
   x2     0
   x3     0
   x4     0
  C =
          x1    x2    x3    x4
   y1     1     7    24    24
  D =
          u1
```

y1   0
Continuous-time state-space model.

3.2.3 线性判定的实现

下面通过几个实例来演示线性判定的应用。

【例 3-4】给定系统如图 3-3 所示，编写 MATLAB 程序，判定系统是否稳定。

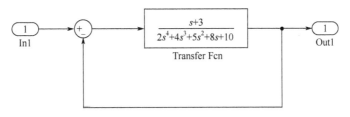

图 3-3 系统框图

其实现的 MATLAB 代码为：

```
>> clear all;
num0=[1 3];              %开环系统分子
den0=[2 4 5 8 10];       %开环系统分母
G=tf(num0,den0);         %开环系统传递函数
Gc=feedback(G,1);        %闭环系统传递函数
[num,den]=tfdata(Gc,'v'); %返回分子、分母向量
r=roots(den);   %求出特征方程根
disp('系统闭环极点：');
disp(r)   %输出特征方程根
a=find(real(r)>=0);      %查找特征方程根实部大于 0 的值并组成新的向量 a
b=length(a);             %求向量 a 的元素个数 b
if b>0                   %如果 b>0，则存在特征方程根实部大于 0 的根，系统不稳定
    disp('系统不稳定。');
else disp('系统稳定。');
end
```

运行程序，输出如下：

系统闭环极点：
    0.4499 + 1.4805i
    0.4499 - 1.4805i
   -1.4499 + 0.7828i
   -1.4499 - 0.7828i
系统不稳定。

【例 3-5】某控制系统框图如图 3-4 所示。试用 MATLAB 确定当系统稳定时，参数 K 的取值范围（假设 $K \geq 0$）。

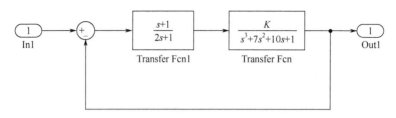

图 3-4 某控制系统框图

由题可知，闭环系统的特征方程为：
$$1+\frac{K(s+1)}{(2s+1)(s^3+7s^2+10s+1)}=0$$

整理得：
$$2s^4+15s^3+27s^2+(K+12)s+K+1=0$$

当特征方程的根均为负根或实部为负的共轭复根时，系统稳定。先假设 K 的大致范围，利用 roots 函数计算这些 K 值下特征方程的根，然后判断根的位置以确定系统稳定时 K 的取值范围。

实现的 MATLAB 代码为：

```
>> clear all;
K=0:0.01:100;              %给出 K 的范围
for index=1:100000         %循环
    p=[2 15 27 k(index)+12 k(index)+1];   %特征方程
    r=roots(p);   %求特征方程根
    if max(real(r))>=0    %如所有根的实部中最大值有大于 0 者
        break;
    end
end
sprintf('系统临界稳定时 K 值为：K=%7.4f\n',k(index))   %打印输出
```

运行程序，输出如下：

```
ans =
系统临界稳定时 K 值为：K=90.1200
```

3.3 MATLAB LTI Viewer 稳定性判定

MATLAB LTI Viewer 是 MATLAB 为 LTI（Linear Time Invariant）系统分析提供的一个图形化工具。用它可以直观、简便地分析控制系统时域和频域响应。

用 MATLAB LTI Viewer 来观察闭环系统的零极点分布情况，需要首先在 MATLAB 中建立系统的闭环系统传递函数模型。

【例 3-6】已知单位负反馈控制系统的开环传递函数 $G(s)=\dfrac{2(s+3)}{s(s+2)(s+5)}$，用 MATLAB LTI Viewer 观察闭环系统的零极点分布情况，并判断此闭环系统的稳定性。

(1) 根据需要，建立系统模型。

```
>> clear all;
>> z=[-3];
>> p=[0 -2 -5];
>> k=2;
>> G=zpk(z,p,k)    %零极点增益模型
G =
       2 (s+3)
    -------------
    s (s+2) (s+5)
Continuous-time zero/pole/gain model.
>> Gc=feedback(G,1)    %闭环系统
Gc =
              2 (s+3)
    -------------------------
    (s+4.732) (s+1.268) (s+1)
Continuous-time zero/pole/gain model.
```

(2) 打开 LTI Viewer。

在 MATLAB 命令窗口中输入：

```
>> ltiview
```

即进入 LTI Viewer 窗口，如图 3-5 所示。

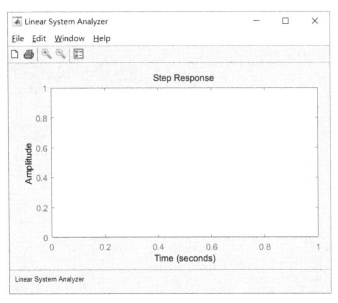

图 3-5　LTI Viewer 窗口

(3) 导入在 MATLAB 中建立好的模型。

在 LTI Viewer 窗口中选择 File|Import，弹出如图 3-6 所示的窗口。可以从 Workspace 项

中选择刚建立好的系统 Gc。系统默认给出的是系统阶跃响应曲线。

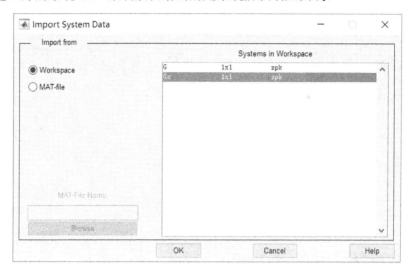

图 3-6　LTI Viewer 导入系统模型窗口

（4）观察系统的零极点分布。

选择 Gc 模型后，单击图 3-6 中的"OK"按钮，即完成导入，效果如图 3-7 所示。在图 3-7 所示的窗口中右击并选中 Plot Types|Pole/Zero，即可绘制出系统的零极点分布图，如图 3-8 所示。

由图 3-8 可知，系统的闭环极点全部位于 s 平面的左半平面，则可判定系统是稳定的。

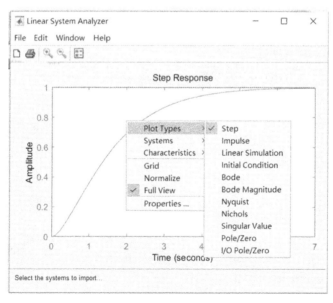

图 3-7　选择系统响应类型图

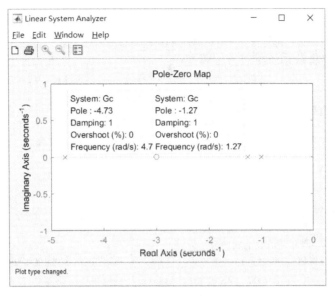

图 3-8 系统的零极点分布图

3.4 线性系统的能控性与能观性

线性系统的能控性和能观性基于状态方程的控制理论基础，能控性和能观性的概念是 Kalman 于 1960 年提出的，这些性质为系统的状态反馈设计、观测器的设计等提供了依据。

3.4.1 能控性

假设系统由状态方程 (A,B,C,D) 给出，对任意初始时刻 t_0，如果状态空间中任一状态 $x_i(t)$ 可以从初始状态 $x_i(t_0)$ 处由有界的输入信号 $u(t)$ 驱动，在有限时间 t_f 内能够到达任意预先指定的状态 $x_i(t_f)$，则称此状态是能控的。如果系统中所有的状态都是能控的，则称该系统是完全能控的系统。

通俗来说，系统的能控性就是指系统内部的状态是不是可以由外部输入信号控制。对线性时不变系统来说，如果系统某个状态能控，则可以由外部信号任意控制。

1．能控性判定

可以构造一个能控性判定矩阵：

$$T_c = [B, AB, A^2B, \cdots, A^{n-1}B]$$

如果矩阵 T_c 是满秩矩阵，则系统称为完全能控的。如果该矩阵不是满秩矩阵，则它的秩为系统的能控状态的个数。在 MATLAB 下求一个矩阵的秩非常容易，可通过 rank 函数实现。函数的调用格式为：

r=rank(T)：T 为已知的矩阵，r 为所求出矩阵的秩。

将求出的秩再和系统状态变量的个数相比较，就可以判定系统的能控性。

构造系统的能控性判定矩阵用 MATLAB 提供的 ctrb 函数容易实现,函数的调用格式为:
Tc=ctrb(A,B):根据给定的矩阵 A 与 B,建立起能控性判定矩阵 Tc。

【例 3-7】给定离散系统状态方程模型:

$$x[(k+1)T] = \begin{bmatrix} -2.2 & -0.7 & -1.5 & -1 \\ 0.2 & -6.3 & 6 & -1.5 \\ 0.6 & -0.9 & -2 & -0.5 \\ 1.4 & -0.1 & -1 & -3.5 \end{bmatrix} x(kT) + \begin{bmatrix} 6 & 9 \\ 4 & 6 \\ 4 & 4 \\ 8 & 4 \end{bmatrix} u(kT)$$

判定系统的能控性。

```
>> A=[-2.2 -0.7 -1.5 -1;0.2 -6.3 6 -1.5;0.6 -0.9 -2 -0.5;1.4 -0.1 -1 -3.5];
>> B=[6 9;4 6;4 4;8 4];
>> Tc=ctrb(A,B)    %建立能控性判定矩阵
Tc =       %能控性判定矩阵
    6.0000    9.0000  -30.0000  -34.0000   116.4000   108.4000  -378.0000  -290.8000
    4.0000    6.0000  -12.0000  -18.0000    33.6000    55.6000   -98.4000  -193.6000
    4.0000    4.0000  -12.0000  -10.0000    28.8000    18.8000   -45.6000   -15.2000
    8.0000    4.0000  -24.0000   -6.0000    55.2000   -14.8000   -62.4000   179.2000
>> rank(Tc)   %判定系统的能控性,因为可得秩为 3,所以系统不能控
ans =
    4
```

系统完全能控的另外一种判定方式是,系统的能控 Gram 矩阵为非奇异矩阵。系统的能控 Gram 矩阵由下式定义:

$$L_c = \int_0^\infty e^{-At} BB^\top e^{-A^\top t} dt$$

当然,看起来求解系统的能控 Gram 矩阵也并非简单的事,可以证明,系统的能控 Gram 矩阵为对称矩阵,是下面 Lyapunov 方程的解:

$$AL_c + L_c A^\top = -BB^\top$$

在 MATLAB 中,提供了 lyap 函数实现直接求出 Lyapunov 方程的解,如果调用该函数不能求出方程的解,则该系统不完全能控。函数的调用格式为:
Lc=lyap(A,B*B'):A 为输入的方程矩阵,B*B'为单位矩阵,Lc 为返回的 Lyapunov 方程的解。
控制系统的能控 Gram 矩阵还可以由 gram 函数直接求出,函数的调用格式为:
Gc=gram(G,'c'):G 为离散线性系统,Gc 为离散 Lyapunov 方程的解。

【例 3-8】已知系统的状态方程 $\dot{x} = \begin{bmatrix} 1 & 1 & -1 \\ -5 & -1 & 2 \\ 0 & -2 & 1 \end{bmatrix} x$,确定系统的平衡状态,并判断平衡状态的稳定性。

```
>> clear all;
A=[1 1 -1;-5 -1 2;0 -2 1];
[m,n]=size(A);         %求取矩阵的维数
if (n~=m)
    disp('系统平衡状态不止一个')
    break;
```

```
else
    Q=eye(size(A));
    P=lyap(A,Q);
    for i=1:m
        detp(i)=det(P([1:i],[1:i])); %求取 P 矩阵的顺序主子式的行列式的值，以判断是否为正定矩阵
    end
    s=find(detp<=0);     %find 为求取向量 detp 中小于等于零的数值，并将其依次放置在向量 s 中
    t=length(s);
    if(t>0)
        disp('系统平衡状态是不稳定的')
    else
        disp('P 正定，系统在原点处平衡状态是稳定的')
    end
end
disp('P=')    %显示求得正定实对称矩阵 p
disp(P)
```

运行程序，输出如下：

```
系统平衡状态是不稳定的
P=
    0.0750    0.9750    1.5500
    0.9750   -1.0750    1.6500
    1.5500    1.6500    2.8000
```

【例 3-9】考虑离散系统模型 $H(z)=\dfrac{6z^2-0.6z-0.12}{z^4-z^3+0.25z^2+0.25z-0.125}$，且已知系统的采样周期为 $T=0.15\text{s}$，求系统的能控 Gram 矩阵。

```
>> num=[-6 -0.6 -0.12];
>> den=[1 -1 0.25 -0.125];
>> H=tf(num,den,'Ts',0.15);        %输入并显示系统的传递函数模型
>> Lc=gram(ss(H),'c')              %先获得状态方程模型，再求能控 Gram 矩阵
```

运行程序，得到能控 Gram 矩阵为：

```
Lc =
   10.7651    7.8769    3.6759   -0.0000
    7.8769   10.7651    7.8769    1.8379
    3.6759    7.8769   10.7651    3.9385
   -0.0000    1.8379    3.9385    2.6913
```

2．能控性阶梯分解

对于不完全能控的系统，还可以对其进行能控性阶梯分解，即构造一个状态变换矩阵 T，就可以将系统的状态方程 (A,B,C,D) 变换如下：

$$A_c=\begin{bmatrix}\hat{A}_{\bar{c}} & 0 \\ \hat{A}_{21} & \hat{A}_c\end{bmatrix},\quad B_c=\begin{bmatrix}0 \\ \hat{B}_c\end{bmatrix},\quad C_c=[\hat{C}_{\bar{c}}\quad \hat{C}_c]$$

该形式称为系统的能控阶梯分解形式，这样就可以将系统的不能控子空间 ($\hat{A}_{\bar{c}}$ 0 $\hat{C}_{\bar{c}}$) 和能控子空间 ($\hat{A}_c$ $\hat{B}_c$ $\hat{C}_c$) 直接分离出来。构造这样的变换矩阵不是简单的事，在 MATLAB 中提供的 ctrbf 函数可以实现对状态方程模型进行阶梯分解。函数的调用格式为：

[Abar,Bbar,Cbar,T,k] = ctrbf(A,B,C)：将系统分解为能控与不能控两部分。其中，T 为相似变换矩阵，k 是长度为 n 的矢量，其元素为各个块的秩。sum(k) 可求出 A 中能控部分的秩。[Abar,Bbar,Cbar] 对应于转后系统的 [A,B,C]。

ctrbf(A,B,C,tol)：定义误差容限 tol，默认时，tol=10×n×norm(a,1)×eps。

【例 3-10】 根据给定控制系统的系数矩阵，进行能控性分解。

```
>> clear all;
A=[1 1;4 -2];
B=[1 -1;1 -1];
C =[1 0; 0 1];
[Abar,Bbar,Cbar,T,k]=ctrbf(A,B,C)
sum(k)
```

运行程序，输出如下：

```
Abar =
    -3.0000    0.0000
     3.0000    2.0000
Bbar =
     0.0000   -0.0000
    -1.4142    1.4142
Cbar =
    -0.7071   -0.7071
     0.7071   -0.7071
T =
    -0.7071    0.7071
    -0.7071   -0.7071
k =
     1    0
ans =
     1
```

3.4.2 能观性

假设系统由状态方程 (A,B,C,D) 给出，对任意初始时刻 t_0，如果状态空间中任一状态 $x_i(t)$ 在任意有限时刻 t_f 的状态 $x_i(t_f)$ 可以由输出信号在这一时间区间内 $t\in[t_0,t_f]$ 的值精确地确定出来，则称此状态是能观的。如果系统中所有状态都是能观的，则称该系统为完全能观系统。

类似于系统的能控性，系统的能观性是指系统内部的状态是不是可以由系统的输入/输出信号重建起来的性质。对线性时不变系统来说，如果系统某个状态能观，则可以由输入/输出信号重建出来。

从定义判定系统的能观性是很烦琐的，但可以构造起能观性判定矩阵：

$$T_o = \begin{bmatrix} C \\ CA \\ CA^2 \\ \vdots \\ CA^{n-1} \end{bmatrix}$$

该矩阵的秩为系统的能观状态数。如果该矩阵满秩,则系统是完全能观的,即系统的所有状态都可以由输入/输出信号重建。

由控制理论可知,系统的能观性问题和系统的能控性问题是对偶关系,如果想研究系统(A,C)的能观性问题,则可以将其转换成研究(A^T,C^T)系统的能控性问题,因此前面所述的能控性分析的全部方法均可以扩展到系统的能观性研究中。

与能控性一样,在 MATLAB 中,也提供了相应的函数用于实现系统的能观性,下面对这些函数做介绍。

(1) obsv 函数。

在 MATLAB 中,提供了 obsv 函数用于实现系统的能观性。函数的调用格式为:

Ob=obsv(A,C):计算由矩阵 A 和 C 给出的系统的能观性判定矩阵 Ob。

Ob=obsv(sys):计算状态空间线性对象的能观性判定矩阵 Ob。该调用等价于 Ob=obsv(sys.A,sys.C)。

(2) obsvf 函数。

该函数用于系统的能观与不能观分解。函数的调用格式为:

[Abar,Bbar,Cbar,T,k] = obsvf(A,B,C):将系统分解为能观与不能观两部分。其中 T 为相似变换矩阵,k 是长度为 n 的一个矢量,其元素为各个块的秩。sum(k)可求出 A 中能观部分的秩。[Abar,Bbar,Cbar]对应于转后系统的[A,B,C]。

obsvf(A,B,C,tol):定义误差容限 tol,默认时,tol=10×n×norm(a,1)×eps。

(3) gram 函数。

该函数用于求离散线性系统的 Gram 矩阵。函数的调用格式为:

Wc = gram(G,'o'):G 为连续线性系统,Wc 为连续 Lyapunov 方程的解。

系统能观性 Gram 矩阵定义为:

$$L_o = \int_0^\infty e^{-At} C^T C e^{-A^T t} dt$$

该矩阵满足 Lyapunov 方程:

$$A^T L_o + L_o A = -C^T C$$

【例 3-11】已知控制系统的状态方程为:

(1) $\dot{x}(t) = \begin{bmatrix} 1 & 0 \\ -1 & 2 \end{bmatrix} x(t) + \begin{bmatrix} 1 \\ 0 \end{bmatrix} u(t)$;
$y(t) = \begin{bmatrix} 0 & 1 \end{bmatrix} x(t)$

(2) $\dot{x}(t) = \begin{bmatrix} -3 & 1 & 0 \\ 0 & 3 & 0 \\ 0 & 2 & 1 \end{bmatrix} x(t) + \begin{bmatrix} 1 & -1 \\ -1 & 0 \\ 2 & 0 \end{bmatrix} u(t)$
$y(t) = \begin{bmatrix} 1 & 0 & 1 \\ -1 & 2 & 0 \end{bmatrix} x(t)$

判断系统的能观性。

实现(1)的代码为:

```
>> clear all;
```

```
A1=[1 0;-1 2];
C1=[0 1];
Ob1=obsv(A1,C1)
r1=rank(Ob1)
Ob1 =
     0     1
    -1     2
r1 =
     2
```

由以上结果可看出,能观性判定矩阵的秩为 2,等于系统的阶次 2,因此系统是完全能观的。

实现(2)的代码为:

```
>> clear all;
A2=[-3 1 0;0 3 0;0 2 1];
C2=[1 0 1;-1 2 0];
Ob2=obsv(A2,C2)
r2=rank(Ob2)
Ob2 =
     1     0     1
    -1     2     0
    -3     3     1
     3     5     0
     9     8     1
    -9    18     0
r2 =
     3
```

由以上结果可看出,能观矩阵的秩为 3,等于系统的阶次 3,因此系统是完全能观的。

3.5 系统的范数

正如矩阵的范数是矩阵的测度一样,线性系统模型也有自己的范数定义。例如,线性连续系统的 H_2 范数与无穷范数的定义分别为:

$$\|G(s)\|_2 = \sqrt{\frac{1}{2\pi j}\int_{-j\infty}^{j\infty}\sum_{i=1}^{p}\sigma_i^2[G(j\omega)]d\omega}$$

$$\|G(s)\|_\infty = \sup_\omega \bar{\sigma}|G(j\omega)|$$

从上式中可以看出,H_∞ 范数实际上是频域响应幅值的峰值。对线性离散系统来说,系统的 H_2 范数与无穷范数的定义分别为:

$$\|G(s)\|_2 = \sqrt{\int_{-\pi}^{\pi}\sum_{i=1}^{p}\sigma_i^2|G(e^{j\omega})d\omega|}$$

$$\|G(s)\|_\infty = \sup_\omega \bar{\sigma}[G(e^{j\omega})]$$

其中，$\sigma_i(\ )$为矩阵的第i个奇异值，而$\bar{\sigma}(\ )$为矩阵奇异值的上限。

如果系统模型已经由变量G给出，则系统的范数$\|G(s)\|_2$和$\|G(s)\|_\infty$可以用 MATLAB 提供的 norm 函数直接求出。离散系统的范数也可以同样求出。norm 函数的调用格式为：

norm(A)或 norm(A,2)：计算矩阵 A 的 2-范数。
norm(A,1)：计算矩阵 A 的 1-范数。
norm(A,inf)：计算矩阵 A 的 ∞-范数
norm(A,'fro')：计算矩阵 A 的 F-范数。

此外，如果计算 norm(A)比较费时，则可以采用 normest 函数计算矩阵 A 的 2-范数的估计值，该函数只能计算向量或矩阵的 2-范数。

【例 3-12】对于例 3-7 中给出的多变量离散系统，求其H_2范数和H_∞范数。

```
>> clear all;
A=[-2.2 -0.7 -1.5 -1;0.2 -6.3 6 -1.5;0.6 -0.9 -2 -0.5;1.4 0.1 -1 -3.5];
B=[6 9;4 6;4 4;8 4];
C=[1 2 3 4];
G=ss(A,B,C,[0,0],'Ts',0.15);
norm(G,2)              % H₂ 范数
ans =
    Inf
>> norm(G,inf)         % H∞ 范数
ans =
    27.3942
>> abs(eig(G))         %求系统特征值的模
ans =
    3.3605
    3.3605
    4.5983
    3.3508
```

3.6 线性系统的数字仿真

严格来说，四阶以上的系统需要求解四阶以上的多项式方程，所以根据 Abel 定理，这类方程没有一般的解析解，从而使得高阶微分方程也没有解析解。

在实际应用中，并不是所有情况下都希望得出系统的解析解，有时得到系统时域响应曲线就足够了，不一定非要得出输出信号的解析表达式。在这样的情况下可以借助微分方程数值解的技术来求取系统响应的数值解，并用曲线表示结果。

3.6.1 线性系统的阶跃响应

线性系统的阶跃响应可以通过 step 函数直接求取，脉冲响应可以使用 impulse 函数求取，而在任意输入下的系统响应可以通过 lsim 函数求取，更复杂系统的时域响应分析还可以通

过强大的 Simulink 环境来直接求取。

step 函数的调用格式为:

step(sys,Tfinal)或 step(sys,t):定义计算时的时间矢量。用户可以指定一个仿真终止时间,这时 t 为一标量;也可以通过 t=0:dt:Tfinal 命令设置一个时间矢量。对于离散系统,时间间隔 dt 必须与采样周期匹配。

step(sys1,sys2,…,sysN)或 step(sys1,sys2,…,sysN,Tfinal)或 step(sys1,sys2,…,sysN,t):可同时仿真多个线性对象。

y = step(sys,t)或[y,t] = step(sys)或[y,t] = step(sys,Tfinal)或[y,t,x] = step(sys) 或[y,t,x,ysd]= step(sys)或[y,…] = step(sys,…,options):计算仿真数据并且不在窗口显示。其中 y 为输出响应矢量;t 为时间矢量;x 为状态迹数据。

此处的系统模型 sys 可以为任意线性时不变系统模型,包括传递函数、零极点、状态方程模型、单变量和多变量模型、连续与离散模型、带有时间延迟的模型等。如果上述函数调用时不返回任何参数,则将自动打开图形窗口,将系统的阶跃响应曲线直接在该窗口上显示出来。如果想同时绘制出多个系统的阶跃响应曲线,则可调用如下格式的函数:

step(sys1,'-',sys2,'r.',sys3,'b-.')

该格式的函数可以用实线绘制系统 sys1 的阶跃响应曲线,用红色点线绘制 sys2 的阶跃响应曲线,用蓝色点画线绘制系统 sys3 的阶跃响应曲线。

【例 3-13】假设已知带有时间延迟的连续模型 $G(s) = \dfrac{10s+20}{10s^4+23s^3+26s^2+23s+10}e^{-s}$,绘制模型的阶跃响应曲线。

其实现的 MATLAB 代码为:

```
>> clear all;
G=tf([10 20],[10 23 26 23 10],'ioDelay',1);   %系统模型
step(G,30);   %绘制阶跃响应曲线,终止时间为30
```

运行程序,效果如图 3-9 所示。

在自动绘制的系统阶跃响应曲线上,如果单击曲线上的某点,则可以显示出该点对应的时间信息和响应的幅值信息,如图 3-10 所示。通过这样的方法就可以容易地分析阶跃响应的情况。

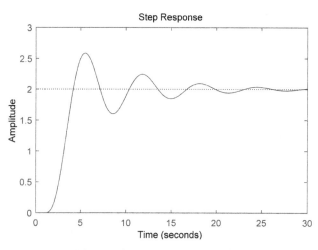

图 3-9 自动绘制的阶跃响应曲线

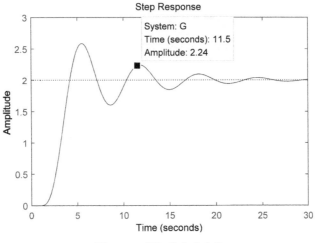

图 3-10 获取某点响应值

在控制理论中介绍典型线性系统的阶跃响应分析时经常用一些指标来定量描述,如系统的超调量、上升时间、调节时间等,在 MATLAB 自动绘制的阶跃响应曲线中,如果想得出这些指标,只需右击鼠标,则将得出如图 3-11 所示的菜单,选择其中的 Characteristics 菜单项,从中选择合适的分析内容,即可得出系统的阶跃响应指标,如图 3-12 所示。如果想获得某个指标的具体值,则先将鼠标移动到该点即可。

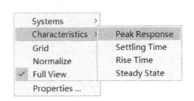

图 3-11 系统阶跃响应快捷菜单

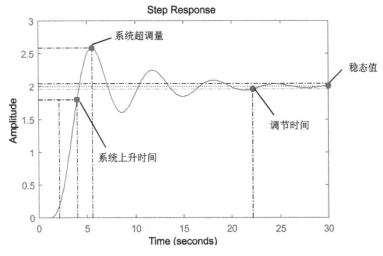

图 3-12 阶跃响应指标显示

【例 3-14】假设连续系统的数学模型为 $G(s) = \dfrac{1}{s^2 + 0.2s + 1} e^{-s}$，选择采样周期为 $T = 0.01, 0.1, 0.5, 1.2\text{s}$，求各个离散化的传递函数模型，再用 step 函数进行对比分析。

其实现的 MATLAB 代码为：

```
>> clear all;
G=tf(1,[1 0.2 1],'ioDelay',1);    %输入连续系统的数学模型
%Tustin 变换,有时可能导致虚系数
G1=c2d(G,0.01,'zoh')
G2=c2d(G,0.1)
G3=c2d(G,0.5)
G4=c2d(G,1.2)
step(G,'-',G1,'r-.',G2,'k--',G3,'b:',G4,'mo')
legend('原模型','离散化模型 1','离散化模型 2','离散化模型 3','离散化模型 4')
```

运行程序，得到离散化模型分别如下，效果比较如图 3-13 所示。

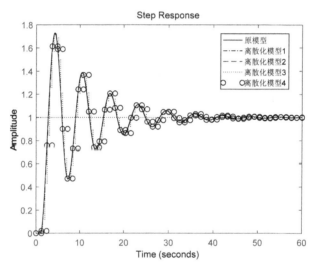

图 3-13　连续系统离散化的效果比较

```
G1 =
                4.997e-05 z + 4.993e-05
  z^(-100) * -----------------------
                z^2 - 1.998 z + 0.998
Sample time: 0.01 seconds
Discrete-time transfer function.

G2 =
                0.004963 z + 0.00493
  z^(-10) * ---------------------
                z^2 - 1.97 z + 0.9802
Sample time: 0.1 seconds
Discrete-time transfer function.

G3 =
                0.1185 z + 0.1145
```

```
                  z^(-2) * ----------------------
                            z^2 - 1.672 z + 0.9048
```
Sample time: 0.5 seconds
Discrete-time transfer function.
G4 =
```
                           0.01967 z^2 + 0.7277 z + 0.3865
                  z^(-1) * -------------------------------
                              z^2 - 0.6527 z + 0.7866
```
Sample time: 1.2 seconds
Discrete-time transfer function.

由结果可见，如果采样周期选择过大，则有可能丢失原来系统的信息。

值得提出的是，step 函数绘制出的离散系统阶跃响应曲线是以阶梯线的形式表示的，在该曲线上仍然可以使用右键菜单显示其响应指标。

【例 3-15】考虑如下一个双输入/双输出系统：

$$G(s) = \begin{bmatrix} \dfrac{0.1134e^{-0.72s}}{1.78s^2 + 4.48s + 1} & \dfrac{0.924}{2.07s + 1} \\ \dfrac{0.3378e^{-0.3s}}{0.361s^2 + 1.09s + 1} & \dfrac{-0.318e^{-1.29s}}{2.93s + 1} \end{bmatrix}$$

实现在两路阶跃输入激励下系统两个输出信号的阶跃响应曲线。

其实现的 MATLAB 代码如下：

```
>> clear all;
g11=tf(0.1134,[1.78 4.48 1],'ioDelay',0.72);
g21=tf(0.3378,[0.361 1.09 1],'ioDelay',0.3);
g12=tf(0.924,[2.07 1]);
g22=tf(-0.318,[2.93 1],'ioDelay',1.29);
G=[g11,g12;g21,g22];
step(G)    %多变量系统的阶跃响应
```

运行程序，效果如图 3-14 所示。

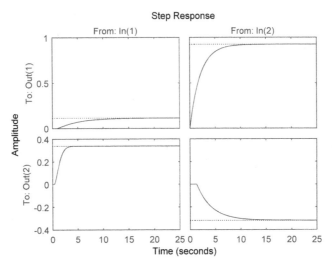

图 3-14　原系统阶跃响应曲线

注意，这时的阶跃响应曲线是在两路输入均单独作用下分别得出的。从得出的系统阶跃响应可以看出，在第 1 路信号输入时，第 1 路输入信号有响应，而第 2 路输出信号也有很强的响应。单独看第 2 路输入信号的作用也是这样，这在多变量系统理论中称为系统的耦合，在多变量系统的设计中是很不好处理的。因为如果没有这样的耦合，则可以给两路信号分别设计控制器就可以，但有了耦合，就必须考虑引入某种环节，使得耦合尽可能小，这样的方法在多变量系统理论中又称为解耦。考虑有了现成的矩阵 K_p 对系统进行补偿。

$$K_p = \begin{bmatrix} 0.1134 & 0.924 \\ 0.3378 & -0.318 \end{bmatrix}$$

由于需要对传递函数进行四则运算，而其中子传递函数有的带有时间延迟，传递意义下并不能利用矩阵乘法的方式进行直接运算，只能采用带有内部延迟的状态方程模型处理。

以下代码直接绘制出 $G(s)K_p$ 系统的阶跃响应曲线，如图 3-15 所示。

```
>> Kp=[0.1134 0.924;0.3378 -0.318];
>> step(ss(G)*Kp)
```

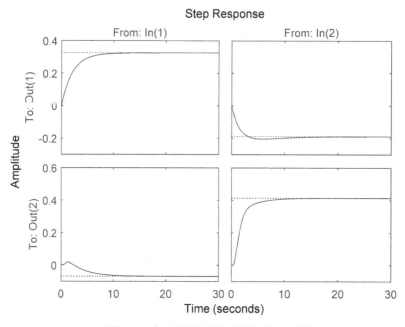

图 3-15 加入矩阵环节后的阶跃响应曲线

系统的脉冲响应曲线可以由 MATLAB 控制系统工具箱中的 impulse 函数直接绘制出来。绘制上例中系统的脉冲响应可以用下面的语句实现：

```
>> impulse(G,30)
```

运行程序，效果如图 3-16 所示。

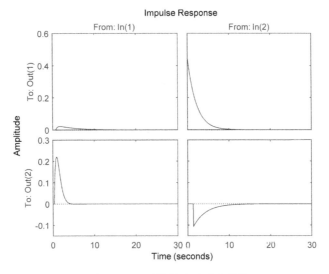

图 3-16 系统的脉冲响应曲线

3.6.2 任选输入下的系统响应

前面介绍了两种常用的时域响应求取函数 step 函数和 impulse 函数,应用这些函数可以很容易地绘制出系统的时域响应曲线。

如果输入信号的 Laplace 变换 $R(s)$ 能够表示成有理函数的形式,则输出信号可以写成 $Y(s) = G(s)R(s)$,这样系统的时域响应可以由 $Y(s)$ 的脉冲响应函数 impulse 直接绘制出来,从而可以实现系统的时域分析与仿真。

【例 3-16】试绘制出延迟系统 $G(s) = \dfrac{10s+20}{10s^4+23s^3+26s^2+23s+10}\mathrm{e}^{-s}$ 的斜坡响应曲线。

斜坡信号的 Laplace 变换为 $\dfrac{1}{s^2}$,因此系统的斜坡响应既可以由 $\dfrac{G(s)}{s}$ 系统的阶跃响应求出,也可以由 $\dfrac{G(s)}{s^2}$ 系统的脉冲响应得出。

其实现的 MATLAB 代码如下:

```
>> clear all;
G=tf([10 20],[10 23 26 23 10],'ioDelay',1);   %系统模型
s=tf('s');
step(G/s)    %或 impulse(G/s^2)
```

运行程序,效果如图 3-17 所示。

如果输入信号由其他数学函数描述,或输入信号的数学模型未知,则用这两个函数就无能为力了,需要借助 lsim 函数来绘制系统时域响应曲线。lsim 函数的调用格式为:

lsim(sys,u,t):其中,sys 为系统模型,u 和 t 用于描述输入信号,u 中的点对应于各个时间点处的输入信号值,如果想研究多变量系统,则 u 应该是矩阵,其各行对应于 t 向量各个时刻的各路输入值。

lsim(sys,u,t,x0):x0 为给定的初值。

lsim(sys,u,t,x0,method):method 为指定应用何种方法实现绘制时域响应曲线,有 zoh 和 foh 两种方法。

调用 lsim 函数,将自动绘制出系统在任意输入下的时域响应曲线。

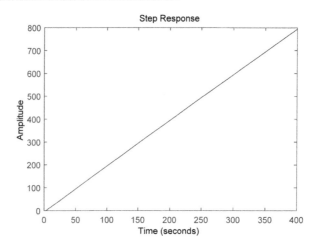

图 3-17 例 3-16 中系统的斜坡响应曲线

【例 3-17】考虑例 3-15 给出的双输入/双输出系统，假设第 1 路输入为 $u_1(t)=1-\mathrm{e}^{-t}\sin(3t+1)$，第 2 路输入为 $u_2(t)=\sin(t)\cos(t+2)$，绘制出系统在这两路输入信号下系统的时域响应曲线。

其实现的 MATLAB 代码如下：

```
>> clear all;
g11=tf(0.1134,[1.78 4.48 1],'ioDelay',0.72);
g21=tf(0.3378,[0.361 1.09 1],'ioDelay',0.3);
g12=tf(0.924,[2.07 1]);
g22=tf(-0.318,[2.93 1],'ioDelay',1.29);
G=[g11,g12;g21,g22];
t=[0:0.1:15]';
u=[1-exp(-t).*sin(3*t+1),sin(t).*cos(t+2)];   %双输入信号
lsim(G,u,t);   %直接分析在给定输入下的系统时域响应
```

运行程序，效果如图 3-18 所示。

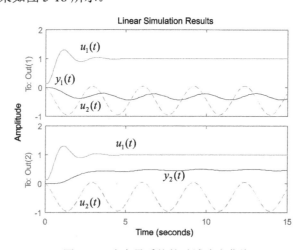

图 3-18 多变量系统的时域响应曲线

3.6.3 非零初始状态下系统的时域响应

前面介绍的传递函数时域响应曲线针对的都是零初始状态系统的求解问题，如果系统的初始状态非零，则应该先使用 initial 函数求出非零初始状态的时域响应。函数的调用格式为：

initial(sys,x0,Tfinal)：其中，sys 为状态系统，x0 为给定的初始值，Tfinal 为终止仿真时间。

使用 initial 函数后，再利用叠加原理将 lsim 的结果加到前面得出的结果上。

【例 3-18】已知系统的状态方程模型为：

$$\begin{cases} \dot{x}(t) = \begin{bmatrix} -19 & -16 & -16 & -19 \\ 21 & 16 & 17 & 19 \\ 20 & 17 & 16 & 20 \\ -20 & -16 & -16 & -19 \end{bmatrix} x(t) + \begin{bmatrix} 1 \\ 0 \\ 1 \\ 2 \end{bmatrix} u(t) \\ y(t) = [2,1,0,0]x(t) \end{cases}$$

其中，状态变量初值为 $x^{\mathrm{T}}(0) = [0,1,1,2]$，且输入信号为 $u(t) = 2 + 2\mathrm{e}^{-3t}\sin 2t$，求非零状态下时域响应曲线。

其实现的 MATLAB 代码如下：

```
>> clear all;
A=[-19 -16 -16 -19;21 16 17 19;20 17 16 20;-20 -16 -16 -19];
B=[1 0 1 2]';
C=[2 1 0 0];
G=ss(A,B,C,0);
x0=[0 1 1 2]';
[y1,t]=initial(G,x0,10);
u=2+2*exp(-3*t).*sin(2*t);
y2=lsim(G,u,t);
plot(t,y1+y2);
```

运行程序，效果如图 3-19 所示。

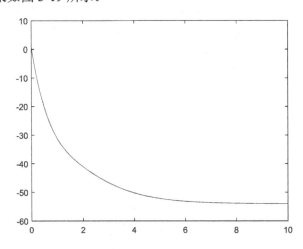

图 3-19 非零初始状态下的时域响应曲线

第 4 章 MATLAB 时域分析

一个实际的控制系统,在完成系统的数学模型后,就可以用各种不同的方法来分析系统的稳态和动态性能。本章的时域分析是经典控制中三大分析方法之一,时域方法研究问题的重点在于讨论过渡过程的响应形式,其特点是直观、准确。

时域分析法是利用拉氏变换和拉氏反变换数学工具求系统的微分方程,在时间域对系统进行分析的方法,可以根据响应的时间表达式及其描述曲线来分析系统的性能。在时间域进行分析,方法及结果表象、直观、准确,对于低阶控制系统的各项性能进行分析非常适用,但是由于计算烦琐,此方法不太适用于高阶系统。

4.1 典型的时域分析

在时域分析中,有几种典型的分析,下面分别给予介绍。

4.1.1 典型输入信号

在实际情况中,控制系统的输入量通常是未知的,并且是随机的,很难用数学解析式来表示。为了对各种不同的控制系统性能有评判依据,在分析和设计控制系统时,通过对被分析系统加上各种典型的输入信号,比较不同系统对特定输入信号的响应来进行。

经常采用的实验输入信号需要具有如下一些特性。
(1) 实验信号与系统实际输入信号具有近似性。
(2) 典型实验信号激励下的响应与系统的实际响应存在某种关系。
(3) 实验信号容易通过实验装置获得且对系统的作用容易验证。
(4) 数学表达式简单,方便理解、分析与计算。

通常采用的典型函数包括以下几个。

1. 阶跃函数

时域表达式:
$$r(t) = K, \quad t \geq 0$$

复域表达式:
$$R(s) = \frac{K}{s}$$

单位阶跃函数:
$$K = 1, \quad R(s) = \frac{1}{s}$$

2. 斜坡函数

时域表达式：
$$r(t) = Kt, \quad t \geq 0$$

复域表达式：
$$R(s) = \frac{K}{s^2}$$

单位斜坡函数：
$$K = 1, \quad R(s) = \frac{1}{s^2}$$

3. 加速度函数

时域表达式：
$$r(t) = Kt^2, \quad t \geq 0$$

复域表达式：
$$R(s) = \frac{K}{s^3}$$

单位加速度函数：
$$K = \frac{1}{2}, \quad R(s) = \frac{1}{s^3}$$

4. 脉冲函数

时域表达式：
$$r(t) = K\delta(t), \quad t = 0$$

复域表达式：
$$R(s) = K$$

单位脉冲函数：
$$K = 1, \quad R(s) = 1$$

5. 正弦函数

时域表达式：
$$A\sin\omega t$$

复域表达式：
$$\frac{A\omega}{s^2 + \omega^2}$$

通常运用阶跃函数作为典型输入信号，可在一个统一的基础上对各种控制系统的特性进行比较和研究。当然，如果控制系统的输入量是随时间逐步变化的函数，则斜坡时间函数是比较合适的。

4.1.2 动态与稳态过程

在分析控制系统时，可以根据构成系统的各个元部件的动态方程获得系统的稳态动态性能。在控制系统的动态性能中，最重要的是绝对稳定性，即系统是否稳定。如果控制系统在保持输入信号不变同时也没有受到任何扰动的情况下,系统的输出量能够保持在某一状态上,则称控制系统此时处于平衡状态。如果控制系统受到扰动量的作用,输出量发生动态变化,当扰动消失后,输出量最终又可以返回到它的平衡状态,那么系统是稳定的。

控制系统性能的评价,需要研究控制系统在典型输入信号下的响应过程,作为时域分析,可以将一个控制系统的时间响应分为两部分:动态过程和稳态过程。

动态过程又称为瞬态过程或过渡过程,是指系统在输入信号作用下,输出量从初始到最终状态的整个响应过程,动态过程表现形式有衰减、发散或等幅振荡等。从动态过程可以获得系统的动态性能指标,也可以获得系统稳定性的信息。

稳态过程是指系统在输入信号作用下,当时间 t 趋于无穷大时,系统输出量的表现方式,它表征了系统输出量最终复现输入量的能力。

4.1.3 时域性能指标

在系统稳定的前提下分析系统的时域性能指标,其指标包括两类:一类是动态性能指标;另一类是稳态性能指标。

1. 动态性能指标

在时域分析法中,控制系统的性能指标以时域量值的形式给出。默认情况下,时域分析系统的性能指标,是指在零初始条件下系统对单位阶跃输入信号动态响应的性能指标,此处的零初始条件是指系统输出量和输入量的各阶导数在零时刻均为 0。

实际稳定控制系统的动态响应中,通常一阶系统是一个延迟过程;二阶系统当阻尼小于 1 时,在达到稳态以前表现为振荡过程;高阶系统也常常表现为阻尼振荡过程。

通常,在单位阶跃函数作用下,稳定系统的动态过程随时间 t 变化的指标称为动态性能指标。对于图 4-1 所示的单位阶跃响应 $h(t)$,通常定义动态性能指标为以下几种。

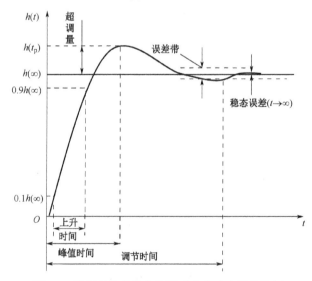

图 4-1 控制系统的单位阶跃响应和动态性能指标

（1）上升时间 t_r。

对于无振荡的系统，定义系统响应从终值的 10%上升到 90%所需的时间为上升时间；对于有振荡的系统，定义响应从零第一次上升到终值所需要的时间为上升时间。默认情况下，MATLAB 按照第一种定义方式计算上升时间，但可以通过设置得到第二种方式定义的上升时间。

（2）峰值时间 t_p。

响应超过其终值到达第一个峰值所需的时间定义为峰值时间。

（3）超调量 $\sigma\%$。

响应的最大偏差量 $h(t_p)$ 和终值 $h(\infty)$ 的差与终值 $h(\infty)$ 之比的百分数定义为超调量，即

$$\sigma\% = \frac{h(t_p) - h(\infty)}{h(\infty)} \times 100\% \quad (4\text{-}1)$$

超调量也称为最大超调量或百分比超调量。

（4）调节时间 t_s。

响应到达并保持在终值±2%或±5%内所需的最短时间定义为调节时间。默认情况下，MATLAB 计算动态性能时，取误差范围为±2%，可以通过设置得到误差范围为±5%时的调节时间。

2．稳态性能指标

描述系统稳态性能的指标是稳态误差，在系统稳定的条件下，是指当时间趋于无穷大时，输入量与输出量之间的差值。如果在稳态时系统的输出量与输入量不能完全吻合，就认为系统有稳态误差。稳态误差表示系统的准确度，是测量系统控制精度或抗扰动能力的一个指标。

稳态误差公式一般为：

$$e_{ss} = \lim_{s \to 0} E(s) = \lim_{s \to 0} \frac{sR(s)}{1 + G(s)H(s)}$$

说明：$R(s)$ 为控制系统的输入量；$G(s)H(s)$ 为系统的开环传递函数。所以可以看到，系统的稳态误差除了跟系统本身有关之外，还跟信号有关，上式算出的稳态误差是误差信号稳态分量在趋于零时的数值，因此有时称为终值误差。

在进行控制系统的分析时，需要研究系统的动态响应，掌握系统的运行速度，如达到新的稳定状态需要的时间，同时要研究系统的稳态性能，以确定输出跟踪输入信号的误差大小。

4.1.4 一阶系统时域分析

下面对一阶系统相关概念进行分析。

1．一阶系统的数学模型

一阶系统的微分方程为：

$$T\dot{c}(t) + c(t) = r(t)$$

当零初始条件时，系统传递函数为：

$$\Phi(s) = \frac{C(s)}{R(s)} = \frac{1}{T_s + 1}$$

对于不同的典型输入信号，系统的响应是不一样的。

2．一阶系统的单位阶跃响应

由于单位阶跃信号的拉氏变换为 $R(s) = \frac{1}{s}$，则系统的输出为：

$$C(s) = G(s)R(s) = \frac{1}{T_s + 1} \cdot \frac{1}{s} = \frac{1}{s} - \frac{1}{T_s + 1}$$

对上式取拉氏反变换，可以得 $c(t) = 1 - e^{-\frac{t}{T}}, t \geq 0$。

其中，上式中的时间常数 T 是重要的特征参数，一般称为惯性时间常数，反映了系统响应的速度。T 越小，说明系统的惯性越小，输出 $C(t)$ 响应越快，达到稳态用的时间越短，当 T 为零时，该环节就成为比例环节了；反之，T 越大，系统的响应速度越慢，惯性越大，达到稳态用的时间越长。

3．一阶系统脉冲响应

如果输入为单位脉冲函数，即 $R(s) = 1, C(s) = \Phi(s)R(s) = \Phi(s)$，则输出量的拉氏变换式与原系统的传递函数相同，即

$$C(s) = \frac{1}{T_s + 1}$$

系统的输出称为单位脉冲响应，表达式为：

$$c(t) = \frac{1}{T} e^{-\frac{t}{T}}, t \geq 0$$

4．一阶系统的单位斜坡响应

当一阶系统以单位斜坡为输入信号时，可以求得响应为：

$$c(t) = t - T + T e^{-\frac{t}{T}}, t \geq 0$$

其中，稳态分量为 $t - T$；动态分量为 $T e^{-\frac{t}{T}}$。

4.1.5 线性系统的时域分析求法

设已知系统的传递函数为：

$$G(s) = \frac{C(s)}{R(s)} = \frac{k_0(s + z_1)(s + z_2)\cdots(s + z_m)}{(s + p_1)(s + p_2)\cdots(s + p_n)}$$

且输入为：

$$R(s) = \frac{k_r(s + z_{r1})(s + z_{r2})\cdots(s + z_{rl})}{(s + p_{r1})(s + p_{r2})\cdots(s + p_{rq})}$$

式中，$-z_{r1}, -z_{r2}, \cdots, -z_{rl}$ 及 $-p_{r1}, -p_{r2}, \cdots, -p_{rq}$ 分别是输入函数 $r(t)$ 拉氏变换式 $R(s)$ 的零点和极点，简称为输入零点和极点，那么有：

$$G(s) = G(s)R(s) = \frac{k_0 k_r (s+z_1)(s+z_2)\cdots(s+z_m)(s+z_{r1})(s+z_{r2})\cdots(s+z_{rl})}{(s+p_1)(s+p_2)\cdots(s+p_n)(s+p_{r1})(s+p_{r2})\cdots(s+p_{rq})}$$

4.2 二阶系统时域分析

一般控制系统均是高阶系统，但在一定准确角条件下，可忽略某些次要因素近似地用一个二阶系统来表示。因此研究二阶系统有较大的实际意义。例如，描述力反馈型电液伺服阀的微分方程一般为四阶、五阶高次方程，但在实际中，电液控制系统按二阶系统来分析已足够准确了。二阶系统实例很多，如前述的 RCL 电网络、带有惯性载荷的液压助力器、质量-弹簧-阻尼机械系统等。

4.2.1 二阶系统的数学模型

二阶系统是指用二阶微分方程描述的控制系统。传递函数的一般格式为：

$$\Phi(s) = \frac{C(s)}{R(s)} = \frac{K}{T_s^2 + s + K}$$

其中，控制系统的时间常数为 T；增益为 K。在控制系统研究领域，为了使研究的结果具有普遍意义，通常将上式改写为标准形式：

$$\Phi(s) = \frac{\omega_n^2}{s^2 + 2\xi\omega_n + \omega_n^2}$$

其中，系统的阻尼比为 ξ，固有频率为 ω_n，即自然振荡频率，两个参数之间的关系为：

$$\omega_n = \sqrt{\frac{K}{T}}, \xi = \frac{1}{2\sqrt{KT}}$$

4.2.2 二阶系统分类

二阶系统的分母就是一个二元一次方程，其系统特征方程（令传递函数的分母等于 0 的方程）的根为 $s_{1,2} = -\xi\omega_n \pm \omega_n\sqrt{\xi^2 - 1}$。根据阻尼比 ξ 的大小情况，对二阶系统进行如下分类。

（1）$\xi<0$：负阻尼系统，系统不稳定。
（2）$\xi=0$：零阻尼系统，$s_{1,2} = \pm j\omega_n$。
（3）$0<\xi<1$：欠阻尼系统，$s_{1,2} = -\xi\omega_n \pm j\omega_n\sqrt{\xi^2-1}$。
（4）$\xi=1$：临界阻尼系统，$s_{1,2} = -\omega_n$。
（5）$\xi>1$：过阻尼系统，$s_{1,2} = -\xi\omega_n \pm \omega_n\sqrt{\xi^2-1}$。

4.2.3 欠阻尼二阶系统的性能分析

下面采用单位阶跃输入信号，以欠阻尼状态的二阶系统为例，来推导介绍二阶系统性能的指标。

（1）延迟时间 t_d：

$$t_d = \frac{1 + 0.6\xi + 0.2\xi^2}{\omega_n}$$

从式中可以看出，无论增大自然振荡频率还是减小阻尼比，都可以减少延迟时间。

（2）上升时间 t_r：

$$t_r = \frac{\pi - \beta}{\omega_d} \quad (\omega_d = \omega_n\sqrt{1-\xi^2}, \beta = \arccos\xi)$$

其中，β 为阻尼角，系统的响应速度与 ω_n 成正比；ω_d 为阻尼振荡频率，当 ω_d 一定时，阻尼比越小，上升时间越短。

（3）峰值时间 t_p：

$$t_p = \frac{\pi}{\omega_d} = \frac{\pi}{\omega_n\sqrt{1-\xi^2}}$$

可见，当阻尼比 ξ 一定时，ω_n 越大，峰值时间 t_p 越短；当 ω_n 一定时，ξ 越大，t_p 越大。

（4）调节时间 t_s：

$$t_s = \frac{3.5}{\xi\omega_n} = \frac{3.5}{\sigma}$$

其中，σ 称为衰减系数，当 ξ 一定时，ω_n 越大，调节时间 t_s 越小，意味着系统响应越快。

（5）最大超调量 $\sigma\%$：

$$\sigma\% = e^{-\frac{\pi\xi}{\sqrt{1-\xi^2}}} \times 100\%$$

最大超调量只与阻尼比有关，它直接显示了系统的阻尼特性。ξ 越大，$\sigma\%$ 越小，说明系统的平稳性越好。

4.2.4 二阶系统的重要结论

关于二阶系统可以总结出以下结论。

（1）二阶系统的动态性能由参数 ξ 和 ω_n 决定。

（2）在系统设计时，首先根据所允许的最大超调量来确定阻尼比 ξ，ξ 一般选择在 0.4～0.8 之间，然后调整 ω_n 以获得要求的动态响应时间。

（3）当阻尼比 ξ 一定时，自然振荡频率 ω_n 越大，系统响应的快速性越好，t_r、t_p、t_s 越小。

（4）增加阻尼比 ξ 可以减小振荡，减小超调量 $\sigma\%$，但系统的快速性降低，t_r、t_r 增加。

（5）当 $\xi=0.7$ 时，系统的 $\sigma\%$、t_s 均小，各项指标综合较合理，称其为最佳阻尼比。

4.3 高阶系统分析

实际上,大量的系统,特别是机械系统,几乎都可用高阶微分方程来描述。这种用高阶微分方程描述的系统称为高阶系统。对高阶系统的研究和分析,一般是比较复杂的。这就要求在分析高阶系统时,要抓住主要矛盾,忽略次要因素,使问题简化。本节主要介绍利用关于二阶系统的一些结论对高阶系统进行定性分析,并在此基础上,阐明将高阶系统简化为二阶系统来做出定量估算的可能性。在零初始条件下,高阶系统传递函数的普遍形式可表示为:

$$G(s)=\frac{x_o(s)}{x_i(s)}=\frac{b_m s^m + b_{m-1} s^{m-1} + \cdots + b_1 s + b_0}{a_n s^n + a_{n-1} s^{n-1} + \cdots + a_1 s + a_0}, (n \geqslant m)$$

系统的特征方程为:

$$a_n s^n + a_{n-1} s^{n-1} + \cdots + a_1 s + a_0 = 0$$

特征方程有 n 个特征根,设其中 n_1 个为实数根,n_2 对为共轭虚根,应有根 $n = n_1 + 2n_2$,由此特征方程可分解为 n_1 个一次因式:

$$(s + p_j), \quad (j = 1, 2, \cdots, n_1)$$

及 n_2 个二次因式:

$$(s^2 + 2\xi_k \omega_{nk} s + \omega_{nk}^2), \quad (k = 1, 2, \cdots, n_2)$$

的乘积,也即系统的传递函数有 n_1 个实极点 $-p_i$ 及 n_2 对共轭复数极点 $\xi_k \omega_{nk} \cdot j\omega_{nk}$。

设系统传递函数的 m 个零点为 $-z_i (i = 1, 2, \cdots, m)$,则系统的传递函数可写为:

$$G(s) = \frac{K \prod_{i=1}^{m}(s + z_i)}{\prod_{j=1}^{n_1}(s + p_j) \prod_{k=1}^{n_2}(s^2 + 2\xi_k \omega_{nk} s + \omega_{nk}^2)}$$

在单位阶跃输入 $x_i(s) = \frac{1}{s}$ 的作用下,输出为:

$$x_o(s) = G(s) \cdot \frac{1}{s} = \frac{K \prod_{i=1}^{m}(s + z_i)}{\prod_{j=1}^{n_1}(s + p_j) \prod_{k=1}^{n_2}(s^2 + 2\xi_k \omega_{nk} s + \omega_{nk}^2)}$$

对上式按部分分式展开,得

$$x_o(s) = \frac{A_0}{s} + \sum_{j=1}^{n_1} \frac{A_j}{s + p_j} + \sum_{k=1}^{n_2} \frac{B_k s + G_k}{s^2 + 2\xi_k \omega_{nk} s + \omega_{nk}^2}$$

式中,A_0, A_j, B_k, G_k 为部分分式所确定的常数。

为此,对 $x_o(s)$ 的表达式进行拉氏逆变换后,可得高阶系统的单位阶跃响应为:

$$x_o(s) = \frac{A_0}{s} + \sum_{j=1}^{n_1} A_j e^{-p_j t} + \sum_{k=1}^{n_2} D_k e^{\xi_k \omega_{nk} t} \sin(\omega_d t + \beta_k) \ (t \geqslant 0) \quad (4-2)$$

式中:

$$\beta_k = \arctan \frac{B_k \omega_{dk}}{C_k - \xi_k \omega_{nk} B_k}$$

$$D_k = \sqrt{B_k^2 + \left(\frac{C_k - \xi_k \omega_{nk} B_k}{\omega_{dk}}\right)}, (k=1,2,\cdots,n_2)$$

式（4-2）中第一项为稳态分量，第二项为指数曲线（一阶系统），第三项为振荡曲线（二阶系统）。因此，一个高阶系统的响应可以看成多个一阶环节和二阶环节响应的叠加。上述一阶环节及二阶环节的响应决定于 p_j、ξ_k、ω_{nk} 及系数 A_j、D_k，即与零、极点的分布有关。因此，了解零、极点的分布情况，就可以对系统性能进行定性分析。

4.4 时域稳定性分析

分析系统稳定性，确保稳定条件是自动控制理论的重要任务之一。下面对时域稳定性的几个相关概念进行说明。

1. 系统不稳定的物理原因

在自动控制系统中，造成系统不稳定的因素很多，其物理原因主要如下。

系统中存在的惯性、延迟环节，如电动机的机械惯性、电磁惯性、半控型整流装置导通的失控时间，液压传递中的延迟、机械齿轮的间隙等，都会使系统中的输出在时间上滞后输入，在反馈系统中，这种滞后的信号又被反馈到输入端，可能造成系统不稳定。

2. 绝对稳定性与相对稳定性

线性系统稳定性分为绝对稳定性和相对稳定性。

系统的绝对稳定性：系统是否满足稳定（或不稳定）的条件，即充要条件。

系统的相对稳定性：稳定系统的稳定程度。

3. 系统稳定性分析方法

判断系统的稳定性，只需要分析系统闭环特征方程的根是否都具有负实部，也就是特征根是否都位于 s 平面的左半平面，只要有一个特征根具有正实部（位于 s 平面的右半平面），系统就是不稳定的，如果有特征根为纯虚数（位于 s 平面的虚轴上），则系统是临界稳定的，临界稳定是不稳定的一种特殊状态。

求出特征根可以判断系统的稳定性，但是对于高阶系统，求根本身是一件很困难的事，根据上述结论，判断系统稳定与否，如果知道特征根实部的符号也是可以的。

劳思稳定性判据利用上述特点，通过特征方程的系数直接分析特征根的正负情况，实现不求解特征方程的根，判断系统的稳定性，也避免了高阶方程的求解。

设系统的闭环特征方程为：

$$D(s) = a_0 s^n + a_1 s^{n-1} + \cdots + a_{n-1} s = 0$$

系统的劳斯表为：

s^n	a_0	a_2	a_4	a_6	...
s^{n-1}	a_1	a_3	a_5	a_7	...
s^{n-2}	c_{13}	c_{23}	c_{33}	c_{43}	...
s^{n-3}	c_{14}	c_{24}	c_{34}	c_{44}	...
$\vdots$	$\vdots$	$\vdots$			
s^2	$c_{1,n-1}$	$c_{2,n-1}$			
s	$c_{1,n}$	$c_{2,n}$			
0	$c_{1,n+1}$				

其中：

$$c_{13} = \frac{a_1 a_2 - a_0 a_3}{a_1} \quad c_{23} = \frac{a_1 a_4 - a_0 a_5}{a_1} \quad c_{33} = \frac{a_1 a_6 - a_0 a_7}{a_1} \quad \cdots$$

$$c_{14} = \frac{c_{13} a_2 - a_1 c_{23}}{c_{13}} \quad c_{24} = \frac{c_{13} a_4 - a_1 c_{33}}{c_{13}} \quad c_{34} = \frac{c_{13} a_6 - a_1 c_{43}}{c_{13}} \quad \cdots$$

$$\cdots \quad \cdots \quad \cdots \quad \cdots$$

$$c_{1,n+1} = a_n \quad \cdots$$

系统稳定的必要条件：闭环系统特征方程中各项系数均为正数。

4.5 常用时域函数

控制系统的时域分析是指输入变量是时间 t 的函数，求出系统的输出响应，其响应肯定也是时间 t 的函数，称为时域响应。利用时域分析可以获得控制系统的动态性能指标，如延迟时间、上升时间、调节时间、超调量等，以及稳态性能指标——稳态误差。MATLAB 提供了相应的时域分析函数，下面给予介绍。

1．roots

在 MATLAB 中，利用 roots 函数可以计算多项式的根。函数的调用格式为：

r = roots(p)：参数 p 为按变量排序的多项式系数；r 是以 p 为多项式系数的特征方程的根，以列向量的形式保存。

【例 4-1】系统的闭环传递函数为 $G(s) = \dfrac{1}{(s+1)(3s^3 + 4s^2 + 2s + 5)}$，求其特征根。

```
>> clear all;
>> p=conv([1 1],[3 4 2 5]);   %得到特征方程的多项式系数
>> R=roots(p)
```

运行程序，输出如下：

```
R =
    0.1230 + 1.0199i
    0.1230 - 1.0199i
   -1.5794 + 0.0000i
   -1.0000 + 0.0000i
```

2. dcgain 函数

在 MATLAB 中，提供了 dcgain 函数用来计算系统的增益。函数的调用格式为：

k = dcgain(sys)：计算传递函数 sys 的稳态增益。

k=dcgain(num,den)：num、den 分别为系统传递函数的分子与分母系数。

该函数用于计算线性时不变系统的稳态终值。

【例 4-2】单位负反馈系统的开环传递函数 $G(s)=\dfrac{10}{(0.1s+1)(0.5s+1)}$，试求单位阶跃输入下的稳态误差。

MATLAB 代码如下：

```
>> clear all;
>> s=tf('s');
>> G=10/(0.1*s+1)/(0.5*s+1);    %开环传递函数
>> Gc=feedback(G,1)             %闭环传递函数
Gc =
           10
   ---------------------
   0.05 s^2 + 0.6 s + 11
Continuous-time transfer function.
>> step(Gc)                     %系统阶跃响应曲线
>> ess=1-dcgain(Gc)             %得到稳态误差
ess =
    0.0909
```

运行程序，得到的阶跃响应曲线如图 4-2 所示。

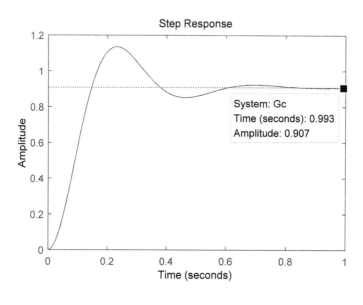

图 4-2　绘图求稳态误差

【例 4-3】系统结构如图 4-3 所示。求当输入信号 $r(t)=10+2t+t^2$ 时系统的稳态误差。

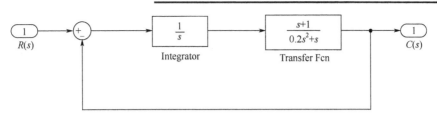

图 4-3 系统结构图

(1) 判别系统是否稳定。

MATLAB 代码如下：

```
>> s=tf('s');
>> G=1/s*(s+1)/(0.2*s^2+s);
>> Gc=feedback(G,1)    %得到闭环系统传递函数
Gc =
            s + 1
    ---------------------
    0.2 s^3 + s^2 + s + 1
Continuous-time transfer function.
>> [num,den]=tfdata(Gc,'v')
num =
         0         0         1         1
den =
    0.2000    1.0000    1.0000    1.0000
>> roots(den)    %求特征方程的根
ans =
   -4.0739 + 0.0000i
   -0.4630 + 1.0064i
   -0.4630 - 1.0064i
```

因所有特征方程的根都在 s 复平面左半平面，所以系统是稳定的。可以进一步求取系统在不同输入下的稳态误差。

(2) 据线性系统的叠加原理，可以先分别求取各输入分量 $10, 2t$ 和 t^2 单独作用下的稳态误差，之后再求和。

```
>> ka=dcgain([1 1 0 0],[0.2 1 0 0])
ka =
    1
```

在定义了系统的类型和稳态误差系数后，系统稳态误差的计算非常容易。对于多个信号叠加的输入来说，可以分别求出其各输入分量引起的稳态误差，再叠加求和。

3. gensig 函数

在 MATLAB 中，提供了 gensig 函数用于生成任意信号。函数的调用格式为：

```
[u,t] = gensig(type,tau)
[u,t] = gensig(type,tau,Tf,Ts)
```

产生一个类型为 type 的信号序列 $u(t)$，type 为以下标识字符串之一：sin（正弦波）；square

（方波）；pulse（脉冲序列）；tau 为周期；Tf 为持续时间；Ts 为采样时间。

【例 4-4】产生一个周期为 5s、持续时间为 30s、采样时间为 0.01s 的方波信号。

MATLAB 代码如下：

```
>> clear all;
[u,t] = gensig('square',5,30,0.1);
plot(t,u);
axis([0 30 -1 2]);
```

运行程序，效果如图 4-4 所示。

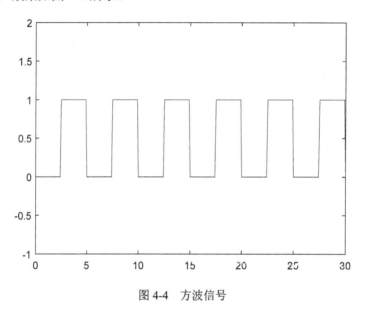

图 4-4　方波信号

关于 step 函数及 impulse 函数的调用格式及用法在第 3 章已经介绍过，在此不再介绍，读者可以留意相关实例。

4.6　时域分析的应用实例

对于时域响应分析中的 5 个性能指标，MATLAB 并没有直接的函数来求取，所以可以根据系统的传递函数，将自动控制原理知识和 MATLAB 编程方法相结合，用编程方式来求取时域响应的各项性能指标。

【例 4-5】求一阶惯性环节 $\dfrac{1}{Ts+1}$ 的脉冲响应曲线，观察 T 变化对系统性能的影响。

MATLAB 代码如下：

```
>> clear all;
t=0:0.1:100;            %仿真时间范围
for T=[1 5 10]          %给定不同 T
    G=tf([1],[T,1]);    %得到不同 T 值下的系统传递函数
    impulse(G,t);       %求取系统脉冲响应
```

```
        hold on;
end
title('系统 1/(Ts+1)脉冲响应曲线. T 取 1,5,10');
xlabel('时间');ylabel('振幅');
```
运行程序，效果如图 4-5 所示。

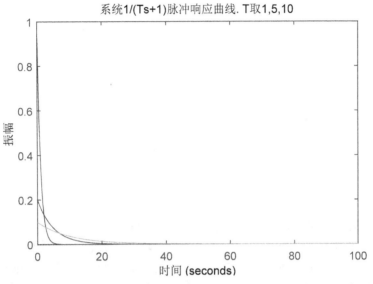

图 4-5　一阶惯性环节脉冲响应曲线

对于图 4-5 所示的曲线，也可以采用多图绘制的方法完成，效果如图 4-6 所示。这时需要首先将曲线参数返回，然后调用绘图函数绘制。实现代码为：

```
t=0:0.1:100;                %仿真时间范围
T=[1 5 10]                  %给定不同 T
for n=1:3
    G=tf([1],[T(n),1]);     %得到不同 T 值下的系统传递函数
    y(:,n)=impulse(G,t);    %得到系统响应返回参数
end
plot(t,y)
title('系统 1/(Ts+1)脉冲响应曲线.T 取 1,5,10');
xlabel('\itt\rm/s');ylabel('振幅');
subplot(234);plot(t,y(:,1));
xlabel('\itt\rm/s');title('T=1');           %T=1 时的曲线
subplot(235);plot(t,y(:,2));title('T=5');   %T=5 时的曲线
xlabel('\itt\rm/s');ylabel('振幅');
subplot(236);plot(t,y(:,3));title('T=10');  %T=10 时的曲线
xlabel('\itt\rm/s');ylabel('振幅');
```

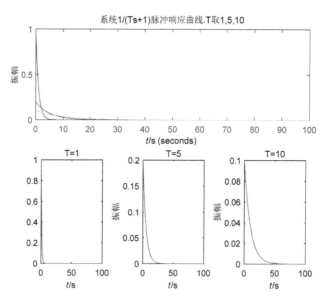

图 4-6　多图绘制方法效果图

由图 4-6 可见，时间常数 T 越大，响应曲线下降越慢。

求系统响应曲线时，有不同的方法。一是利用已有函数直接绘制出曲线，二是将曲线参数返回，在需要时利用其他函数（如 plot 等）绘制。不同方法的意义是一致的。有时为了更清晰地看到每个参数所对应的曲线，可在程序中加入 pause 命令。当系统运行到 pause 命令处时，程序暂停悬挂，此时可以观察中间结果。单击任意键后程序继续运行。

【例 4-6】典型二阶系统传递函数为 $G_c(s) = \dfrac{\omega_n^2}{s^2 + 2\xi\omega_n s + \omega_n^2}$，试分析不同参数下的系统单位阶跃响应。

（1）假设将自然频率固定为 $\omega_n = 1$，$\xi = 0, 0.1, 0.2, 0.3, \cdots, 1, 2, 3, 5$。代码为：

```
>> clear all;
wn=1;
zetas=[0:0.1:1,2,3,5];
t=0:0.1:12;
hold on;
for i=1:length(zetas)
    Gc=tf(wn^2,[1,2*zetas(i)*wn,wn^2]);
    step(Gc,t);
end
grid on;hold off;
```

运行程序，得到闭环系统的单位阶跃响应曲线如图 4-7 所示。

由图 4-7 可知，当阻尼比增加时，系统的振荡程度会减弱；当阻尼比大于等于 1 时，系统响应曲线为单调曲线，已经没有了振荡。

（2）将阻尼比 ξ 的值固定在 $\xi = 0.55$，则可通过以下代码绘制出在各个自然频率 ω_n 下的单位阶跃响应曲线。

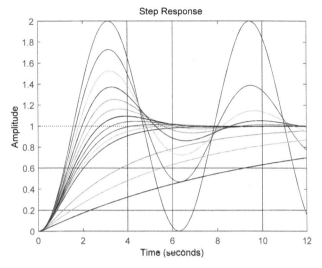

图 4-7 ξ 变化时系统的单位阶跃响应曲线

```
>> wn=[0.1:0.1:1];
zetas=0.55;
t=0:0.1:12;
hold on;
for i=1:length(wn)
    Gc=tf(wn(i)^2,[1,2*zetas*wn(i),wn(i)^2]);
    step(Gc,t);
end
grid on;hold off;
```

运行程序，效果如图 4-8 所示。

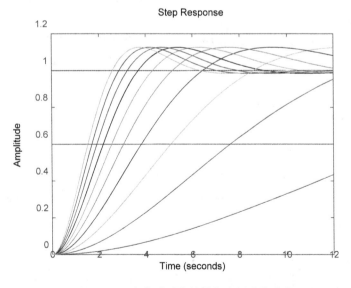

图 4-8 ω_n 变化时系统的单位阶跃响应曲线

由图 4-8 可知，当自然频率增加时，系统的响应速度将加快，而响应曲线的峰值将保持不变，对其他阻尼比也可以得出相同的结论。

【例 4-7】已知二阶单位负反馈系统的开环传递函数 $G(s)=\dfrac{5\times 1500}{s(s+34.5)}$，绘制其单位阶跃响应曲线，并求出系统各项动态性能指标数据。

（1）利用 step 函数可得到阶跃响应，并利用 MATLAB 进行标注，效果如图 4-9 所示。

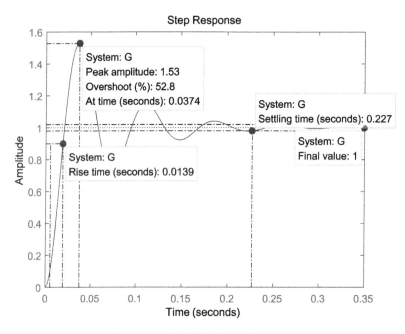

图 4-9　二阶系统阶跃响应曲线

从图 4-9 中的标识可以看出，系统的上升时间为 0.0209s，峰值时间为 0.0371s，超调量为 52.8%，调整时间为 0.159s，稳态值为 1。

（2）利用 MATLAB 命令编写 M 程序文件，求出各性能指标数据。

```
>> clear all;
Gopen=tf([5*1500],[1 34.5,0]);
G=feedback(Gopen,1)
%绘制阶跃响应曲线
step(G)
%计算延迟时间
%响应曲线第一次达到稳态值的一半所需的时间，称为延迟时间
%在阶跃响应条件下，y 的值由零逐渐增大，当以上循环使 y 大于等于 0.5C 时，退出循环此时对应的
%时刻即为延迟时间
[y,t]=step(G);
C=dcgain(G);
n=1;
%依据延迟时间的定义计算出延迟时间为 0.5C
```

```
while y(n)<0.5*C
    n=n+1;
end
delaytime=t(n);
%计算上升时间
[Y,k]=max(y);
peakvalue=Y;
%dcgain 函数用于求取系统的终值，将终值赋给变量 C
C=dcgain(G);
n=1;m=1;r=1;
%在阶跃输入条件下，对于欠阻尼系统，输出值 y 由零逐渐增大，当以上循环满足
%y=c 时，退出循环，此时对应的时刻即为上升时间
if peakvalue>C
    while y(n)<C
        n=n+1;
    end
    risetime=t(n)
else
    %对于输出无超调的系统响应，上升时间定义为输出从稳态值的 10%上升到 90%所需的时间
    while y(m)<0.1*C;
        m=m+1;
    end
    risetime1=t(m);
    while y(r)<0.9*C
        r=r+1;
    end
    risetime2=t(r);
    risetime=t(r)-t(m);
end
%计算调节时间
C=dcgain(G);
%用向量长度函数 length 求得 t 序列的长度，将其设定为变量 i 的上限值
i=length(t);
while(y(i)>0.95*C)&(y(i)<1.05*C);
    i=i-1;
end
settlingtime=t(i)
%计算峰值时间
%应用取最大值函数 max 求出 y 的峰值及相应的时间，并存于变量 Y 和 k 中
%然后在变量 t 中取出峰值时间，并将它赋给变量 peaktime
[Y,k]=max(y);
```

```
peaktime=t(k)
%计算最大超调量
%用 dcgain 函数求取系统的终值，将终值赋给变量 C，然后依据超调量的定义
%由 Y 和 C 计算出百分比超调量
C=dcgain(G);
[Y,k]=max(y);
overshoot=100*(Y-C)/C
```
运行程序，输出如下。
```
G =
          7500
    -------------------
    s^2 + 34.5 s + 7500
Continuous-time transfer function.
risetime =
    0.0214
settlingtime =
    0.1575
peaktime =
    0.0374
overshoot =
    52.7802
```

【例 4-8】控制系统的状态空间模型为：

$$\begin{bmatrix} \dot{x}_1 \\ \dot{x}_2 \end{bmatrix} = \begin{bmatrix} -1 & -1 \\ 6 & 0 \end{bmatrix} \begin{bmatrix} x_1 \\ x_2 \end{bmatrix} + \begin{bmatrix} 1 & 1 \\ 1 & 0 \end{bmatrix} \begin{bmatrix} u_1 \\ u_2 \end{bmatrix}$$

$$\begin{bmatrix} y_1 \\ y_2 \end{bmatrix} = \begin{bmatrix} 1 & 0 \\ 0 & 1 \end{bmatrix}$$

试采用不同的 step 调用方法，绘制系统的单位阶跃响应曲线。

```
>> clear all;
a=[-1 -1;6 0];
b=[1,1;1,0];
c=[1,0;0,1];
d=[0,0;0,0];
sys=ss(a,b,c,d);
%在一个图像窗口绘制的 4 个子图中分别绘制每个输出分量对每个输入分量的响应曲线
step(sys);    %等效于 step(a,b,c,d)，效果如图 4-10 所示
grid on;

>> figure;step(sys(:,1));    %绘制输出对第 1 个输入分量的响应曲线，等效于 step(a,b,c,d,1)，效果
%如图 4-11 所示
>> grid on;
```

%绘制第 1 个输出分量对第 2 个输入分量的响应曲线,效果如图 4-12 所示
>> figure;step(sys(1,2));
>> grid on;

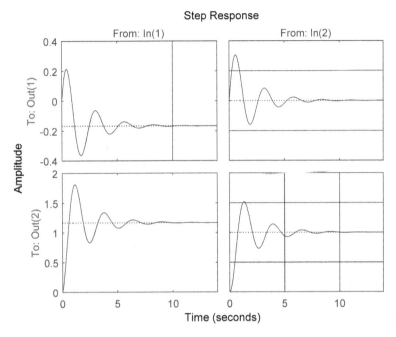

图 4-10　MIMO 系统的单位阶跃响应曲线 1

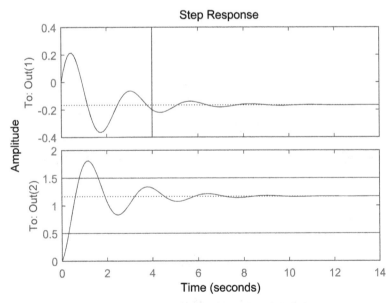

图 4-11　MIMO 系统的单位阶跃响应曲线 2

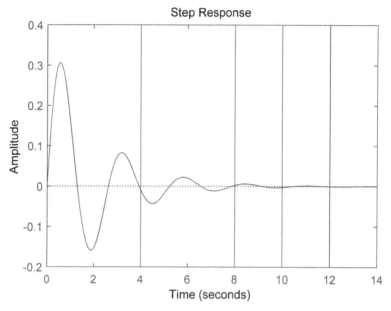

图 4-12 MIMO 系统的单位阶跃响应曲线 3

【例 4-9】已知控制系统框图如图 4-13 所示，求 k 和 t，使系统的阶跃响应满足如下要求：

（1）超调量不大于 25%；

（2）峰值时间为 0.4s。

并绘制其阶跃响应。

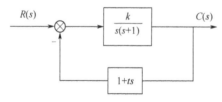

图 4-13 控制系统框图

解析：从系统框图可以看出，系统为闭环二阶系统，其闭环传递函数为：

$$G(s) = \frac{C(s)}{R(s)} = \frac{k}{s^2 + (1+tk)s + k}$$

而该二阶系统可以表示为如下标准形式：

$$G(s) = \frac{\omega_n^2}{s^2 + 2\xi\omega_n + \omega_n^2}$$

所以，有

$$k = \omega_n^2, \quad 1 + tk = 2\xi\omega_n$$

推出

$$t = (2\xi\omega_n - 1)/k$$

对于一个二阶系统，根据前面的内容，知道超调量和峰值的计算公式为：

$$\sigma\% = e^{\frac{-\pi\xi}{\sqrt{1-\xi^2}}} \times 100\%$$

$$t_p = \frac{\pi}{\omega_d} = \frac{\pi}{\omega_n\sqrt{1-\xi^2}}$$

由上面两式，可以得出阻尼比自然振荡频率：

$$\xi = \frac{\ln\frac{100}{\sigma}}{\left[\pi^2 + \left(\ln\frac{100}{\sigma}\right)^2\right]^{\frac{1}{2}}}, \quad \omega_n = \frac{\pi}{t_p\sqrt{1-\xi^2}}$$

综合以上分析，实现求解的 MATLAB 代码为：

```
>> clear all;
overshoot=25;
peaktime=0.4;
%求阻尼比和自然振荡频率
damping=log(100/overshoot)/sqrt(pi^2+(log(100/overshoot))^2)
wn=pi/(peaktime*sqrt(1-damping^2));
num=wn^2;
den=[1 2*damping*wn wn^2];
Gc=tf(num,den)
step(Gc)    %求系统传递函数及阶跃响应曲线
k=wn^2      %求参数 k
t=(2*damping*wn-1)/k    %求参数 k
grid on;
```

运行程序，输出如下，效果如图 4-14 所示。

```
damping =
    0.4037
Gc =
            73.7
    -------------------
    s^2 + 6.931 s + 73.7
Continuous-time transfer function.
k =
    73.6964
t =
    0.0805
```

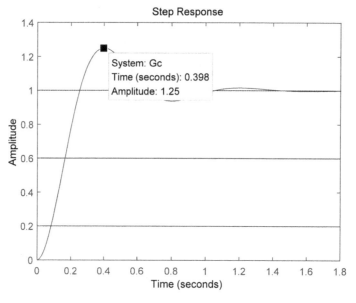

图 4-14 二阶系统阶跃响应曲线

4.7 MATLAB 图形化时域分析

除应用函数直接进行时域分析外，还可以利用 MATLAB 的图形工具得到系统的响应曲线及性能指标，以供进一步分析。

下面直接通过一个例子来说明 MATLAB LTI Viewer 在系统时域分析方面的应用。

【例 4-10】当 ξ 取 0.2,0.4,0.6 时，通过 LTI Viewer 工具观察二阶系统 $G(s)=\dfrac{1}{s^2+2\xi s+1}$ 的阶跃响应曲线和脉冲响应曲线。

（1）编写 MATLAB 代码，求 ξ 取不同值时各系统的传递函数。

```
>> for i=1:3            %设定循环次数
       zeta(i)=0.2*i;   %给定不同的 zeta 值
       ss(i)=tf(1,[1 2*zeta(i) 1]);   %不同 zeta 值下的系统传递函数
   end
```

（2）打开 MATLAB LTI Viewer。

在 MATLAB 命令窗口中输入：

```
>> ltiview
```

即可打开 MATLAB LTI Viewer 窗口。

（3）导入已经建立的系统 ss。

在 LTI Viewer 窗口中选择 File|Import，弹出如图 4-15 所示的窗口。可以从 Workspace 项中选择刚建立好的系统 ss。系统默认给出的是系统阶跃响应曲线。

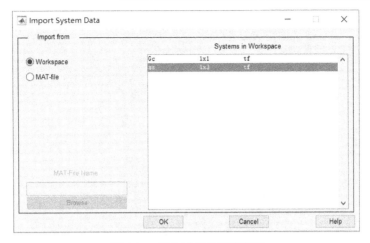

图 4-15 导入已建立系统窗口

系统默认窗口如图 4-16 所示。分别显示了 ξ 取 0.2，0.4，0.6 时系统的不同阶跃响应曲线。

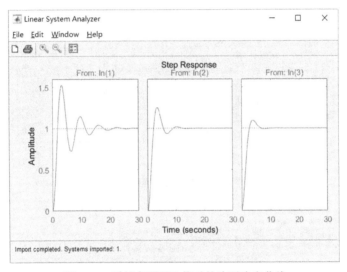

图 4-16 系统在不同 ξ 值时的阶跃响应曲线

（4）用户可以使用快捷菜单在默认窗口上观察系统的阶跃响应性能指标，也可以选择 Plot Types|Impulse 选项显示单位脉冲响应曲线，如图 4-17 所示。

（5）用户还可以改变显示方式。例如，通过 Edit|Plot Configurations 选项打开如图 4-18 所示的窗口。

在如图 4-18 所示的选择中，可以以上下分区的方式同时显示系统阶跃、脉冲响应曲线，如图 4-19 所示。

通过右键菜单 I/O Selector 选项打开如图 4-20 所示的窗口，在图 4-20 所示的选择下，只显示第一种情况下的响应曲线，如图 4-21 所示。

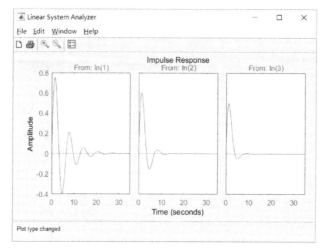

图 4-17　系统单位脉冲响应曲线

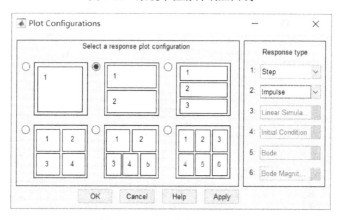

图 4-18　显示曲线配置窗口

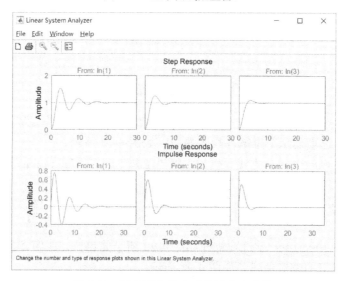

图 4-19　以上下分区方式显示响应曲线

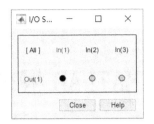

图 4-20 I/O Selector 窗口

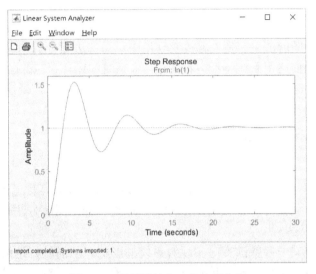

图 4-21 只显示输入 1 的响应曲线

上例显示了当 ξ 越小时典型二阶系统振荡越严重。在这种图形化的方式下，提供了多种不同的系统分析方法，用户可以方便地选取输入，并且可以快捷地观察系统性能指标，还可以根据需要设置不同的显示方式。

第 5 章 MATLAB 根轨迹分析

根轨迹法是一种图解法，它是古典控制理论中对系统进行分析和综合的基本方法之一。由于根轨迹图直观地描述了系统特征方程的根（即系统的闭环极点）在 s 平面上的分布，因此用根轨迹法分析自动控制系统十分方便，在工程实践中获得了广泛应用。

5.1 根轨迹的基本概念

1948 年，伊文思（W.R.Evans）根据反馈控制系统开环和闭环传递函数之间的关系，提出了由开环传递函数求闭环特征根的简便方法。这是一种由图解方法表示特征根与系统参数全部数值关系的方法。

根轨迹对于系统某一参数改变时实现对系统的影响，从而较好地解决高阶系统控制过程性能的分析与计算，可以很直观地看出增加开环零极点对系统闭环特性的影响，可以通过增加开环零极点重新配置闭环主导极点。

5.1.1 根轨迹方程

根轨迹方程就是闭环系统特征根随参数变化的轨迹方程，设控制系统如图 5-1 所示。

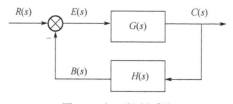

图 5-1 闭环控制系统

如果系统有 m 个开环零点和 n 个开环极点，则系统开环传递函数为：

$$G(s)H(s) = K^* \frac{\prod_{j=1}^{m}(s-z_j)}{\prod_{i=1}^{m}(s-p_i)}$$

其中，K^* 为开环系统的根轨迹增益；z_j 为系统的开环零点；p_i 为系统的开环极点。

其系统的闭环传递函数为：

$$\Phi(s) = \frac{G(s)}{1+G(s)H(s)}$$

则系统的闭环特征方程为：

$$1 + KG(s) = 0$$

特征方程可写成：

$$K^* \frac{\prod_{j=1}^{m}(s-z_j)}{\prod_{i=1}^{m}(s-p_i)} = -1$$

称为根轨迹方程。根轨迹是一个向量方程，有幅值与相角两个参数，可用如下两个方程描述：

满足幅值条件的表达式为：

$$K^* = \frac{\prod_{j=1}^{m}|s-z_j|}{\prod_{i=1}^{m}|s-p_i|}$$

满足相角表达式为：

$$\sum_{j=1}^{m}\angle(s-z_j) - \sum_{i=1}^{n}\angle(s-p_i) = (2k+1)\pi \qquad (k=0,\pm1,\pm2,\cdots)$$

常规根轨迹是指以开环根轨迹增益 K^* 为可变参数绘制的根轨迹。

5.1.2 根轨迹图的规则

根轨迹图绘制规则可用来求取根轨迹的起点和终点，根轨迹的分支数、对称性和连续性，实轴上的根轨迹，根轨迹的分离点，根轨迹的渐近线，根轨迹的出射解和入射角，根轨迹与虚轴的交点等信息，下面给予介绍。

（1）根轨迹的起点与终点

根轨迹起始于开环极点，终止于开环零点。

（2）根轨迹的分支数、对称性和连续性

根轨迹的分支数与开环零点数 m 和开环极点数 n 中的大者相等，根轨迹是连续的，并且对称于实轴。

（3）实轴上的根轨迹

实轴上的某一区域，如果其右端开环实数零、极点个数之和为奇数，则该区域必然是 180° 根轨迹。

实轴上的某一区域，如果其右端开环实数零、极点个数之和为偶数，则该区域必然是 0° 根轨迹。

（4）根轨迹的渐近线

求渐近线与实轴的交点为：

$$\sigma_a = \frac{\sum_{j=1}^{n} p_j - \sum_{i=1}^{m} z_i}{n-m}$$

$$\varphi_a = \frac{(2k+1)\pi}{n-m} \quad (180°根轨迹)$$

渐近线与实轴夹角为：

$$\varphi_a = \frac{2k\pi}{n-m} \quad (0°根轨迹)$$

其中，$k = 0, \pm 1, \pm 2, \cdots$

（5）根轨迹的分离点

分离点的坐标 d 是方程 $\sum_{j=1}^{n} \frac{1}{d-p_j} = \sum_{i=1}^{m} \frac{1}{d-z_i}$ 的解。

（6）根轨迹与虚轴的交点

根轨迹与虚轴的交点坐标 ω 及其对应的 K 值可用劳斯稳定判据确定，也可令闭环特征方程中的 $s = j\omega$，然后分别令其实部和虚部为零求得。

（7）根轨迹的起始角和终止角

根轨迹的起始角为：

$$\sum_{i=1}^{m} \varphi_i - \sum_{j=1}^{n} \theta_j = (2k+1)\pi \quad k = 0, \pm 1, \pm 2, \cdots$$

根轨迹的终止角为：

$$\sum_{i=1}^{m} \varphi_i - \sum_{j=1}^{n} \theta_j = 2k\pi \quad k = 0, \pm 1, \pm 2, \cdots$$

（8）根之和

求解根的和为：

$$\sum_{i=1}^{n} \lambda_i = \sum_{i=1}^{n} p_i \quad n-m \geqslant 2$$

5.1.3 根轨迹的性能

根据根轨迹的自身特点，其具有如下几个特性。

（1）稳定性

当开环增益 K 从零到无穷大时，根轨迹不会越过虚轴进入右半 s 平面，因此这个系统对所有的 K 值都是稳定的。如果根轨迹越过虚轴进入右半 s 平面，则其交点的 K 值就是临界稳定开环增益。

（2）稳态性能

开环系统在坐标原点有一个极点，因此根轨迹上的 K 值就是静态速度误差系数，如果给定系统的稳态误差要求，则可由根轨迹确定闭环极点容许的范围。

（3）动态性能

当 $0 < K < 0.5$ 时，所有闭环极点位于实轴上，系统为过阻尼系统，单位阶跃响应为非周

期过程；当 $K=0.5$ 时，闭环两个极点重合，系统为临界阻尼系统，单位阶跃响应仍为非周期过程，但速度更快；当 $K>0.5$ 时，闭环极点为复数极点，系统为欠阻尼系统，单位阶跃响应为阻尼振荡过程，且超调量与 K 成正比。

5.2 二阶系统的根轨迹分析

假设开环系统的传递函数模型为：

$$G_o(s) = \frac{\omega_n^2}{s(s+2\xi\omega_n)}$$

则闭环系统的特征多项式可写成：

$$P(s) = s^2 + 2\xi\omega_n s + K\omega_n^2 = 0$$

式中，K 为系统的开环增益。

从上面的式子可以求出闭环系统的极点位置为：

$$p_{1,2} = (-\xi \mp \sqrt{\xi^2 - K})\omega_n$$

5.3 根轨迹的 MATLAB 函数

在 MATLAB 中，提供了相关函数用于实现根轨迹，下面分别对这些函数进行介绍。

5.3.1 绘制根轨迹

在 MATLAB 中，提供了 rlocus 函数用于绘制根轨迹。函数的调用格式为：

rlocus(sys)：绘制系统 sys 的根轨迹图。
rlocus(sys1,sys2,...)：绘制多个 sys1,sys2,…系统的根轨迹。
[r,k] = rlocus(sys)：计算根轨迹增益值 r 和闭环极点值 k。
r = rlocus(sys,k)：计算对应于根轨迹增益值 k 的闭环极点值。

说明：

（1）rlocus 函数绘制以 k 为参数的 SISO 系统的轨迹图。

（2）不带输出变量的调用方式将绘制系统的根轨迹。

（3）带有输出变量的调用方法将不绘制根轨迹，只计算根轨迹上各个点的值。k 中存放的是根轨迹增益向量；矩阵 r 的列数和增益 k 的长度相同，它的第 m 列元素是对应于增益 k(m)的闭环极点。

【例 5-1】考虑系统的对象模型 $G(s) = \dfrac{s+1}{s^2+s+10}$，实现根轨迹 $K=1$ 时闭环系统的阶跃响应曲线。

```
>> clear all;
K=1;
G=tf(K*[1 1],[1 1 10]);
```

```
G1=feedback(G,1);
subplot(121);
rlocus(G,'r-');
xlabel('实轴');ylabel('虚轴');title('根轨迹图');
grid on;
subplot(122);
step(G1,'r-');
xlabel('实轴');ylabel('虚轴');title('根轨迹图');
grid on;
```

运行程序，效果如图 5-2 所示。

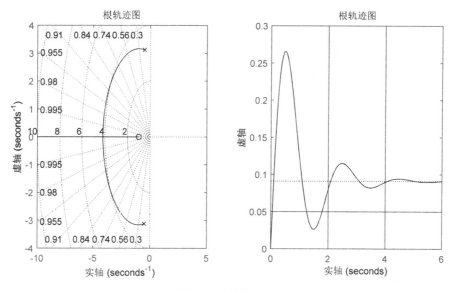

图 5-2　根轨迹图

5.3.2　计算根轨迹增益

在 MATLAB 中，提供了 rlocfind 函数用于计算根轨迹增益。函数的调用格式为：

[K,poles]= rlocfind(sys)：计算鼠标拾取点处的根轨迹增益和闭环极点。

[K,poles]= rlocfind(sys,P)：计算最靠近给定闭环极点 P 处的根轨迹增益。

说明：

（1）函数 rlocfind 可计算出与根轨迹上极点相对应的根轨迹增益。rlocfind 既适用于连续系统，也适用于离散系统。

（2）P 为给定的闭环极点，可以给定多个闭环极点，此时 P 为列向量。向量 K 的第 m 项是根据极点位置 P(m)计算的增益，矩阵 poles 的第 m 列 poles(m)是相应的闭环极点。

【例 5-2】已知开环传递函数：

$$G(s) = \frac{k(s-5)}{s(s+1)(s+3)}$$

绘制出闭环系统的根轨迹，并确定交点处的增益 k。

```
>> clear all;
num=[1,-5];
den=conv([1 0],conv([1 1],[1,3]));
rlocus(num,den);
[k,p]=rlocfind(num,den)          %计算给定根轨迹的增益和极点
gtext('k=0.6');
xlabel('实轴');ylabel('虚轴');title('根轨迹图')
```

执行后先得到根轨迹,并有十字光标提示用户在图形窗口中选择根轨迹上的一点,计算出增益 k 及相应的极点。这时,将十字光标放在根轨迹的交点处,即可得到如下数据:

```
selected_point =
   -0.5568 - 0.5955i
k =
     0.2723
p =
   -2.4005
   -1.8983
    0.2988
```

这说明闭环系统有 3 个极点,根轨迹曲线如图 5-3 所示。

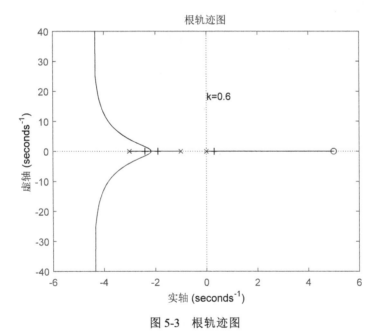

图 5-3 根轨迹图

5.3.3 频率网格

在 MATLAB 中,提供了 sgrid 函数用于绘制连续时间系统根轨迹、零极点图中的阻尼系数和自然频率网格。函数的调用格式为:

- sgrid：在零极点图或根轨迹图上绘制等阻尼和等自然振荡角频率线。阻尼线间隔为0.1，范围为0~1，自然振荡角频率间隔为1rad/s，范围为0~10。
- sgrid(z,wn)：在零极点图或根轨迹图上绘制等阻尼线和等自然振荡角频率线。可由用户指定阻尼系数值和自然振荡角频率值。

【例5-3】已知单位负反馈系统的开环传递函数为：

$$G(s)=\frac{K}{s(s+4)(s^2+4)(s^2+4s+8)(s^2+8s+20)}, K>0$$

试绘制系统的根轨迹图。

MATLAB代码如下。

```
>> clear all;
den1=conv([1 0],[1 4]);
den2=conv([1 0 4],[1 4 8]);
den=conv(den1,conv(den2,[1 8 20]));
num=[1];
G=tf(num,den);
rlocus(G);
sgrid
title('根轨迹图');
xlabel('实轴');ylabel('虚轴');
```

运行程序，效果如图5-4所示。

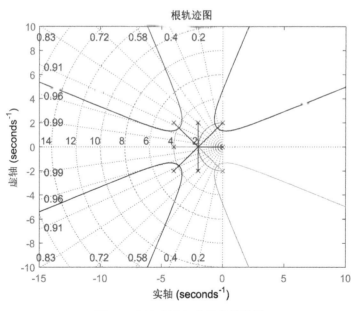

图5-4 添加频率网格的根轨迹图

同时，在MATLAB中，也提供了zgrid函数用于绘制离散时间系统根轨迹和零极点图中的阻尼系数和自然频率网格。函数的调用格式为：

zgrid：用来在根轨迹平面上绘制阻尼比的固有频率网格。
zgrid(z,wn)：阻尼比z为0.1~1，间隔为0.1；固有频率为0~π，间隔为1rad/s。

【例 5-4】已知离散系统函数为 $H(z) = \dfrac{2z^2 - 3.4z + 1.5}{z^2 - 1.6z + 0.8}$，绘制系统的根轨迹图。

MATLAB 代码如下。

```
>> clear all;
H = tf([2 -3.4 1.5],[1 -1.6 0.8],-1);
rlocus(H)
zgrid
axis('square');
title('根轨迹图');
xlabel('实轴');ylabel('虚轴');
```

运行程序，效果如图 5-5 所示。

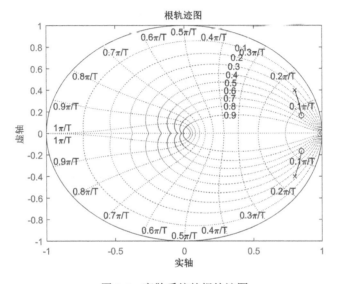

图 5-5 离散系统的根轨迹图

5.4 根轨迹的应用实例

基于根轨迹的系统性能分析，当绘制出控制系统的根轨迹图后，就可以根据根轨迹对系统进行定性分析和定量计算。因为系统的暂态性能和稳态性能与系统闭环极点位置密切相关，实际工程中对系统性能的要求往往可以转化为对闭环极点位置的要求。

在利用 MATLAB 进行根轨迹进行分析时，注意以下几点。

（1）在对系统的分析中，一般需要确定根轨迹上某一点的根轨迹增益及其对应的闭环极点。

（2）有时需要确定具有指定阻尼比的主导闭环极点及相对应的开环增益值。

（3）在对系统的分析中，需要观察增加零、极点对系统的影响。给系统添加开一环极点会使系统的阶次升高，如果添加合理，会使系统的稳态误差减小，如果添加不合理，反倒会使系统不稳定；给系统添加开环零点，可使原不稳定的系统变成稳定的系统。

【例 5-5】 已知系统的开环传递函数模型 $G_o(s) = \dfrac{K}{s(0.05s+1)(0.3s+1)}$，试绘制根轨迹图，确定使系统产生重实根和重虚根的开环增益 K。

MATLAB 代码如下。

```
>> clear all;
num=1;
den=conv([0.05 1 0],[0.03 1]);
Go=tf(num,den);
rlocus(Go);
[k,poles]=rlocfind(Go)
[k1,poles]=rlocfind(Go)
```

用鼠标单击根轨迹与实轴的分离点，则相应的增益由变量 k=0.2723 记录，选择根轨迹与虚轴相交的点，则相应的增益由变量 k1=52.3856 记录，同时得到系统的根轨迹，如图 5-6 所示。

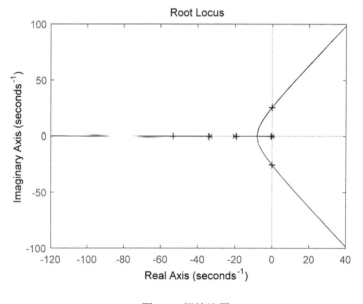

图 5-6　根轨迹图

```
Select a point in the graphics window
selected_point =
  -19.5455 - 0.4963i
k =
      0.2723
poles =
  -33.7255
  -19.3293
   -0.2785
Select a point in the graphics window
selected_point =
```

```
    -0.4545 -25.8065i
k1 =
    52.3856
poles =
   -53.1524 + 0.0000i
   -0.0905 +25.6328i
   -0.0905 -25.6328i
```

【例 5-6】 已知系统的开环传递函数模型 $G_o(s) = \dfrac{K}{s(s+0.8)}$，实现以下设计：

（1）绘制系统的根轨迹图。
（2）增加系统开环极点 $p = -3$，绘制系统根轨迹图，观察开环零点对闭环系统的影响。
（3）增加系统开环零点 $z = -2$，绘制系统根轨迹图，观察开环极点对闭环系统的影响。
（4）绘制原系统、增加了开环零点、增加了开环极点的系统阶跃响应曲线。

```
>>clear all;
num=1;
den=[1 0.8 0];
num1=1;
den1=conv([1 0.8 0],[1 3]);
num2=[1 2];
den2=[1 0.8 0];
Go=tf(num,den);
Go1=tf(num1,den1);        %增加开环极点 p=-3 后系统的开环传递函数
Go2=tf(num2,den2);        %增加开环零点 z=-2 后系统的开环传递函数
Gclo=feedback(Go,1);      %原系统的闭环传递函数
Gclo1=feedback(Go1,1);    %增加开环极点后系统的闭环传递函数
Gclo2=feedback(Go2,1);    %增加开环零点后系统的闭环传递函数
figure;subplot(2,2,1);
rlocus(Go);title('原系统');
subplot(2,2,2);rlocus(Go1);
title('增加开环极点 p=-3');
subplot(2,2,3);rlocus(Go2);
title('增加开环零点 z=-2');
subplot(2,2,4);
rlocus(Go,'r.',Go1,'k-.',Go2,'g--');   %三个系统的根轨迹图，参数包括颜色与线形
title('三个系统的根轨迹图');
figure;
step(Gclo,'r',Gclo1,'k--',Gclo2,'b-.');   %绘制三个系统的阶跃响应曲线
text(7,0.6,'三个系统的阶跃响应');
gtext('原系统')
gtext('增加开环极点');
gtext('增加开环零点');
```

运行程序，产生 4 个根轨迹图，包括原系统、增加了开环极点、增加了开环零点及四

个根轨迹绘制在一起的根轨迹,如图 5-7 所示。

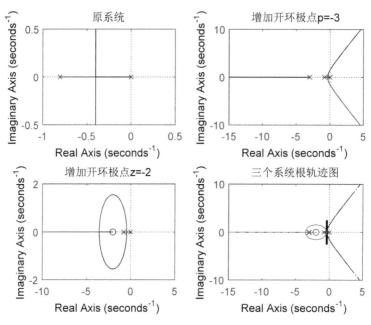

图 5-7 零极点变化的根轨迹图

程序运行后,将 3 个阶跃响应图形绘制在同一个绘图窗口中,包括原系统、增加了开环极点、增加了开环零点的阶跃响应,如图 5-8 所示。

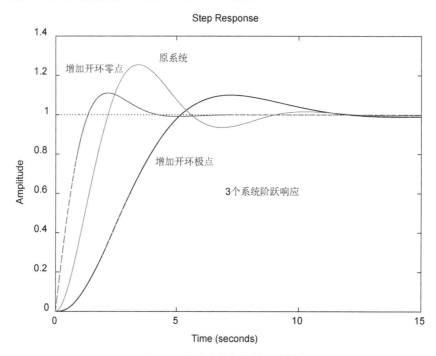

图 5-8 零极点变化阶跃响应图

【例 5-7】如果单位反馈控制系统的开环传递函数为 $G_o(s) = \dfrac{K}{s(s+2)}$，绘制系统的根轨迹，并观察当 $\xi = 0.707$ 时的 K 值。绘制 $\xi = 0.707$ 时的系统单位阶跃响应曲线。

（1）绘制系统的根轨迹。

```
>> clear all;
num=[1];
den=[1 2 0];
G=tf(num,den);        %开环系统传递函数
rlocus(G)             %绘制根轨迹
sgrid(0.707,[]);      %绘制等阻尼线，由用户指定值
[K,poles]=rlocfind(G)
```

得到的根轨迹如图 5-9 所示。

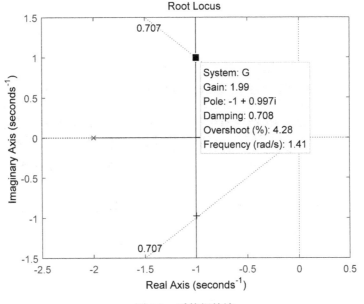

图 5-9　系统根轨迹

当 $\xi = 0.707$ 时，得到 K 的值：

```
Select a point in the graphics window
selected_point =
    -1.0028 + 0.9752i
K =
     1.9510
poles =
    -1.0000 + 0.9752i
    -1.0000 - 0.9752i
```

（2）绘制 $\xi = 0.707$ 时系统的单位阶跃响应曲线。

```
>> figure;
K=1.99          %给定 K 值
```

```
t=0:0.05:10;        %给定时间范围
G0=feedback(tf(K*num,den),1);   %得到闭环系统传递函数
step(G0)            %求闭环系统的阶跃响应
```

运行程序，得到阶跃响应曲线如图 5-10 所示。

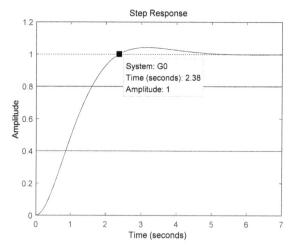

图 5-10 $\xi = 0.707$ 时系统的单位阶跃响应曲线

得到系统的根轨迹后，可进一步叠加等阻尼线和等自然振荡角频率线，求出指定阻尼自然振荡角频率时对应的系统增益，如图 5-9 所示。实例中取 $\xi = 0.707$，这正是二阶方程最佳参数。这是一种以获取比较小的超调量为目标设计系统的工程方法，由图 5-10 可知，系统响应满足要求。

【例 5-8】单位反馈控制系统如图 5-11 所示。试绘制以 K 和 α 为参数的根轨迹。

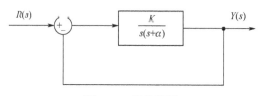

图 5-11 系统框图

由图 5-11 得系统闭环特征方程为：

$$s^2 + \alpha s + K = 0$$

分别考虑 $\alpha = 0$ 和 $\alpha \neq 0$ 的情况。

（1） $\alpha = 0$ 时。

$\alpha = 0$ 时，系统闭环特征方程为：

$$s^2 + K = 0$$

$$\frac{K}{s^2} = -1$$

即绘制系统根轨迹为：

```
>> clear all;
s=tf('s');
```

```
G=1/s^2;     %原系统开环传递函数
rlocus(G);   %绘制根轨迹
```
运行程序，效果如图 5-12 所示。

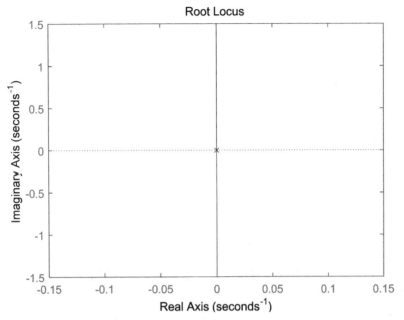

图 5-12 $\alpha = 0$ 时的系统根轨迹图

（2）$\alpha \neq 0$ 时。

$\alpha \neq 0$ 时，系统闭环特征方程 $s^2 + \alpha s + K = 0$ 可改写为：

$$\frac{\alpha s}{s^2 + K} = -1$$

先令 K 为定值，以 α 为参数进行根轨迹的绘制。K 取不同的值，可绘制出根轨迹簇。在此取 $K = 1, 5, 10$。

```
>> clear all;
s=tf('s');
G=1/s^2;          %原系统的开环传递函数
rlocus(G);        %绘制根轨迹
K=[1 5 10];       %取不同 K 值
for i=1:3
    G=s/(s^2+K(i));   %得到不同 K 值时的系统传递函数
    rlocus(G)         %绘制根轨迹
    hold on;
end
gtext('K=1');   %标注文字说明
gtext('K=5');
gtext('K=10');
```
运行程序，效果如图 5-13 所示。

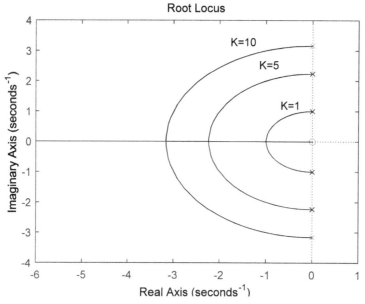

图 5-13　系统 K 取不同值时的根轨迹簇

如果需要研究多个参数变化时对系统性能的影响，可根据需要绘制几个参数同时变化时的根轨迹。

【例 5-9】系统开环传递函数 $G(s)=\dfrac{1.06}{s(s+1)(s+2)}$，增加环节 $\dfrac{s+0.1}{10(s+0.01)}$，从而为系统增加偶极子，观察偶极子对系统根轨迹的影响。

```
>> clear all;
num=1.06;
den=conv([1 1 0],[1 2]);
G=tf(num,den);          %原系统传递函数
rlocus(G); %原系统根轨迹
sgrid([0.5,[]]);        %叠加等阻尼线
hold on;                %叠加图形
kc=1.06/10;
num1=kc*[1 0.1];
den1=conv([1 0.01 0],[1 3 2]);
G1=tf(num1,den1);       %增加偶极子后的系统开环传递函数
rlocus(G1);             %增加偶极子后的系统根轨迹
hold off;
```

运行程序，效果如图 5-14 所示。

系统根轨迹如图 5-14 所示，经局部放大后可由图 5-15 容易地读出各根轨迹在 $\xi=0.5$ 时的增益值，分别为 0.97 和 0.95。

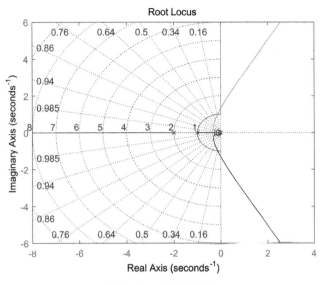

图 5-14 系统根轨迹

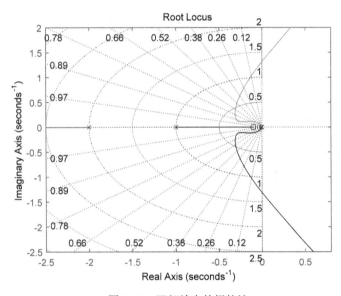

图 5-15 局部放大的根轨迹

还可继续求取系统的速度误差系数。

```
>> kv=dcgain(0.97*[num,0],den)          %原系统速度误差系数
kv =
    0.5141
>> kv1=dcgain(9.05*[num1,0],den1)       %增加偶极子后的系统速度误差系数
kv1 =
    4.7965
```

由运行结果图 5-14 可知，系统在增加偶极子后对原来的系统根轨迹几乎没有影响，只是在 s 平面的原点附近有较大的变化，但系统增益得到大幅提高。利用此可提高系统稳态误差系数，从而使系统的稳态性能得到改善。

5.5 控制系统的校正方法

当控制系统的稳态、静态性能不能满足实际工程中所要求的性能指标时，首先可以考虑调整系统中可以调整的参数；如果通过调整参数仍无法满足要求，则可以在原有系统中增添一些装置和元件，人为改变系统的结构和性能，使之满足要求的性能指标，我们把这种方法称为校正。增添的装置和元件称为校正装置和校正元件。系统中除校正装置以外的部分组成了系统的不可变部分，我们称为固有部分。

目前工程实践中常用的两种校正方法是串联校正和反馈校正。串联校正和反馈校正结构框图如图 5-16 所示。

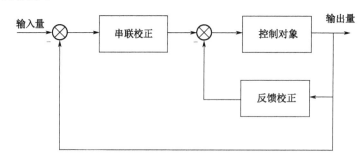

图 5-16 串联校正和反馈校正结构图

5.5.1 串联校正

串联校正是将校正装置串接在系统的前向通道上。串联校正装置的参数设计是根据系统固有部分的传递函数和对系统的性能指标要进行的。

串联校正又分为串联超前校正、串联滞后校正和串联滞后-超前校正三种。

1. 串联超前校正

串联校正装置输出信号在相位上超前于输入信号，即串联校正装置具有正的相角特性，这种串联校正装置称为串联超前校正装置，对系统的校正称为串联超前校正。

串联超前校正利用校正装置的相位超前特性来增加系统的相位稳定裕度，利用串联校正装置幅频特性曲线的正斜率段来增加系统的穿越频率，从而改善系统的平稳性和快速性。所以这种校正设计方法常用于要求稳定性好、超调量小，以及动态过程响应快的系统中。

2. 串联滞后校正

串联校正装置输出信号在相位上落后于输入信号，即串联校正装置具有负的相角特性，这种串联校正装置称为滞后校正装置，对系统的校正称为串联滞后校正。

这种校正设计方法的特点是校正后系统的剪切频率比校正前的小，系统的快速性能变差，但系统的稳定性得到提高，所以在系统快速性要求不是很高，而稳定性和稳态精度要求较高的场合，串联滞后校正设计是很适合的。

3. 串联滞后-超前校正

在某一频率范围内具有负的相角特性,而在另一频率范围内却具有正的相角特性的串联校正装置称为滞后-超前校正装置,对系统的校正称为串联滞后-超前校正。

通过前面的分析知道,只采用串联超前校正或串联滞后校正难以同时满足系统的快速性和稳定性要求。而采用串联滞后-超前校正则能同时改善系统的快速性和稳态性,它既具有串联滞后校正高稳定性、高精确度的长处,又具有串联超前校正响应快、超调量小的优点,满足系统各方面较高的性能要求。

其实质上综合了串联滞后校正和串联超前校正的特点,即利用串联校正装置的超前部分来增大系统的相角裕度,以改善其快速性;利用校正装置的滞后部分来改善系统的平稳性,两者分工明确,相辅相成,达到了同时改善系统动态和稳态性能的目的。

5.5.2 反馈校正

在控制工程实践中,为改善控制系统的性能,除可选用前述的串联校正外,也常常采用反馈校正。在反馈校正中,校正装置 $G_c(s)$ 反馈包围了系统的部分环节(或部件),它同样可以改变系统的动态结构、参数和性能,使系统的性能达到所要求的性能指标。

常见的反馈有被控量的速度、加速度反馈,执行机构的输出及其速度的反馈,以及复杂系统的中间变量反馈等。反馈校正采用局部反馈包围系统前向通道中的一部分环节来实现校正。

从控制的观点来看,采用反馈校正不仅可以得到与串联校正同样的校正效果,而且还有许多串联校正不具备的突出优点。

(1)反馈校正能有效地改变被包围环节的动态结构和参数。

(2)在一定条件下,反馈校正装置的特性可以完全取代被包围环节的特性,从而反馈校正系统方框图可大大削弱这部分环节由于特性参数变化及各种干扰带给系统的不利影响。

通常,反馈校正又可分为硬反馈校正和软反馈校正两种。

硬反馈校正装置的主体是比例环节(可能还含有小惯性环节),它在系统的动态和稳态过程中都起反馈校正作用。

软反馈校正装置的主体是微分环节(可能还含有小惯性环节),它的特点是只在动态过程中起校正作用,而在稳态时,相当于开路,不起作用。

5.6 控制系统的根轨迹校正

如果性能指标以单位阶跃响应的峰值时间、调整时间、超调量、阻尼系统及稳态误差等时域特征量给出,则一般采用根轨迹法校正。

根轨迹法校正的基本思路为借助根轨迹曲线进行校正。

如果系统的期望主导极点不在系统的根轨迹上,由根轨迹的理论,添加上开环零点或极点可以使根轨迹曲线形状改变。如果期望主导极点在原根轨迹的左侧,则只要加上一对零、极点，使零点位置位于极点右侧。如果适当选择零、极点的位置，就能够使系统根轨迹通过期望主导极点 s_1，并且使主导极点在 s_1 点位置时的稳态增益满足要求，此即相当于相位超前校正。

如果系统的期望主导极点在系统的根轨迹上，但是在该点的静态特性不满足要求，即对应的系统开环增益 K 太小，单纯增大 K 值将会使系统的阻尼比变小，甚至使闭环特征根跑到 s 复平面的右半平面去。为了使闭环主导极点在原位置不动，并满足静态指标要求，则可以添加一对偶极子，其极点在其零点的右侧，从而使系统原根轨迹形状基本不变，而在期望主导极点处的稳态增益得到加大。此即相当于相位滞后校正。

5.6.1 根轨迹超前校正

根轨迹超前校正的主要步骤如下。
（1）依据要求的系统性能指标，求出主导极点的期望位置。
（2）观察期望的主导极点是否位于校正前的系统根轨迹上。
（3）如不满足要求，则根据需要设计校正网络。
（4）校正网络零点的确定。可直接在期望的闭环极点位置下方（或在前两个实极点的左侧）增加一个相位超前网络的实零点。
（5）校正网络极点的确定。确定校正网络极点的位置，使期望的主导极点位于校正后的根轨迹上。利用校正网络极点的相角，使得系统在期望主导极点上满足根轨迹的相角条件。
（6）估计在期望的闭环主导极点处总的系统开环增益。计算稳态误差系统。如果稳态误差系统不满足要求，重复上述步骤。

利用根轨迹设计相位超前网络时，超前网络的传递函数可表示为：

$$G(s) = \frac{s+z}{s+p}, \quad |z| < |p|$$

设计超前网络时，首先应根据系统期望的性能指标确定系统闭环主导极点的理想位置，然后通过选择校正网络的零、极点来改变根轨迹的形状，使得理想的闭环主导极点位于校正后的根轨迹上。

【例 5-10】对系统 $G_1(s) = \dfrac{K}{s^2}$ 进行补偿，使系统单位阶跃响应的超调量不超过 45%，调整时间不超过 4.5s（对于 10% 的误差范围）。

（1）绘制原系统的根轨迹图。

```
>> clear all;
num=1;
den=[1 0 0];
G=tf(num,den);
rlocus(G)
title('根轨迹图');
xlabel('实轴');ylabel('虚轴');
```

运行程序，效果如图 5-17 所示。

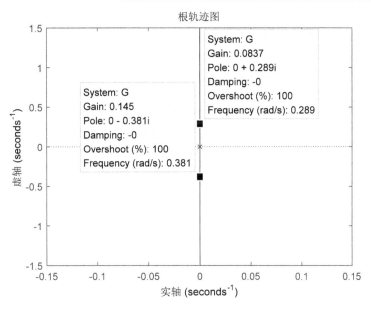

图 5-17 原系统的根轨迹图

由图 5-17 可知，系统根轨迹位于虚轴上。可知系统对于任何 K 值都是不稳定的，更无法满足系统要求。

（2）依据要求的系统性能指标，求出主导极点的期望位置。

根据系统要求，$\sigma\% = \mathrm{e}^{-\pi\xi/\sqrt{1-\xi^2}} \times 100\% \leqslant 45$，求满足条件的 ξ。

```
>> zeta=0:0.001:0.99;                    %给定不同的 zeta 值
sigma=exp(-zeta*pi./sqrt(1-zeta.^2))*100; %求取对应 zeta 值的 sigma 值
plot(zeta,sigma);                         %绘制 zeta 值和 sigma 值的关系曲线
xlabel('\zeta');
ylabel('\sigma');
title('\sigma%=e^(-zeta*\pi/sqrt(1-\zeta^2))*100%');
grid on;
z=spline(sigma,zeta,45)                   %求当 sigma=45 时的 zeta 值
```

运行程序，输出如下：

```
z =
    0.2463
```

这一结果也可由图 5-18 读出。

得到 $z = 0.2463$，为满足要求，取 $\xi \geqslant 0.3$。

根据系统要求，$t_s \leqslant 4.5$，由 $t_s \approx \dfrac{4.5}{\xi\omega_\mathrm{n}}$ 求得 $\xi\omega_\mathrm{n} = 1$。

考虑计算的方便性，尝试确定系统的主导极点为 $r_1, r_2 = -\xi\omega_\mathrm{n} + \mathrm{j}\omega_\mathrm{n}\sqrt{1-\xi^2} = -1 + 2\mathrm{j}$。

此时根据 $\cos\beta = \xi$，得 $\xi = \dfrac{1}{\sqrt{5}} = 0.4472 \geqslant 0.3$，符合题意。

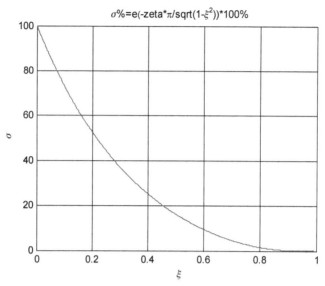

图 5-18　σ 与 ξ 关系曲线

（3）设计校正网络。

校正网络零点的确定：直接在期望的闭环极点位置下方增加一个相位超前网络的实零点。取 $s=-z=-1$。

校正网络极点的确定：确定校正网络极点的位置，使期望的主导极点位于校正后的根轨迹上。利用校正网络极点的相角，使得系统在期望主导极点上满足根轨迹的相角条件。

设校正网络极点产生的相角为 θ_p，且满足根轨迹的相角条件。

```
>> x=-1:-0.01:-20;      %给定 x 的范围
angs=90-2*angle(-1+2.*j-0)*180/pi-angle(-1+2*j-x)*180/pi;    %在主导极点处的相角
p=spline(angs,x,-180)        %得到校正网络的极点位置
```

运行程序，输出如下：

```
p =
    -3.6667
```

取为 $p=-3.67$。

校正网络为：

$$G_2(s)=\frac{s+1}{s+3.67}$$

（4）观察校正后的系统特性。

校正后的传递函数为：

$$G_1(s)G_2(s)=\frac{K(s+1)}{s^2(s+3.67)}$$

以下程序求校正后系统的根轨迹：

```
>> G=tf([1 1],[1 3.67 0 0]);
rlocus(G);
sgrid(1/sqrt(5),[]);          %叠加阻尼线
xlabel('实轴');ylabel('虚轴');
```

```
title('根轨迹图');
```
运行程序，效果如图 5-19 所示。

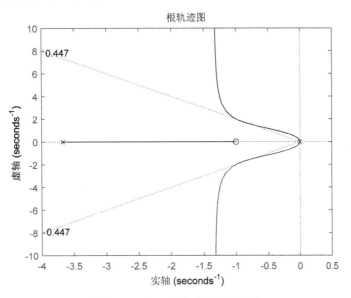

图 5-19　校正后的系统根轨迹图

经局部放大后的根轨迹如图 5-20 所示，查看主导极点处的属性，得增益值为 K=8.34。局部放大代码为：

```
>> axis([-1.2 -0.75 1.5 3])
```

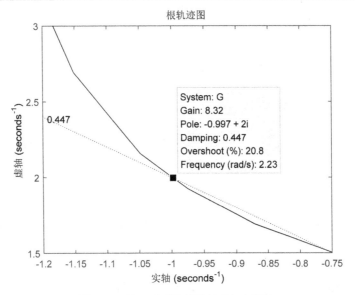

图 5-20　校正后系统根轨迹的局部放大

也可根据根轨迹幅值条件，计算如下，

```
>> s=-1+2*j;
>> K=abs((s^2*(s+3.67))/(s+1))
```

K =
   8.3400

可见结果是一致的,可以确定 K=8.34。

进一步求时域响应曲线,检验系统校正效果,实现代码为:

```
>> K=8.34;
G=tf(K*[1 1],[1 3.67 0 0]);    %系统开环传递函数
step(feedback(G,1))
xlabel('时间');ylabel('振幅');
title('阶跃响应');
```

运行程序,效果如图 5-21 所示。

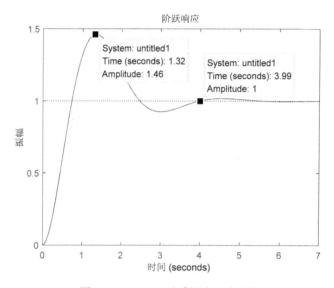

图 5-21　K=8.34 时系统阶跃响应图

5.6.2　根轨迹滞后校正

滞后校正采用增加开环偶极子来增大系统增益。滞后校正网络的传递函数为:

$$G_c(s) = \frac{s+z_c}{s+p_c}, \quad |z_c| > |p_c|$$

根轨迹校正的基本步骤为:

(1)确定系统的瞬态性能指标。在校正的根轨迹上,确定满足这些性能指标的主导极点位置。

(2)计算在期望主导极点上的开环增益及系统的误差系数。

(3)将校正前的系统误差系数和期望误差系数进行比较。计算由校正网络偶极子提供的补偿。

(4)确定偶极子的位置。条件是能够提供补偿,又基本不改变期望主导极点处的根轨迹。

【例 5-11】设单位反馈系统有一个能控对象为 $G_o(s) = \dfrac{1}{s(s+3)(s+6)}$,设计滞后补偿使系统满足以下指标:

① 阶跃响应调整时间小于 4.5s;
② 超调量小于 18%;
③ 速度误差系数为 10。

(1) 查看符合条件的 zeta。

```
>> clear all;
zeta=0:0.001:0.99;                              %给定不同的 zeta 值
sigma=exp(-zeta*pi./sqrt(1-zeta.^2))*100;       %求出对应不同 zeta 值的 sigma 值
plot(zeta,sigma)
xlabel('\zeta');
ylabel('\sigma');
title('\sigma%=e^(-zta*\pi/sqrt(1-\zeta^2))*100%');
grid on;
z=spline(sigma,zeta,18)    %求出 sigma=17 时的 zeta 值
```

运行程序,输出如下,σ 与 ξ 的关系曲线如图 5-22 所示。

```
z =
    0.4791
```

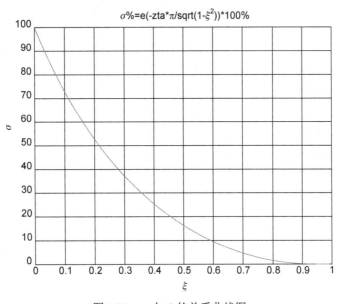

图 5-22　σ 与 ξ 的关系曲线图

(2) 查看原系统的根轨迹,确定期望的主导极点。

```
>> G0=tf(1,conv([1 3 0],[1 6]));    %系统开环传递函数
rlocus(G0);
sgrid(0.4913,[]);                   %叠加阻尼线
xlabel('实轴');ylabel('虚轴');
```

title('根轨迹图');

运行程序，效果如图 5-23 所示。

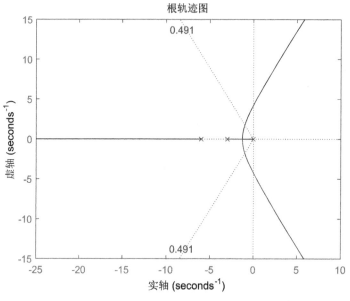

图 5-23　原系统的根轨迹图

放大图 5-23 的根轨迹图，得到如图 5-24 的局部放大图，代码为：

```
>> axis([-1.4 0.4 -2 2])
```

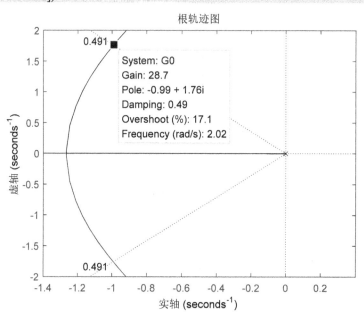

图 5-24　局部放大原系统的根轨迹图

由图 5-24 可读出系统期望主导极点为 $-1\pm1.76i$。

（3）确定偶极子的零点和极点。

可以在根轨迹图上读出期望极点处的增益为 28.7。

校正前系统的稳态误差系数为 $K_v = 28.7/(3 \times 6) = 1.5944$。

按照要求，偶极子的零点和极点比值应为 $10/1.5944 = 6.2720$，取 $z_c = 0.01$，$p_c = 0.01/7 = 0.0014$，则校正环节为：

$$G_c(s) = \frac{28.7(s+0.01)}{s+0.0014}$$

（4）得出校正后的系统，并进行验证。

校正后的系统开环传递函数为：

$$G_o(s)G_c(s) = \frac{28.7(s+0.01)}{s(s+3)(s+6)(s+0.0014)}$$

```
>> p=[0 -3 -6 -0.0014];
z=[-0.01];
G=zpk(z,p,1);            %开环系统
rlocus(G);               %系统根轨迹
sgrid(0.4913,[]);        %叠加阻尼线
xlabel('实轴');ylabel('虚轴');title('根轨迹图');
figure;
K=28.7;                  %给定增益值
step(feedback(K*G,1));   %求闭环系统阶跃响应
xlabel('时间');ylabel('振幅');title('阶跃响应');
grid on;
```

校正后的系统根轨迹和阶跃响应如图 5-25 和图 5-26 所示。

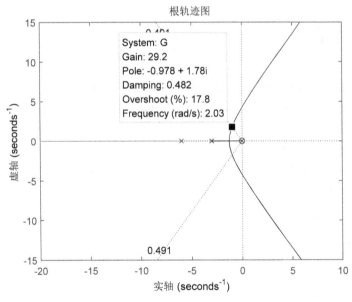

图 5-25　校正后的系统根轨迹图

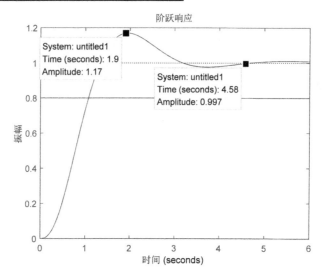

图 5-26 校正后的系统阶跃响应

接以上程序，求系统稳态速度误差，代码为：

```
>> [n,d]=tfdata(G,'v');
kv=dcgain(28.6*[n,0],d)
```

运行程序，输出如下：

```
kv =
    11.3492
```

可见，校正后系统各项指标是满足要求的。

5.7 图形化工具

低于 MATLAB7.5 版本的系统，MATLAB 工具箱中只有一个系统根轨迹分析与设计工具 Rltool，只要在 MATLAB 命令窗口中输入"rltool"然后按 Enter 键，就得到一个系统根轨迹分析的图形界面。7.5 版本以上，这个工具有很大改进，增加了许多功能。虽然进入工具的操作仍然是在 MATLAB 中输入"rltool"然后按 Enter 键，但此后操作情况与低版本有很大不同。工具的名称改为"SISO Design for SISO Design Task"，即单输入单输出设计工具。

下面通过实例来说明根轨迹设计工具的使用。

【例 5-12】系统开环传递函数 $G(s) = \dfrac{K}{s^2+s}$，用根轨迹设计器查看系统增加开环零点或开环极点后对系统性能的影响。

其实现步骤如下。

（1）打开 rltool 工具。

在 MATLAB 命令窗口中输入以下代码：

```
>> clear all;
>> G=tf([1],[1 1 0]);
```

```
>> rltool(G)
```

运行程序,打开如图 5-27 所示的 rltool 工具 Compensator Editor 窗口。

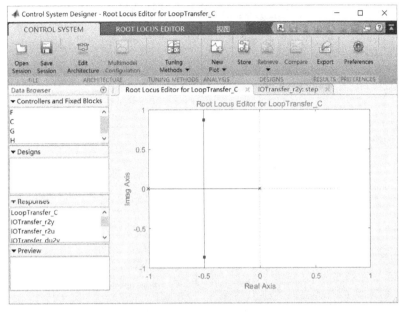

图 5-27　rltool 工具 Compensator Editor 窗口

在图 5-27 中选择 IOTransfer_r2y:step 页,即显示选定点的单位阶跃响应曲线,如图 5-28 所示。此时,鼠标在根轨迹上移动时,对应增益的系统时域响应曲线实时变化。

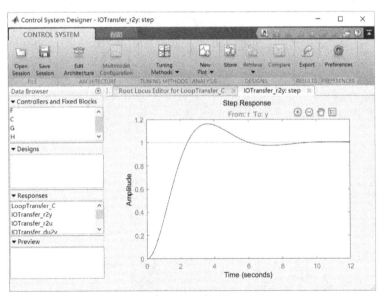

图 5-28　rltool 工具的 step 界面

(2) 增加零点。

增加零点为 $-1\pm j$,加入零点后,根轨迹向左弯曲,如图 5-29 所示。所选 K 值对应的

极点在 s 平面左侧，则系统是稳定的。对应 K 值的阶跃响应曲线如图 5-30 所示。

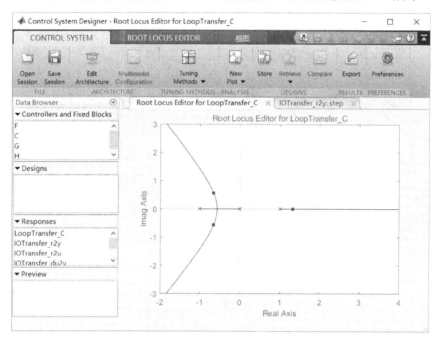

图 5-29　系统增加零点的根轨迹

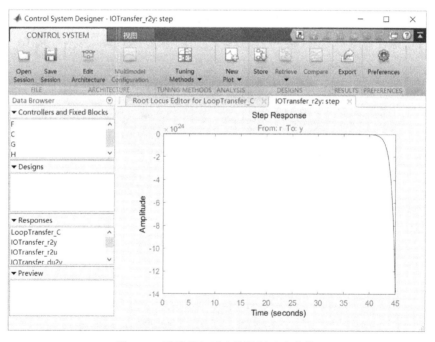

图 5-30　系统增加零点的阶跃响应曲线

（3）增加极点。

增加极点为 $-1\pm j$，根轨迹向右弯曲，如图 5-31 所示。当进入 s 平面右半平面时，系统不稳定。图 5-32 所示为所选 K 值对应的极点已进入 s 平面右半平面，系统是不稳定的。

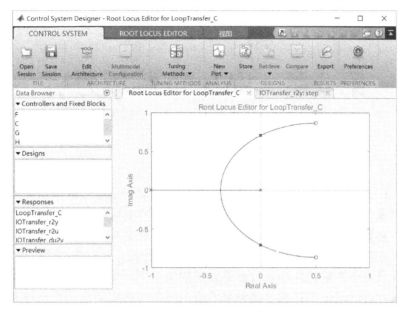

图 5-31 系统增加极点的根轨迹

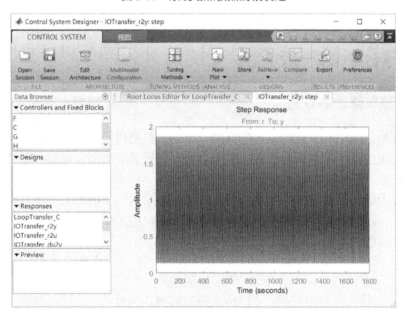

图 5-32 系统增加极点的阶跃响应

第 6 章 MATLAB 频域分析

系统分析和设计的频率响应方法是利用传统方法对系统进行深入研究的有效方法。系统性能很容易作为 s 平面上根轨迹的替代方法以频率响应的形式表达。噪声存在于任何系统之中，它导致了系统整体性能的下降，系统的频率响应特性可对噪声影响进行评估。系统响应的通带设计可消除噪声，进而提高系统性能，直到满足动态性能指标为止。在框图中某些或整个方框的传递函数都不知道的情况下，频率响应法也是十分有用的。在这些情况下，可以通过实验求出其频率响应，然后根据实验曲线求出传递函数的近似表达式。对于具有结构不定控制对象参数的 MIMO 系统，频率响应法也是一种非常有效的鲁棒设计方法。

6.1 频域分析的一般方法

6.1.1 频率特性的概念

在稳定线性定常控制系统的输入端施加一个正统激励信号，当动态过程完成后，输出端得到的响应也必是一个正弦信号，该信号与输入信号频率相同，幅值和初始相位是输入信号频率的函数。

频率特性的定义：在正弦信号激励下，线性定常系统输出的稳态分量与输入相对于频率的复数之比，就是系统对正弦激励的稳态响应，也称为频率响应。

频率特性的数学定义式为：

$$G(j\omega) = \frac{C(j\omega)}{R(j\omega)}$$

式中，ω 为输入/输出信号的频率；$C(j\omega)$ 为输出的傅氏变换式；$R(j\omega)$ 为输入的傅氏变换式。稳定系统的频率特性等于输出和输入的傅氏变换之比，而传递函数是输出和输入的拉氏变换之比。

实际上，系统的频率特性是系统传递函数的特殊形式，它们之间的关系为：

$$G(j\omega) = G(s)\big|_{s=j\omega}$$

频率特性和传递函数、微分方程一样，也是系统的数学模型，三种数学模型之间的关系如图 6-1 所示。

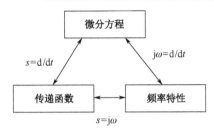

图 6-1 微分方程、频率特性及传递函数间的关系

6.1.2 频域分析法的特点

频域分析法的主要特点可归纳如下。

（1）适用于各环节、开环和闭环系统的性能分析。运用奈奎斯特稳定判据，通过作图方法，可以根据系统开环频率特性分析闭环系统的稳定性及性能，而不必求解出系统的特征根，从而避免了直接求解微分方程的困难。

（2）频率特性有明确的物理意义。很多元部件频率特性都可用实验方法确定，特别是对于机理复杂或机理不明确难以列写微分方程的元部件或系统，在实验室中采用信号发生器和一些精密测量仪器，可以测出其频率特性，因此在工程上有着广泛的应用。

（3）频域性能指标和时域性能指标有确定的对应关系。对于二阶系统，频率特性与时域过渡过程性能指标有确定的对应关系；对于高阶系统，通过把系统参数和结构的变化与时域过渡过程指标联系起来，两者间也存在近似的对应关系。

（4）频域设计可兼顾动态响应和噪声抑制两方面的要求。当系统在某些频率范围内存在严重的噪声时，应用频域分析法可以设计出能满意地抑制这些噪声的系统。

（5）在校正方法中，频域分析法校正最方便。当系统的性能指标以幅值裕度、相角裕度和误差系数等形式给出时，采用频域分析法来分析和设计系统很方便。

（6）频域分析法不能全面分析非线性系统。频域分析法主要应用于单输入/单输出的线性定常系统分析研究中，在多输入/多输出的线性定常系统中也有应用，但在非线性系统中只有某些局部而典型的应用，它不能对非线性系统进行全面分析。从根本上说它不可能成为研究和设计非线性控制系统的得力工具，这正是它主要的局限性。

6.1.3 频率特性的表示法

频率特性是与频率 ω 有关的复数，通常有以下三种表达形式。

1. 直角坐标式

直角坐标式又称代数表达式，可表示为：
$$G(j\omega) = P(\omega) + jQ(\omega)$$

其中，$P(\omega)$ 称为实频特性，$Q(\omega)$ 称为虚频特性。

可以把直角坐标式化为三角形式：
$$G(j\omega) = A(\omega)\cos\varphi(\omega) + jA(\omega)\sin\varphi(\omega)$$

2. 极坐标式

极坐标式又称指数表达式,可表示为,

$$G(j\omega) = A(\omega)e^{j\varphi(\omega)}$$

其中,$A(\omega) = |G(j\omega)|$ 为频率特性的模,称为幅频特性;$\varphi(\omega) = \angle G(j\omega)$ 为频率特性的相位移,称为相频特性。

代数表达式与指数表达式之间的关系为:

$$G(j\omega) = \sqrt{P^2(\omega) + Q^2(\omega)}e^{j\varphi(\omega)} = A(\omega)e^{j\varphi(\omega)}\sigma^2 x$$

$$A(\omega) = \sqrt{P^2(\omega) + Q^2(\omega)}$$

$$\varphi(\omega) = \arctan\frac{P(\omega)}{Q(\omega)}$$

3. 几何表示法

几何表示法是工程实践中常用的分析设计方法,下一节将进行详细介绍。

6.1.4 频率特性的几何表示法

频率特性的代数与指数表达式对系统的分析不够直观,在工程分析和设计中,一般根据其代数与指数表达式把频率特性绘制为相应曲线,从频率特性曲线更直观、形象地分析研究系统性能。这些曲线包括幅频和相频特性曲线、幅相频率特性曲线、对数频率特性曲线,以及对数幅相曲线等。

1. 幅频特性和相频特性曲线

在直角坐标系中,幅频特性和相频特性随频率 ω 变化的曲线,以频率 ω 为横坐标,幅频特性 $A(\omega)$ 或相频特性 $\varphi(\omega)$ 为纵坐标。

$$A(\omega) = \sqrt{P^2(\omega) + Q^2(\omega)}$$

$$\varphi(\omega) = \arctan\frac{P(\omega)}{Q(\omega)}$$

2. 幅相频率特性曲线

幅相频率特性曲线又称奈奎斯特图,将频率 ω 作为参变量,ω 从 $0 \to \infty$ 变化时,将频率响应两个部分的特性,也就是幅频特性和相频特性同时绘制在复数平面中。

$$G(j\omega) = \sqrt{P^2(\omega) + Q^2(\omega)}e^{j\varphi(\omega)} = A(\omega)e^{j\varphi(\omega)}$$

3. 对数频率特性曲线

对数频率特性曲线又称 Bode 图,是频率分析法中使用最广泛的一组曲线,包括两条曲线:对数幅频和对数相频特性曲线。

频率 ω 按对数分度作为对数频率特性曲线的横坐标,单位是弧度/秒(rad/s)。在此的对数分度,是指按 $\lg\omega$ 均匀分度,对频率 ω 来说是不均匀的。根据定义,频率 ω 每变化 10 倍,横坐标间隔一个单位长度。

对数幅频特性的值 $L(\omega) = 20\lg A(\omega)$ 作为对数幅频特性曲线的纵坐标,采用均匀分度,其单位为分贝(dB)。相频特性的值作为对数相频特性曲线的纵坐标,均匀分度,其单位是度(°)。通常将对数幅频特性和对数相频特性曲线根据坐标并列绘制,以方便系统性能的分析。

Bode 图在频域分析法中使用最广泛,因为它具有如下一些优点。

(1) 对数幅频特性采用 $20\lg A(\omega)$,利用对数的运算法则,可以将幅值的乘除运算简化为加减运算,从而简化了图形的绘制。

(2) Bode 图采用了频率 ω 的对数分度 $\lg\omega$,以 $\lg\omega$ 为横坐标,实现了横坐标的非线性压缩,在大频率范围内反映频率特性的变化情况比直角坐标系方便很多。

(3) 可以用分段直线的渐近线表示对数幅频特性,在叠加作图时只需要根据实际情况修改直线的斜率即可。

4. 对数幅相曲线

对数幅相曲线又称为尼科尔斯曲线。采用 $20\lg A(\omega)$ 作为纵坐标,其单位为分贝(dB),$\varphi(\omega)$ 作为横坐标,单位为度(°),均为按线性分度,频率为参变量。

6.1.5 频域的性能指标

与时域响应中衡量系统性能采用时域性能指标类似,频率特性在数值上和曲线形状上的特点通常可用频域性能指标来衡量,它们在很大程度上能够间接地表明系统的动静态特性。系统的频率特性曲线如图 6-2 所示。

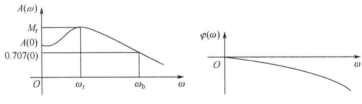

图 6-2 频率特性曲线

常见的频域性能指标主要有:

(1) 谐振频率 ω_r,表示幅频特性 $A(\omega)$ 出现最大值时所对应的频率。

(2) 谐振峰值 M_r,表示幅频特性的最大值,M_r 值大表明系统对频率的正弦信号反应强烈,即系统的平稳性差,阶跃响应的超调量大。

(3) 频率 ω_b,表示幅频特性 $A(\omega)$ 的幅值衰减到起始值的 0.707 倍时所对应的频率。ω_b 大表明系统复现快速变化信号的能力强,失真小,即系统的快速性好,阶跃响应上升时间短,调节时间短。

(4) 零频 $A(0)$,表示频率 $\omega = 0$ 时的幅值。$A(0)$ 表示系统阶跃响应的终值,$A(0)$ 与 1 之间的差反映了系统的稳态精度,$A(0)$ 越接近 1,系统的精度越高。

6.1.6 典型环节的频率特性

线性定常系统的开环传递函数由典型环节串联而成,这些典型环节包括比例环节、惯性环节、积分环节、微分环节、一阶微分环节、振荡环节及二阶微分环节。另外，系统中还可能出现延迟 $e^{-\tau s}$。

1. 比例环节

$$G(j\omega) = K$$

比例环节的对数幅频特性和相频特性的表达式为：

$$\begin{cases} L(\omega) = 20\lg K \\ \varphi(\omega) = 0 \end{cases}$$

比例环节的 Bode 图如图 6-3 所示。

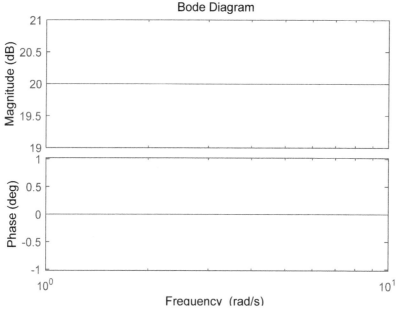

图 6-3 比例环节的 Bode 图

2. 积分环节

积分环节的频率特性为：

$$G(j\omega) = \frac{1}{\omega} e^{-j\frac{\pi}{2}}$$

积分环节的对数幅频特性和相频特性为：

$$\begin{cases} L(\omega) = -20\lg \omega \\ \varphi(\omega) = -\frac{\pi}{2} \end{cases}$$

其 Bode 图如图 6-4 所示。

由图 6-4 可见，其对数幅频特性为一条斜率为-20dB/dec 的直线，通过 $\omega=1$，$L(\omega)=0$dB 的点。对数相频特性为一条平行于横轴的直线，其值为-90°。

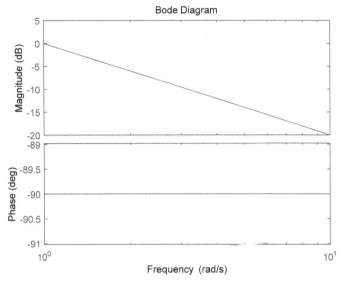

图 6-4 积分环节的 Bode 图

3. 微分环节

微分环节的频率特性为:

$$G(j\omega) = \omega e^{-j\frac{\pi}{2}}$$

微分环节的对数幅频特性和相频特性为:

$$\begin{cases} L(\omega) = 20\lg\omega \\ \varphi(\omega) = \dfrac{\pi}{2} \end{cases}$$

其相应的 Bode 图如图 6-5 所示。

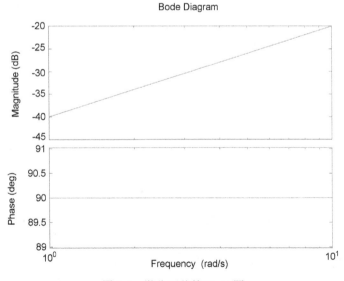

图 6-5 微分环节的 Bode 图

由图 6-5 可见,其对数幅频特性为一条斜率为 ±20 dB/dec 的直线,通过 $\omega=1$,$L(\omega)=0\text{dB}$ 的点。相频特性是一条平行于横轴的直线,其值为 90°。

积分和微分环节的传递函数互为倒数,所以它们的对数幅频特性和相频特性曲线对称于横轴。

4. 一阶微分环节

一阶微分环节的频率特性为:

$$G(j\omega)=\sqrt{1+(\omega\tau)^2}\,e^{-j\arctan(\omega\tau)}$$

一阶微分环节的对数幅频特性和相频特性为:

$$\begin{cases} L(\omega)=20\lg\sqrt{1+(\omega\tau)^2} \\ \varphi(\omega)=\arctan(\omega\tau) \end{cases}$$

工程上,一阶微分环节的对数幅频特性可以采用渐近线来表示。定义 $\omega_1=\dfrac{1}{\tau}$ 为转折频率,渐近线表示为:

$$\begin{cases} L(\omega)=0 & \omega\ll\omega_1 \\ L(\omega)=20\lg\omega-20\lg\omega_1 & \omega\gg\omega_1 \end{cases}$$

从表达式得到,当 $\omega<\omega_1$ 时,渐近线为一条 0dB 的水平线;当 $\omega>\omega_1$ 时,渐近线为一条斜率为 ±20 dB/dec 的直线。两段渐近线在转折频率 ω_1 处相交,如图 6-6 所示。

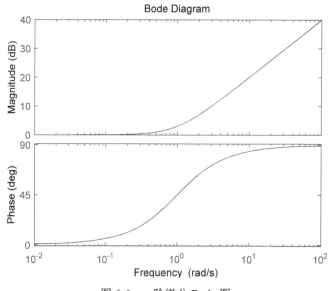

图 6-6 一阶微分 Bode 图

对数幅频特性曲线渐近线与实轴曲线之间存在误差,在转折频率 ω_1 处,出现的最大误差为 3dB。

转折频率 ω_1 也称为一阶微分环节的特征点,此时有

$$A(\omega_1)=1.414,\quad L(\omega_1)=3\text{dB},\quad \varphi(\omega_1)=45°$$

5. 惯性环节

惯性环节的频率特性为：

$$G(j\omega) = \frac{1}{\sqrt{1+(\omega T)^2}} e^{-j\arctan(\omega T)}$$

惯性环节的对数幅频特性和相频特性的表达式为：

$$\begin{cases} L(\omega) = -20\lg\sqrt{1+(\omega T)^2} \\ \varphi(\omega) = -\arctan(\omega T) \end{cases}$$

惯性环节的 Bode 图如图 6-7 所示。

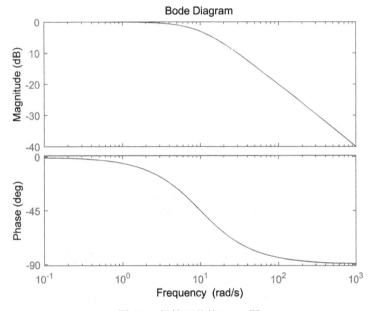

图 6-7　惯性环节的 Bode 图

转折频率 ω_1 也称为惯性环节的特征点，在这一点有

$$A(\omega_1) = 0.707,\quad L(\omega_1) = -3\mathrm{dB},\quad \varphi(\omega_1) = -45°$$

比较惯性环节和一阶微分环节，它们的传递函数互为倒数，所以对数幅频特性和相频特性对称于横轴，当它们为倒数时，对数幅频特性和相频特性对称于横轴。

6. 振荡环节

振荡环节的频率特性为：

$$G(j\omega) = \frac{1}{1-\left(\dfrac{\omega}{\omega_n}\right)^2 + j\dfrac{2\xi\omega}{\omega_n}}$$

幅频特性和对数幅频特性的解析表达式分别为：

$$A(\omega) = \cfrac{1}{\sqrt{\left(1-\cfrac{\omega^2}{\omega_n^2}\right)^2 + 4\xi\cfrac{\omega^2}{\omega_n^2}}}$$

$$L(\omega) = -20\lg\sqrt{\left(1-\cfrac{\omega^2}{\omega_n^2}\right)^2 + \left(\cfrac{2\xi\omega}{\omega_n}\right)^2}$$

相频特性的解析表达式为:

$$\varphi(\omega) = \begin{cases} -\arctan\cfrac{2\xi\cfrac{\omega}{\omega_n}}{1-\cfrac{\omega^2}{\omega_n^2}}, & \cfrac{\omega}{\omega_n} \leqslant 1 \\ -\left[\pi - \arctan\cfrac{2\xi\cfrac{\omega}{\omega_n}}{\cfrac{\omega^2}{\omega_n^2}-1}\right], & \cfrac{\omega}{\omega_n} > 1 \end{cases}$$

幅频特性谐振峰值为:

$$M_r = \cfrac{1}{2\xi\sqrt{1-\xi^2}} \quad (6-1)$$
$$\xi \leqslant 0.707$$

当阻尼比 $\xi > 0.707$ 时,处于过阻尼状态,幅频特性的斜率为负,没有谐振峰值,所以谐振峰值 M_r 只有在 $\xi \leqslant 0.707$ 时才有意义。

式(6-1)表明了谐振峰值 M_r 与阻尼比 ξ 的关系,对于振荡环节来说,阻尼比越小,M_r 越大,系统单位阶跃响应的超调量也越大;反之,阻尼比越大,M_r 越小,超调量也越小。可见,M_r 直接表征了系统超调量的大小,称为振荡性指标。二阶振荡环节的 Bode 图如图 6-8 所示。

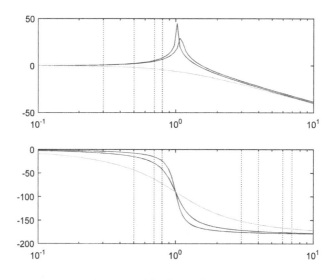

图 6-8 二阶振荡环节的 Bode 图

在此分别取阻尼比依次为 0.1、0.2、0.707、2。其中，谐振峰值 M_r 最大时阻尼比 ξ 等于 0.1，可看到，当 $\xi>0.707$ 时，系统没有谐振峰值。

在绘制对数幅频特性曲线时，注意到其渐近线可表示为：

$$L(\omega) = 0, \qquad \omega < \omega_n$$

$$L(\omega) = -40\lg\frac{\omega}{\omega_n}, \quad \omega > \omega_n$$

当 $\omega < \omega_n$ 时，渐近线是一条 0dB 的水平线，当 $\omega > \omega_n$ 时，渐近线是一条斜率为-40dB/dec 的直线，它和 0dB 线交于横坐标 $\omega = \omega_n$ 处，自然振荡频率 ω_n 是两条渐近线交接点的频率，称为振荡环节的转折频率。

7．二阶微分环节

二阶微分环节的频率特性为：

$$G(\mathrm{j}\omega) = 1 - \left(\frac{\omega}{\omega_n}\right)^2 + \mathrm{j}\frac{2\xi\omega}{\omega_n}$$

由于二阶微分环节和振荡环节的传递函数互为倒数，所以它们的对数幅频特性和相频特性对称于横轴。二阶微分环节的 Bode 图如图 6-9 所示。

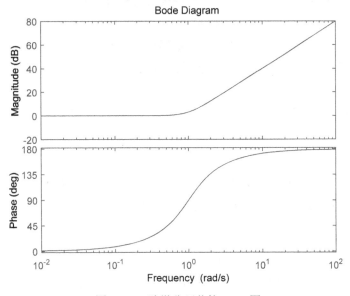

图 6-9　二阶微分环节的 Bode 图

当 $\omega < \omega_n$ 时，对数幅频特性曲线的渐近线是一条 0dB 的水平线，当 $\omega > \omega_n$ 时，则是一条斜率为 40dB/dec 的直线，它和 0dB 线交于横坐标 $\omega = \omega_n$ 处，ω_n 称为二阶微分环节的转折频率。

8．延迟环节

延迟环节的频率特性为：

$$G(\mathrm{j}\omega) = \mathrm{e}^{-\mathrm{j}\omega\tau}$$

延迟环节的对数幅频特性和相频特性分别为：
$$\begin{cases} L(\omega) = 0 \\ \varphi(\omega) = -57.3\omega\tau \end{cases}$$

6.2 频率分析其他相关概念

为了讨论控制系统频率响应的 MATLAB 仿真，有必要说明频域分析的几个概念。

1．频率响应

当正弦函数信号作用于线性系统时，系统稳定后输出的稳态分量仍然是同频率的正弦信号，这种过程叫做系统的频率响应。

2．频率特性

设有稳定的线性定常系统，在正弦信号作用下，系统输出的稳态分量为同频率的正弦信号，其振幅与输入正弦信号振幅比相对于正弦信号角频率间的关系 $A(\omega)$ 叫做幅频特性；其相位与输入正弦信号的相位之差相对于正弦信号角频率间的关系 $\varphi(\omega)$ 叫做相频特性。系统频率响应与输入正弦信号的复数比叫做系统的频率特性。记作：
$$G(j\omega) = A(\omega)e^{j\varphi(\omega)}$$

系统的频率特性与系统传递函数之间有着简单而直接的关系：
$$G(j\omega) = \frac{X_o(j\omega)}{X_i(j\omega)}e^{j\varphi(\omega)} = A(\omega)e^{j\varphi(\omega)}$$

其中，$A(\omega) = \dfrac{X_o(j\omega)}{X_i(j\omega)}$ 为幅频特性，$\varphi(\omega) = \varphi_o(\omega) - \varphi_i(\omega)$ 为相频特性。

3．幅相选择性

系统的频率特性 $G(j\omega) = A(\omega)e^{j\varphi(\omega)}$ 里既有振幅信息又有相位信息，所以又叫做系统的幅相特性。幅相特性图形化的形式即是幅相特性曲线。

4．频域性能指标

（1）峰值：峰值是幅频特性 $A(\omega)$ 的最大值。

（2）频带：频带是幅频特性 $A(\omega)$ 的数值衰减到 $0.707 A(0)$ 时对应的角频率。

（3）相频宽：相频宽是相频特性 $\varphi(\omega)$ 等于 $-\pi/2$ 时对应的角频率。

（4）剪切频率：系统开环对数幅频特性曲线 $20\lg|G|$ 与横坐标轴 (ω) 交点的角频率为剪切频率，常用 ω_c（或 ω_{cp}）来标识。

（5）$-\pi$ 穿越频率：系统开环对数相频特性曲线 $\varphi(\omega)$ 与 $-\pi$ 线交点所对应的角频率（即开环幅相特性曲线 $G(j\omega)$ 与负实轴的交点所对应的角频率），常用 ω_g（或 ω_{cg}）来标识。

（6）稳定裕度

稳定裕度是指系统稳定的程度，系统不稳定，谈不上稳定裕度。根据奈奎斯特判据可知，系统的开环幅相曲线越是接近临界点，系统的稳定性越差。

在频率特性中,表征相对稳定性的物理量是幅值稳定裕度和相角稳定裕度。
① 相角稳定裕度:系统开环幅相特性曲线 $G(j\omega)$ 上模值等于 1 的向量与负实轴的夹角:

$$\gamma = \varphi(\omega_c) - (-\pi)$$

② 幅值稳定裕度:开环幅相特性曲线 $G(j\omega)$ 与负实轴交点(ω_{cg})模值 $G(\omega_{cg})$ 的倒数:

$$h = \frac{1}{|G(\omega_{cg})|}$$

或者是其交点模值倒数的分贝值:

$$L_h = 20\lg h$$

5. 三个频段

频域分析法中可以将对数幅频特性曲线分为三段,分析系统的性能。

(1) 低频段。

低频段一般指对数幅频特性渐近线在进入第一个转折频率前的区段,这一段特性由系统的类型和开环放大倍数决定。在满足稳定性的条件下,低频段表征了系统的稳态精度,低频段的斜率越小,说明对应的积分环节数目越多,开环增益越大,系统的稳态误差越小。

(2) 中频段。

中频段是指开环对数幅频渐近线在截止频率 ω_c 附近的区段,中频段集中表征了系统的动态性能。

① 如果中频段斜率为-20dB/dec,且具有一定的频率宽度,则系统是稳定的,截止频率 ω_c 越高,调整时间 t_s 越小,系统的快速性能越好。

② 如果中频段斜率为-40dB/dec,且具有一定的频率宽度,则系统相当于阻尼比 $\xi=0$ 的二阶系统,此时系统基本不稳定。

因此,通常取中频段在斜率为-20dB,以期得到良好的平稳性,而以增大 ω_c 来保证要求的快速性。

(3) 高频段。

高频段一般指开环对数幅频渐近线中频段以后 $\omega > 10\omega_c$ 的区段,高频段主要表征了系统的抗干扰性。由于远离截止频率且幅值较小,高频段对系统动态性能没有太大影响。

大多数的干扰信号都具有较高的频率,所以高频段表征了系统的抗干扰能力,高频段的斜率越小,幅值越小,系统的抗干扰能力就越强。

开环对数幅频三频段的概念为利用开环频率特性分析闭环系统的动态性能提供了方向。

6.3 频域分析的系统性能分析

下面对基于频域分析法的系统性能进行分析。

6.3.1 奈奎斯特稳定判据

在前面已经指出,闭环控制系统稳定的充要条件是其特征根都具有负实部,即都位于 s

平面的左半部，前面介绍了时域分析法中判断系统稳定的方法。

本节引入基于频域分析的系统稳定性判断方法——奈奎斯特稳定判据，该方法利用系统的开环频率特性进行闭环系统的稳定性判断，而且能够分析系统的相对稳定性。

奈奎斯特稳定判据又简称奈氏判据，其表述如下：

闭环控制系统稳定的充要条件是：当频率 ω 从 $-\infty$ 到 $+\infty$ 时，系统的开环频率特性曲线 $G(j\omega)H(j\omega)$ 按逆时针方向包围 $(-1, j0)$ 点的周数 P 等于系统位于 s 右半平面的开环极点数目。

在实际应用中，由于开环频率特性曲线的对称性，只需要绘制频率 ω 从 0 变化到 $+\infty$ 时，系统的开环频率特性曲线 $G(j\omega)H(j\omega)$。

6.3.2　Bode 图相对稳定性分析

如果系统开环是稳定的，那么闭环稳定的条件是：对数幅频特性 $L(\omega)$ 达到 0dB 时，即在截止频率 ω_c 处，曲线还在-180°以上（即相位移还不足-180°），系统是稳定的。或者说，当相频特性曲线达到-180°时，对数幅频特性 $L(\omega)$ <0dB，系统稳定。反之，系统不稳定。

对应的系统幅相特性的极坐标图和对应于对数频率特性的 Bode 图之间存在一定的关系。极坐标图上 $|G(j\omega)|=1$ 的单位圆和对数幅频特性的零分贝线对应，单位圆以外对应 $L(\omega) > 0$dB。极坐标图上的负实轴对应于 Bode 图上相频特性的-180°。

对数频率特性的稳定性判据可叙述为：

在开环对数幅频特性为正值的频率范围内，如果对数相频特性曲线与-180°线的正负穿越数之差为 $\dfrac{P}{2}$，则系统稳定，否则系统不稳定。

6.3.3　频域闭环性能指标

频域闭环性能指标有以下几个：谐振峰值 M_r、带宽频率 ω_b、相频宽 $\omega_{b\varphi}$ 和零频率比 $A(0)$，如图 6-10 所示。

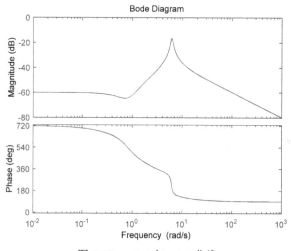

图 6-10　$A(\omega)$ 与 $\varphi(\omega)$ 曲线

这些指标能够间接地表征系统的动态品质。

（1）谐振峰值 M_r。

谐振峰值 M_r 是指幅频特性 $A(\omega)$ 的最大值。谐振峰值大，意味着系统的阻尼比较小，系统的平稳性较差，在阶跃响应时将会有圈套的超调量。一般要求 $M_r < 1.5A(0)$。

（2）带宽频率 ω_b。

带宽频率是指系统闭环幅频特性下降到频率为零时的分贝值以下 3dB 时所对应的频率，通常把 $0 \leq \omega \leq \omega_b$ 的频率范围称为系统带宽。带宽大的系统，其优点是复现输入信号的能力强，系统响应速度快；缺点是抑制输入端高频噪声的能力弱。

（3）相频宽 $\omega_{b\varphi}$。

相频宽是指相频特性 $\varphi(\omega)$ 等于 $-\dfrac{\pi}{2}$ 时所对应的频率，是系统的快速性能指标之一。

（4）$A(0)$。

$A(0)$ 是指频率为零（$\omega = 0$）时的输入/输出振幅比，表征了系统的稳态精度。当 $A(0)=1$ 时，系统响应的终值等于输入，没有静差；当 $A(0) \neq 1$ 时，系统有静差。

6.4 频域分析的 MATLAB 函数

频域分析法是经典控制领域的一个重要分析与设计工具，是应用频率特性研究线性系统的一种实用方法。一般用开环系统的 Bode 图、奈奎斯特（Nyquist）图、尼科尔斯图及相应的稳定判据来分析系统的稳定性、动态性能和稳态性能。下面分别对相关函数给予介绍。

6.4.1 奈奎斯特图

在 MATLAB 中，提供了 nyquist 函数用于求连续系统的 Nyquist 图。函数的调用格式为：

nyquist(sys)：计算并在当前窗口绘制线性对象 sys 的 Nyquist 图，可用于单输入/单输出或多输入/多输出连续系统或离散时间系统。当系统为多输入/多输出时，产生一组 Nyquist 频率曲线，每个输入/输出通道对应一个。绘制时的频率范围将根据系统的零极点决定。

nyquist(sys,w)：显示定义绘制时的频率点 w。若要定义频率范围，w 必须有[wmin,wmax]的格式；如果定义频率点，则 w 必须由需要频率点频率组成的向量。

nyquist(sys1,sys2,…,sysN)、nyquist(sys1,sys2,…,sysN,w)：同时在一个窗口重复绘制多个线性对象 sys 的 Nyquist 图。这些系统必须具有同样的输入和输出数，但可以同时含有离散时间和连续时间系统。

[re,im,w] = nyquist(sys)：返回系统的频率响应。其中，re 为系统响应的实部；im 为系统响应的虚部；w 为频率点。

【例 6-1】有连续线性系统的传递函数 $G(s) = \dfrac{s+8}{s(s^2 + 0.2s + 4)(s+1)(s+3)}$，绘制对应的 Nyquist 图，并叠印等幅值图。

MATLAB 代码如下。

```
>> clear all;
s=tf('s');
G=(s+8)/(s*(s^2+0.2*s+4)*(s+1)*(s+3));
```

```
nyquist(G);    %绘制 Nyquist 图并叠印等幅值图
set(gca,'Ylim',[-1.5 1.5]);
```

由于系统含有位于 $s=0$ 处的极点，所以如果 ω 较小，则增益的幅值很大，远离单位圆，因此单位圆附近的 Nyquist 图形看得不是很清楚，应该给出相应的语句对得出的 Nyquist 图进行局部放大，效果如图 6-11 所示。

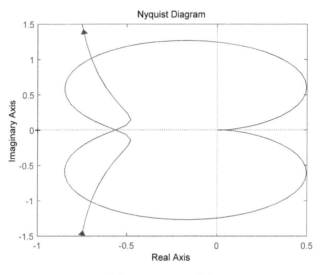

图 6-11　Nyquist 图

传统的 Nyquist 图不能显示出增益幅值和频率 ω 之间的关系，而用 MATLAB 提供的工具允许用户用单击的方式选择 Nyquist 图上的点，这时将同时显示该点处的频率、增益及闭环系统超调量等信息，如图 6-12 所示。

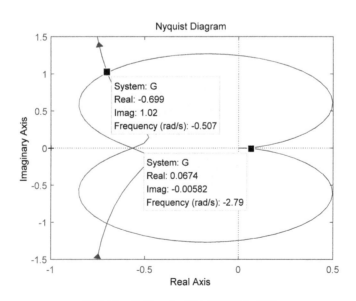

图 6-12　从 Nyquist 图上读取附加信息

6.4.2 Bode 图

在 MATLAB 中，提供了 bode 函数用于求系统的 Bode 图（波特图）频率响应。函数的调用格式为：

bode(sys)：计算并在当前窗口绘制线性对象 sys 的 Bode 图，可用于单输入/单输出或多输入多输出连续系统或离散时间系统。绘制时的频率范围将根据系统的零极点决定。

bode(sys1,...,sysN)、bode(...,w)：同时在一个窗口重绘制多个线性对象 sys 的 Bode 图。这些系统必须具有同样的输入和输出数，但可以同时含有离散时间和连续时间系统。

bode(sys1,PlotStyle1,...,sysN,PlotStyleN)：定义每个仿真绘制的绘制属性。

[mag,phase]= bode(sys,w)或[mag,phase,wout]= bode(sys)：计算 Bode 图数据，且不在窗口显示。其中 mag 为 Bode 图的幅值；phase 为 Bode 图的相位值；wout 为 Bode 图的频率点。

[mag,phase,wout,sdmag,sdphase]= bode(sys)：同时返回幅度和相位的标准差 sdmag 和偏差 sdphase。

【例 6-2】对连续线性传递函数 $G(s) = \dfrac{s+8}{s(s^2+0.2s+4)(s+1)(s+3)}$，选择采样周期 $T = 0.15s$，实现离散化，求该模型的 Bode 图。

MATLAB 代码如下。

```
>> clear all;
s=tf('s');
G=(s+8)/(s*(s^2+0.2*s+4)*(s+1)*(s+3));
G1=c2d(G,0.15);
bode(G1);
grid
```

运行程序，效果如图 6-13 所示。

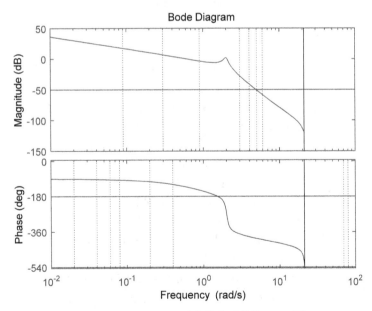

图 6-13　$T = 0.15s$ 时离散化系统的 Bode 图

选择不同的采样周期，则可以得到不同的效果，代码为：

```
>> bode(G);
>> hold on;
>> for T=[0.1:0.2:1]
bode(c2d(G,T));
end
```

运行程序，效果如图 6-14 所示。

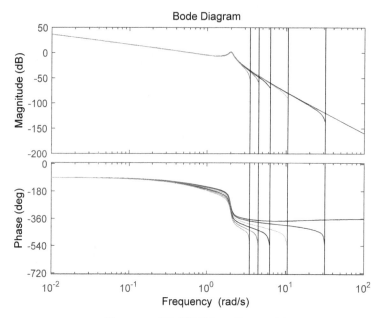

图 6-14　不同采样周期下的 Bode 图

6.4.3　尼科尔斯图

在 MATLAB 中，提供了 nichols 函数用于求连续系统的尼科尔斯（Nichols）频率响应曲线。函数的调用格式为：

nichols(sys)：计算并在当前窗口绘制线性对象 sys 的 Nichols 图，可用于单输入/单输出或多输入/多输出连续系统或离散时间系统。绘制时的频率范围将根据系统的零极点决定。

nichols(sys,w)：显示定义绘制时的频率点 w。如果要定义频率范围，w 必须有[wmin,wmax]的格式；如果定义频率点，则 w 必须由需要频率点频率组成的向量。

nichols(sys1,sys2,...,sysN,w)：同时在一个窗口重绘制多个线性对象 sys 的 Nichols 图。这些系统必须具有同样的输入和输出数，但可以同时含有离散时间和连续时间系统。

[mag,phase,w]= nichols(sys)或[mag,phase] = nichols(sys,w)：计算 Nichols 图数据，且不在窗口显示。其中 mag 为 Nichols 图的幅值；phase 为 Nichols 图的相位值；w 为 Nichols 图的频率点。

【例 6-3】考虑离散系统的传递函数模型：

$$G(z) = \frac{0.2(0.3124z^3 - 0.5743z^2 + 0.3879z - 0.0889)}{z^4 - 3.233z^3 + 3.9869z^2 - 2.2209z + 0.4723}$$

且已知系统的采样周期为 $T = 0.15$s，绘制对应的 Nichols 图。

```
>> clear all;
num=0.2*[0.3124 -0.5743 0.3879 -0.0889];
```

```
den=[1 -3.233 3.9869 -2.2209 0.4723];
G=tf(num,den,'Ts',0.15);    %绘制系统的 Nichols 图
nichols(G);
grid on;
```

运行程序，效果如图 6-15 所示。

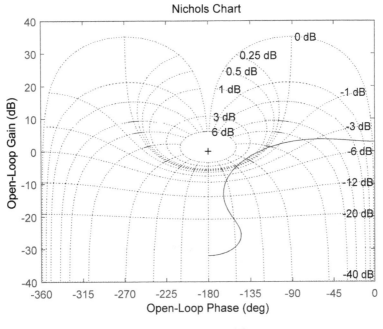

图 6-15 Nichols 图

6.4.4 求取稳定裕度

MATLAB 提供了用于计算系统稳定裕度的函数 margin，它可以从频率响应数据中计算出幅值裕度、相角裕度及对应的频率。幅值裕度和相角裕度是针对开环 SISO 系统而言的，它指出了系统在闭环时的相对稳定性。当不带输出变量引用时，margin 可在当前图形窗口中绘出带有裕度及相应频率显示的 Bode 图，其中的幅值裕度以分贝为单位。

幅值裕度是在相角为-180°处使开环增益为 1 的增益量，如在-180°相频处的开环增益为 g，则幅值裕度为 $1/g$；如果用分贝值表示幅值裕度，则为-20lg10g。类似地，相角裕度是当开环增益为 1.0 时，相应的相角与 180°角的和。

margin 函数的调用格式为：

[Gm,Pm,Wgm,Wpm] = margin(sys)：计算线性对象 sys 的增益和相角裕度。其中，Gm 对应系统的幅值裕度，Wgm 对应其交叉频率；Pm 对应系统的相角裕度；Wpm 对应其交叉频率。

[Gm,Pm,Wgm,Wpm] = margin(mag,phase,w)：根据 Bode 图给出的数据 mag、phase 和 w，来计算系统的增益和相角裕度。mag、phase 和 w 分别为系统的幅值、相位和频率向量。

margin(sys)：可从频率响应数据中计算出增益、相角裕度及相应的交叉频率。增益和相角裕度是针对开环单输入/单输出系统而言的，它可以显示系统闭环时的相对稳定性。当不带输出变量时，margin 则在当前窗口绘制出裕度的 Bode 图。

【例 6-4】已知系统的开环传递函数为 $G(s) = \dfrac{3.5}{s^3 + 2s^2 + 3s + 2}$，求系统的幅值裕度和相角裕度，并求其闭环阶跃响应。

```
>> clear all;
G=tf(3.5,[1 2 3 2]);
G_close=feedback(G,1);
[Gm,Pm,Wcg,Wcp]=margin(G)
step(G_close);
grid on;
```

运行程序，输出如下，效果如图 6-16 所示。

```
Gm =
    1.1433
Pm =
    7.1688
Wcg =
    1.7323
Wcp =
    1.6541
```

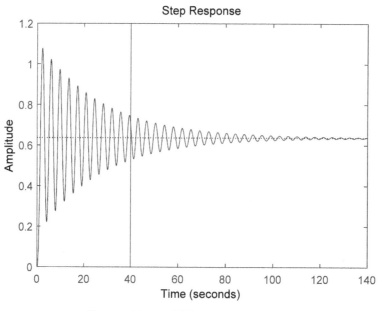

图 6-16　例 6-4 系统的单位阶跃响应曲线

从运行结果可知，系统的幅值裕度很接近稳定的边界点 1，且相角裕度只有 7.1578°，所以尽管闭环系统稳定，但其性能不会太好。同时从图 6-16 可以看出，在闭环系统的响应中有较强的振荡。

【例 6-5】系统的开环传递函数 $G(s) = \dfrac{100(s+5)^2}{(s+1)(s^2+s+9)}$，求系统的幅值裕度与相角裕度。

```
>> clear all;
```

```
G=tf(100*conv([1 5],[1 5]),conv([1 1],[1 1 9]));
[Gm,Pm,Wcg,Wcp]=margin(G)
G_close=feedback(G,1);
step(G_close);
grid on;
```

运行程序，输出如下，效果如图 6-17 所示。

```
Gm =
    Inf
Pm =
    85.4365
Wcg =
    NaN
Wcp =
    100.3285
```

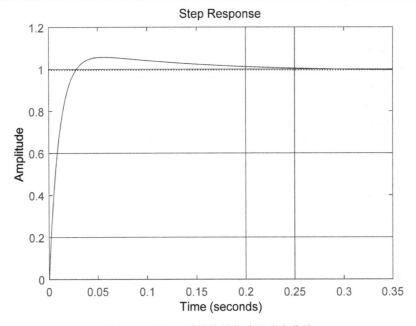

图 6-17 例 6-5 系统的单位阶跃响应曲线

从运行结果可以看出，该系统有无穷大的幅值裕度，且相角裕度高达 85.4365°，所以图 6-17 所示系统的闭环响应是较理想的。

6.4.5 计算交叉频率和稳定裕度

在 MATLAB 中，提供了 allmargin 函数用于计算所有的交叉频率和稳定裕度。函数的调用格式为：

S = allmargin(sys)：计算单输入/单输出开环模型的交叉频率。

S = allmargin(mag,phase,w,ts)：计算单输入/单输出开环模型的幅值、相角、时延裕度和相应的交叉频率。allmargin 可以用在任何单输入/单输出模型上，包括具有时延的模型。

输出 S 为一结构体，它具有如下域。
- GMFrequency：所有-180°的交叉频率。
- GainMargin：响应的增量裕度，定义为 1/G，G 表示在交叉处的增益。
- PMFrequency：所有 0dB 的交叉频率。
- PhaseMargin：以角度表示的相应相位增益。
- DMFrequency 和 DelayMargin：关键的频率和相应的时延裕度，在连续时间系统中，时延以秒的形式给出。在离散时间系统中，时延以采样周期的整数倍给出。
- Stable：如果闭环系统稳定，则为 1；否则为 0。

【例 6-6】已知离散系统函数为 $H(z) = \dfrac{2z^2 - 3.4z + 1.5}{z^2 - 1.6z + 0.8}$，计算其交叉频率和稳定裕度。

```
>> clear all;
H = tf([2 -3.4 1.5],[1 -1.6 0.8],-1);
S = allmargin(H)
```

运行程序，输出如下：

```
S = 
    GainMargin: [1x0 double]
    GMFrequency: [1x0 double]
    PhaseMargin: -98.6061
    PMFrequency: 0.2784
    DelayMargin: [16.3852 0]
    DMFrequency: [0.2784 Inf]
    Stable: 1
```

6.4.6 网格线

该函数用于绘制 Nichols 图网格线，函数的调用格式为：

ngrid

【例 6-7】已知控制系统传递函数 $H(s) = \dfrac{-4s^4 + 48s^3 - 18s^2 + 250s + 600}{s^4 + 30s^3 + 282s^2 + 525s + 60}$，试绘制 Nichols 图。

```
>> clear all;
num = [-4 48 -18 250 600];
den = [1 30 28 525 60];
H = tf(num,den);
nichols(H);
ngrid
title('Nichols 图');
xlabel('开环相');ylabel('开环增益');
```

运行程序，效果如图 6-18 所示。

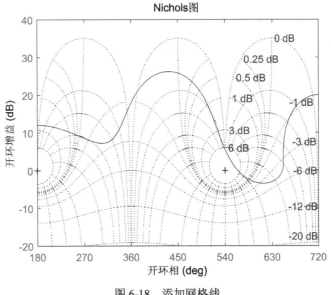

图 6-18　添加网格线

6.5　频域分析的应用实例

前面已对频域分析的相关概念及相关函数进行介绍，本节将通过实例来演示频域的应用。

【例 6-8】系统的开环传递函数为 $G(s) = \dfrac{K}{(s^2 + 10s + 500)}$，绘制 K 取不同值时系统的 Bode 图。

```
>> clear all;
%K 分别取 10，50，1000
K=[10 50 1000];
for i=1:3
    G(i)=tf(K(i),[1 10 500])        %K 取不同值时的传递函数
end
bode(G(1),'k:',G(2),'r--',G(3),'b-.');   %绘制不同传递函数的 Bode 图
title('系统 K/(s^2+10s+500)Bode 图，K=10,50,1000');
grid on;
```

运行程序，效果如图 6-19 所示。

由结果可看出，改变 K 值，系统会随着 K 值的增大而使幅频特性向上平移，形状未做改变；而系统的相频特性未受影响，这与定义相一致。

【例 6-9】对于传递函数 $G(s) = \dfrac{3}{2s+1}$，增加在原点处的极点后，观察极坐标图的变化趋势。

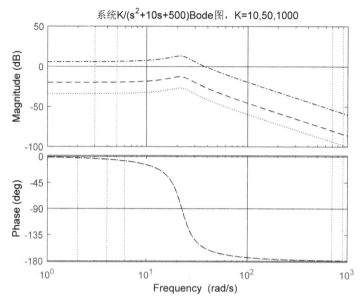

图 6-19　K 分别取 10、50、1000 时的 Bode 图

（1）绘制原系统的极坐标图，代码为：

```
>> clear all;
num=3;
den=[2 1];
nyquist(num,den);      %绘制原系统的 Nyquist 图
axis([-2 4 -2 2]);     %指定坐标范围
grid on;
```

运行程序，效果如图 6-20 所示。

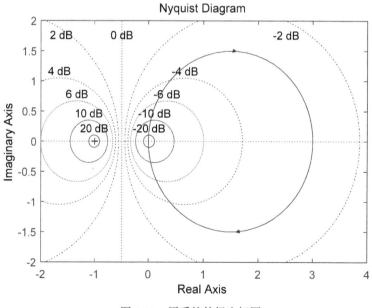

图 6-20　原系统的极坐标图

（2）绘制系统增加一个极点的极坐标图，代码为：

```
>> %系统增加一个极点
num=3;
den1=[2 1 0];        %系统增加一个极点
nyquist(num,den1);   %绘制系统的 Nyquist 图
axis([-6 0 -10 10]); %指定坐标范围
```

运行程序，效果如图 6-21 所示。

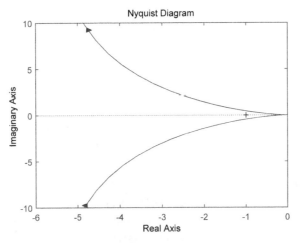

图 6-21　系统增加一个极点的极坐标图

（3）绘制系统增加两个极点的极坐标图，代码为：

```
>> %系统增加一个极点
num=3;
den2=[2 1 0 0];      %系统增加两个极点
nyquist(num,den2);   %绘制系统的 Nyquist 图
axis([-6 0 -6 6]);   %指定坐标范围
```

运行程序，效果如图 6-22 所示。

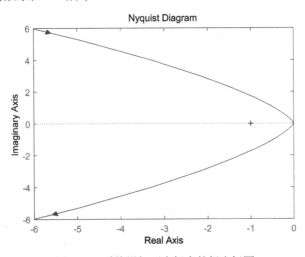

图 6-22　系统增加两个极点的极坐标图

原系统的极坐标图如图 6-20 所示，如果在原点处增加一个极点，则系统的极坐标顺时针转过 $\frac{\pi}{2}$ rad，如图 6-21 所示；再增加一个极点，则将顺时针转过 π rad，如图 6-22 所示。以此类推，如果增加 n 个原点的极点，即乘上因子 $\frac{1}{s^n}$，则极坐标图将顺时针转过 $\frac{n\pi}{2}$ rad，并且在原点处只要有极点存在，则极坐标图在 $\omega=0$ 的幅值就为无穷大。

【例 6-10】已知系统的开环传递函数分别为 $G_1(s)=\frac{7}{s-2}$，$G_2(s)=\frac{7}{s(s-2)}$。分别绘制系统的奈奎斯特图，判断其闭环系统的稳定性，并绘制闭环系统的单位冲激响应曲线进行验证。

```
>> clear all;
Go1=zpk([],2,7);
Go2=zpk([],[0 2],7);
Gc1=feedback(Go1,1);
Gc2=feedback(Go2,1);              %输入两个系统的开环及闭环传递函数
figure;
subplot(121);nyquist(Go1);        %绘制系统 1 的奈奎斯特图
subplot(122);impulse(Gc1);        %绘制系统 1 的单位冲激响应
figure;
subplot(121);nyquist(Go2);        %绘制系统 2 的奈奎斯特图
subplot(122);impulse(Gc2);        %绘制系统 2 的单位冲激响应
```

运行程序，效果如图 6-23 和图 6-24 所示。

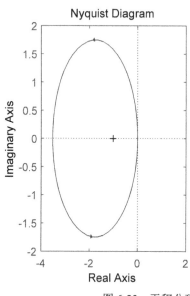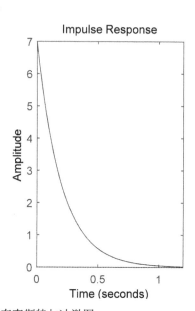

图 6-23 无积分环节奈奎斯特与冲激图

从图 6-23 可以看出，奈奎斯特图逆时针包围 (-1, j0) 点一圈，而系统有一个正实部的开环极点，因此闭环系统是稳定的，这从图中的单位冲激响应曲线可以验证。

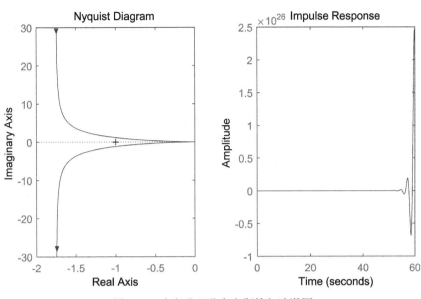

图 6-24 有积分环节奈奎斯特与冲激图

从图 6-24 可以看出,奈奎斯特图没有包围 $(-1, j0)$ 点,而系统有一个正实部的开环极点,因此闭环系统是不稳定的,同样,可以从图中的单位冲激响应曲线中得到验证。

【例 6-11】有典型二阶系统 $G(s) = \dfrac{\omega_n^2}{s^2 + 2\xi\omega_n s + \omega_n^2}$,求:

(1) 绘制 $\omega_n = 10$,$\xi = 0.1, 0.6, 2.4$ 时的 Bode 图。

(2) 绘制 $\xi = 0.707$,$\omega_n = 1, 5, 10, 20$ 时的 Bode 图。

(3) 分析上述两种情况时 ξ、ω_n 与系统 Bode 图的性能关系。

```
>> clear all;
wn=10;
figure;
%利用 for 循环绘制不同阻尼比的 Bode 图
for zeta=[0.1 0.6 2.4]
    num=wn^2;
    den=[1 2*zeta*wn wn^2];
    bode(num,den);
    hold on;
end
grid on;
```

运行程序,效果如图 6-25 所示。

```
>> figure;
zeta=0.707;
%利用 for 循环绘制不同振荡频率的 Bode 图
for wn=[1 5 10 20]
    num=wn^2;
    den=[1 2*zeta*wn wn^2];
```

```
        bode(num,den);
        hold on;
end
grid on;
```

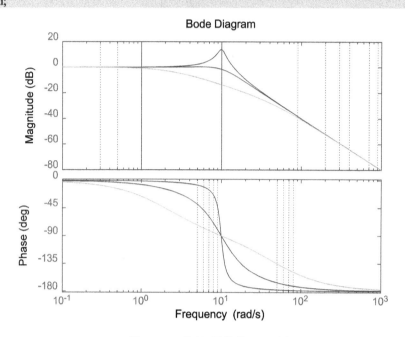

图 6-25　不同阻尼比的 Bode 图

运行程序，效果如图 6-26 所示。

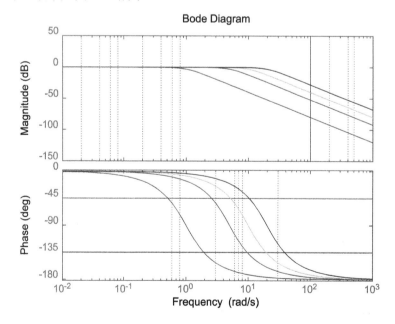

图 6-26　不同振荡频率的 Bode 图

由图 6-25 可看出，当阻尼比较小时，系统频域响应应在自然振荡频率 $\omega_n = 10$ 附近出现较强的振荡，出现较大的谐振峰值；不同振荡频率时的 Bode 图如图 6-26 所示，可以看出，当自然振荡频率增加时，Bode 图的带宽变宽，使得系统的时域响应速度变快。

【例 6-12】已知一带延迟环节的系统开环传递函数 $G(s) = \dfrac{s+1}{(s+3)^2} e^{-0.5s}$，试求其无延迟环节时有理传递函数的频率响应，同时在同一坐标中绘制以 Pade 近似延迟因子式系统的 Bode 图，并求此时系统的频域性能指标。

```
>> clear all;
%输入不带延迟环节的系统开环传递函数
num1=[1 -1];
den1=conv([1 3],[1 3]);
Go1=tf(num1,den1);
%定义4阶的延迟环节
[np,dp]=pade(0.5,4);
%输入带延迟环节的系统开环传递函数
num2=conv(num1,np);
den2=conv(den1,dp);
Go2=tf(num2,den2);
%在0.01与10000之间产生500个对数等分点
w=logspace(-2,4,500);
%求出不带延迟环节系统的开环传递函数幅值与相位
[mag1,phase1]=bode(num1,den1,w);
%求出带延迟环节系统的开环传递函数幅值与相位
[mag2,phase2]=bode(num2,den2,w);
hold on;
figure;
%定义子图，绘制对数幅频特性
subplot(211);semilogx(w,20*log10(mag1),'r',w,20*log10(mag2),'r');
grid on;
title('对数幅频特性');
xlabel('弧度/秒');ylabel('幅度（分贝）');
%定义子图，绘制相频特性
subplot(212);semilogx(w,phase1,'r',w,phase2,'r-.');
grid on;
title('相频特性');
xlabel('频率（弧度/秒）');ylabel('相位（度）');
%求两个系统的稳定裕度
[gm1,pm1,wcp1,wcg1]=margin(Go1)
[gm2,pm2,wcp2,wcg2]=margin(Go2)
```

运行程序，输出如下，效果如图 6-27 所示。

gm1 =   9.0000
pm1 =   Inf

```
wcp1 =     0
wcg1 =   NaN
gm2 =   7.0205
pm2 =   Inf
wcp2 =   5.4990
wcg2 =   NaN
```

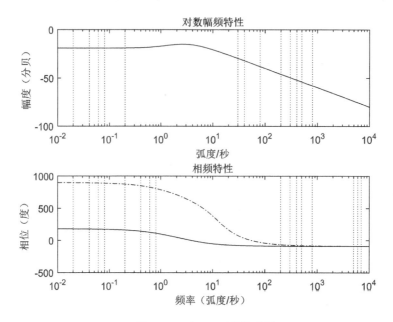

图 6-27　对延迟环节的分析

6.6　频域分析校正

频域分析法的串联校正是将校正装置串接在系统的前向通道中，串联校正装置的参数设计是根据系统固有部分的传递函数和对系统的频率性能指标要求来进行的。频域分析法的串联校正同样又分为串联超前、串联滞后和串联滞后-超前校正。

其设计方法是利用 MATLAB 方便地绘制 Bode 图并求出幅值裕度和相角裕度。将 MATLAB 应用到经典理论的校正方法中，可以方便地检验系统校正前后的性能指标。通过反复试探不同校正参数对应的不同性能指标，能够设计出最佳的校正装置。

6.6.1　频域串联超前校正

具有超前的相频特性，也就是输出信号的相位超前于输入信号的相位校正装置，称为超前校正装置。

1. 超前校正装置及其特性

超前校正装置可用如图 6-28 所示的无源网络实现。其传递函数可表示为：

$$G_c = \frac{1+\alpha Ts}{\alpha(1+Ts)}$$

式中，T 为时间常数，$T = \frac{R_1 R_2}{R_1 + R_2} C$；$\alpha$ 为衰减因子，$\alpha = \frac{R_1 + R_2}{R_2} > 1$。

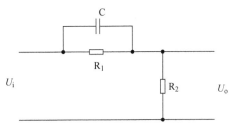

图 6-28 无源超前校正装置

采用无源超前网络进行串联校正时，整个系统的开环增益要下降 α 倍，因此需要提高放大器增益加以修正。

无源超前校正装置的传递函数也可表示为：

$$G_c = \alpha \frac{1+Ts}{1+\alpha Ts} = \frac{s + \frac{1}{T}}{s + \frac{1}{\alpha T}}$$

式中，T 为时间常数，$T = R_1 C$；$\alpha = \frac{R_2}{R_1 + R_2} < 1$。

超前校正装置也可由如图 6-29 所示的有源校正装置实现。对应的传递函数为：

$$G_c = -k \frac{1+\alpha Ts}{1+Ts}$$

式中，$k = \frac{R_f}{R_1}$；$T = R_1 C$；$\alpha = \frac{R_1 + R_2}{R_2} > 1$。实际使用时负号可由串联反相运算放大器消除。

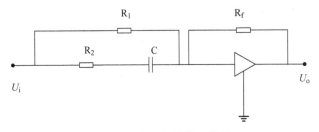

图 6-29 有源超前校正装置

以下代码依据表示有源网络传递函数式，用来观察校正环节特性。

```
>> clear all;
s=tf('s');
alfa=5;t=2;                %超前校正网络参数
Gc=(s+1/(alfa*t))/(s+1/t); %超前校正装置传递函数
bode(Gc,alfa*Gc)           %超前校正装置的 Bode 图
grid on;
```

```
gtext('补偿前的校正');gtext('补偿后的校正');
figure;
pzmap(Gc);                %超前校正装置的零极点分布图
```

运行程序，效果如图 6-30 和图 6-31 所示。

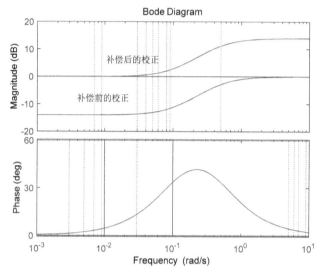

图 6-30 超前校正装置的 Bode 图

理论证明：超前网络的最大超前频率为 $\omega_m = \dfrac{1}{T/\sqrt{\alpha}}$；最大超前相位 $\varphi_m = \arcsin\dfrac{\alpha-1}{\alpha+1}$，最大超前相位所对应的幅值为 $L(\omega_m) = 20\lg|\alpha G_c(j\omega_m)| = 10\lg\alpha$ （校正器经增益补偿）。

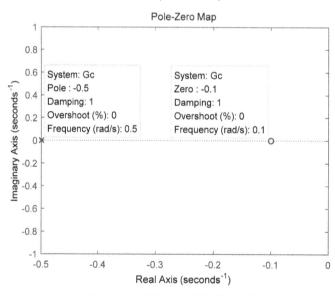

图 6-31 超前校正装置的零极点图

利用超前校正装置校正的基本原理即是利用其相位超前的特性，以补偿原来系统中元件造成的过大的相位滞后。

2. Bode 图的相位超前

为了获得最大的相位超前量,应使得超前网络的最大相位超前发生在校正后系统的幅值穿越频率处,即 $\omega_m = \omega_c''$。根据这一思想,具体设计步骤如下。

(1) 根据要求的稳态误差指标,确定开环增益 K。

(2) 计算校正前系统的相角裕度 γ。利用已确定的开环增益,绘制校正前的系统 Bode 图,并求取 γ 值。

(3) 确定需要对系统增加的最大相位超前量 φ_m。$\varphi_m = \gamma^* - \gamma + (5° \sim 12°)$,其中 γ^* 表示期望校正后的系统相角裕度。因为增加超前校正装置后,会使幅值穿越频率向右移动,因而减小相角裕度,所以在计算最大相位超前量 φ_m 时,应额外加 $5° \sim 12°$。

(4) 确定校正器衰减因子 α。由

$$\varphi_m = \arcsin \frac{\alpha - 1}{\alpha + 1}$$

得

$$\alpha = \frac{1 + \sin(\varphi_m)}{1 - \sin(\varphi_m)}$$

(5) 确定最大超前频率 ω_m。在原系统幅值为 $L(\omega_m) = -20\lg|\alpha G_c(j\omega_m)| = -10\lg\alpha$ 的频率 ω_m,即作为校正后系统的幅值穿越频率。

(6) 确定校正网络的参数 T,有

$$T = \frac{1}{\omega_m \sqrt{\alpha}}$$

(7) 由超前网络参数得到校正器,并提高校正器的增益以抵消 $\frac{1}{\alpha}$ 的衰减,得到经补偿后的校正器。

(8) 绘制校正后的系统 Bode 图。验证相角裕度是否满足要求,有必要时重复以上步骤。

3. 频域法超前校正实现

下面通过一个实例来演示基于频率分析法的串联超前校正方法在 MATLAB 中的设计步骤和实现过程。

【例 6-13】已知控制系统的开环传递函数 $G_o(s) = \dfrac{4K}{s(s+2)}$,试设计一个串联校正装置,使系统满足以下要求:稳态速度误差系数 $K_v = 20s^{-1}$,相角裕度不小于 $50°$,幅值裕度不小于 10dB。

解析:下面利用频域法进行设计,设超前校正环节传递函数为:

$$G_o(s) = \frac{1 + \beta Ts}{1 + Ts} \quad (\beta > 1)$$

(1) 根据稳态速度误差系数 $K_v = 20s^{-1}$,确定开环放大系数:

$$K_v = \lim_{s \to 0} G_o(s) = \lim_{s \to 0} \frac{4K}{s(s+2)} = 2K = 20$$

求出 $K = 10$。

(2) 绘制校正前系统的 Bode 图，求原系统的相角裕度和幅值裕度，代码为：

```
>> clear all;
%绘制校正前系统的 Bode 图
num=4*10;
den=conv([1 0],[1 2]);
Gtf=tf(num,den);
bode(Gtf,'r-.');
%求幅值、相角裕度及对应的频率
[gm,pm,wcp,wcg]=margin(Gtf)
%将幅值裕度转变成分贝值
Gm_db=20*log10(gm)
grid on;
```

运行程序，输出如下，效果如图 6-32 所示。

```
gm  =    Inf
pm  =    17.9642
wcp =    Inf
wcg =    6.1685
Gm_db =  Inf
```

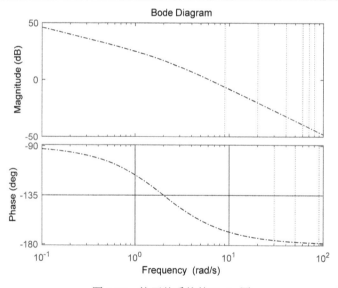

图 6-32　校正前系统的 Bode 图

由结果可看到相角裕度约为 18°，求出幅值裕度为无穷大，截止频率约为 6.17rad/s，说明相角裕度不满足要求。

(3) 确定使相角裕度达到希望值所需要增加的相位超前相角 φ_m。

校正后要求相角裕度为 50°，所以至少超前相角为 50°-18°=32°，考虑到加入串联超前校正装置后幅频特性的穿越频率（截止频率）要向右移动，将会减小原来的相角，因此这里增加约 10°的超前相角，从而共需增加相位超前相角 φ_m=32°+10°=42°。

(4) 计算串联超前校正装置的参数 β 和串联超前校正装置的另一个参数 T，并最终确定校正装置传递函数。

```
%计算超前校正装置的参数 beta
>> beta=(1+sin(42*pi/180))/(1-sin(42*pi/180));
```

将对应相位超前相角 φ_m 的频率作为校正后新的截止频率 ω_c'，即 $\omega_c' = \varphi_m$。以下根据 $20\lg|G_o'(j\varphi_m)|\omega = -10\lg\alpha$，求 φ_m。

```
>> alpha=10*log10(beta);
[mag,pha,w]=bode(Gtf);
mag=20*log10(mag);
wc=spline(mag,w,-alpha)
wc =
    9.3736
```

根据 $\varphi_m = \omega_c' = \dfrac{1}{\sqrt{\beta}T}$，求 T。

```
>> T=1/wc/sqrt(beta);
T =
    0.0475
>> numc=[beta*T 1];
>> denc=[T 1];
>> Gc=tf(numc,denc)    %求校正装置传递函数
Gc =
  0.2396 s + 1
  ------------
  0.0475 s + 1
Continuous-time transfer function.
```

（5）在校正前系统的 Bode 图中绘制出校正后系统的 Bode 图，验证校正后系统的性能是否满足要求，代码为：

```
>> Go=Gc*Gtf;
hold on;
bode(Go,'r');    %校正后系统开环传递函数
[gm1,pm1,wcp1,wcg1]=margin(Go)    %求出校正后系统的裕度和对应频率
Gm_db=20*log10(gm1)
Gss=tf([1 0],1);
G=Gss*Go;
bode(G,'k--')
kv=dcgain(G)              %求稳态速度误差系数
figure
Gtfc=feedback(Gtf,1);     %闭环系统
Goc=feedback(Go,1);
step(Gtfc,'r--',Goc,'k');    %求阶跃响应
legend('校正后单位阶跃','校正前单位阶跃')
grid on;
```

运行程序，输出如下，效果如图 6-33 和图 6-34 所示。

```
gm1 =    Inf
pm1 =    54.0444
wcp1 =   Inf
wcg1 =   9.3736
Gm_db =  Inf
kv =     20
```

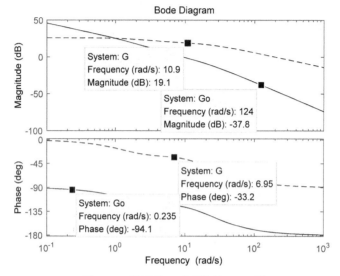

图 6-33 校正前、后系统的 Bode 图

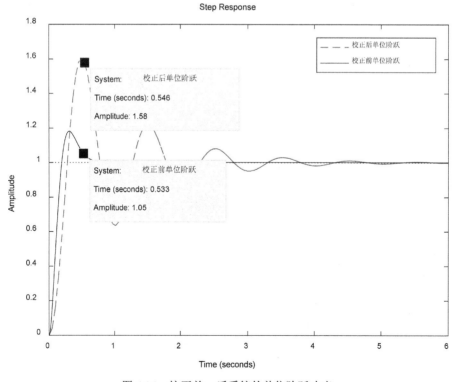

图 6-34 校正前、后系统的单位阶跃响应

从以上输出结果可看到，校正后系统的相角裕度为 54°，幅值裕度为无穷大，截止频率由原来的 6.17rad/s 右移到 9.37rad/s，计算出稳态速度误差系数 K_v 为 20，满足设计要求。从校正前、后系统的单位阶跃响应看，系统超调由 60% 下降到 20% 左右，调节时间由 2.67s 缩短为 0.546s，动态性能加强，稳态值校正前、后并没有变化。

6.6.2 频域滞后校正

输出量的相位总是滞后于输入量相位的频域分析法校正装置称为滞后校正装置。对数幅频特性渐近线还显示了这种校正装置具有低通滤波器的性能，高频时其幅值也有一定的衰减量。

1. 滞后校正装置及其特性

滞后校正装置可用如图 6-35 所示的无源网络实现。其传递函数可表示为：

$$G_c(s) = \frac{1+\beta Ts}{1+Ts}$$

式中，$\beta = \dfrac{R_2}{R_1+R_2} < 1$；$T = (R_1+R_2)C$。

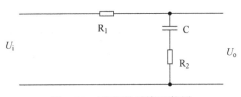

图 6-35 无源滞后校正装置

无源滞后校正装置也可表示为传递函数：

$$G_c(s) = \frac{1+Ts}{1+\beta Ts}$$

式中，$\beta = \dfrac{R_1+R_2}{R_2} > 1$；$T = R_2C$。

滞后校正装置也可由图 6-36 所示的有源校正装置实现，对应的传递函数为：

$$G_c(s) = -k\left(1+\frac{1}{T_i s}\right)$$

式中，$k = \dfrac{R_1}{R_2}$；$T_i = R_2C$。实际使用时负号可由串联反相运算放大器消除。

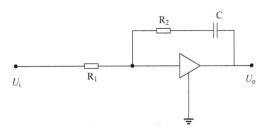

图 6-36 有源滞后校正装置

以下代码依据表示有源网络的公式，用来观察滞后校正环节特性。

```
>> clear all;
s=tf('s');
beta=0.1;                    %滞后校正网络参数 beta
t=10;                        %滞后校正网络参数 t
Gc=(1+beta*t*s)/(1+t*s);     %滞后校正装置传递函数
bode(Gc)                     %滞后校正器的 Bode 图
grid on;
figure;
pzmap(Gc);                   %滞后校正器的零极点分布图
```

运行程序，效果如图 6-37 和图 6-38 所示。

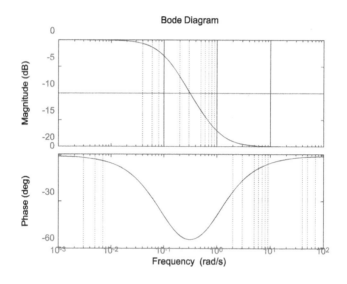

图 6-37　滞后校正装置的 Bode 图

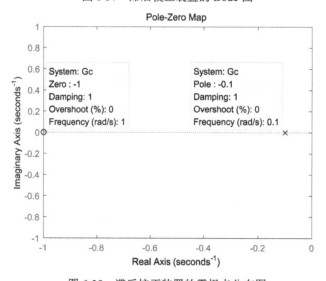

图 6-38　滞后校正装置的零极点分布图

滞后校正网络显示为一个低通滤波器的特性。采用无源滞后网络进行串联校正时，主要是利用其高频幅值衰减特性，以降低系统的开环幅值穿越频率，从而提高系统的相角裕度。因此，应力求避免最大滞后相位发生在校正后系统开环幅值穿越频率附近。为了达到这个目的，选择滞后网络参数时，通常应使网络的转折频率 $\frac{1}{\beta T} < \omega''$（幅值穿越频率），一般可取 $\frac{1}{\beta T} = \frac{\omega_c''}{10}$。

2. Bode 图相位滞后校正

基于 Bode 图相位滞后校正的基本原理是利用滞后网络的高频幅值衰减特性，使校正后系统的幅值穿越频率下降，借助于校正前系统在该幅值穿越频率处的相位，使系统获得足够的相角裕度。

由于滞后网络的高频衰减特性，减小了系统带宽，降低了系统的响应速度。因此，当系统响应速度要求不高而抑制噪声要求较高时，可考虑采用串联滞后校正。

此外，当校正前系统已经具备满意的瞬态性能，仅稳态性能不满足指标要求时，也可采用串联滞后校正以提高系统的稳态精度。

基于 Bode 图的相位滞后校正设计具体步骤如下。

（1）根据稳态误差要求，求开环增益 K。

（2）利用已确定的开环增益，绘制出校正前的 Bode 图，确定校正前系统的相角裕度 γ 和幅值穿越频率 ω。

（3）确定校正后系统的幅值穿越频率 ω_c''，使其相位 ω_c'' 满足 $\varphi(\omega_c'') - 180 + \gamma_0 + (5-12)$。其中，$\gamma_0$ 为期望相角裕度；(5-12) 为滞后网络在 ω_c'' 处引起的相位滞后量。

（4）为防止滞后网络造成的相位滞后的不良影响，滞后网络的转折频率必须选择明显低于校正后系统的幅值穿越 ω_c''，一般选择滞后网络的转折频率 $\frac{1}{\beta T} = \frac{\omega_c''}{10}$，这样滞后网络的相位滞后就发生在低频范围内，从而不会影响校正后系统的相角裕度。

（5）确定使校正前对数幅频特性曲线在校正后系统的幅值穿越频率 ω_c'' 下降到 0dB 所必需的衰减量，这一衰减量等于 $-20\lg\beta$，从而可确定 β。

$$-20\lg\beta = L(\omega_c'')$$

$$\beta = 10^{-\frac{L(\omega_c'')}{20}}$$

由此可确定另一个转折点 $\frac{1}{T}$。

（6）绘制校正后系统的 Bode，检验相角裕度是否满足要求。如不符合要求则重新计算。

3. 频域滞后校正实例

下面通过一个实例来演示基于频域法的串联滞后校正方法在 MATLAB 中的设计步骤和实现过程。

【例 6-14】设有反馈控制系统的开环传递函数为 $G_o(s) = \dfrac{K}{s(0.1s+1)(0.2s+1)}$。试设计一

个串联校正装置,使系统满足以下要求,稳态速度误差系数 $K_v = 30s^{-1}$,相角裕度不小于 40°,幅值裕度不小于 10（dB）,截止频率不小于 2.3rad/s。

解析:下面利用频域分析法进行设计,设串联滞后校正环节传递函数为:

$$G_o(s) = \frac{1+bTs}{1+Ts}, \quad b > 1$$

（1）根据稳态速度误差系数 $K_v = 30s^{-1}$,确定开环放大系数。

$$K_v = \lim_{s \to 0} s \frac{K}{s(0.1s+1)(0.2s+1)} = K = 30$$

求出 $K_v = 30s^{-1}$。

（2）绘制校正前系统的 Bode 图,求校正前系统的相角裕度和幅值裕度。

```
>> clear all;
num=30;
den=conv([1 0],conv([0.1 1],[0.2 1]));
Gtf=tf(num,den);
bode(Gtf,'r-.');                %绘制校正前系统的 Bode 图
[gm,pm,wcp,wcg]=margin(Gtf)     %求幅值、相角裕度及对应的频率
Gm_dB=20*log10(gm)              %将幅值裕度转变成分贝值
grid on;
```

运行程序,输出如下,效果如图 6-39 所示。

```
gm =     0.5000
pm =    -17.2390
wcp =    7.0711
wcg =    9.7714
Gm_dB =   -6.0206
```

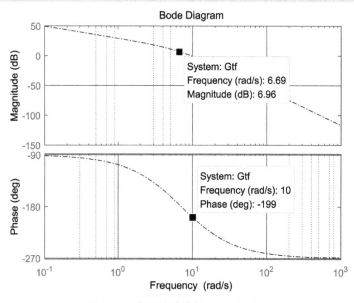

图 6-39 校正前系统的 Bode 图（1）

由结果可以看出，幅值裕度为-6.02dB，相角裕度为-17.2°，穿越频率为7.07rad/s，截止频率为9.77rad/s，系统明显不稳定，且截止频率远大于要求值。考虑到对系统截止频率要求不大，可以选用串联滞后校正来满足设计要求。

（3）确定校正后系统的截止频率，使用截止频率处的相角应等于-180°加所要求的相角裕度（为补偿滞后装置造成的相位滞后，还应再加10°左右）。

现在需要的相角裕度为40°+10°=50°，在相频特性中，找出相位为-180°+50°=-130°的频率为2.46rad/s，选其为校正后系统的截止频率，如图6-40所示。

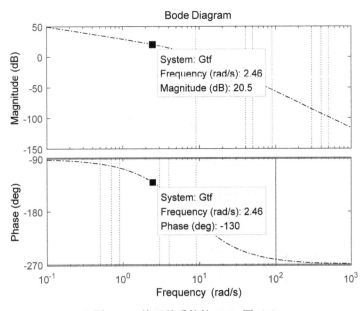

图6-40 校正前系统的Bode图（2）

并在幅频特性中找出频率为2.46rad/s时的幅值为20.5dB，也可以用以下命令求出此幅值：

```
>> grid on;
>> [mag,pha,w]=bode(Gtf);
>> wc=spline(pha,w,-130)        %相位为-130°时的频率
wc =
    2.4588
>> magc=spline(pha,mag,-130);   %相位为-130°时的幅值
magc =
   10.6319
>> Gm_dB=20*log10(magc)
Gm_dB =
   20.5322
```

（4）计算滞后校正装置的参数b和滞后校正装置的另一个参数T，并最终确定校正装置传递函数。

根据 $20\lg b + L(\omega_c') = 0$，$\dfrac{1}{bT} = 0.1\omega_c'$ 计算两个参数。

```
>> %计算超前校正装置的参数b
b=10^(-Gm_dB/20)
b =
    0.0941
>> T=1/(0.1*wc*b)
T =
   43.2401
>> numc=[b*T 1];denc=[T 1];
Gc=tf(numc,denc)    %求出校正环节的传递函数
Gc =
  4.067 s + 1
  -----------
  43.24 s + 1

Continuous-time transfer function.
```

（5）在校正前系统的 Bode 图中绘制出校正后系统的 Bode 图，验证校正后系统的性能是否满足要求。代码为：

```
>> Go=Gc*Gtf    %校正后系统开环传递函数
Go =
                  122 s + 30
  -------------------------------------
  0.8648 s^4 + 12.99 s^3 + 43.54 s^2 + s

Continuous-time transfer function.
>> hold on;
bode(Go,'r');
[gm1,pm1,wcp1,wcg1]=margin(Go)    %求校正后系统的裕度及对应频率
gm1 =
    4.9600
pm1 =
   44.7074
wcp1 =
    6.8306
wcg1 =
    2.4684
>> Gm_dB=20*log10(gm1)
Gm_dB =
   13.9097
>> Gss=tf([1 0],1);
G=Gss*Go;
kv1=dcgain(G)            %求稳态速度误差系数
kv1 =
    30
>> figure;
Gtfc=feedback(Gtf,1)     %原系统闭环传递函数
```

```
Gtfc =
                    30
        ---------------------------
        0.02 s^3 + 0.3 s^2 + s + 30
Continuous-time transfer function.
>> Goc=feedback(Go,1)          %校正后系统闭环传递函数
Goc =
                         122 s + 30
        ----------------------------------------------
        0.8648 s^4 + 12.99 s^3 + 43.54 s^2 + 123 s + 30
Continuous-time transfer function.
>> subplot(211);step(Gtfc,'k.');    %求原系统阶跃响应
title('校正前系统');
axis([0 2 -10 0]);
grid on;
subplot(212);step(Goc,'k');        %求校正后系统阶跃响应
Gss=tf([1 0],1);
G=Gss*Go;
kv2=dcgain(G)                      %求稳态速度误差系数
kv2 =
    30
>> title('滞后校正系统');
axis([0 4 0 1.5]);
grid on;
```

运行程序，得到校正前、后系统的 Bode 图，如图 6-41 所示。得到校正前、后系统的单位阶跃响应，如图 6-42 所示。

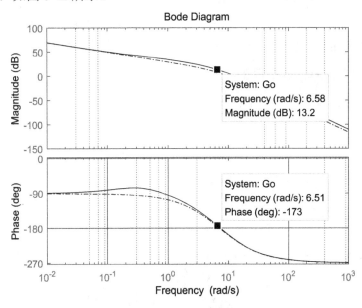

图 6-41　校正前、后系统的 Bode 图

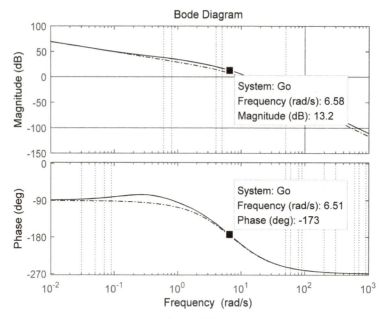

图 6-42 校正前、后系统的单位阶跃响应

6.6.3 频域滞后-超前校正

通过前面分析可知，采用串联超前校正可以改善系统的动态性能，采用串联滞后校正可以改善稳态性能，但是如果原系统在动态性能和稳态性能都不满足要求时，仅采用串联超前校正或串联滞后校正不能同时满足两种性能的要求，这时就可以采用串联滞后-超前校正同时改善系统的动态性能和稳态性能，满足较高的性能要求。也就是说，如果原系统不稳定，而对校正后系统的动态性能和稳态性能均有较高要求，则宜采用串联滞后-超前校正。它实质上是综合了串联滞后校正和超前校正的特点，即利用校正装置的超前部分来增大系统的相角裕度，以改善其动态性能；利用校正装置的滞后部分来改善系统的稳态性能，两者分工明确，相辅相成，达到了同时改善系统动态和稳态性能的目的。

1．滞后-超前校正器的校正特性

滞后-超前校正装置可用如图 6-43 所示的无源网络实现。

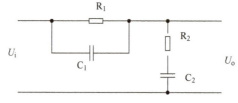

图 6-43 滞后-超前校正无源装置

滞后-超前无源校正装置的传递函数为：

$$G_c(s) = \frac{(1+T_\alpha s)(1+T_\beta s)}{T_\alpha T_\beta s^2 + (T_\alpha + T_\beta + T_{\alpha\beta})s + 1}$$

令有两个不等的负实数极点，则上式可改写为：
$$\frac{(1+T_\alpha s)(1+T_\beta s)}{T_\alpha T_\beta s^2+(T_\alpha+T_\beta+T_{\alpha\beta})s+1}$$

式中，$T_1T_2=T_\alpha T_\beta$；$T_1+T_2=T_\alpha+T_\beta+T_{\alpha\beta}$。

设 $T_1<T_2$，$\dfrac{T_\alpha}{T_1}=\dfrac{T_2}{T_\beta}=\alpha>1$，

则
$$T_1=\frac{T_\alpha}{\alpha},\quad T_2=\alpha T_\beta$$

式中，$\dfrac{1+T_\alpha s}{1+\beta T_1 s}$ 为校正网络的滞后部分，$\beta>1$；$\dfrac{1+\alpha T_2 s}{1+T_2 s}$ 为校正网络的超前部分，$\alpha>1$。

图 6-44 所示的滞后-超前校正有源装置，其传递函数可表示为：

$$G_c(s)=\frac{R_2+\dfrac{1}{C_2 s}}{\dfrac{1}{R_1}+C_1 s}=-\left(\frac{R_1C_1+R_2C_2}{R_1C_2}+\frac{1}{R_1C_2 s}+R_2C_1 s\right)$$

可将上式改写为：

$$G_c(s)=-K_p\left(1+\frac{1}{T_i s}+T_d s\right)$$

此式正是下面将要阐述的 PID 控制器形式。

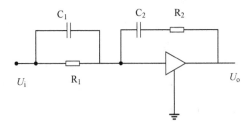

图 6-44 滞后-超前校正有源装置

以下代码给出滞后-超前校正装置的特性曲线。

```
>> alfa=10;          %系统参数 alfa
beta=10;             %系统参数 beta
t2=1;
t1=10;
s=tf('s');
G=(1+alfa*t2*s)/(1+t2*s)*(1+t1*s)/(1+t1*beta*s);   %校正环节传递函数
bode(G);
grid on;
```

运行程序，效果如图 6-45 所示。

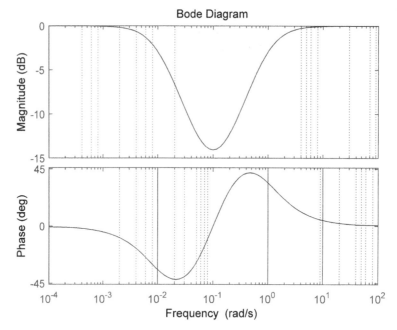

图 6-45 滞后-超前校正装置的 Bode 图

由图 6-45 可见,滞后-超前校正装置既具有滞后校正的作用,也具有超前校正的作用,综合了超前校正和滞后校正的优点。

2. 滞后-超前校正器的 Bode 图

滞后-超前校正器的基本原理是利用其超前部分增大系统的相角裕度,同时利用其滞后部分来改善系统的稳态性能。其设计步骤如下。

(1)根据系统对稳态误差的要求,求系统的开环增益 K。

(2)根据开环增益 K,绘制校正前系统的 Bode 图。计算并检验系统性能指标是否符合要求。如不符合,则进行以下校正工作。

(3)滞后校正器参数的确定。

滞后校正部分为:

$$G_{c1} = \frac{1+T_1 s}{1+\beta T_1 s}$$

其参数按照滞后校正的要求确定。工程上一般选 $\dfrac{1}{T_1} = \dfrac{\omega_{c1}}{10}$ (ω_{c1} 为校正前系统的幅值穿越频率),$\beta = 8 \sim 10$。

选择校正后系统的期望频率为 ω_{c2}。考虑在该期望频率 ω_{c2} 处,使得原系统串联滞后校正器后,其综合幅频值衰减到 0dB;在该期望剪切频率 ω_{c2} 处,超前校正器提供的相位超前量达到系统期望相角裕度的要求。

(4)超前校正器的参数确定。

超前校正部分的传递函数为:

$$G_{c2} = \frac{1+\alpha T_2 s}{1+T_2 s}$$

设原系统串联滞后校正器之后的幅值为 $L(\omega_{c2})$，则在串联超前校正器后，在经过滞后-超前校正的期望值穿越频率 ω_{c2} 处，应满足：

$$10\lg\alpha + L(\omega_{c2}) = 0$$

可得

$$\alpha = 10^{-\frac{L(\omega_{c2})}{10}}$$

又因为

$$\omega_m = \omega_{c2} = \frac{1}{T_2\sqrt{\alpha}}$$

可得

$$T_2 = \frac{1}{\omega_{c2}\sqrt{\alpha}}$$

（5）绘制经过滞后-超前校正后的系统 Bode 图，并验证系统性能指标是否满足设计要求。也可进一步绘制闭环系统的阶跃响应曲线，查看时域性能指标。

3. 滞后-超前校正实例分析

下面通过一个实例来演示基于频域分析法的串联滞后-超前校正方法在 MATLAB 中的设计实现过程。

【例 6-15】设有一个反馈控制系统的开环传递函数 $G_o(s) = \dfrac{k}{s\left(\dfrac{1}{6}s+1\right)\left(\dfrac{1}{2}s+1\right)}$，试设计一个串联校正装置，使系统满足以下要求：稳态速度误差系数 $K_v = 180 s^{-1}$，相角裕度不小于 $45°$，幅值裕度不小于 10dB，动态过程调节时间不超过 3s。

解析：下面利用频域法进行设计，设滞后-超前校正环节传递函数为：

$$G_c(s) = \frac{(1+T_a s)(1+T_b s)}{(1+\alpha T_a s)\left(1+\dfrac{T_b}{\alpha}s\right)}$$

（1）根据稳态速度误差系数 $K_v = 180 s^{-1}$，确定开环放大系数：

$$K_v = \lim_{s\to 0} sG_o(s) = \lim_{s\to 0}\frac{k}{s\left(\dfrac{1}{6}s+1\right)\left(\dfrac{1}{2}s+1\right)} = K = 180 s^{-1}$$

求出 $K = 180 s^{-1}$。

（2）绘制校正前系统的 Bode 图，求原系统的相角裕度和幅值裕度，代码为：

```
>> clear all;
%绘制校正前系统的 Bode 图
num=180;
den=conv([1 0],conv([1/6 1],[1/2 1]));
Gtf=tf(num,den);
```

```
bode(Gtf,'r-.');
[gm,pm,wcp,wcg]=margin(Gtf)    %求幅值、相角裕度及对应的频率
Gm_dB=20*log10(gm)             %将幅值裕度转变成分贝
grid on;
```

运行程序，输出如下，效果如图 6-46 所示。

```
gm =
    0.0444
pm =
   -55.0917
wcp =
    3.4641
wcg =
    12.4296
Gm_dB =
   -27.0437
```

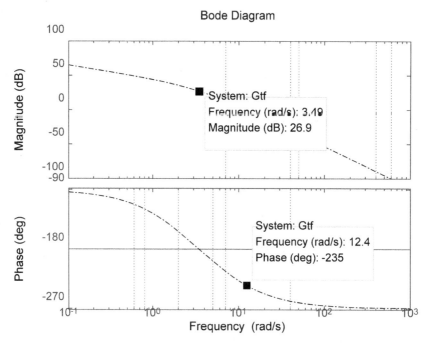

图 6-46 校正前系统的 Bode 图

可以看到，幅值裕度为-27dB，相角裕度为-55.1°，系统不稳定，需要将相角裕度提升到 40°，选用串联滞后-超前校正来满足设计要求。

（3）确定一个新的截止频率，根据 $t_s \leqslant 3$，$\gamma' = 45°$，求校正后的截止频率 ω_c'。

高阶系统的频域性能指标与时域性能指标的关系为：

$$\omega_c' = \frac{K_o \pi}{t_s}$$

$$K_o = 2 + 1.5(M_r - 1) + 2.5(M_r - 1)^2, \quad 1 \leqslant M_r \leqslant 1.8$$

$$M_r = \frac{1}{\sin \gamma}$$

```
>> gama=45;
   ts=3;
   Mr=1/sin(gama);
   Ko=2+1.5*(Mr-1)+2.5*(Mr-1)^2;
   Wc1=Ko*pi/ts
   Wc1 =
       2.4500
```

当要求 $t_s \leqslant 3$，$\gamma' = 45°$ 时，算得 $\omega_c' \geqslant 2.45\text{rad/s}$，频率在 2～6rad/s 之间，原系统的幅频特性曲线斜率为-40dB/dec。考虑到要求中频区斜率为-20dB/dec，可取 $\omega_b = 2\text{rad/s}$，并取 $\omega_c' = 3.5\text{rad/s}$。

（4）求校正网络衰减因子 $\frac{1}{\alpha}$，要保证已校正系统的截止频率为所选的 $\omega_c' = 3.5\text{rad/s}$，下列等式成立：

$$-20\lg\alpha + L(\omega_c') + 20\lg T_b \omega_c' = 0$$

先求 $L(\omega_c')$：

```
>> wc=3.5;
   [mag,pha,w]=bode(Gtf);
   magc=spline(w,mag,wc);
   Gm_dB=20*log10(magc)
   Gm_dB =
       26.8642
```

而 $T_b = \frac{1}{\omega_b} = 0.5$：

```
>> Tb=0.5;
>> Alpha=10^((Gm_dB+20*log10(Tb*wc))/20)
   Alpha =
       38.5698
```

这里取 $\alpha = 50$。

（5）根据相角裕度要求，计算校正网络滞后环节的交接频率 ω_a。求出校正网络已校正系统的相角裕度为：

$$\gamma' = 180° + \arctan\frac{\omega_c'}{\omega_a} - 90° - \arctan\frac{\omega_c'}{6} - \arctan\frac{50\omega_c'}{\omega_a} - \arctan\frac{\omega_c'}{100}$$

$$= 57.7 + \arctan\frac{3.5}{\omega_a} - \arctan\frac{175}{\omega_a}$$

考虑到 $\omega_a < \omega_b = 2\text{rad/s}$，可取 $-\arctan\dfrac{175}{\omega_a} \approx -90°$，因为要求 $\gamma' = 45°$，将上式简化为 $\arctan\dfrac{3.5}{\omega_a} = 77.3°$，求出 $\omega_a = 0.78\text{rad/s}$，$T_a = \dfrac{1}{\omega_a} = 1.28$。

系统的校正网络为：

$$G_c(s) = \frac{(1+T_a s)(1+T_b s)}{(1+\alpha T_a s)\left(1+\dfrac{T_b}{\alpha}s\right)} = \frac{(1+1.28s)(1+0.5s)}{(1+64s)(1+0.01s)}$$

（6）在校正前系统的 Bode 图中绘制出校正后系统的 Bode 图，验证校正后系统的性能是否满足要求，代码为：

```
>> %校正网络传递函数
numc=conv([1.28 1],[0.5 1]);
denc=conv([64 1],[0.01 1]);
Gc=tf(numc,denc);
%校正后系统开环传递函数
Go=Gc*Gtf
Go =
                115.2 s^2 + 320.4 s + 180
       ---------------------------------------------
       0.05333 s^5 + 5.761 s^4 + 43.4 s^3 + 64.68 s^2 + s
Continuous-time transfer function.

hold on;
bode(Go,'r');
hold off;
[gm1,pm1,wcp1,wcg1]=margin(Go)      %求校正后的系统裕度及对应的频率
gm1 =
    25.4613
pm1 =
    46.4424
wcp1 =
    22.7782
wcg1 =
     3.2530
Gm_dB=20*log10(gm1)                 %求出幅值裕度
Gm_dB =
    28.1176
Gss=tf([1 0],1);
G=Gss*Go
G =
                115.2 s^3 + 320.4 s^2 + 180 s
       ---------------------------------------------
```

```
       0.05333 s^5 + 5.761 s^4 + 43.4 s^3 + 64.68 s^2 + s
Continuous-time transfer function.

Kv=dcgain(G)              %求稳态速度误差系数
Kv =
    180
figure;
Gtfc=feedback(Gtf,1);     %原系统闭环传递函数
Goc=feedback(Go,1);       %校正后系统的闭环传递函数
subplot(2,1,1);step(Gtfc,'r:');
title('校正前系统');
axis([0 0.9 -50 50]);
grid on;
subplot(2,1,2);step(Goc,'k');
title('校正后系统');
```

运行程序，在校正前系统的 Bode 图中绘制出校正后系统的 Bode 图，如图 6-47 所示，验证校正后系统的性能是否满足要求。校正前、后系统的单位阶跃响应如图 6-48 所示。

从校正前、后系统的 Bode 图中可以看到，校正后系统的相角裕度为 46.4°，幅值裕度为 27.1dB，截止频率由原来的 12.4rad/s 左移到 3.25rad/s，计算出稳态速度误差系数 K_v 为 $180s^{-1}$。从校正前、后系统的单位阶跃响应看出，系统从不稳定变得稳定，调节时间为 1.79s，满足设计要求。

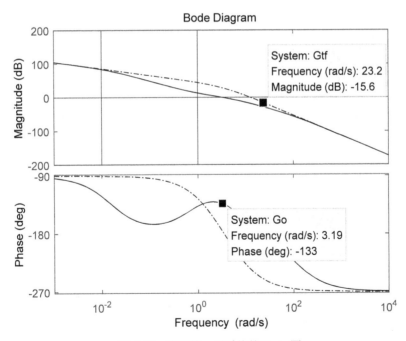

图 6-47　校正前、后系统的 Bode 图

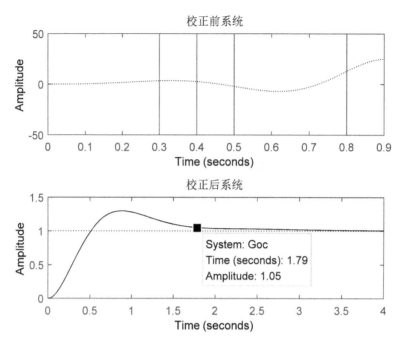

图 6-48 校正前、后系统的单位阶跃响应

第 7 章　PID 控制器分析

PID 控制器是最早发展起来的控制策略之一。因为 PID 类控制器所涉及的设计算法和控制结构都是很简单的，并且非常适用于工程应用背景；此外 PID 控制方案并不要求精确的受控对象的数学模型，且采用 PID 控制的控制效果一般是比较令人满意的，所以 PID 控制器在工业界是应用最广泛的一种控制策略，且都是比较成功的。

PID 控制器有各种各样的形式，可以是连续的、离散的，也可以有不同的描述方式。各种不同的 PID 控制器既可以由控制系统工具箱中的新函数直接设计，也可以由 Simulink 模块描述，还可以由底层的 Simulink 模块直接描述。

7.1　PID 控制概述

在控制理论和技术飞速发展的今天，工业过程控制中 95%以上的控制回路都具有 PID 结构，而且许多高级控制都是以 PID 控制为基础的。

PID 控制器由比例单元（P）、积分单元（I）和微分单元（D）组成，它的基本原理比较简单，基本的 PID 控制规律可描述为：

$$G(s) = K_\mathrm{P} + \frac{K_\mathrm{I}}{s} + K_\mathrm{D} s$$

PID 控制用途广泛，使用灵活，已有系列化控制器产品，使用中只需设定三个参数 K_P、K_I、K_D 即可。在很多情况下，并不一定需要三个单元，可以取其中一到两个单元，不过比例控制单元是必不可少的。

7.1.1　PID 控制的基本原理

在模拟控制系统中，控制器中最常用的控制规律是 PID 控制。模拟 PID 控制系统原理框图如图 7-1 所示。系统由模块 PID 控制器和被控对象组成。

PID 控制器是一种线性控制器，它根据给定值 rin(t)与实际输出值 yout(t)构成控制偏差：

$$\mathrm{error}(t) = \mathrm{rin}(t) - \mathrm{yout}(k)$$

PID 的控制规律为：

$$u(t) = K_\mathrm{P}\left(\mathrm{error}(t) + \frac{1}{T_\mathrm{I}}\int_0^t \mathrm{error}(t)\mathrm{d}t + \frac{T_\mathrm{D}\mathrm{derror}(t)}{\mathrm{d}t}\right)$$

或写成传递函数的形式为：

$$G(s) = \frac{U(s)}{E(s)} = K_P \left(1 + \frac{1}{T_I s} + T_D s\right)$$

式中，K_P 为比例系数；T_I 为积分时间常数；T_D 为微分时间常数。

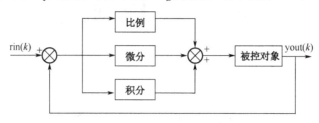

图 7-1　模拟 PID 控制系统原理框图

7.1.2　PID 控制的优点

PID 控制具有以下优点：
（1）原理简单，使用方便。
PID 参数 K_P、K_I、K_D 可以根据过程动态特性的变化而重新进行调整与设定。
（2）适应性强。
按 PID 控制规律进行工作的控制器早已商品化，即使目前最新式的过程控制计算机，其基本控制功能也仍然是 PID 控制。PID 应用范围广，虽然很多工业过程是非线性或时变的，但通过适当简化，也可以将其变成基本线性和动态特性不随时间变化的系统就可以进行 PID 控制了。
（3）鲁棒性强。
PID 控制品质对被控对象特性的变化不太敏感，但不可否认 PID 也有其固有的缺点。PID 控制器不能控制复杂过程，无论怎么调参数作用都不大。
在科学技术尤其是计算机迅速发展的今天，虽然涌现出了许多新的控制方法，但 PID 仍因其自身的优点而得到广泛应用，PID 控制规律仍是最普遍的控制规律。PID 控制器是最简单且许多时候最好的控制器。
在过程控制中，PID 控制也是应用最广泛的，一个大型现代化控制系统的控制回路可能达二三百个，甚至更多，其中绝大部分都采用 PID 控制。由此可见，在过程控制中，PID 控制的重要性是显然的。
下面将结合公式与实例对 PID 控制的各环节进行介绍。

7.1.3　比例（P）控制

比例控制是一种最简单的控制方式。其控制器的输出与输入误差信号成比例关系。当且仅当有比例控制时系统输出存在稳态误差。比例控制器的传递函数为：

$$G_c(s) = K_P$$

式中，K_P 为比例系数或增益。

一些传统的控制器又常用比例带（Proportional Band，PB）取代比例系数 K_P，比例带是比例系数的倒数，比例带也称为比例度。

对于单位反馈系统，0 型系统响应实际阶跃信号 R_0t 的稳态误差与其开环增益 K 近似成反比，即

$$e_{ss} = \lim_{t \to \infty} \frac{R_0}{1+K}$$

对于单位反馈系统，I 型系统响应匀速信号 R_1t 的稳态误差与其开环增益 K_v 近似成反比，即

$$e_{ss} = \lim_{t \to \infty} \frac{R_1}{K_v}$$

P 控制只改变系统的增益而不影响相位，它对系统的影响主要反映在系统的稳态误差和稳定性上，增大比例系数可以提高系统的开环增益，减小系统的稳态误差，从而提高系统的控制精度，但这会削弱系统的相对稳定性，甚至可能破坏系统的稳定，因此在系统校正和设计中，P 控制一般不单独使用。

具有比例控制器的系统结构如图 7-2 所示。

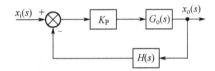

图 7-2 具有比例控制器的系统结构

系统的特征方程为：

$$D(s) = 1 + K_P G_o(s) H(s) = 0$$

【例 7-1】控制系统如图 7-2 所示，其中 $G_o(s)$ 为三阶对象模型 $G_o(s) = \dfrac{1}{(s+1)(2s+1)(5s+1)}$。$H(s)$ 为单位反馈，对系统单采用比例控制，比例系数分别为 $K_P = 0.1, 2.0, 2.4, 3.0, 3.5$，试求各比例系数下系统的单位阶跃响应，并绘制响应曲线。

```
>> clear all;
num=1;
den=conv(conv([1,1],[2,1]),[5,1]);
G=tf(num,den);
Kp=[0.1 2.0 2.4 3.0 3.5];
for i=1:5
    G=feedback(Kp(i)*G,1);
    step(G);
    hold on;
end
gtext('Kp=0.1');gtext('Kp=2.0');
gtext('Kp=2.4');gtext('Kp=3.0');gtext('Kp=3.5');
```

运行程序，效果如图 7-3 所示。

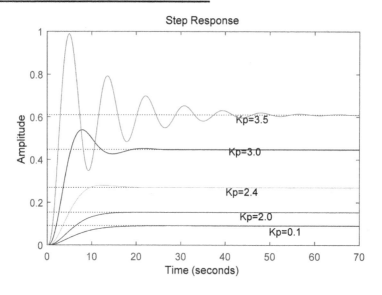

图 7-3 比例控制阶跃响应曲线

由图 7-3 可以看出，随着 K_p 值的增大，系统响应速度加快，系统的超调随之增加，调节时间也随之增长。但 K_p 增大到一定值后，闭环将趋于不稳定。

7.1.4 比例微分控制

具有比例加微分控制规律的控制称为 PD 控制，其传递函数为：

$$G_c(s) = \frac{M(s)}{E(s)} = K_P(1+T_d s)$$

PD 控制器的控制框图如图 7-4 所示。其控制规律可表示为：

$$m(t) = K_P\left\{\varepsilon(t) + T_d \frac{d\varepsilon(t)}{dt}\right\}$$

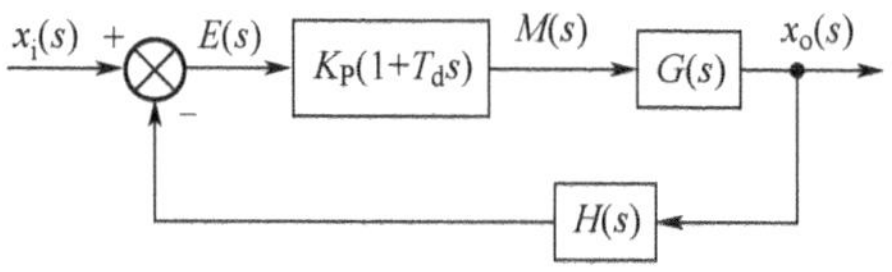

图 7-4 PD 控制器的控制框图

在微分控制中，控制器的输出与输入的误差信号的微分（即误差的变化率）成正比。微分反映误差的变化规律，只有当误差随时间变化时，微分控制才会对系统起作用，而对无变化或缓慢变化的对象不起作用。因此微分控制在任何情况下不能单独与被控对象串联使用，而只能构成 PD 或 PID 控制。

自动控制系统在克服误差的调节过程中可能会出现振荡甚至不稳定，原因是由于存在有较大惯性的组件，具有抑制误差的作用，其变化总是落后于误差的变化。解决的方法是使抑制误差的变化超前，即在误差接近零时，抑制误差的作用应该是零。也即是说，控制器中仅引入比例项是不够的，比例项的作用仅是放大误差的幅值，而目前需要增加的是微分项，它能预测误差变化的趋势。这样具有"比例+微分"的控制器，就能提前使抑制误差的控制作用为零，甚至为负值，从而避免被控量的严重超调。因此对有较大关系或滞后的被控对象，"比例+微分"（PD）控制器能改善系统调节过程中的动态特性。

另外，微分控制对纯滞后环节不能起到改善控制品质的作用且具有放大高频噪声信号的缺点。

在实际应用中，当设定值有突变时，为了防止由于微分控制输出的突跳，常将控制环节设置在反馈回路中，这种做法称为微分先行。

【例 7-2】系统如图 7-4 所示。受控对象 $G_o(s) = \dfrac{1}{s^2}$，使用比例微分控制器 $G_c(s) = K_P + K_D s$，观察施加比例微分控制器后的控制效果。

分析：令 $K_D = \tau K_P$，$G_c(s) = K_P + K_D s = K_P(1+\tau s)$，设定 K_P，改变 τ 即改变 K_D 时，系统的输出响应情况。

实现的 MATLAB 代码为：

```
>> clear all;
Kp=10;
tau=[0.1 0.2 1];
den=[1 0 0];
figure;
for i=1:3
    G0=tf([Kp*tau(i),Kp],den);    %施加比例微分控制后的开环系统
    step(feedback(G0,1));          %绘制单位阶跃响应曲线
    hold on;
end
hold off;
gtext('tau=0.1');gtext('tau=0.2');
gtext('tau=1');
```

运行程序，效果如图 7-5 所示。

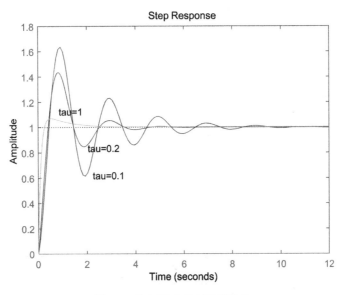

图 7-5　比例微分控制阶跃曲线

```
%观察使用比例微分控制前、后系统的根轨迹图
>> den=[1 0 0];
rlocus(1,den); %原系统根轨迹
title('校正前系统的根轨迹');
figure;
num1=[0.1 1];      %取 tau=0.1
den1=[1 0 0];
rlocus(num1,den1);    %加比例微分控制后的根轨迹
title('校正后系统的根轨迹,取 tau=0.1')
```

运行程序,效果如图 7-6 及图 7-7 所示。

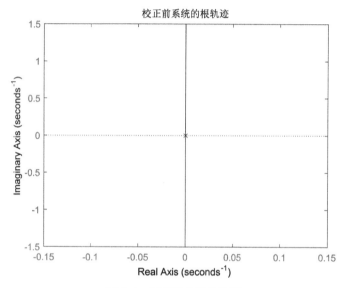

图 7-6　原系统的根轨迹图

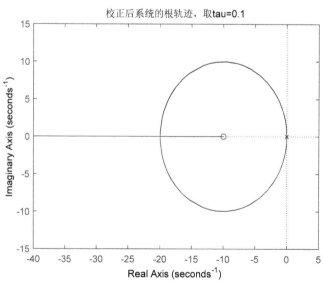

图 7-7　系统加比例微分控制后的根轨迹

由图 7-6 可见，系统是不稳定的。如果是单独用比例环节作用于受控对象，将无法使系统稳定。而采用比例微分控制器后，系统开环传递函数相当于在负实轴上增加了零点，如图 7-7 所示，使系统变得稳定，并随着改变 τ 即改变 K_D，进一步提高了系统的相对稳定性，抑制了超调。

控制器中的微分控制将误差的变化引入控制，是一种预见性控制，起到了早期修正的作用。不过正是由于这点，它使缓慢变化的偏差信号不能作用于受控对象。因此在使用中不单独使用微分控制，而需构成比例微分（PD）或比例积分微分（PID）控制。此外，微分作用过大，容易引进高频干扰，从而使系统对扰动的抑制能力减弱。

7.1.5 积分控制

具有积分控制规律的控制称为积分控制，即 I 控制，I 控制的传递函数为：

$$G_c(s) = \frac{K_i}{s}$$

式中，K_i 为积分系数。控制器的输出信号为：

$$u(t) = K_i \int_0^t e(t) dt$$

或者称，积分控制器输出信号 $u(t)$ 的变化速率与输入信号 $e(t)$ 成正比，即

$$\frac{du(t)}{dt} = K_i e(t)$$

对于一个自动控制系统，如果在进入稳态后存在稳态误差，则称这个控制系统为有稳态误差的，简称为有差系统。为了消除稳态误差，在控制器中必须引入积分项。积分项对误差取决于时间的积分，随着时间的增加，积分项会增大。这样，即使误差很小，积分项也会随着时间的增加而加大，它推动控制器的输出增大，使稳态误差进一步减小，直到等于零为止。

通常，采用积分控制的主要目的就是使系统无稳态误差，由于积分引入了相位滞后，所以使系统稳定性变差。增加积分控制对系统而言是加入了极点，对系统的响应而言是可消除稳态误差的，但这对瞬时响应会造成不良影响，甚至造成不稳定，因此，积分控制一般不单独使用，通常结合比例控制器构成比例积分（PI）控制器。

【例 7-3】系统如图 7-1 所示。受控对象 $G_o(s) = \dfrac{1}{4s+1}$，使用积分控制器 $G_c(s) = \dfrac{K_I}{s} = \dfrac{1}{s}$，观察施加积分控制器后，系统静态位置误差的改变。

如果受控对象改为 $G_o(s) = \dfrac{1}{s(4s+1)}$，使用积分控制器 $G_c(s) = \dfrac{1}{s}$ 是否可以消除系统静态速度误差？

（1）受控对象为 $G_o(s) = \dfrac{1}{4s+1}$ 时，系统加积分控制器前、后的阶跃响应。

```
>> clear all;
num1=1;
den1=[4 1];
Go1=tf(num1,den1);            %原系统开环传递函数
```

```
step(feedback(Go1,1));           %求取原单位负反馈系统的阶跃响应
title('1/(4s+1)未加控制前的响应曲线');
grid on;
Gc1=tf(1,[1 0]);                 %积分控制器
figure;
step(feedback(Go1*Gc1,1));       %加积分控制器后的系统阶跃响应
title('1/(4s+1)加积分控制后的响应曲线');
grid on;
```

运行程序，效果如图 7-8 及图 7-9 所示。

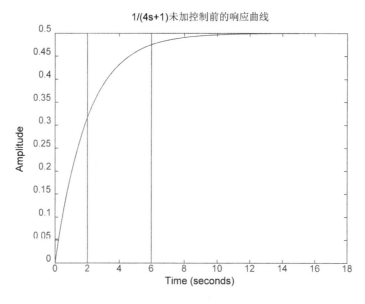

图 7-8　原单位负反馈系统阶跃响应曲线

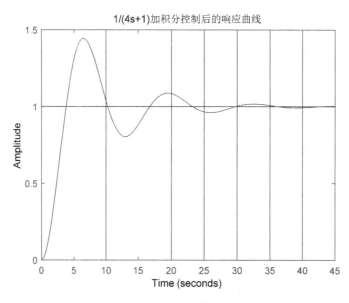

图 7-9　加积分控制器后的系统阶跃响应

（2）受控对象为 $G_o(s) = \dfrac{1}{s(4s+1)}$ 时，系统加积分控制器前、后的阶跃响应。

```
>> num2=1;
den2=[4 1 0];
Go2=tf(num2,den2);           %原系统开环传递函数
[num3,den3]=tfdata(feedback(Go2,1),'v');
t=0:0.1:10;
y=step(num3,[den3,0],t);     %原系统单位斜坡响应参数
plot(t,y,'ro',t,t);           %同时绘制单位斜坡和系统单位斜坡响应
title('1/[s(4s+1)]的单位斜坡响应曲线');
xlabel('\itt\rm/s');ylabel('\ity,t');
grid on;
Gc2=tf(1,[1 0]);
figure;
step(feedback(Go2*Gc2,1),5*t);  %加积分控制器后的单位阶跃响应
title('1/[s(4s+1)]加积分控制器后的单位阶跃响应曲线');
grid on;
```

运行程序，效果如图 7-10 及图 7-11 所示。

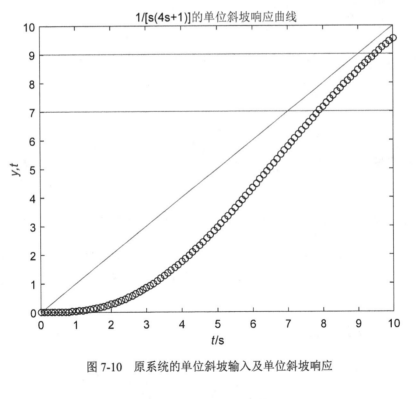

图 7-10　原系统的单位斜坡输入及单位斜坡响应

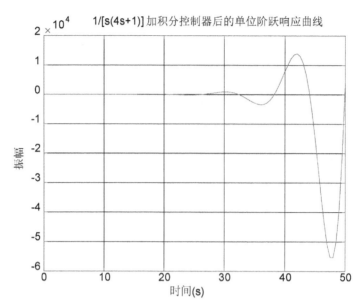

图 7-11 加积分控制器后的单位阶跃响应

原系统 $G_o(s) = \dfrac{1}{4s+1}$ 的静态位置误差系数为:

```
>> Kp=dcgain(num1,den1)
Kp =
    1
```

则静态位置误差为 $\dfrac{1}{1+K_P} = 0.5$,增加积分控制后系统仍然稳定,其静态位置误差为 0,从而达到了消除静态位置误差的目的。

原系统 $G_o(s) = \dfrac{1}{s(4s+1)}$ 的静态速度误差系数为:

```
>> Kv=dcgain([num2,0],den2)
Kv =
    1
```

则静态速度误差为 $\dfrac{1}{K_v} = 1$。在加积分控制后,系统已变得不稳定,更无从消除稳态误差。

总之,积分控制给系统增加了积分环节,增加了系统类型号。因此,积分控制可以改善系统的稳态性能,但对已经串联积分环节的系统,再增加积分环节可能使系统变得不稳定。

7.1.6 比例积分控制

PI 控制器的控制规律可表示为:

$$m(t) = K_P \left[\varepsilon(t) + \dfrac{1}{T_i} \int_0^t \varepsilon(\tau) \mathrm{d}\tau \right]$$

传递函数为:

$$G_c(s) = \frac{M(s)}{E(s)} = K_P\left[1 + \frac{1}{T_i s}\right]$$

$K_P = 1$ 时，$G_c(s)$ 的频率特性为：

$$G_c(j\omega) = \frac{1 + jT_i\omega}{jT_i\omega}$$

式中，K_P 为比例系数；T_i 为积分时间常数。两者都是可调的参数。

PI 控制器可以使系统进入稳态后无稳态误差。

PI 控制器与被控对象串联连接后，相当于系统中增加了一个位于原点的开环极点，同时也增加了一个位于 s 左半平面的开环零点。位于原点的开环极点可以提高系统的型别，以消除或减小系统的稳态误差，改善系统的稳态性能；而增加的负实部零点则可减小系统的阻尼比，缓和 PI 控制器极点对系统稳定性及动态过程的不利影响。在实际工程中，PI 控制器通常用来改善系统的稳态性能。

加入 PI 控制后，系统从 0 型提高到 I 型，系统的稳态误差得以消除或减小，但相位裕量有所减小，稳定程度变差。因此，只有稳定裕度足够大时才能采用这种控制。

【例 7-4】系统如图 7-4 所示。受控对象 $G_o(s) = \dfrac{1}{4s+1}$，使用比例积分控制器，$G_c(s) = K_P + \dfrac{K_I}{s}$，观察施加比例积分控制器后的控制效果。

对于比例积分控制器 $G_c(s) = K_P + \dfrac{K_I}{s} = \dfrac{K_P\left(s + \dfrac{K_I}{K_P}\right)}{s}$，取 K_P 为定值，观察当 K_I 取不同值时的控制效果。

```
>> clear all;
Kp=1;                              %Kp 为定值
Ki=[0.1 0.8 1.9];                  %取不同的 Ki 值
num=1;
den=[4 1];
Go=tf(num,den);
for i=1:3
    Gc=tf([Kp Ki(i)],[1 0]);       %受控对象
    G=Go*Gc;                       %开环传递函数
    step(feedback(G,1));           %单位负反馈系统阶跃响应
    hold on;
end
hold off;
gtext('Ki=0.1');gtext('Ki=0.8');gtext('Ki=1.9');
grid on;
```

运行程序，效果如图 7-12 所示。

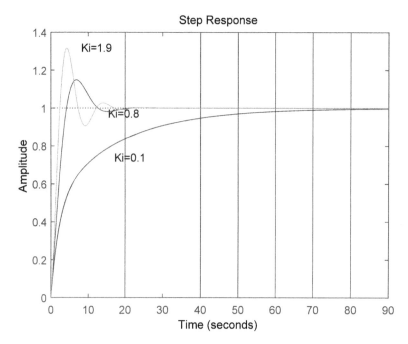

图 7-12 加比例积分控制曲线

比例积分控制器在给定系统增加一个极点的同时,也增加了一个位于负实轴的零点 $z=-\dfrac{K_I}{K_P}$。与原系统相比,比例积分控制器的加入,提高了系统的型次,有利于消除系统的稳态误差。K_I 的改变影响着积分作用的强弱改变,如图 7-12 所示。积分作用太强会使系统超调加大,甚至使系统出现振荡。实际应用中,比例积分(PI)控制主要用来改善系统的稳态性能。

7.1.7 比例积分微分控制

具有比例加积分加微分控制规律的控制称为比例积分微分控制,即 PID 控制。PID 控制的传递函数为:

$$G_c(s)=K_P+\dfrac{K_P}{T_i}\cdot\dfrac{1}{s}+K_P\tau s$$

式中,K_P 为比例系数;T_i 为积分时间常数;τ 为微分时间常数。三者都是可调的参数。

PID 控制器的输出信号为:

$$u(t)=K_P e(t)+\dfrac{K_P}{T_i}\int_0^t e(\tau)\mathrm{d}\tau+K_P\tau\dfrac{\mathrm{d}e(t)}{\mathrm{d}t}$$

PID 控制器的传递函数可写为:

$$\dfrac{U(s)}{E(s)}=\dfrac{K_P}{T_i}\cdot\dfrac{(T_i\tau s^2+T_i s+1)}{s}$$

PI 控制器与被控对象串联连接时，可以使系统的类别提高一级，而且还提供了两个负实部的零点。与 PI 控制器相比，PID 控制器除了同样具有提高系统稳态性能的优点外，还多提供了一个负实部零点，因此在提高系统动态性能方面具有更大的优越性。在实际工程中，PID 控制被广泛应用。

PID 控制通过积分作用消除误差，而微分控制可缩小超越量、加快系统响应，是综合了 PI 控制与 PD 控制优点并去除其缺点的控制。从频域角度来看，PID 控制是通过积分作用于系统的低频段，以提高系统的稳态性能；而微分作用于系统的中频段，以改善系统的动态性能。

【例 7-5】设系统被控对象的传递函数为 $G_o(s) = \dfrac{1}{(s+1)^3}$，分析比例、微分、积分控制对系统性能的影响。

（1）分析比例控制作用。通过以下代码研究在不同 K_P 值下，闭环系统的单位阶跃响应曲线及根轨迹图：

```
>> clear all;
G0=tf(1,[1 3 3 1]);
P=[0.1 0.3 0.5 1 2 3];
figure;
hold on;
for i=1:length(P)
    G=feedback(P(i)*G0,1);
    step(G);
end
axis([0 12 0 1.3]);
grid on; hold off;
gtext('P=0.1');gtext('P=0.3');gtext('P=0.5');
gtext('P=1');gtext('P=2');gtext('P=3')
figure;
rlocus(G0);
axis([-2 0.2 -2 2]);
k=rlocfind(G0)   %用鼠标选择根轨迹与虚轴的交点，返回临界稳定的根轨迹增益
grid on;
```

运行程序，输出如下，效果如图 7-13 和图 7-14 所示。

```
Select a point in the graphics window
selected_point =
   -0.0021 - 1.7469i
k =
    8.1429
```

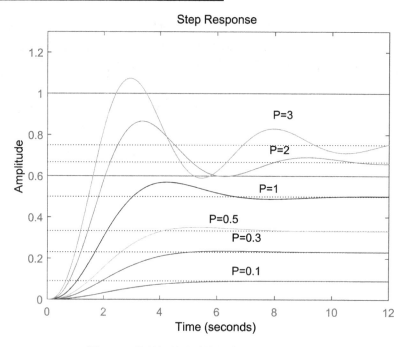

图 7-13　比例控制时系统的单位阶跃响应曲线

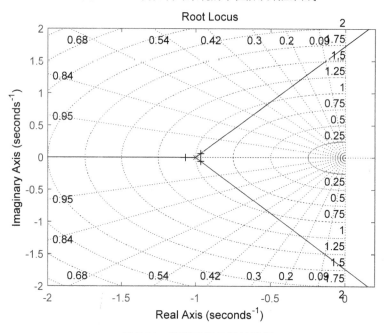

图 7-14　闭环系统的根轨迹图

从图中可以看出，当 K_p 的值增大时，闭环系统响应的灵敏度增加，稳态误差减小，响应的振荡增强，当达到某个 K_p 的值，则闭环系统趋于不稳定，即当 K_p 超出了 $K_p \in (0, 8.1429)$ 的限制范围时，闭环系统将不稳定。

（2）研究积分控制作用。将 K_p 的值固定在 $K_p=1$，并采用 PI 控制策略，则可以通过以下代码绘制不同 T_i 值下闭环系统的单位阶跃响应曲线。

```
>> G0=tf(1,[1 3 3 1]);
Kp=1;
Ti=[0.6:0.2:1.4];
t=0:0.1:20;
figure;
hold on;
for i=1:length(Ti);
    Gc=tf(Kp*[1,1/Ti(i)],[1 0]);
    G=feedback(G0*Gc,1);
    step(G,t);
end
grid on;
axis([0 20 -0.5 2.5]);
gtext('Ti=0.6');gtext('Ti=0.8');gtext('Ti=1.0');
gtext('Ti=1.2');;gtext('Ti=1.4');
```

运行程序，效果如图 7-15 所示。

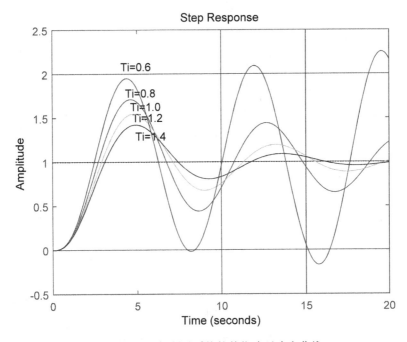

图 7-15　PI 控制时系统的单位阶跃响应曲线

PI 控制最主要的特点是可以使稳定的闭环系统由有差系统变为无差系统，以改善系统的稳定性能，但是积分作用不能太强（T_i 不能太小），否则系统容易变得不稳定。对于此例来说，如果选择了小于 0.6 的 T_i 值，则闭环系统将趋于不稳定。当增加 T_i 的值时，系统的超调量将变小，而系统的响应速度加快。

（3）研究微分控制作用。将 K_P 和 T_i 的值固定在 $K_P = T_i = 1$，则可以通过以下代码得出在不同的 T_D 值下闭环系统的单位阶跃响应曲线。

```
>> G0=tf(1,[1 3 3 1]);
Kp=1;Ti=1;
Td=[0.2:0.3:1.4];
t=0:0.1:20;
figure;hold on;
for i=1:length(Td)
    Gc=tf(Kp*[Ti*Td(i),Ti,1],[Ti,0]);
    G=feedback(G0*Gc,1);
    step(G,t);
end
grid on;
axis([0 20 0 1.6]);
gtext('Td=0.2');gtext('Td=0.5');gtext('Td=0.8');
gtext('Td=1.1');gtext('Td=1.4');
```

运行程序，效果如图 7-16 所示。

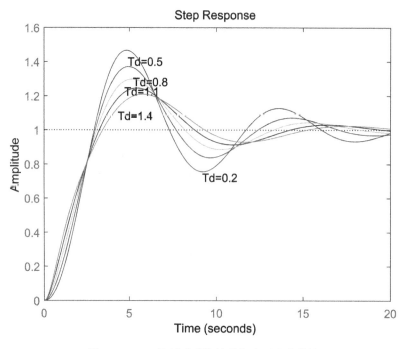

图 7-16 PID 控制时系统的单位阶跃响应曲线

可以看出，当 T_D 的值增大时，系统的响应速度也将加快，同时系统响应的超调量减小，这是由于微分的预报作用所致。

当输入信号为单位阶跃信号时，纯微分控制在理论上会与阶跃时刻输出幅值为无穷大的控制作用，这对执行机构是很大的冲击。在实际应用中不可能实现纯微分作用，也不需要这样的效果，所以经常将纯微分动作近似成一个带有惯性的微分环节，进而得到近似 PID 控制器的传递函数为：

$$G_c(s) = K_P\left(1 + \frac{1}{T_I s} + \frac{T_D s}{1 + \frac{T_D s}{N}}\right)$$

其中，N 为一个较大的数值。通过以下代码来观测在不同 N 值下的响应结果，当 $N \to \infty$ 时，近似微分动作将趋近于纯微分动作。

```
>> G0=tf(1,[1 3 3 1]);
Ti=1;Td=1;
N=[100 1000 10000 1 10];
Gc=tf(Kp*[Ti*Td,Ti,1]/Ti,[1 0]);
G=feedback(G0*Gc,1);    %完全微分控制
figure;
hold on;
step(G);
for i=1:length(N)   %不完全微分控制
    n=Kp*(conv([Ti,1],[Td/N(i),1])+conv([Ti,0],[Td,0]));
    d=conv([Ti,0],[Td/N(i),1]);
    Gc=tf(n,d);
    G=feedback(G0*Gc,1);
    step(G);
end
grid on;
 [y,t]=step(G);    %计算误差信号
err=1-y;
figure;plot(t,err);
grid on;
```

运行程序，效果如图 7-17 及图 7-18 所示。

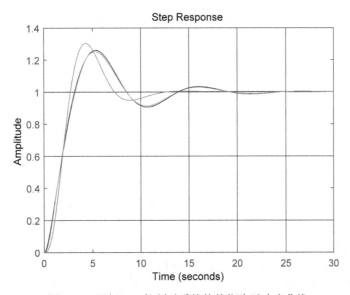

图 7-17 近似 PID 控制时系统的单位阶跃响应曲线

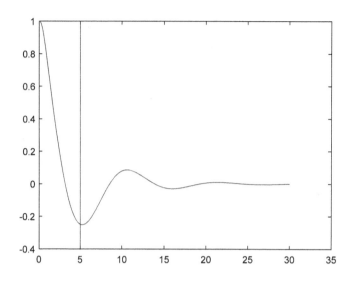

图 7-18 近似 PID 控制时的误差信号响应曲线

从图 7-17 可以看出,当选择 $N=10$ 时,近似的精度是令人满意的,在实际应用中常取 $N=10$,$N=10$ 时的误差信号 $e(t)=1-y(t)$ 曲线如图 7-18 所示。

(4)研究微分动作在反馈回路的 PID 控制。在图 7-18 可以看到,误差信号在 $t=0$ 处有一个跳跃,如果对误差在 $t=0$ 时刻取微分,则微分作用将输出一个很大的阶跃,会对系统的执行机构造成冲击,所以在控制中常常不希望这样的微分动作。在实际应用中,经常把微分动作放置在反馈路径中,这时微分作用的输出信号是相当平滑的,而不是像在前向通道中那样有跳跃现象。这样的 PID 控制策略及其等效结构如图 7-19 所示,其中,$G_c(s)=K_P\left(1+\dfrac{1}{T_I s}\right)$。

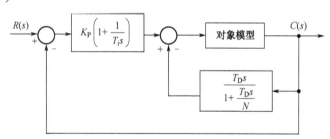

图 7-19 带有微分反馈的 PID 控制系统结构图

运行以下代码,分析闭环系统的响应特性。

```
>> Kp=1;Ti=1;
Td=1;N=10;
G0=tf(1,[1 3 3 1]);
Gc1=tf(Kp*[Ti,1],[Ti,0]);
num1=Kp*(conv([Ti,1],[Td/N,1])+conv([Ti,0],[Td,0]));
den1=conv([Ti,0],[Td/N,1]);
G1=feedback(G0*Gc1,1);              %标准 PI 控制下的闭环传递函数
```

```
G2=feedback(G0,tf([Td,0],[Td/N,1]));    %内环等效传递函数
G3=feedback(Gc1*G2,1);                  %带有微分反馈控制器的闭环传递函数
step(G1,'r--',G2,'k');
grid on;
axis([0 25 0 1.6]);
legend('标准 PI 闭环系统','带有微分反馈控制器闭环系统');
```

运行程序，效果如图 7-20 所示。

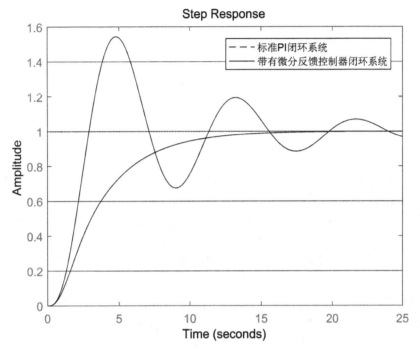

图 7-20　带有微分反馈的 PID 控制系统单位阶跃响应曲线

由图 7-20 可以看出，微分动作在反馈回路的 PID 控制器响应的速度明显低于正常 PID 控制策略的响应速度，而超调量却比标准 PID 控制的小。事实上，如果对这个系统用这种结构设计 PID 控制器，其控制效果会得到改善。

7.2　PID 控制器的设计

7.2.1　连续 PID 控制器

PID 控制是一种常用的串联控制器形式。在实际控制中，PID 控制器计算出来的控制信号还应该经过执行器饱和环节去控制受控对象。这时 PID 控制系统结构如图 7-21 所示。在控制系统中可能存在各种各样的扰动信号，如负载扰动、受控对象参数变化等，这些扰动可以统一归结成扰动信号。另外，在实际控制中，用于检测出信号的传递器也难以避免地存在噪声扰动信号，可以理解成高频噪声信号，统一用量测噪声信号表示。

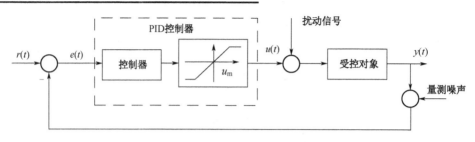

图 7-21　PID 类控制的基本结构

1. 并联 PID 控制器

连续 PID 控制器的最一般形式为：

$$u(t) = K_\text{P} e(t) + K_\text{I} \int_0^t e(\tau)\,\mathrm{d}\tau + K_\text{D} \frac{\mathrm{d}e(t)}{\mathrm{d}t} \tag{7-1}$$

其中，K_P、K_I 和 K_D 分别是对系统的误差信号 $e(t)$ 及其积分、微分量的加权，控制器通过这样的加权就可以计算出控制信号，驱动受控对象模型。如果控制器设计得当，则控制信号将能使误差按减小的方向变化，达到控制要求。

图 7-1 中描述的系统为非线性系统，在分析时为简单起见，令饱和非线性的饱和参数为 ∞ 就可以忽略饱和非线性，得出线性系统模型进行近似分析。

PID 控制的结构简单，这三个加权系数 K_P、K_I 和 K_D 都有明显的物理意义：比例控制器直接响应于当前的误差信号，一旦发生误差信号，则控制器马上发生作用，以减少偏差。一般情况下，K_P 的值大则偏差将变小，且减小对控制中负载扰动的敏感度，但也将对量测噪声更敏感。考虑根轨迹分析，K_P 无限制地增大可能使得闭环系统不稳定。积分控制器对以往的误差信号发生作用，引入积分控制能消除控制中的静态误差，但 K_I 的值增大可能增加系统的超调量，从而导致系统振荡，而 K_I 小则会使得系统响应超于稳态值的速度减慢；微分控制对误差的导数，也即误差的变化率发生作用，有一定的预报功能，能在误差有大的变化趋势时施加合适的控制，K_D 的值增大能加快系统的响应速度，减少调节时间，但过大的 K_D 值会因系统噪声或受控对象的大时间延迟而出现问题。

连续 PID 控制器的 Laplace 变换形式可为：

$$G_\text{c}(s) = K_\text{P} + \frac{K_\text{I}}{s} + K_\text{D} s \tag{7-2}$$

在实际应用中，纯微分环节是不能直接使用的，通常用带有滤波作用的一阶环节来近似描述，这时有

$$G_\text{c}(s) = K_\text{P} + \frac{K_\text{I}}{s} + \frac{K_\text{D} s}{T_f s + 1} \tag{7-3}$$

其中，T_f 为滤波时间常数。这类 PID 控制器在 MATLAB 控制系统工具箱中称为并联 PID 控制器，可由 MATLAB 提供的 pid 函数直接输入，格式为 C=pid(Kp,Ki,Kd,Tf)。其他 PID 类控制器也可以直接由该函数输入。比如，如果令 K_D 为 0，则描述的控制器为 PI 控制器。

2. 标准 PID 控制器

PID 控制器的数学模型可写为：

$$u(t) = K_{\mathrm{P}}\left[e(t) + \frac{1}{T_{\mathrm{i}}s}\int_0^t e(\tau)\mathrm{d}\tau + T_{\mathrm{d}}\frac{\mathrm{d}e(t)}{\mathrm{d}t}\right] \tag{7-4}$$

比较式（7-1）和式（7-4）可以发现，$K_{\mathrm{I}} = \dfrac{K_{\mathrm{P}}}{T_{\mathrm{i}}}$，$K_{\mathrm{D}} = K_{\mathrm{P}}T_{\mathrm{d}}$。所以二者是完全等价的。

这类 PID 控制器在 MATLAB 控制系统工具箱中又称为标准 PID 控制器。对式（7-4）两端进行 Laplace 变换，则可以导出控制器的传递函数：

$$G_{\mathrm{c}}(s) = K_{\mathrm{P}}\left(1 + \frac{1}{T_{\mathrm{i}}s} + T_{\mathrm{d}}s\right) \tag{7-5}$$

为避免纯微分运算，经常用带有一阶滞后的传递函数环节去近似微分环节，即将 PID 控制器写成：

$$G_{\mathrm{c}}(s) = K_{\mathrm{P}}\left(1 + \frac{1}{T_{\mathrm{i}}s} + \frac{T_{\mathrm{d}}s}{\dfrac{T_{\mathrm{d}}}{Ns+1}}\right) \tag{7-6}$$

其中，$N \to \infty$ 则为纯微分运算，在实际应用中，N 取一个较大的值就可以很好地近似微分动作。实际仿真研究可以发现，在一般实例中，N 不必取得很大，取 10 以上就可以较好地逼近实际微分效果。该控制器的模型还可以由函数 Gc=pidstd(Kp,Ti,Td,N)直接输入。

虽然式（7-2）、式（7-6）均可用于表示 PID 控制器，但它们各有特点，一般介绍 PID 速写算法中均采用后者，而在 PID 控制优化中采用前者更合适。

7.2.2 离散 PID 控制器

如果采用周期 T 的值很小，在 kT 时刻误差信号 $e(kT)$ 的后向导数与积分就可以分别近似为：

$$\frac{\mathrm{d}e(t)}{\mathrm{d}t} \approx \frac{e(kT) - e[(k-1)T]}{T}$$

$$\int_0^{kT} e(t)\mathrm{d}t \approx T\sum_{i=0}^{k} e(iT) = \int_0^{(k-1)T} e(t)\mathrm{d}t + Te(kT) \tag{7-7}$$

将式（7-7）代入式（7-1），则可以写出离散形式的 PID 控制器为：

$$u(kT) = K_{\mathrm{P}}e(kT) + K_{\mathrm{I}}T\sum_{m=0}^{k} e(mT) = \frac{K_{\mathrm{D}}}{T}\big[e(kT) - e[(k-1)T]\big]$$

该控制器一般可简记为：

$$u_k = K_{\mathrm{P}}e_k + K_{\mathrm{I}}T\sum_{m=0}^{k} e_m + \frac{K_{\mathrm{D}}}{T}(e_k - e_{k-1})$$

这样的方法又称为后向 Euler 算法下的控制器。类似地还有前向 Euler 算法形式：

$$u_k = K_{\mathrm{P}}e_k + K_{\mathrm{I}}T\sum_{m=0}^{k+1} e_m + \frac{K_{\mathrm{D}}}{T}(e_{k+1} - e_k)$$

后向 Euler 算法下，离散 PID 控制器可写为：

$$G_{\mathrm{c}}(z) = K_{\mathrm{P}} + \frac{K_{\mathrm{I}}Tz}{z-1} + \frac{T_{\mathrm{d}}(z-1)}{Tz}$$

而前向 Euler 算法下离散 PID 控制器的传递函数为：

$$G_c(z) = K_P + \frac{K_I T}{z-1} + \frac{T_d(z-1)}{T}$$

离散的 PID 控制器也可以通过 pid 和 pidstd 函数输入，其格式为 G=pidstd(Kp,Ti,Td,N,T)，此外，离散 PID 控制器还应该给出离散算法，如前向、后向积分算法等。

【例 7-6】考虑以下几个 PID 类的控制器：

$$G_1(s) = 1.5 + \frac{5.2}{s} + 3.5s \ ; \quad G_2(s) = 1.5\left(1 + \frac{3.5s}{1+0.035s}\right)$$

$$G_3(z) = 1.5 + \frac{5.2}{z-1} + 3.5(z-1) \ ; \quad G_4(z) = 1.5\left(1 + \frac{z}{5.2(z-1)} + \frac{3.5(z-1)}{z}\right)$$

其中，离散控制器的采样周期均假设为 $T=0.15\text{s}$。

分析：由上述给出的控制器模型可见，控制器 $G_1(s)$ 是理想的并联 PID 控制器，滤波器常数 $T_f=0$；控制器 $G_2(s)$ 为标准 PID 控制器，积分控制器参数 $T_I=\infty$，$N=100$；$G_3(z)$ 为离散理想并联 PID 控制器，$T_f=0$；$G_4(z)$ 为理想标准 PID 控制器，积分定义为反向积分，$N=\infty$。

```
>> C1=pid(1.5,5.2,3.5,0)          %G1（s）PID 控制器
C1 = 
                 1
    Kp + Ki * --- + Kd * s
                 s
    with Kp = 1.5, Ki = 5.2, Kd = 3.5
Continuous-time PID controller in parallel form.


>> C2=pidstd(1.5,inf,3.5,100)     %G2(s)PID 控制器
C2 = 
                         s
    Kp * (1 + Td * ------------)
                     (Td/N)*s+1
    with Kp = 1.5, Td = 3.5, N = 100
Continuous-time PDF controller in standard form


>> C3=pid(1.5,5.2,0.35,0,0.1)     %G3(z)PID 控制器
C3 = 
                Ts            z-1
    Kp + Ki * ------ + Kd * ------
                z-1            Ts
    with Kp = 1.5, Ki = 5.2, Kd = 0.35, Ts = 0.1
Sample time: 0.1 seconds
Discrete-time PID controller in parallel form.


>> G4=pidstd(1.5,5.2,0.35,inf,0.1,'IFormula','backward')  %G4(z)前向 Euler 型 PID 控制器
```

```
G4 =
                    1        Ts*z              z-1
  Kp * (1 + ---- * ------ + Td * ------)
                   Ti        z-1               Ts
  with Kp = 1.5, Ti = 5.2, Td = 0.35, Ts = 0.1
Sample time: 0.1 seconds
Discrete-time PID controller in standard form
```

7.3 PID 控制器参数整定法

PID 控制器参数整定的方法主要可以分为理论计算和工程整定方法。理论计算即依据系统数学模型，经过理论计算来确定控制器参数；工程整定方法是按照工程经验公式对控制器参数进行整定。这两种方法所得到的控制器参数，都需要在实际运行中进行最后调整和完善。

7.3.1 Ziegler-Nichols 整定法

工程整定法中，Ziegler-Nichols（齐格勒-尼柯尔斯）方法是最常用的整定 PID 参数方法。Ziegler-Nichols 整定法则是在实际阶跃响应的基础上，或者是在仅采用比例控制作用的条件下，根据临界稳定性中的 K_p 值建立起来的。当控制对象的数学模型未知时，采用 Ziegler-Nichols 整定法则是很方便的。Ziegler-Nichols 调节律有两种方法，其目标都是要在阶跃响应中，达到 25% 的最大超调量。

第一种方法：通过实验或通过控制对象的动态仿真得到其单位阶跃响应曲线。如果控制对象中既不包括积分器，又不包括主导共轭复数极点，则此时曲线如一条 S 形，如图 7-22 所示。S 形曲线可以用延迟时间 L 和时间常数 T 描述，通过 S 形曲线的转换点画一条切线，确定切线与时间轴和直线 $C(t) = K$ 的交点，就可以求得延迟时间和时间常数。

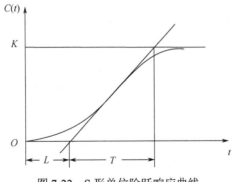

图 7-22 S 形单位阶跃响应曲线

因此被控对象的传递函数可以近似为带延迟的一阶系统 $G_0(s) = \dfrac{Ke^{-Ls}}{Ts+1}$，Ziegler-Nichols 整定法则给出了用表 7-1 中的公式确定 K_p、T_i、T_d 值的方法。

表 7-1 基于对象阶跃响应的 Ziegler-Nichols 整定法则（第一种方法）

控制器类型	K_p	T_i	T_d
P	T/L	∞	0
PI	$0.9\,T/L$	$L/0.3$	0
PID	$1.2\,T/L$	$2L$	$0.5L$

用 Ziegler-Nichols 整定法则的第一种方法设计 PID 控制器，将给出下列公式：

$$G_c(s)=K_p\left(1+\frac{1}{T_i s}+T_d s\right)$$

$$=1.2\frac{T}{L}\left(1+\frac{1}{2Ls}+0.5Ls\right)=0.6T\frac{\left(1+\frac{1}{L}\right)^2}{s}$$

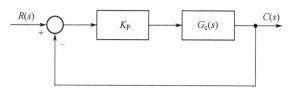

第二种方法：设 $T_i=\infty$，只采用比例控制作用，如图 7-23 所示，使 K_p 从 0 增加到临界增益值 K_c，其中 K_c 是使系统的输出首次呈现持续振荡的增益值（如果不论怎样选取 K_p 的值，系统的输出都不会呈现持续振荡，则不能应用这种方法）。临界增益值 K_c 和相应的周期 P_c 可以通过实验法确定，如图 7-24 所示，而参数 K_p、T_i、T_d 的值可以根据表 7-2 中给出的公式确定。

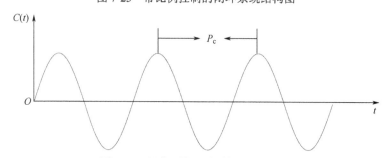

图 7-23 带比例控制的闭环系统结构图

图 7-24 具有周期 P_c 的等幅振荡响应

表 7-2 基于临界增益 K_c 和临界周期 P_c 的 Ziegler-Nichols 整定法则（第二种方法）

控制器类型	K_p	T_i	T_d
P	$0.5\,K_c$	∞	0
PI	$0.45\,K_c$	$P_c/1.2$	0
PID	$0.6\,K_c$	$0.5\,P_c$	$0.125\,P_c$

用 Ziegler-Nichols 整定法则（第二种方法）设计的 PID 控制器由下列公式给出：

$$G_c(s) = K_P\left(1 + \frac{1}{T_i s} + T_d s\right)$$

$$= 0.6K_c\left(1 + \frac{1}{0.5P_c s} + 0.125P_c s\right) = 0.075 K_c P_c \frac{\left(s + \dfrac{4}{P_c}\right)^2}{s}$$

【例 7-7】系统如图 7-4 所示，受控对象 $G_0(s) = \dfrac{1}{s(s+1)(s+5)}$，设计控制器以消除系统静态速度误差。

1. 等幅振荡法

（1）求取系统临界稳定参数，作系统根轨迹图。

```
>> clear all;
num=1;
den=conv([1 1 0],[1 5]);
G0=tf(num,den);
rlocus(G0)        %原系统的根轨迹
```

运行程序，效果如图 7-25 所示。

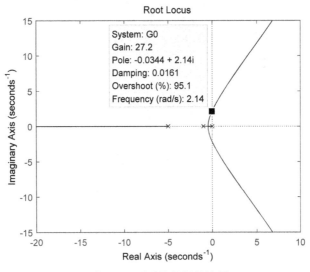

图 7-25　原系统的根轨迹图

由图 7-25 可得原系统在临界稳定时，$K_P' = 30$，$P' = \dfrac{2\pi}{\omega_c} = \dfrac{2\pi}{2.23} = 2.8$。

（2）求取不同控制器参数并查看控制效果。

```
>> t=0:0.01:25;
num=1;
den=conv([1 1 0],[1 5]);
G0=tf(num,den);
step(feedback(G0,1),t)   %原系统阶跃响应
```

```
figure;
Kp0=30;          %临界稳定参数
P0=2.8;          %临界稳定参数
Kp1=0.45*Kp0;    %PI 控制器参数
Ti1=0.833*P0;    %PI 控制器参数
s=tf('s');
Gc1=Kp1*(1+1/Ti1/s)
step(feedback(G0*Gc1,1),'r-.',t);   %加 PI 控制器的系统阶跃响应
hold on;
Kp2=0.6*Kp0;     %PID 控制器参数
Ti2=0.5*P0;      %PID 控制器参数
Td2=0.125*P0;    %PID 控制器参数
s=tf('s');
Gc2=Kp1*(1+1/Ti1/s+Td2*s)    %PID 控制器
step(feedback(G0*Gc2,1),t);   %加 PID 控制器的系统阶跃响应
legend('PI 控制效果','PID 控制效果');
```

运行程序，输出如下，效果如图 7-26 及图 7-27 所示。

```
Gc1 =

    13.5 s + 5.788
    ---------------
         s

Continuous-time transfer function.
Gc2 =

    4.725 s^2 + 13.5 s + 5.788
    --------------------------
              s

Continuous-time transfer function.
```

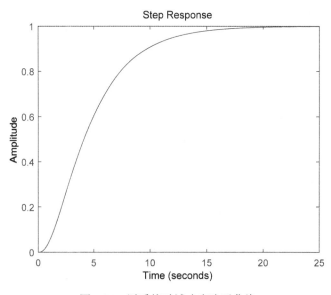

图 7-26　原系统时域响应阶跃曲线

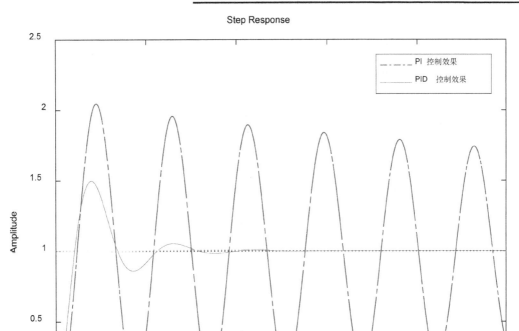

图 7-27 等幅振荡法整定参数控制曲线

说明：原系统为 I 型系统，存在稳态速度误差。因此实例中 PI 和 PID 两种控制器，用以消除稳态速度误差。图 7-27 中可看出，PID 要比 PI 控制效果好得多。

2．频域法整定

（1）求取原系统稳定裕度参数代码。

```
>> num=1;
den=conv([1 1 0],[1 5]);
G0=tf(num,den);
margin(G0);                    %原系统 Bode 图
[Kc,pm,wcg,wcp]=margin(G0)     %求取稳定裕度参数
```

运行程序，输出如下，效果如图 7-28 所示。

```
Kc =
    30
pm =
    76.6603
wcg =
    2.2361
wcp =
    0.1961
```

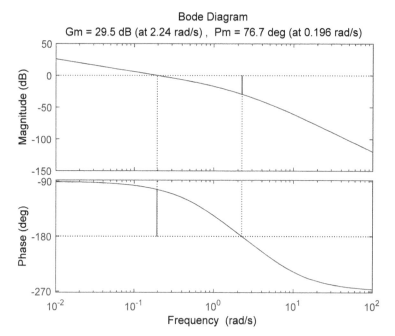

图 7-28　原系统的 Bode 图

由程序及图 7-28 可得 K_c=30，ω_c=2.236。

（2）求取不同控制器参数并查看控制效果。

```
>> t=0:0.01:25;
num=1;
den=conv([1 1 0],[1 5]);
G0=tf(num,den);
[Kc,pm,wcg,wcp]=margin(G0);
Tc=2*pi/wcg;              %PI 控制器参数
Kp1=0.4*Kc;               %PI 控制器参数
Ti1=0.8*Tc;               %PI 控制器参数
s=tf('s');
Gc1=Kp1*(1+1/Ti1/s)       %PI 控制器 Gc1 传递函数
Kp2=0.6*Kc;               %PID 控制器参数
Ti2=0.5*Tc;               %PID 控制器参数
Td2=0.12*Tc;              %PID 控制器参数
Gc2=Kp1*(1+1/Ti1/s+Td2*s)    %PID 控制器 Gc2 传递函数
step(feedback(G0*Gc1,1),'k-.',t);    %加 PI 控制器的系统阶跃响应
hold on;
step(feedback(G0*Gc2,1),t);          %加 PID 控制器的系统阶跃响应
hold off;
legend('PI 控制器效果','PID 控制器效果');
```

运行程序，输出如下，效果如图 7-29 所示。

```
Gc1 =
    12 s + 5.338
```

```
            s
Continuous-time transfer function.
Gc2 =
    4.046 s^2 + 12 s + 5.338
    -----------------------
            s
Continuous-time transfer function.
```

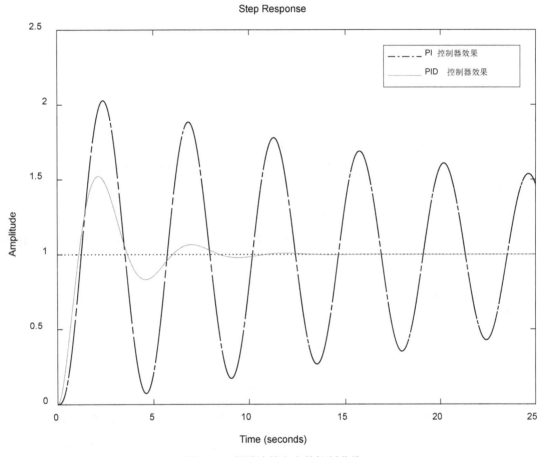

图 7-29　频域法整定参数控制曲线

说明：如图 7-29 所示，与等幅振荡法相比，频域法整定的控制结果基本一致。事实上，基于频域的整定方法与等幅振荡法的意义是相同的。从以上整定效果来看，闭环系统的响应基本可以接受。当然对于实际系统，在后续的应用中还应常常对控制器参数进行调整，以使得被控过程得到满意的控制。

7.3.2　改进的 Ziegler-Nichols 整定法

PID 控制器的频域解释如图 7-30 所示。假设受控对象的 Nyquist 图上有一个 A 点，如果施加比例控制，则 K_p 能沿 OA 线的方向拉伸或压缩 A 点，微分控制和积分控制分别沿图中所示的垂直方向拉伸 Nyquist 图上的相应点，所以经过适当配置 PID 控制器的参数，Nyquist 图上某点可以理论上移动到任意指定点。

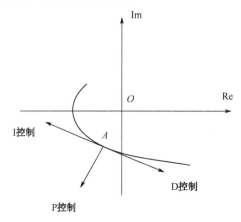

图 7-30　PID 控制的频域解释

假设选择一个增益为 $G(j\omega_0) = r_a e^{j(\pi+\phi_a)}$ 的 A 点，且期望将该点通过 PID 控制移动到指定的 A_1 点，该点的增益为 $G_1(j\omega_0) = r_b e^{j(\pi+\phi_b)}$。再假定在频率 ω_0 处 PID 控制器写成 $G_c(s) = r_c e^{j\phi_c}$，则可有

$$r_b e^{j(\pi+\phi_b)} = r_a r_c e^{j(\pi+\phi_a+\phi_c)}$$

这样可以选择控制器，使得 $r_c = \dfrac{r_b}{r_a}$ 与 $\phi_c = \phi_b - \phi_a$。由上面的推导，可按下面的方法设计出 PI 和 PID 控制器。

（1）PI 控制器。

可以选择：

$$K_P = \frac{r_b \cos(\phi_b - \phi_a)}{r_a}$$

$$T_i = \frac{1}{\omega_0 \tan(\phi_a - \phi_b)}$$

要求 $\phi_a > \phi_b$，使得设计出来的 T_i 为正数。进一步地，类似于 Ziegler-Nichols 算法，如果选择原 Nyquist 图上的点为其与负实轴的交点，即 $r_a = \dfrac{1}{K_c}$，及 $\phi_a = 0$，则 PI 控制器可以由下面的式子直接设计出来：

$$K_P = K_c r_b \cos \phi_b$$

$$T_i = \frac{T_c}{2\pi \tan \phi_b}$$

其中，$T_c = \dfrac{2\pi}{\omega_c}$。

（2）PID 控制器。

可以写出：

$$K_{\mathrm{P}} = \frac{r_{\mathrm{b}} \cos(\phi_{\mathrm{b}} - \phi_{\mathrm{a}})}{r_{\mathrm{a}}}$$

$$\omega_{\mathrm{c}} T_{\mathrm{d}} - \frac{1}{\omega_0 T_{\mathrm{i}}} = \tan(\phi_{\mathrm{b}} - \phi_{\mathrm{a}})$$

可以看出，上式的 T_{i} 和 T_{d} 参数有无穷多组，通常可以选择一个常数 α，使得 $T_{\mathrm{d}} = \alpha T_{\mathrm{i}}$。这样就可以由方程唯一地确定一组 T_{i} 和 T_{d} 参数了。

$$T_{\mathrm{i}} = \frac{1}{2\alpha\omega_0}\left(\tan(\phi_{\mathrm{b}} - \phi_{\mathrm{a}}) + \sqrt{4\alpha + \tan^2(\phi_{\mathrm{b}} - \phi_{\mathrm{a}})}\right)$$

$$T_{\mathrm{d}} = \alpha T_{\mathrm{i}}$$

可以证明，在 Ziegler-Nichols 整定算法中，α 可以选为 $\alpha = \frac{1}{4}$。如果进一步选择原 Nyquist 图上的点为其与负实轴的交点，即 $r_{\mathrm{a}} = \frac{1}{K_{\mathrm{c}}}$ 与 $\phi_{\mathrm{a}} = 0$，则可以设计满足 $\alpha = \frac{1}{4}$ 的 PID 控制器参数为：

$$K_{\mathrm{P}} = K_{\mathrm{c}} r_{\mathrm{b}} \cos\phi_{\mathrm{b}}$$

$$T_{\mathrm{i}} = \frac{T_{\mathrm{c}}}{\pi}\left(\frac{1 + \sin\phi_{\mathrm{b}}}{\cos\phi_{\mathrm{b}}}\right)$$

$$T_{\mathrm{d}} = \frac{T_{\mathrm{c}}}{4\pi}\left(\frac{1 + \sin\phi_{\mathrm{b}}}{\cos\phi_{\mathrm{b}}}\right)$$

可以看出，通过适当地选择 r_{b} 和 ϕ_{b}，可以设计出 PI 和 PID 控制器。改进的 Ziegler-Nichols 整定 PI 或 PID 控制器也可以由自定义编写的 ziegler.m 函数设计出来，这时 vars 变量应表示为 vars=$[K_{\mathrm{c}}, T_{\mathrm{c}}, r_{\mathrm{b}}, \phi_{\mathrm{b}}, N]$。ziegler.m 函数的源代码为：

```
function [Gc,Kp,Ti,Td]=ziegler(key,vars)
%key=1,2,3 分别对应于 P、PI、PID 控制器
switch length(vars)
    case 3
        K=vars(1);
        Tc=vars(2);
        N=vars(3);
        if key==1
            Kp=0.5*K;
            Ti=inf;
            Td=0;
        elseif key==2
            Kp=0.4*K;
            Ti=0.8*Tc;
            Td=0;
        elseif key==3,
            Kp=0.6*K;
```

```
                    Ti=0.5*Tc;
                    Td=0.12*Tc;
                end
            case 4
                K=vars(1);
                L=vars(2);
                T=vars(3);
                N=vars(4);
                a=K*L/T;
                if key==1,
                    Kp=1/a;
                    Ti=inf;
                    Td=0;
                elseif key==3
                    Kp=1.2/a;
                    Ti=2*L;
                    Td=L/2;
                end
            case 5
                K=vars(1);
                Tc=vars(2);
                rb=vars(3);
                N=vars(5);
                pb=pi*vars(4)/180;
                Kp=K*rb*cos(pb);
                if key==2,
                    Ti=-Tc/(2*pi*tan(pb));
                    Td=0;
                elseif key==3
                    Ti=Tc*(1+sin(pb))/(pi*cos(pb));
                    Td=Ti/4;
                end
        end
        Gc=pidstd(Kp,Ti,Td,N);
```

【例7-8】假设对象模型为一个6阶的传递函数 $G(s)=\dfrac{1}{(s+1)^6}$，选定 $\phi_b=0.8$，使用不同的 ϕ_b 设计出控制器，并比较闭环系统的阶跃响应曲线。

MATLAB 代码如下：

```
>> clear all;
s=tf('s');
```

```
G=1/(s+1)^6;      %受控对象模型输入
[Kc,b,wc,a]=margin(G);
Tc=2*pi/wc;
rb=0.8;
for phi_b=[10:10:80],   %选择不同的预期相角裕度进行循环
    [Gc,Kp,Ti,Td]=ziegler(3,[Kc,Tc,rb,phi_b,10]);
    step(feedback(G*Gc,1),20);
    hold on;
end
```

运行程序，效果如图 7-31 所示。

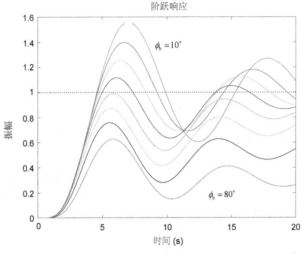

图 7-31　不同 ϕ_b 下的响应曲线

此处显示的 PID 控制效果是在不同 ϕ_b 要求下的系统响应曲线。从这些曲线可以看出，当 ϕ_b 很小时，系统阶跃响应的超调量将很大，所以应该适当增大 ϕ_b 的值，但如果无限地增大 ϕ_b 的值，则系统响应的速度越来越慢，$\phi_b=90°$ 时系统的阶跃响应几乎等于 0。

对这个受控对象来说，可以选择 $\phi_b=20°$，这样凑试不同的 r_b 值，可以由以下代码绘制不同 r_b 下的阶跃响应曲线。

```
>> phi_b=20;             %固定相角裕度
for rb=0.1:0.1:1         %选择不同的幅值进行循环
    [Gc,Kp,Ti,Td]=ziegler(3,[Kc,Tc,rb,phi_b,10]);
    step(feedback(G*Gc,1),20);
    hold on;
end
gtext('rb=0.1');gtext('rb=0.2');gtext('rb=0.3');gtext('rb=0.4');gtext('rb=0.5');
gtext('rb=0.6');gtext('rb=0.7');gtext('rb=0.8');gtext('rb=0.9');gtext('rb=1');
```

运行程序，效果如图 7-32 所示。

从得出结果可以看出，选择 $r_b=0.5$，$\phi_b=20°$ 时的阶跃响应曲线较令人满意，这时可以用下列语句得出 PID 控制器的参数。

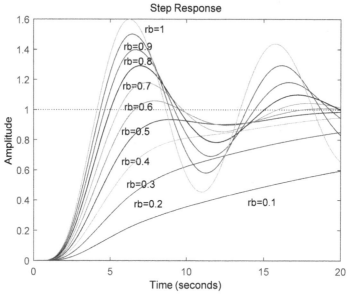

图 7-32 不同 r_b 下的阶跃响应曲线

```
>> [Gc,Kp,Ti,Td]=ziegler(3,[Kc,Tc,0.5,20,10])
```

运行程序，输出如下：

```
Gc =
                1       1              s
  Kp * (1 + ---- * --- + Td * ------------)
               Ti      s         (Td/N)*s+1

  with Kp = 1.11, Ti = 4.95, Td = 1.24, N = 10
Continuous-time PIDF controller in standard form
Kp =
    1.1136
Ti =
    4.9476
Td =
    1.2369
```

可以得到控制器为 $G_c(s) = 1.1136\left(1 + \dfrac{1}{4.9676s} + \dfrac{1.2369s}{1+0.12369s}\right)$。

7.3.3 Cohen-Coon 参数整定

被控广义对象的传递函数模型为 $G(s) = \dfrac{K}{Ts+1}e^{-\tau s}$ 形式，是使用经典 Ziegler-Nichols 整定公式设计 PID 校正器的前提。如果已知系统模型不是这种形式的，则可以将模型经过转换计算求其模型拟合的对应参数 K、T、τ。

对于传递函数为 $G(s) = \dfrac{K}{Ts+1}e^{-\tau s}$ 的数学模型，其频率特性为：

$$G(\mathrm{j}\omega) = G(s)|_{s=\mathrm{j}\omega} = \left.\frac{K}{Ts+1}\mathrm{e}^{-\tau s}\right|_{s=\mathrm{j}\omega} = \frac{K}{T\mathrm{j}\omega+1}\mathrm{e}^{-\mathrm{j}\omega\tau}$$

其中，

$$\mathrm{e}^{-\mathrm{j}\omega\tau} = [\cos(\omega\tau) - \mathrm{j}\sin(\omega\tau)]$$

当系统 Nyquist（开环幅相特性）曲线在其复平面与负实轴相交时，其第一个交点模值的倒数为系统模值稳定裕度 G_m（非分贝值），其交点对应的角频率为 $-\pi$ 穿越频率 ω_cg。因为交点是在负实轴上，所以交点对应复变量的虚部为零，即有以下方程组：

$$\begin{cases} \dfrac{K[\cos(\omega_\mathrm{cg}\tau) - \omega_\mathrm{cg}T\sin(\omega_\mathrm{cg}\tau)]}{1 + \omega_\mathrm{cg}^2 T^2} = -\dfrac{1}{G_\mathrm{m}} = -\dfrac{1}{K_\mathrm{c}} \\ \sin(\omega_\mathrm{cg}\tau) + \omega_\mathrm{cg}T\cos(\omega_\mathrm{cg}\tau) = 0 \end{cases} \quad (7\text{-}8)$$

式中，K 是系统的开环增益，很容易由给出的传递函数求出。剩下的问题就是求 T 与 τ 两个变量的值了。将式（7-8）改写为以 T 与 τ 为待求未知量的以下方程组：

$$\begin{cases} f_1(\tau, T) = KK_\mathrm{c}[\cos(\omega_\mathrm{cg}\tau) - \omega_\mathrm{cg}T\sin(\omega_\mathrm{cg}\tau)] + 1 + \omega_\mathrm{cg}^2 T^2 = 0 \\ f_2(\tau, T) = \sin(\omega_\mathrm{cg}\tau) + \omega_\mathrm{cg}T\cos(\omega_\mathrm{cg}\tau) = 0 \end{cases}$$

由方程组（7-8），有其对应的 Jacobain 矩阵：

$$\boldsymbol{J} = \begin{bmatrix} \dfrac{\partial f_1}{\partial x_1} & \dfrac{\partial f_1}{\partial x_2} \\ \dfrac{\partial f_2}{\partial x_1} & \dfrac{\partial f_2}{\partial x_2} \end{bmatrix} = \begin{bmatrix} -KK_\mathrm{c}\omega_\mathrm{cg}\sin(\omega_\mathrm{cg}\tau) - KK_\mathrm{c}\omega_\mathrm{cg}^2 T\cos(\omega_\mathrm{cg}\tau) & -KK_\mathrm{c}\omega_\mathrm{cg}\sin(\omega_\mathrm{cg}\tau) + 2\omega_\mathrm{cg}^2 T \\ \omega_\mathrm{cg}\cos(\omega_\mathrm{cg}\tau) - \omega_\mathrm{cg}^2 T\sin(\omega_\mathrm{cg}\tau) & \omega_\mathrm{cg}\cos(\omega_\mathrm{cg}\tau) \end{bmatrix}$$

对于这种矩阵，可以用拟 Newton（牛顿）算法求解两个待求变量 T 和 τ。依据这个原理，编写 kttau.m 函数用来求解 K、T 与 τ。函数源程序代码为：

```
function [K,T,tau]=kttau(G)
%参数 G 为模型的传递函数
%参数 K，T，tau 为拟合成 KTτ 模型的参数。
K=dcgain(G);
[Kc,Pm,Wcg,Wcp]=margin(G);
tau=1.6*pi/(3*Wcg);
T=0.5*Kc*K*tau;
ktt=0;
if isfinite(Kc),
    x0=[tau;T];
    while ktt==0
        ww1=Wcg*x0(1);
        ww2=Wcg*x0(2);
        FF=[K*Kc*(cos(ww1)-ww2*sin(ww1))+1+ww2^2;sin(ww1)+ww2*cos(ww1)];
        J=[-K*Kc*Wcg*sin(ww1)-K*Kc*Wcg*ww2*cos(ww1),...
            -K*Kc*Wcg*sin(ww1)+2*Wcg*ww2;...
            Wcg*cos(ww1)-Wcg*ww2*sin(ww1),Wcg*cos(ww1)];
        x1=x0-inv(J)*FF;
```

```
            if norm(x1-x0)<1e-8,
                ktt=1;
            else
                x0=x1;
            end
            tau=x0(1);
            T=x0(2);
    end
end
```

传统的 Ziegler-Nichols 整定公式经过改进,出现了各种不同设计 PID 控制器的算法,其中 Cohen-Coon 整定公式与传统的 Ziegler-Nichols 整定公式很类似。只要知道系统被拟合成带延迟惯性环节的参数 K、T 与 τ,就可以求得的数据直接设计出 PID 校正器。

自定义编写 cohen_c.m 函数用于实现使用 Cohen-Coon 整定 PID 校正器参数,源代码为:

```
function [Gc,Kp,Ti,Td]= cohen_c (PID,vars)
%PID 是校正器的类型,当 PID=1 时,为计算 P 控制器的参数;当 PID=2 时,为计算 PI 控制器的参数;当 PID=3 时,为计算 PD 控制器的参数;当 PID=4 时,为计算 PID 控制器的参数
%参数 vars 为带延迟—惯性环节模型的 K、T、tau,已知这三个参数:K=vars(1),T=vars(2),vars(3)
%参数 Gc 为校正器传递函数
%参数 Kp 为校正器的比例系数
%参数 Ti 为校正器的积分时间常数
%参数 Td 为校正器的微分时间常数
K=vars(1);
T=vars(2);
tau=vars(3);
Kp=[];
Ti=[];
Td=[];
if PID==1,
    Kp=[(T/tau)+0.333]/K;
elseif PID==2,
    Kp=[0.9*(T/tau)+0.082]/K;
    Ti=T*[3.33*(tau/T)+0.3*(tau/T)^2]/[1+2.2*(tau/T)];
elseif PID==3,
    Kp=[1.24*(T/tau)+0.1612]/K;
    Td=T*[0.27*(tau/T)]/[1+0.13*(tau/T)];
elseif PID==4,
    Kp=[1.35*(T/tau)+0.27]/K;
    Ti=T*[2.5*(tau/T)+0.5*(tau/T)^2]/[1+0.6*(tau/T)];
    Td=T*[0.37*(tau/T)]/[1+0.2*(tau/T)];
end
switch PID
```

```
        case 1,
            Gc=Kp;
        case 2,
            Gc=tf([Kp*Ti Kp],[Ti 0]);
        case 3,
            Gc=tf([Kp*Td Kp],1);
        case 4,
            nn=[Kp*Ti*Td Kp*Ti Kp];
            dd=[Ti 0];
            Gc=tf(nn,dd);
    end
```

【例 7-9】已知过程控制系统的被控广义对象为一个带延迟的惯性环节，其传递函数为 $G_o(s) = \dfrac{1}{15s+1}\mathrm{e}^{-50s}$，试用 Cohen-Coon 整定公式计算 P、PI、PD、PID 串联校正器参数，并进行阶跃响应仿真。

MATLAB 代码如下：

```
>> clear all;
G1=tf(1,[15,1]);
tau1=50;
[np,dp]=pade(tau1,2);
Gp=tf(np,dp);
G=G1*Gp;
[K,T,tau]=kttau(G);
[Gc1]= cohen_c (1,[K,T,tau])
[Gc2]= cohen_c (2,[K,T,tau])
[Gc3]= cohen_c (3,[K,T,tau])
[Gc4]= cohen_c (4,[K,T,tau])
Gcc1=feedback(G1*Gc1,Gp);
step(Gcc1,'r-.');
hold on;grid on;
Gcc2=feedback(G1*Gc2,Gp);
step(Gcc2,'m+');
Gcc3=feedback(G1*Gc3,Gp);
step(Gcc3,'k:');
Gcc4=feedback(G1*Gc4,Gp);
step(Gcc4,'g');
gtext('P 控制');gtext('PI 控制');
gtext('PD 控制');gtext('PID 控制');
xlabel('时间');ylabel('振幅');
title('单位阶跃响应');
```

运行程序，输出如下，效果如图 7-33 所示。

```
Gc1 =
    0.6456
Gc2 =
```

```
           9.305 s + 0.3633
        ---------------------
              25.61 s
Continuous-time transfer function.
Gc3 =
       5.022 s + 0.5488
Continuous-time transfer function.
Gc4 =
    504.9 s^2 + 46.63 s + 0.692
   -----------------------------
              67.38 s
Continuous-time transfer function.
```

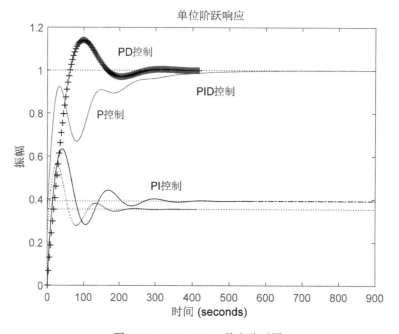

图 7-33 Cohen-Coon 整定阶跃图

7.3.4 最优 PID 整定经验

考虑受控对象模型，对某一组特定的 K、L、T 参数，可以采用数值方法对某一个指标进行优化，可以得出一组 K_p、T_i、T_d 参数，修改对象模型的参数，则可以得出另外一组控制器参数，这样通过曲线拟合的方法就可以得出控制器设计的经验公式。

最优化指标可以有很多选择，如时间加权的指标定义为：

$$J_n = \int_0^\infty t^{2n} e^2(t) \mathrm{d}t \tag{7-9}$$

其中，$n=0$ 称为 ISE 指标，$n=1$ 和 $n=2$ 分别称为 IST 和 IST^2E 指标，另外还有常用的 IAE 和 ITAE 指标，其定义分别为：

$$J_{\text{IAE}} = \int_0^\infty |e(t)| \, dt$$

$$J_{\text{ITAE}} = \int_0^\infty t|e(t)| \, dt$$

基于式（7-9）指标的最优控制 PID 控制器参数整定经验公式为：

$$K_p = \frac{a_1}{K}\left(\frac{L}{T}\right)^{b_1}$$

$$T_i = \frac{T}{a_2 + b_2\left(\dfrac{L}{T}\right)}$$

$$T_d = a_3 T\left(\frac{L}{T}\right)^{b_3}$$

对不同的 $\dfrac{L}{T}$ 范围，系数对 (a,b) 可由表 7-3 直接查出。可以看出，如果得到了对象模型的近似，则可以通过查表的方法找出相应的 a_i, b_i 参数，代入上式就可以设计出 PID 控制器。

表 7-3 设定点 PID 控制器参数

L/T 的范围	0.1~1			1.1~2		
最优指标	ISE	ISET	IST^{2}E	ISE	ISET	IST^{2}E
a_1	1.048	1.042	0.968	1.154	1.142	1.061
b_1	-0.897	-0.897	-0.904	-0.567	-0.579	-0.583
a_2	1.195	0.987	0.977	1.047	0.919	0.892
b_2	-0.368	-0.238	-0.253	-0.220	-0.172	-0.165
a_3	0.489	0.385	0.316	0.490	0.384	0.315
b_3	0.888	0.906	0.892	0.708	0.839	0.832

该控制器一般可以直接用于原受控对象模型的控制，如果所使用的模型比较精确，则 PID 控制器效果将接近于对模型的控制。另外，该算法的适用范围为 $0.1 \leqslant \dfrac{L}{T} \leqslant 2$，不适用于大时间延迟系统的控制器设计，在适用范围上有一定的局限性。

使 IAE 准则最小的 PID 控制器算法：

$$K_p = \frac{1.357}{K}\left(\frac{L}{T}\right)^{0.921} a$$

$$T_i = \frac{T}{0.878}\left(\frac{L}{T}\right)^{0.749}$$

$$T_d = 0.482 T\left(\frac{L}{T}\right)^{-1.137}$$

该算法适用于 $0.1 \leqslant \dfrac{L}{T} \leqslant 1$ 的受控对象模型。对一般的受控对象模型，将 K_p 式子中的 10.921 改写成 3 就可以拓展到其他 $\dfrac{L}{T}$ 范围。

对 ITAE 指标进行最优化，则可以得到如下 PID 控制器设计经验公式：

$$K_p = \frac{1.357}{K}\left(\frac{L}{T}\right)^{0.9247} a$$

$$T_i = \frac{T}{0.842}\left(\frac{L}{T}\right)^{0.738}$$

$$T_d = 0.318 T\left(\frac{L}{T}\right)^{-0.995}$$

该公式的适用范围仍然为 $0.1 \leqslant \frac{L}{T} \leqslant 1$。在 $0.05 \leqslant \frac{L}{T} \leqslant 6$ 范围内设计 ITAE 最优 PID 控制器的经验公式：

$$K_p = \frac{\left(0.7303 + 0.8307\dfrac{L}{T}\right)(T+0.5L)}{K(T+L)}$$

$$T_i = T + 0.5L \qquad (7\text{-}10)$$

$$T_d = \frac{0.5LT}{T+0.5L}$$

【例 7-10】考虑例 7-8 中给出的受控对象模型 $G(s)=\dfrac{1}{(s+1)^6}$，前面给出最优降阶模型为 $G(s)=\dfrac{\mathrm{e}^{-3.37s}}{2.883s+1}$，且 $K=1$，$L=3.37$，$T=2.883$，试用各种算法设计出 PID 控制器。

```
>> clear all;
s=tf('s');
G1=1/(s+1)^6;              %受控对象模型
K=1; L=3.37; T=2.883;      %近似一阶模型参数
Kp1=1.142*(L/T)^(-0.579)
Ti1=T/(0.919-0.172*(L/T))
Td1=0.384*T*(L/T)^0.839
```

运行程序，输出如下：

```
Kp1 =
    1.0433
Ti1 =
    4.0156
Td1 =
    1.2620
```

根据以上结果，可设计出 PID 控制器为 $G_1(s)=1.0433\left(1+\dfrac{1}{4.0156s}+\dfrac{1.2620s}{0.1262s+1}\right)$，由式（7-10）中给出的设计算法，也可以由以下代码设计出 PID 控制器：

```
>> Ti2=T+0.5*L
Kp2=(0.7303+0.5307*T/L)*Ti2/(K*(T+L))
Td2=(0.5*L*T)/(T+0.5*L)
```

运行程序，输出如下：
Ti2 =
    4.5680
Kp2 =
    0.8652
Td2 =
    1.0635

设计出的 PID 控制器为 $G_2(s) = 0.8652\left(1 + \dfrac{1}{4.5680s} + \dfrac{1.0635s}{0.10635s+1}\right)$。

用这两个控制器分别控制原受控对象模型，可以得出如图 7-34 所示的阶跃响应曲线。可以看出，这些 PID 控制器的效果还是令人满意的。

```
>> G=1/(s+1)^6;   %受控对象模型
Gc1=Kp1*(1+tf(1,[Ti1,0])+tf([Td1,0],[Td1/10,1]));
Gc2=Kp2*(1+tf(1,[Ti2,0])+tf([Td2,0],[Td2/10,1]));
G1=feedback(Gc1*G,1);
G2=feedback(Gc2*G,1);
step(G1,'r-.',G2,'k');
grid on;
gtext('ITAE 阶跃');gtext('ISTE 阶跃');
```

运行程序，效果如图 7-34 所示。

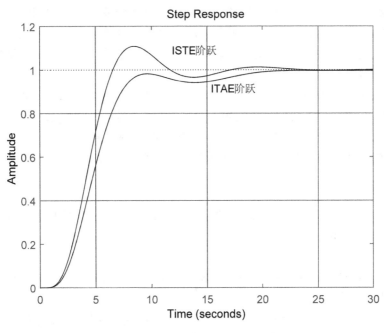

图 7-34　两种 PID 控制器的阶跃响应

第 8 章　MATLAB 非线性系统分析

非线性控制系统的形成基于两类原因：一是被控系统中包含不能忽略的非线性因素；二是为提高控制性能或简化控制系统结构而人为地采用非线性元件。

1. 奇特现象

非线性系统中会出现一些在线性系统中不可能发生的奇特现象，归纳起来有如下几点：

① 线性系统的稳定性和输出特性只决定于系统本身的结构和参数，而非线性系统的稳定性和输出动态过程不仅与系统的结构和参数有关，而且还与系统的初始条件和输入信号大小有关。例如，在幅值大的初始条件下系统的运动是收敛的（稳定的），而在幅值小的初始条件下系统的运动却是发散的（不稳定的），或者情况相反。

② 非线性系统的平衡运动状态，除平衡点外还可能有周期解。周期解有稳定和不稳定两类，前者观察不到，后者是实际可观察到的，因此在某些非线性系统中，即使没有外部输入作用也会产生有一定振幅和频率的振荡，称为自激振荡，相应的相轨线为极限环。改变系统的参数可以改变自激振荡的振幅和频率。这个特性可应用于实际工程问题，以达到某种技术目的。例如，根据所测温度来影响自激振荡的条件，使之振荡或消振，可以构成双位式温度调节器。

③ 线性系统的输入为正弦函数时，其输出的稳态过程也是同频率的正弦函数，两者仅在相位和幅值上不同，但非线性系统的输入为正弦函数时，其输出则是包含有高次谐波的非正弦周期函数，即输出会产生倍频、分频、频率侵占等现象。

④ 复杂的非线性系统在一定条件下还会产生突变、分岔、混沌等现象。

2. 应用条件

非线性系统的分析远比线性系统复杂，缺乏能统一处理的有效数学工具。在许多工程应用中，由于难以求解出系统的精确输出过程，通常只限于考虑：

① 系统是否稳定。
② 系统是否产生自激振荡（见非线性振动）及其振幅和频率的测算方法。
③ 如何限制自激振荡的幅值以至消除它。

现代广泛应用于工程上的分析方法有基于频率域分析的描述函数法和波波夫超稳定性等，还有基于时间域分析的相平面法和李雅普诺夫稳定性理论等。这些方法分别在一定的假设条件下，能提供关于系统稳定性或过渡过程的信息。

在某些工程问题中，非线性特性还常被用来改善控制系统的品质。例如，将死区特性环节和微分环节同时加到某个二阶系统的反馈回路中去，就可以使系统的控制既快速又平稳。非线性控制系统在许多领域都被广泛应用。除了一般工程系统外，在机器人、生态系统和经济系统的控制中也具有重要意义。

3. 应用

在工程上还经常遇到一类弱非线性系统，即特性和运动模式与线性系统相差很小的系统。对于这类系统通常以线性系统模型作为一阶近似，得出结果后再根据系统的弱非线性加以修正，以便得到较精确的结果。摄动方法是处理这类系统的常用工具；而对于本质非线性系统，则需要用分段线性化法等非线性理论和方法来处理。

现代广泛应用于工程上的分析方法有基于频率域分析的描述函数法和波波夫超稳定性等，还有基于时间域分析的相平面法和李雅普诺夫稳定性理论等。这些方法分别在一定的假设条件下，能提供关于系统稳定性或过渡过程的信息。而计算机技术的迅速发展为分析和设计复杂的非线性系统提供了有利条件。

在某些工程问题中，非线性特性还常被用来改善控制系统的品质。例如，将死区特性环节和微分环节同时加到某个二阶系统的反馈回路中去，就可以使系统的控制既快速又平稳。又如，可以利用继电器的继电特性来实现最速控制系统。

8.1 非线性系统的其他相关概念

1. 非线性系统的研究方法

非线性系统由于系统的复杂性和多样性而成为控制界的研究热点，从而产生了很多非线性系统的理论方法。比较基本的有李雅普诺夫第二法、小范围线性近似法、描述函数法、相平面法和计算机仿真等。

2. 典型的非线性

典型的非线性特性有死区非线性、饱和非线性、间隙非线性和继电非线性等。Simulink给出了部分非线性特性模块，用户也可以自行构建非线性特性模块。

3. 非线性系统

非线性系统输出暂态响应曲线的形状与输入信号的大小和初始状态有关，非线性系统的稳定性也与输入信号的大小和初始状态有关。非线性系统常会产生持续振荡。

一般非线性系统的数学模型可表示为：

$$F\left[\frac{d^n x(t)}{dt^n}, \frac{d^{n-1} x(t)}{dt^{n-1}}, \cdots, \frac{dx(t)}{dt}, x(t), \frac{d^m u(t)}{dt^m}, \cdots, u(t)\right] = 0$$

写成多变量的形式为：

$$\dot{X}(t) = f[X(t), U(t), t]$$

在 F 与 f 函数中，如果相应的算子为线性，则称为线性系统，否则称为非线性系统。如果不显含 t，则称为时不变系统；如果显含 t，则称为时变系统。

4．相平面法

相平面法实质上是一种求解二阶以下线性或非线性微分方程的图解方法。

如果是二阶系统，可用两个变量来描述相应的状态，在平面上定义一个点。随时间变化，状态变化并形成相轨迹。轨迹所在平面即为相平面。整个图形称为相平面图。常用绘制相轨迹的方法有解析法、等斜线法和 δ 法。

对于形如下式的二阶系统有

$$\ddot{x} + f(x, \dot{x}) = 0$$

涉及相关概念如下。

（1）相平面：以 $x(t)$ 为横坐标、$\dot{x}(t)$ 为纵坐标的直角坐标平面构成相平面。

（2）相轨迹：以时间 t 为参变量，由表示运动状态的 $(x(t), \dot{x}(t))$ 分别作为横坐标和纵坐标而绘制的曲线称为相轨迹，每根相轨迹与起始条件有关。$(x(t), \dot{x}(t))$ 表示了质点在 t 时刻的位置和速度。

（3）相平面图：同一系统，不同初始条件下的相轨迹是不同的。由所有相轨迹组成的曲线族所构成的图称为相平面图。

常用绘制相轨迹的方法有解析法和等斜线法、δ 法。MATLAB 中提供有不同的非线性模块。因此，基于 MATLAB 的相轨迹绘制更加方便。

5．描述函数法

P.J.Daniel 于 1940 年首先提出了描述函数法。非线性特性的描述函数法是线性部件频率特性在非线性特性中的推广。它是对非线性特性在正弦信号作用下的输出进行谐波线性化处理之后得到的，是非线性特性的一种近似描述。

设非线性环节的输入/输出关系为：

$$y = f(x)$$

非线性环节输入正弦信号为：

$$x(t) = A \sin \omega t$$

非线性环节的输出通常也为周期信号，可以分解为傅里叶级数：

$$y(t) = A_0 + \sum_{n=1}^{\infty}(A_n \cos n\omega t + B_n \sin n\omega t) = A_0 + \sum_{n=1}^{\infty} Y_n \sin(n\omega t + \varphi_n)$$

式中，A_0 为直流分量；Y_n 和 φ_n 为第 n 次谐波的幅值和相角，且有

$$A_n = \frac{1}{\pi} \int_0^{2\pi} y(t) \cos n\omega t \mathrm{d}(\omega t)(n = 0,1,2,\cdots)$$

$$B_n = \frac{1}{\pi} \int_0^{2\pi} y(t) \sin n\omega t \mathrm{d}(\omega t)(n = 0,1,2,\cdots)$$

$$Y_n = \sqrt{A_n^2 + B_n^2}$$

$$\varphi_n = \arctan \frac{A_n}{B_n}$$

如果 $A_0 = 0$ 且 $n > 1$，Y_n 很小，则非线性环节的输出近似为：

$$y(t) = Y_1 \sin(\omega t + \varphi_1)$$

可见,其近似结果和非线性环节频率响应形式相似,依照线性环节频率特性的定义,非线性环节的输入/输出特性可由描述函数表示为:

$$N(A) = |N(A)| e^{j\angle N(A)} = \frac{B_1 + jA_1}{A} = \frac{Y_1}{A} e^{j\varphi_1}$$

对于非线性控制系统的描述函数分析方法,常用的负倒描述函数为:

$$-\frac{1}{N(A)} = -\frac{1}{|N(A)|} e^{-j\angle N(A)}$$

6. 稳定点的方法

用描述函数研究系统稳定点的方法,是建立在线性系统 Nyquist 稳定性判据基础上的一种工程近似方法,其基本思想是把非线性特性用描述函数表示,将复平面上的整个非线性曲线 $-\frac{1}{N(A)}$ 理解为线性系统分析中的临界点 $(-1, j0)$,再将线性系统有关稳定性分析的结论用于非线性系统。

对于如图 8-1 所示的等效非线性系统,且 $G(j\omega)$ 在开环幅相平面上右半平面的极点,稳定性判据为:如果 $-\frac{1}{N(A)}$ 不被 $G(j\omega)$ 包围,则系统是稳定的;如果 $-\frac{1}{N(A)}$ 被 $G(j\omega)$ 包围,则系统是不稳定的。

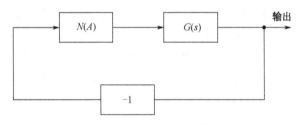

图 8-1 等效非线性系统

$G(j\omega)$ 包围的区域称为不稳定区域,不包围的区域称为稳定区域。如果 $-\frac{1}{N(A)}$ 与 $G(j\omega)$ 相交,那么在交点处,如果 $-\frac{1}{N(A)}$ 沿着 A 值增加的方向由不稳定区域进入稳定区域,则自激振荡是稳定的;否则自激振荡是不稳定的。

在交点处有

$$-\frac{1}{N(A_0)} = G(j\omega_0)$$

由此可求出自激振荡的振幅 A_0 和振荡频率 ω_0。

8.2 Simulink 介绍

Simulink 是 MATLAB 中的一种可视化仿真工具,是一种基于 MATLAB 的框图设计环境,是实现动态系统建模、仿真和分析的一个软件包,被广泛应用于线性系统、非线性系统、数字控制及数字信号处理的建模和仿真中。Simulink 可以用连续采样时间、离散采样时间或两种混合的采样时间进行建模，它也支持多速率系统，也就是系统中的不同部分具有不同的采样速率。为了创建动态系统模型，Simulink 提供了一个建立模型方块图的图形用户接口，这个创建过程只需单击和拖动鼠标操作就能完成，它提供了一种更快捷、直接明了的方式，而且用户可以立即看到系统的仿真结果。

8.2.1 Simulink 的特点

Simulink 是一种强有力的仿真工具，它能让用户在图形方式下以最小的成本来模拟真实动态系统的运行。Simulink 配备了数百种自定义的系统环节模型、最先进的有效积分算法和直观的图形化工具。

依托 Simulink 强大的仿真能力，用户在制造原型机之前就可建立系统模型，从而评估设计并修改瑕疵。Simulink 具有如下特点。

（1）建立动态的系统模型并进行仿真。

Simulink 是种图形化的仿真工具，用于对动态系统建模和控制规律的研究制定。由于支持线性、非线性、连续、离散、多变量和混合式系统结构，Simulink 几乎可分析任何一种类型的真实动态系统。

（2）以直观的方式建模。

Simulink 的可视化建模方式可迅速建立动态系统的框图模型。只需在 Simulink 元件库中选出合适的模块并拖放到 Simulink 建模窗口中即可。

Simulink 标准库拥有超过 150 种模块可用于构成不同种类的动态模型系统。模块包括输入信号源、动力学元件、代数函数和非线性函数、数据显示模块等。

Simulink 模块可以设定为触发和使能的，用于模拟大模型系统中不同条件下子模型的行为。

（3）增添定制模块元件和用户代码。

Simulink 模块库是可制定的，能够扩展以包容用户自定义的系统环节模块。用户也可以修改已有模块的图标，重新设定对话框，甚至换用其他形式的弹出菜单和复选框。

Simulink 允许用户把自己编写的 C、FORTRAN、Ada 代码直接植入 Simulink 模型中。

（4）快速、准确地进行模拟设计。

Simulink 优秀的积分算法给非线性系统仿真带来了极高的精度。先进的常微分方程求解器可用于求解刚性和非刚性系统、不连续的系统和具有代数环的系统。Simulink 的求解器能确保连续系统或离散系统的仿真迅速、准确地进行。同时，Simulink 还为用户准备了一个图形化的调试工具，以辅助用户进行系统开发。

（5）分级表达复杂系统。

Simulink 的分级建模能力使得体积庞大、结构复杂的模型构建也简便易行。根据需要，各种模块可以组织成若干子系统。在此基础上，整个系统可以按照自上向下或自下向上的方式搭建。子模型的层级数量完全取决于所构建的系统，不受软件本身的限制。

为方便大型复杂结构系统的操作，Simulink 还提供了模型结构浏览的功能。

（6）交互式的仿真分析。

Simulink 的示波器能够以动画和图像显示数据，在运行中可调整模型参数进行 What-if 分析。能够在仿真运算进行时监视仿真结果。这种交互的特征可以帮助用户快速评估不同的算法，进行参数优化。

由于 Simulink 完全集成于 MATLAB，在 Simulink 中计算的结果可以保存到 MATLAB 工作区中，因此就能使用 MATLAB 所具有的多分析、可视化及工具箱工具来操作数据。

8.2.2 Simulink 的启动

在安装完成 MATLAB 时自动安装 Simulink，即可通过 3 种方法来启动 Simulink。

1．快捷按钮启动 Simulink

打开 MATLAB 的工作界面，在快捷菜单中单击 按钮，即可弹出一个 Simulink Start Page 窗口，选择窗口中的"Blank Model"项，即可新建一个 Simulink 仿真环境，在仿真环境中的菜单项中选择 Tools|Library Browser 选项，即可打开 Simulink Library Browser 窗口，效果如图 8-2 所示。

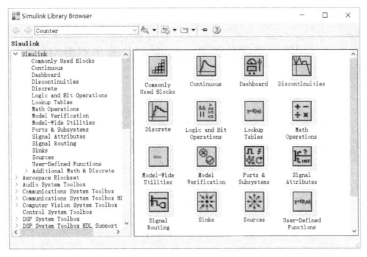

图 8-2 Simulink Library Browser 窗口

2．命令行启动 Simulink

在 MATLAB 命令窗口中输入 simulink，结果在桌面上出现一个称为 Simulink Library Browser 的窗口，在这个窗口中列出了按功能分类的各种模块名称。

3．命令行 simulink3

在 MATLAB 命令窗口中输入 simulink3，结果在桌面上出现一个用图标形式显示的 Library :simulink3 的 Simulink 模块库窗口，效果如图 8-3 所示。

两种模块库窗口界面只是不同的显示形式，用户可以根据各人喜好进行选用，一般说来第二种窗口直观、形象，易于初学者，但使用时会打开太多的子窗口。

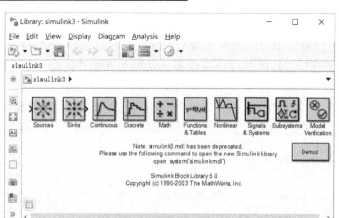

图 8-3　simulink3-Simulink 窗口

8.2.3　Simulink 实例

下面先演示一个 Simulink 模型实例，先让读者领略一下 Simulink 的建模与 wfyh2 仿真。

【例 8-1】Simulink 模型的建立与仿真。

其实现步骤如下。

（1）新建一个空白的模型窗口。在 Simulink 模块库浏览器中单击快捷按钮，弹出如图 8-4 所示的模型窗口。

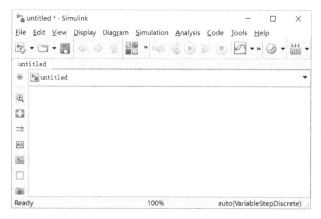

图 8-4　新建模型窗口

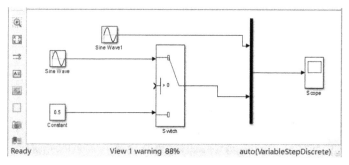

图 8-5　拖入模块后的模型窗口

（2）在 Simulink 模块库浏览器中，将创建系统模型所需要的功能模块用鼠标拖放到新建的模型窗口中，并进行连接，如图 8-5 所示。

（3）设置仿真参数，保存所创建的模型。单击模型窗口中的开始仿真按钮，运行仿真，得到仿真效果如图 8-6 所示。

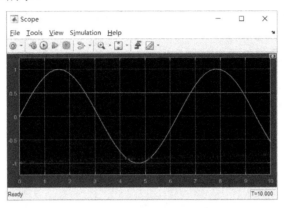

图 8-6　仿真效果

8.3　非线性系统分析与仿真

非线性系统的研究只局限于对简单的非线性系统的近似研究，如对固定结构的反馈系统来说，非线性环节位于前向通路的线性环节之前，这样的非线性环节可以近似为描述函数，从而可以近似分析出系统的自激振荡及非线性极限环，但极限环的精确形状不能得出。

8.3.1　相轨迹图分析

前面已经对相轨迹图的相关概念进行介绍，下面通过实例来实现其分析。

【例 8-2】绘制系统 $y = \begin{cases} -0.3, & x < -0.3 \\ x, & |x| \leqslant 0.3 \\ 0.3, & x > 0.3 \end{cases}$ 的单位阶跃输入时的相轨迹。其中，非线性部分为饱和非线性；线性部分为 $G(s) = \dfrac{10}{s(s+4)}$。

其实现步骤如下。

（1）新建一个空白模型，并命名为 M8_2.mdl，并将所需的不同模块添加到空白模型中。

① 打开 Sources 模块库，将 Step 模块拖放到新建的模型窗口中。

② 打开 Sinks 模块库，将 Scope 模块、XYGraph 模块、To Workspace 模块拖放到新建的模型窗口中。

③ 打开 Discontinuities 模块库，将 Saturation 模块拖放到新建的模型窗口中。

④ 打开 Math Operations 模块库，将 Sum 模块拖放到新建的模型窗口中。

⑤ 打开 Continuous 模块库，将 Transfer Fcn 模块库、Integrator 模块拖放到新建的模型窗口中。

（2）连接各模块并设置各模块参数。

① 设置饱和非线性模块的参数，双击 Saturation 模块，在弹出的参数对话框中将 Upper limit 设为 0.3，Lower limit 设为-0.3，效果如图 8-7 所示。

② 双击 Sum 模块，将 List of signs 设置为+-，设置效果如图 8-8 所示。

③ 双击 Transfer Fcn 模块，将 Numerator coefficients 设置为[10]，Denominator coefficients 设置为[1 4]，效果如图 8-9 所示。

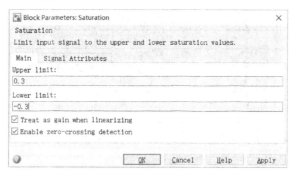

图 8-7　Saturation 模块参数设置

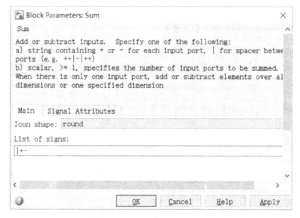

图 8-8　Sum 模块参数设置

图 8-9　Transfer Fcn 参数设置

其模块的参数采用默认值,连接并设置参数后模型框图如图 8-10 所示。

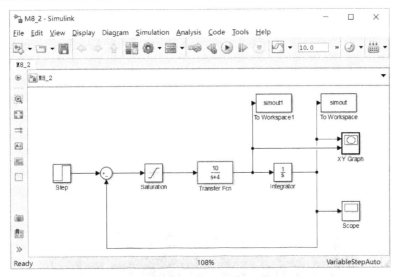

图 8-10　Simulink 模型框图

(3)设置仿真参数。单击图 8-10 中的 Model Configuration Parameters "⚙" 按钮,即可打开仿真参数设置对话框,在 Solver options 下的 Type 下拉列表框中选择 Fixed-step(固定步长),在 Solver 下拉列表框中选择 ode5(Dormand-Prince),在 Fixed-step size 文本框中输入 0.01,设置效果如图 8-11 所示。

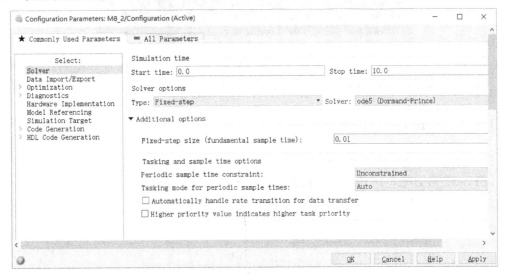

图 8-11　仿真参数设置窗口

(4)开始仿真。

当参数设置完成后,可单击图 8-10 中的"运行"▶按钮,即可通过 XY Graph 观察相轨迹,通过 Scope 观察阶跃响应,如图 8-12 和图 8-13 所示。

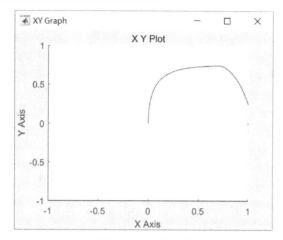

图 8-12　相轨迹图

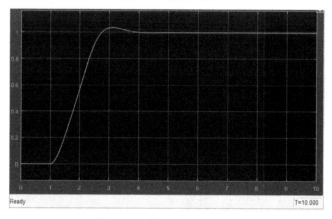

图 8-13　系统阶跃响应输出

由图 8-12 可知，系统的稳定点在（1,0）点，即稳态值为 1。

8.3.2　函数法非线性系统分析

关于函数法非线性系统分析的相关概念前面已介绍，下面通过实例来演示其分析。

【例 8-3】考虑图 8-14 所示的非线性系统，图中的继电器非线性模块 $M=10$，$h=1$。试判断系统是否存在自振，如果有自振，求出自振的振幅和频率。

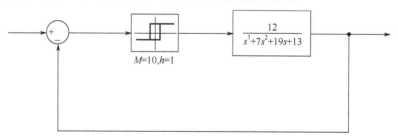

图 8-14　系统框图

（1）绘制非线性部分和线性部分的幅相图，判断系统的稳定情况。

```
>> clear all;
x=1:0.1:20;
disN=40/pi./x.*sqrt(1-x.^(-2))-j*40/pi./x.^2;    %描述函数
disN2=-1./disN;                                  %负倒描述函数
w=1:0.1:200;
num=12;                                          %线性部分分子
den=conv([1 1],[1 6 13]);                        %线性部分分母
[rem,img,w]=nyquist(num,den,w);                  %线性部分 Nyquist 图参数
plot(real(disN2),imag(disN2),rem,img);           %同时绘制非线性部分和线性部分的极坐标图
grid on;
xlabel('实轴');ylabel('虚轴');
```

运行程序，效果如图 8-15 所示。

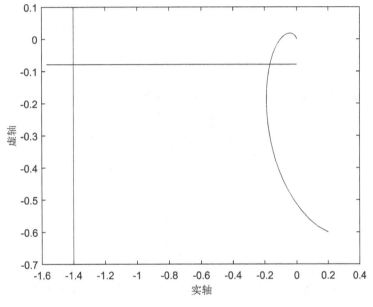

图 8-15　幅相图

通过以下代码实现局部放大，效果如图 8-16 所示。

```
>> axis([-0.1662 -0.1659 -0.0789 -0.0785])
```

由图 8-15 可见，两曲线相交，系统存在自激振荡。

（2）利用交点坐标值求取振荡幅值和频率。

```
>> %读出线性部分和非线性部分交点的坐标值，并利用坐标值求出振荡幅值和频率
w0=spline(img,w,-0.0785)          %当 imag=-0.0785 时所对应的 w 值
w0 =
    3.1921
>> x0=spline(real(disN2),x,-0.166)  %当 disN2 的实部为-0.166 时所对应的 x 值
x0 =
    2.3382
```

由系统中有 2.3sin(3.2t)的自激振荡。

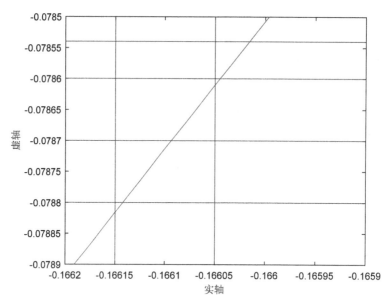

图 8-16 局部放大幅相图

（3）根据需要，建立如图 8-17 所示的 Simulink 模型。

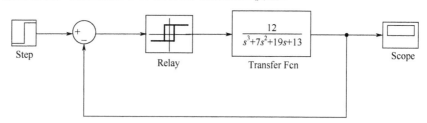

图 8-17 系统的 Simulink 仿真模型

根据需要，Step 模块的参数设置效果如图 8-18 所示，Relay 模块的参数设置效果如图 8-19 所示，Transfer Fcn 模块的参数设置效果如图 8-20 所示，其他参数采用默认值，运行仿真，效果如图 8-21 所示。

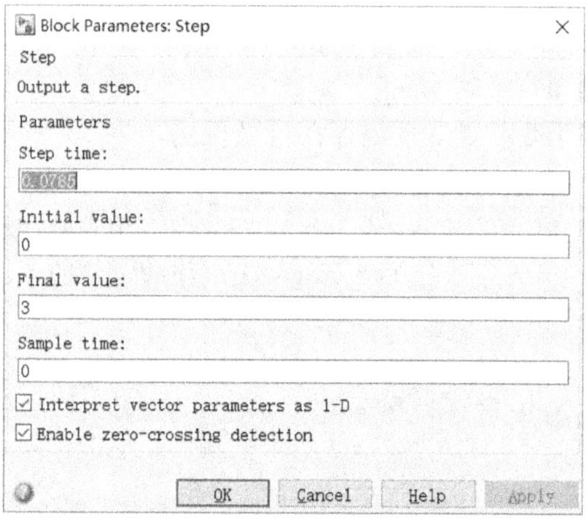

图 8-18 Step 模块的参数设置效果

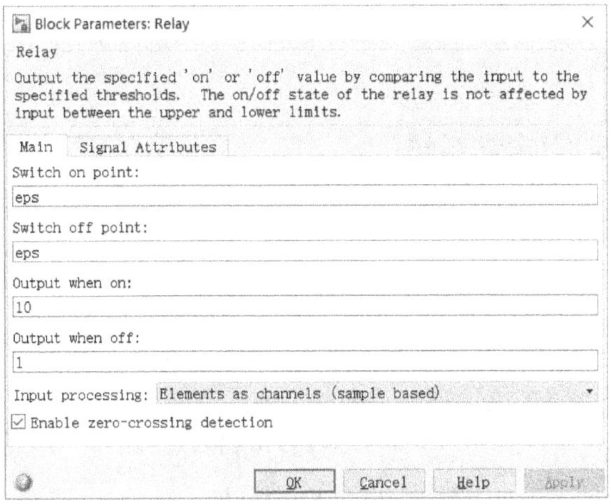

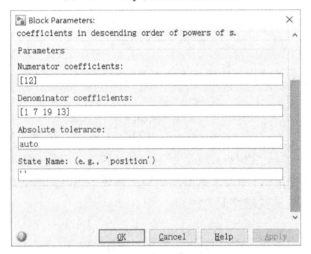

图 8-19 Relay 模块的参数设置效果

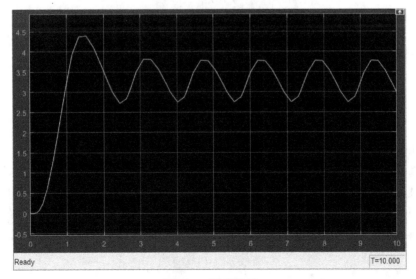

图 8-20 Transfer Fcn 模块的参数设置效果

图 8-21 仿真效果

由图 8-21 所示的仿真输出可见，系统中确实存在自激振荡，进一步证实了前面的分析。

8.3.3 非线性定时/定常系统

非线性定时或定常系统也是经常用到的系统，下面给予介绍。

1. 非线性时变系统

如果系统状态方程和输出方程显含了状态变量 x、输入 u 和时间 t 非线性关系式，则构成了非线性时变系统的状态空间模型，其形式为：

$$\begin{cases} x' = f(x,u,t) \\ y = g(x,u,t) \end{cases}$$

式中，x 为 n 维状态矢量；u 为 r 维输入矢量；y 为 m 维输出矢量；$f(x,u,t)$，$g(x,u,t)$ 为 n 维和 m 维关于状态矢量 x、输入矢量 u 和时间 t 的非线性矢量函数。

2. 非线性定常系统

如果非线性时变系统的状态空间模型中不显含时间变量 t，则成为非线性定常系统的状态空间模型：

$$\begin{cases} x' = f(x,u) \\ y = g(x,u) \end{cases}$$

式中，$f(x,u)$，$g(x,u)$ 为 n 维和 m 维关于状态矢量 x 和输入矢量 u 的非线性函数。这些非线性函数中不显含时间变量 t，即表示系统的结构和参数不随时间的变化而变化。

【例 8-4】已知系统的状态空间方程为：

$$\begin{bmatrix} x_1' \\ x_2' \end{bmatrix} = \begin{bmatrix} x_2 \\ -x_1 - (x_1^2 - 1)x_2 \end{bmatrix}$$

$$\{y\} = \begin{bmatrix} 1 & 0 \\ 0 & 1 \end{bmatrix} \begin{bmatrix} x_1 \\ x_2 \end{bmatrix}$$

初值为：

$$\begin{bmatrix} x_1(0) \\ x_2(0) \end{bmatrix} = \begin{bmatrix} 1 \\ 0 \end{bmatrix}$$

试建立系统的仿真框图。

解析：这是一个非线性定常系统模型，可以借助于信号分离模块和信号合成模块与标量乘法器建立非线性函数，仿真模型效果如图 8-22 所示。

在仿真模型中，Gain 及 Constant 模块的参数设置如图 8-22 所示，Integrator 模块的初始值设置为 1，其他模块采用默认参数，仿真参数也采用默认值，运行仿真，效果如图 8-23 所示。

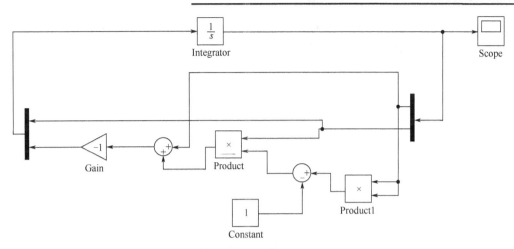

图 8-22 仿真模型效果

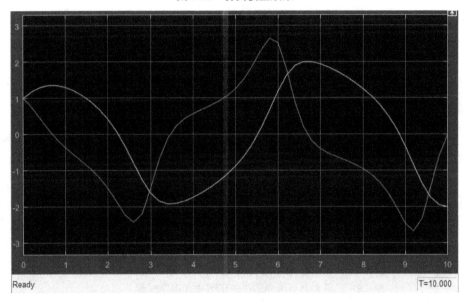

图 8-23 仿真效果

注意：也可以直接写成高阶微分方程形式来建立仿真框图，即
$$x'' = -x - (x^2 - 1)x'$$

8.3.4 饱和非线性环节仿真

在工程实践中，执行器由于无法传输无限大控制信号经常发生饱和现象。执行器饱和使得闭环系统的性能显著下降，对于开环不稳定系统甚至可能导致闭环系统不稳定。多起由执行器饱和引发的灾难事故促使人们渐渐重视并研究饱和现象。

在过去的几十年中，随着人们对饱和非线性研究的不断深入，饱和系统控制问题，包括镇定及抗饱和补偿器设计，获得了巨大发展。到目前为止，针对饱和系统镇定及抗饱和控制问题已经提出了许多不同的控制策略和有效的优化算法。然而，已有的控制策略及设计方法主要针对的是饱和线性系统。对于饱和非线性系统控制的研究成果相对较少且主要针对的是带有某种"可线性化"特征的饱和非线性系统，适用范围较窄。

由图 8-24 所示的饱和非线性环节的数学表达式为：

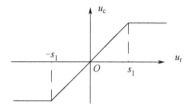

$$u_c = \begin{cases} -s_1 & (u_r \leqslant -s_1) \\ u_r & (-s_1 < u_r < s_1) \\ s_1 & (u_r \geqslant s_1) \end{cases}$$

图 8-24 饱和非线性环节图

根据上式可得到如图 8-25 所示的程序框图。

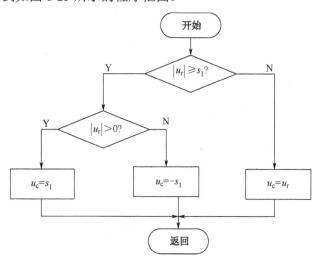

图 8-25 饱和非线性环节仿真程序框图

在 MATLAB 中，提供了 saturation 函数用于实现饱和非线性环节仿真。函数的调用格式为：

NL = saturation：创建用于估计 Hammerstein-Wiener 模型的默认饱和非线性估计器对象。线性间隔设置为[NaN NaN]。在使用 nlhw 的估计期间，从估计数据范围确定线性区间的初始值。如果需要，使用点符号自定义对象属性。

NL = saturation('LinearInterval',[a,b])：创建以线性间隔[a,b]初始化的饱和非线性估计器对象。等价于 NL = saturation([a,b])。

【例 8-5】利用 saturation 函数对 MATLAB 自带的模型实现饱和非线性环节仿真。

%估计 MIMO Hammerstein-Wiener 模型
>> load motorizedcamera;   %加载估计数据
%创建一个 iddata 对象，z 是具有 6 个输入和两个输出的数据对象
z = iddata(y,u,0.02,'Name','Motorized Camera','TimeUnit','s');

```
% 指定模型阶数和延迟。
Orders = [ones(2,6),ones(2,6),ones(2,6)];
%为每个输入通道指定相同的非线性估计量
InputNL = saturation;
%为每个输出通道指定不同的非线性估计量
OutputNL = [deadzone,wavenet];
%估计 Hammerstein-Wiener 模型
sys = nlhw(z,Orders,InputNL,OutputNL);
%查看估计的输入和输出非线性形状,绘制非线性
plot(sys)
```

运行程序,效果如图 8-26 所示。

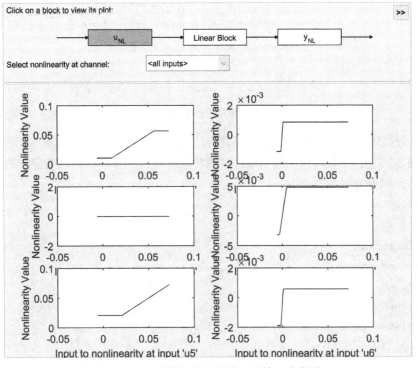

图 8-26 非线性饱和环节输入和输出仿真图

【例 8-6】含有饱和非线性环节的系统方框图如图 8-27 所示,初始状态为零,饱和非线性环节的饱和值 $c = 0.5$,试对系统含有饱和非线性环节的前后进行仿真,并绘制其单位阶跃响应曲线。

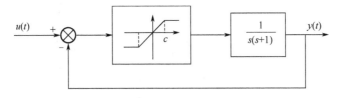

图 8-27 含有饱和非线性环节的系统方框图

解析：绘制系统含有饱和非线性环节前后的 Simulink 结构图分别如图 8-28（命名为 M8_6a.mdl）和图 8-29（命名为 M8_6b.mdl）所示。

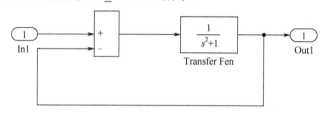

图 8-28　原系统的 Simulink 框图

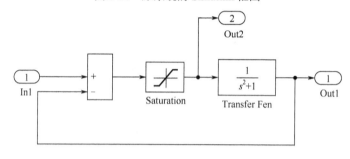

图 8-29　含有饱和非线性系统的 Simulink 框图

（2）运行程序，得到系统含有饱和非线性前后的单位阶跃响应曲线如图 8-30 所示，其中点画线表示图 8-28 所示单位阶跃响应曲线，实线表示图 8-29 所示单位阶跃响应曲线，图 8-31 为饱和非线性环节输出仿真曲线。

```
>> clear all;
t=[0:0.1:9.9]';
ut=[t,ones(size(t))];
[tt,xx,yy]=sim('M8_6a',10,[],ut);
plot(tt,yy,'r-.');
grid on; hold on;
[tt,xx,yy]=sim('M8_6b',10,[],ut);
plot(tt,yy(:,1));
hold off;
legend('原系统单位阶跃','含饱和非线环节单位阶跃');
figure;
plot(tt,yy(:,2));
grid on;
axis([0 10 0 0.6])
```

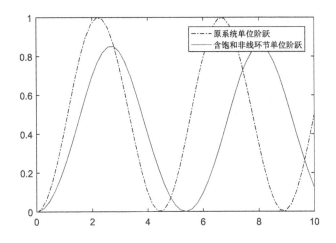

图 8-30　含饱和非线性环节的单位阶跃响应曲线

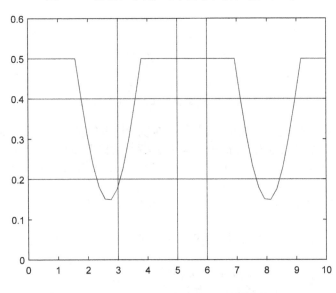

图 8-31　饱和非线性环节输出仿真曲线

8.3.5　死区非线性环节仿真

在控制装置中，放大器的不灵敏区，伺服阀和比例阀阀芯的正遮盖特性，传动元件静摩擦等造成的死区特性。典型死区非线性环节特性如图 8-32 所示。

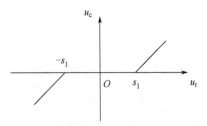

图 8-32　典型死区非线性环节特性

可用下面数学关系来描述：

$$u_c = \begin{cases} u_r + s_1 & (u_r \leqslant -s_1) \\ 0 & (-s_1 < u_r < s_1) \\ u_r - s_1 & (u_r \geqslant s_1) \end{cases}$$

式中，s_1 为死区特征参数，斜率为 1。

根据上式可得到如图 8-33 所示的程序框图。

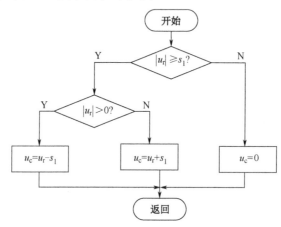

图 8-33 死区非线性环节仿真框图

在 MATLAB 中，提供了 deadzone 函数用于实现死区非线性环节仿真。函数的调用格式为：

NL = deadzone：创建用于估计 Hammerstein-Wiener 模型的默认死区非线性估计器对象。存在死区的间隔（零间隔）设置为[NaN NaN]。在使用 nlhw 的估计期间，从估计数据范围确定零间隔的初始值。如果需要，使用点符号自定义对象属性。

NL = deadzone('ZeroInterval',[a,b])：创建用零间隔初始化的死区非线性估计器对象。等价于 NL=deadzone([a,b])。

【例 8-7】利用 deadzone 函数对 MATLAB 自带的模型实现死区非线性环节仿真。

```
>> clear all;
%估计具有死区非线性的 Hammerstein-Wiener 模型
load twotankdata;        %载入数据
z = iddata(y,u,0.2,'Name','Two tank system');
z1 = z(1:1000);
%创建一个死区对象，并指定零间隔的初始猜测
OutputNL = deadzone('ZeroInterval',[-0.1 0.1])
%无输入非线性的估计模型
m = nlhw(z1,[2 3 0],[],OutputNL)
```

运行程序，输出如下：

Dead Zone:
    ZeroInterval: [-0.1000 0.1000]
m =Hammerstein-Wiener model with 1 output and 1 input
  Linear transfer function corresponding to the orders   nb = 2, nf = 3, nk = 0
  Input nonlinearity: absent
  Output nonlinearity: deadzone
Sample time: 0.2 seconds

Status:
Estimated using NLHW on time domain data "Two tank system".
Fit to estimation data: 86.08%
FPE: 0.0006269, MSE: 0.0006182

8.3.6 间隙非线性环节仿真

轮传动副和丝杠螺母传动副中存在传动间隙都属这一类非线性因素，它会对系统精度带来影响。间隙非线性环节特性如图 8-34 所示。

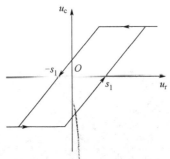

图 8-34 间隙非线性环节图

对应的间隙非线性环节的数学表达式为：

$$u_c = \begin{cases} u_r - s_1 & (\dot{u}_r > 0 \text{ 且 } \dot{u}_c > 0) \\ u_r + s_1 & (\dot{u}_r < 0 \text{ 且 } \dot{u}_c < 0) \\ u_{cs} & (\dot{u}_r < 0 \text{ 且 } \dot{u}_c = 0) \\ u_{rs} & (\dot{u}_r > 0 \text{ 且 } \dot{u}_c = 0) \end{cases}$$

对应的程序框图如图 8-35 所示。

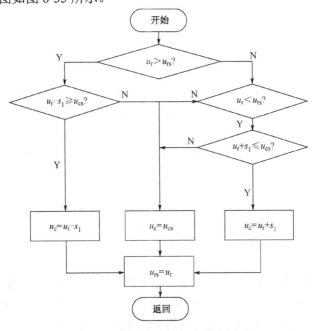

图 8-35 间隙非线性环节仿真框图

在 Simulink 中，提供了 Backlash 模块用于实现间隔非线性环节的仿真。

【例 8-8】通过建立一个简单的间隙非线性环节仿真框图，实现仿真。

建立的仿真框图如图 8-36 所示。

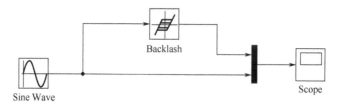

图 8-36　间隔非线性环节仿真框图

所有的模块参数及仿真参数采用默认值，运行仿真，效果如图 8-37 所示。

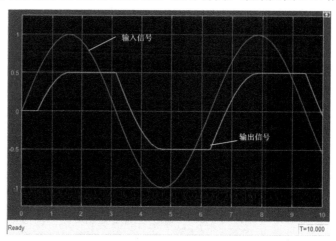

图 8-37　间隔非线性环节仿真效果

8.4　离散系统

与连续系统相似，离散系统的特性可在时域中用差分方程或冲激响应描述，也可以在频域中用频率响应。目前，离散系统最广泛的应用形式是以数字计算机为控制器的所谓的数字控制系统，其方框图如图 8-38 所示。

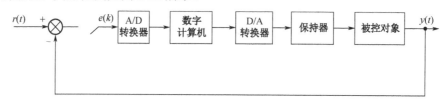

图 8-38　数字控制系统框图

模拟信号经过采样开关和 A/D 转换器，按一定的采样周期 T 转换为数字信号，经计算机或其他数字控制器处理后，再经采样保持器和 D/A 转换器将数字信号转换为模拟信号来控制被控对象，以实现数字控制，图 8-39 是对图 8-38 的简化。

第 8 章　MATLAB 非线性系统分析

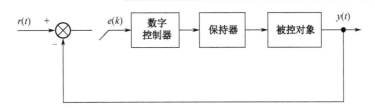

图 8-39　简化后的数字控制系统框图

离散系统的数学模型一般用差分方程和离散状态方程来描述。

8.4.1　差分方程法

差分方程是微分方程的离散化。一个微分方程不一定可以解出精确的解，而把它变成差分方程，就可以求出近似解来。连续系统的动态性能是由微分方程组描述的，而离散控制系统对系统中变量的测量是不连续的，只能测得这些变量在采样时间 $0, T, 2T, 3T, \cdots, nT$ 的数值，因此离散控制系统的动态性能是用差分方程描述的，其系统仿真的步骤如下。

（1）根据系统的结构图，在适当位置加设虚拟采样开关和保持器。

（2）将原系统转换成状态空间形式，并按指定的采样周期，依照离散化方法，将系统离散化，并得到离散化的状态方程，即系统的差分方程。

$$\begin{cases} x(k+1) = Gx(k) + Hu(k) \\ y(k) = Cx(k) + Du(k) \end{cases} (k = 0,1,2,\cdots)$$

（3）输入系统初始化参数，并根据差分方程编写仿真程序。

差分方程法的程序框图如图 8-40 所示。

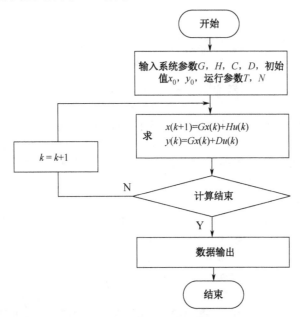

图 8-40　差分方程法的仿真程序图

根据差分方程及程序框图，编写 diffstate.m 函数实现差分方程法，源代码为：

function [t,xx]=diffstate(G,H,x0,u0,N,T)

```
    xk=x0;
    u=u0;
    t=0;
    for k=1:N
        xk=G*xk+H*u;
        x(:,k)=xk;
        xx=[x0,x];
        t=[t,k*T];
    end
```

【例 8-9】定常离散系统的状态方程为：

$$x(k+1)=\begin{bmatrix} 0 & 1 \\ -0.16 & -1 \end{bmatrix}x(k)+\begin{bmatrix} 1 \\ 1 \end{bmatrix}u(k)$$

给定初始状态为 $u(k)=1$，$x(0)=\begin{bmatrix} 1 \\ -1 \end{bmatrix}$，试求解 $x(k)$，并绘制其仿真曲线。

```
>> clear all;
G=[0 1;-0.16 -1];
H=[1 1]';
x0=[1 -1]';
u0=1;N=30;T=0.1;
[t,xx]=diffstate(G,H,x0,u0,N,T)
yk1=[1,0]*xx;
yk2=[0,1]*xx;
stairs(t,yk1);
grid on;
figure;stairs(t,yk2);
grid on;
```

运行程序，输出如下，效果如图 8-41 和图 8-42 所示。

```
t =
  列 0    0.1000   0.2000   0.3000   0.4000   0.5000   0.6000   0.7000   0.8000   0.9000   1.0000
  1.1000   1.2000   1.3000   1.4000   1.5000   1.6000   1.7000   1.8000   1.9000   2.0000   2.1000
  2.2000   2.3000   2.4000   2.5000   2.6000   2.7000   2.8000   2.9000   3.0000
xx =
  1 至 15 列
  1.0000        0   2.8400   0.1600   2.3856   0.5888   2.0295   0.8763   1.7990   1.0608   1.6514
  1.1789   1.5569   1.2545   1.4964
  -1.0000   1.8400  -0.8400   1.3856  -0.4112   1.0295  -0.1237   0.7990   0.0608   0.6514
  0.1789   0.5569   0.2545   0.4964   0.3029
  16 至 31 列
  1.3029   1.4577   1.3338   1.4329   1.3537   1.4171   1.3663   1.4069   1.3745
  1.4004   1.3797   1.3963   1.3830   1.3936   1.3851   1.3919
  0.4577   0.3338   0.4329   0.3537   0.4171   0.3663   0.4069   0.3745   0.4004
  0.3797   0.3963   0.3830   0.3936   0.3851   0.3919   0.3865
```

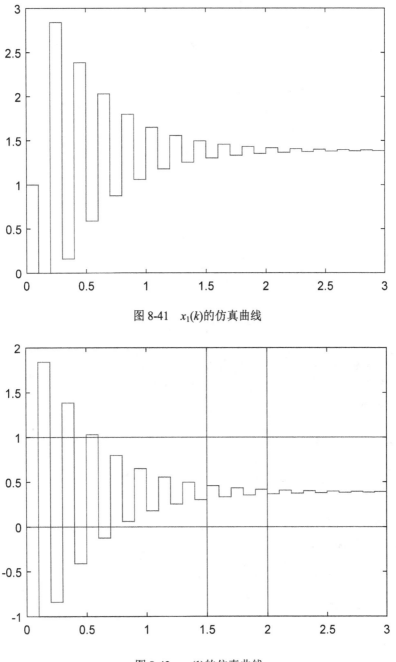

图 8-41　$x_1(k)$ 的仿真曲线

图 8-42　$x_2(k)$ 的仿真曲线

8.4.2　Z 变换

　　Z 变换将离散系统时域数学模型的差分方程转化为较简单的频域数学模型——代数方程，以简化求解过程的一种数学工具。Z 是个复变量，它具有实部和虚部，常以极坐标形式表示，即 $Z=re^{j\Omega}$，其中，r 为幅值，Ω 为相角。以 Z 的实部为横坐标，虚部为纵坐标构成的平面称为 Z 平面，即离散系统的复域平面。离散信号系统的系统函数（或称传递函数）一般均以该系统对单位抽样信号响应的 Z 变换表示。由此可见，Z 变换在离散系统中的地位与作用类似于连续系统中的拉氏变换。

Z 变换是分析设计离散系统的重要工具之一，它在离散系统中的作用与拉氏变换在连续系统中的作用是相似的。

下面直接通过实例来演示 Z 变换法对离散系统进行仿真。

【例 8-10】 系统如图 8-43 所示，试求零初始条件下系统的开环和闭环离散化状态方程，并绘制系统的单位阶跃响应曲线。

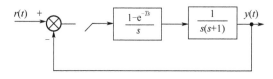

图 8-43 离散系统的框图

实现步骤如下。

（1）求系统开环和闭环离散化状态方程。

```
>> clear all;
num=[1];
den=conv([1 0],[1,1]);
[A,B,C,D]=tf2ss(num,den);
g=ss(A,B,C,D);
N=fliplr(eye(2));
g=ss2ss(g,N);
[A,B,C,D]=ssdata(g);
T=0.1;
[G,H]=c2d(A,B,T);
G=G-H*C,
H=H,C=C,D=D;
```

运行程序，输出如下：

```
G =
    0.9952    0.0952
   -0.0952    0.9048
H =
    0.0048
    0.0952
C =
    1    0
```

即系统的开环离散化状态方程为：

$$x(k+1) = \begin{bmatrix} 0.9552 & 0.0952 \\ -0.0952 & 0.9048 \end{bmatrix} x(k) + \begin{bmatrix} 0.0048 \\ 0.0952 \end{bmatrix} u(k)$$

系统的闭环离散化状态方程为：

$$x(k+1) = [1 \quad 0]x(k) + \begin{bmatrix} 0.0048 \\ 0.0952 \end{bmatrix} u(k)$$

(2) 绘制闭环离散化系统的仿真曲线。

```
>> dstep(G,H,G,D)
>> grid on;
```

运行程序,效果如图 8-44 所示。

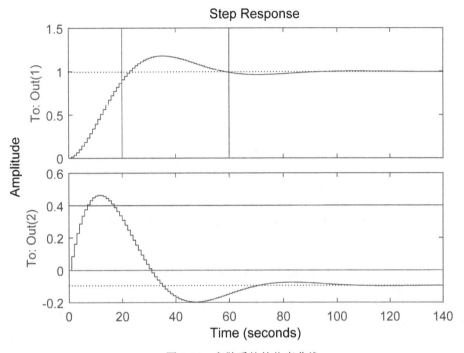

图 8-44 离散系统的仿真曲线

下面通过一个实例来演示 Simulink 离散系统的仿真。

【例 8-11】系统的 Simulink 结构图如图 8-45 所示,并命名为 M8_10.mdl,试对离散线性系统进行仿真并求取其频域指标。

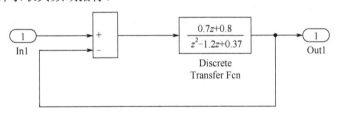

图 8-45 二阶离散系统的 Simulink 框图

双击图 8-45 中的 Discrete Transfer Fcn 模块,其参数设置如图 8-46 所示。

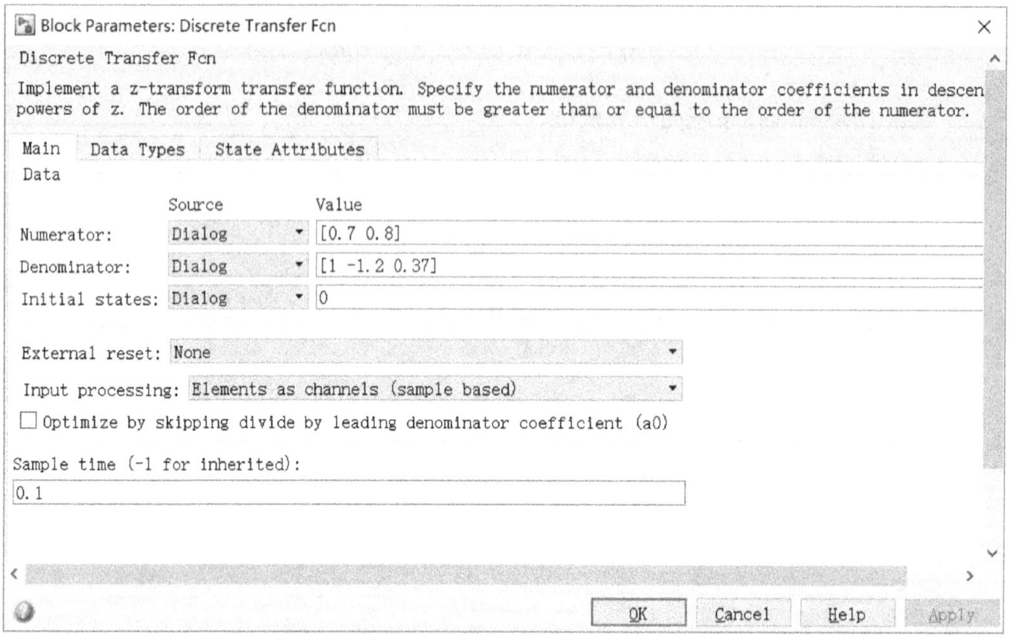

图 8-46 Discrete Transfer Fcn 模块参数设置

在命令窗口中输入以下代码,得到离散系统的仿真曲线图。

```
>> clear all;
t=[0:0.1:9.9]';
ut=[t,ones(size(t))];
[tt,xx,yy]=sim('M8_10',3,[],ut);
stairs(tt,yy);
grid on;
num=[0.7 0.8];
den=[1 -1.2 0.37];
[mag,phase,w]=dbode(num,den,0.1);
[gm,pm,wcg,wcp]=margin(mag,phase,w)
```

运行程序,输出如下,效果如图 8-47 所示。

gm =
    0.7884
pm =
    -10.6033
wcg =
    12.3988
wcp =
    13.9939

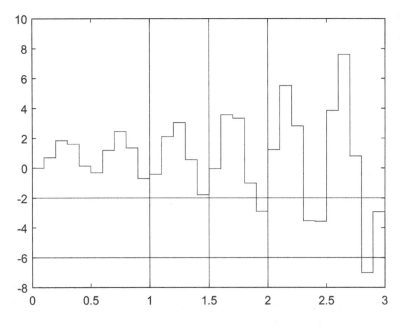

图 8-47 二阶离散系统的阶跃响应曲线

8.5 S-函数

S-函数（S-Function）是一个动态系统的计算机语言描述，在 MATLAB 里，用户可以选择用 M 文件编写，也可以用 C 或 MEX 文件编写。其最广泛的用途是定制用户自己的 Simulink 模块。它的形式十分通用，能够支持连续系统、离散系统和混合系统。

8.5.1 S-函数的含义

理解下面与 S-函数相关的几个概念，对于读者理解 S-函数的概念与编写都非常有益。

1. 直接馈通

直接馈通是指输出（或者是对于变步长采样块的可变步长）直接受控于一个输入口的值。有一条很好的经验方法来判断输入是否为直接馈通，如果：

输出函数（mdlOutputs 或 flag==3）是输入 u 的函数，即如果输入 u 在 mdlOutputs 中被访问，则存在直接馈通。输出也可以包含图形输出，类似于一个 XY 绘图板。

对于一个变步长 S-Function 的"下一步采样时间"函数（mdlGetTimeOfNextVarHit 或 flag==4）中可以访问输入 u。

2. 动态维矩阵

S-Function 可编写成支持任意维的输入。在这种情况下，当仿真开始时，根据驱动 S-Function 的输入向量的维数动态确定实际输入的维数。输入的维数也可以用来确定连续状态的数量、离散状态的数量，以及输出的数量。

M 文件的 S-Function 只可有一个输入端口，而且输入端口只能接收一维（向量）的信号输入。但是，信号的宽度是可以变化的。在一个 M 文件的 S-Function 内，如果要指示输入宽度是动态的，则必须将数据结构 sizes 中相应的域值指定为-1，结构 sizes 是在调用 mdlInitializeSizes 时返回的一个结构。当 S-Function 通过使用 length(u)来调用时，可以确定实际输入的宽度。如果指定为 0 宽度，则 S-Function 模块中将不出现输入端口。

3．采样时间和偏移量

M 文件与 MEX 文件的 S-Function 在指定 S-Function 何时执行上都具有高度的灵活性。Simulink 对于采样时间提供如下选项。

（1）连续采样时间：用于具有连续状态和/或非过零采样的 S-Function。对于这种类型的 S-Function，其输出在每个微步上变化。

（2）连续但微步长固定的采样时间：用于需要在每一个主仿真步上执行，但在微步长内值不发生变化的 S-Function。

（3）离散采样时间：如果 S-Function 模块的行为是离散时间间隔的函数，那么可以定义一个采样时间来控制 Simulink 何时调用该模块。也可以定义一个偏移量来延迟每个采样时间点。偏移量的值不可超过相应采样时间的值。

采样时间点发生的时间按照以下公式来计算：

TimeHit=(n*period)+offset

其中，n 为整数，是当前仿真步。n 的起始值总为 0。

如果定义了一个离散采样时间，Simulink 在每个采样时间点时调用 S-Function 的 mdlOutput 和 mdlUpdate。

（4）可变采样时间：采样时间间隔变化的离散采样时间。在每步仿真的开始，具有可变采样时间的 S-Function 需要计算下一次采样点的时间。

（5）继承采样时间：有时 S-函数模块没有专门的采样时间特性（即它既可以是连续的也可以是离散的，取决于系统中其他模块的采样时间）。

8.5.2 S-函数模块

在 Simulink 浏览器中的 User Defined Function 库中有一个 S-函数模块，用户可以利用该模块在模型中创建 S-函数。一般来说，创建包含 S-函数的 Simulink 模型可通过如下步骤实现：

（1）打开 Simulink 模块浏览器，将 User Defined Function 库中的 S-函数模块复制到用户新建的模型窗口中。

（2）双击 S-函数模块，打开其模块参数设置对话框，如图 8-48 所示，设置 S-函数参数。

在 S-function name（文件名）文本框中填写 S-函数不带扩展名的文件名，在 S-function parameters（参数编辑框）文本框中填写 S-Function 所需要的参数，参数并列给出，参数间以逗号分隔开，且文件名文本框不能为空。

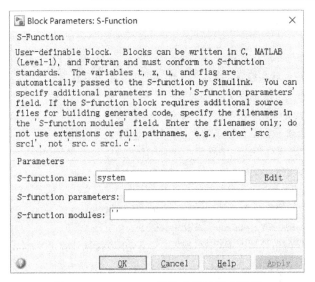

图 8-48 S-Function 模块参数设置对话框

（3）创建 S-Function 源代码，单击 S-Function 模块参数设置对话框中的"Edit"按钮，即可打开源代码编辑窗口，其效果如图 8-49 所示。

（4）在 Simulink 仿真模型中，连接模块，进行仿真。

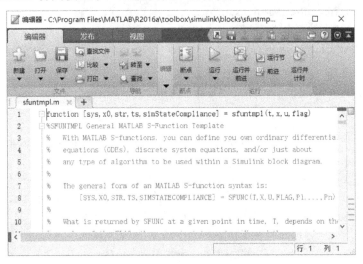

图 8-49 源代码的 M 文件编辑窗口

8.5.3 S-函数模板

下面详细分析模板 sfuntmp1.m 中的代码，该模板程序存放在 toolbox\simulink\blocks 目录下（原代码中的注释已删除，为方便分析，添加了一些中文注释）。用户可从这个模板出发构建自己的 S 函数。

S-Function 模板文件如下：

function [sys,x0,str,ts,simStateCompliance] = sfuntmpl(t,x,u,flag)
%输入参数 t,x,u,flag

```
%t 为采样时间
% x 为状态变量
% u 为输入变量
% flag 为仿真过程中的状态标量,共有 6 个不同的取值,分别代表 6 个不同的子函数
%返回参数 sys,x0,str,ts,simStateCompliance
% x0 为状态变量的初始值
% sys 用于向 Simulink 返回直接结果的变量,随 flag 的不同而不同
% str 为保留参数,一般在初始化中置空,即 str=[]
% ts 为一个 1×2 的向量,ts(1)为采样周期,ts(2)为偏移量
switch flag,        %判断 flag,查看当前处于哪个状态
   case 0,  %表处于初始化状态,调用函数 mdlInitializeSizes
      [sys,x0,str,ts,simStateCompliance]=mdlInitializeSizes;
   case 1,         %表调用计算连续状态的微分
      sys=mdlDerivatives(t,x,u);
   case 2,         %表调用计算下一个离散状态
      sys=mdlUpdate(t,x,u);
   case 3,         %表调用计算输出
      sys=mdlOutputs(t,x,u);
   case 4,         %调用计算下一个采样时间
      sys=mdlGetTimeOfNextVarHit(t,x,u);
   case 9,         %结束系统仿真任务
      sys=mdlTerminate(t,x,u);
   otherwise
      DAStudio.error('Simulink:blocks:unhandledFlag', num2str(flag));
end

% mdlInitializeSizes 定义 S-function 模块的基本特性,包括采样时间、连续或离散状态的初始条件和
sizes 数组
function [sys,x0,str,ts,simStateCompliance]=mdlInitializeSizes
   sizes = simsizes;          %用于设置模块参数的结构体,调用 simsizes 函数生成
   sizes.NumContStates   = 0; %模块连续状态变量的个数,0 为默认值
   sizes.NumDiscStates   = 0; %模块离散状态变量的个数,0 为默认值
   sizes.NumOutputs      = 0; %模块输出变量的个数,0 为默认值
   sizes.NumInputs       = 0; %模块输入变量的个数
   sizes.DirFeedthrough = 1;   %模块是否存在直接贯通
   sizes.NumSampleTimes = 1;  %模块的采样时间个数,1 为默认值
   sys = simsizes(sizes);      %初始化后的构架 sizes 经过 simsizes 函数运算后向 sys 赋值
   x0  = [];   %向量模块的初始值赋值
   str = [];
   ts  = [0 0];
   simStateCompliance = 'UnknownSimState';

function sys=mdlDerivatives(t,x,u)      %编写计算导数向量的命令
```

```
sys = [];
function sys=mdlUpdate(t,x,u)          %编写计算更新模块离散状态的命令
sys = [];

function sys=mdlOutputs(t,x,u)         %编写计算模块输出向量的命令
sys = [];


function sys=mdlGetTimeOfNextVarHit(t,x,u)   %以绝对时间计算下一个采样点的时间,该函数只在变
采样时间条件下使用
sampleTime = 1;
sys = t + sampleTime;
function sys=mdlTerminate(t,x,u)    %结束仿真任务
sys = [];
```

上述程序代码还多次引用系统函数 simsizes,该函数保存在 toolbox\simulink\simulink 路径下,函数的主要目的是设置 S-Function 的大小,代码为:

```
function sys=simsizes(sizesStruct)
switch nargin,
  case 0,   % 返回结构大小
    sys.NumContStates  = 0;
    sys.NumDiscStates  = 0;
    sys.NumOutputs     = 0;
    sys.NumInputs      = 0;
    sys.DirFeedthrough = 0;
    sys.NumSampleTimes = 0;
  case 1,   % 数组转换
    % 假如输入为一个数组,即返回一个结构体大小
    if ~isstruct(sizesStruct),
      sys = sizesStruct;
      % 数组的长度至少为 6
      if length(sys) < 6,
          DAStudio.error('Simulink:util:SimsizesArrayMinSize');
      end
      clear sizesStruct;
      sizesStruct.NumContStates  = sys(1);
      sizesStruct.NumDiscStates  = sys(2);
      sizesStruct.NumOutputs     = sys(3);
      sizesStruct.NumInputs      = sys(4);
      sizesStruct.DirFeedthrough = sys(6);
      if length(sys) > 6,
          sizesStruct.NumSampleTimes = sys(7);
      else
          sizesStruct.NumSampleTimes = 0;
      end
```

```
            else
                % 验证结构大小
                sizesFields=fieldnames(sizesStruct);
                for i=1:length(sizesFields),
                    switch (sizesFields{i})
                        case { 'NumContStates', 'NumDiscStates', 'NumOutputs',...
                                'NumInputs', 'DirFeedthrough', 'NumSampleTimes' },
                        otherwise,
                            DAStudio.error('Simulink:util:InvalidFieldname', sizesFields{i});
                    end
                end
                sys = [...
                    sizesStruct.NumContStates,...
                    sizesStruct.NumDiscStates,...
                    sizesStruct.NumOutputs,...
                    sizesStruct.NumInputs,...
                    0,...
                    sizesStruct.DirFeedthrough,...
                    sizesStruct.NumSampleTimes ...
                ];
            end
        end
```

8.5.4 S-函数的实现

用 S-Function 模板实现一个离散系统时，首先对 mdlInitializeSizes 子函数进行修改，声明离散状态的个数，对状态进行初始化，确定采样时间等。然后再对 mdlUpdate 和 mdlOutputs 子函数做适当修改，分别输入要表示的系统离散状态方程和输出方程即可。

【例 8-12】 给定一个离散时间系统的传递函数 $H(z)$，试用 S-Function 模块进行实现，仿真得出系统的离散冲激响应，用 Simulink 基本离散系统库中的传递函数模块和状态方程模块同时实现并进行对比验证。设系统的传递函数为：

$$H(z) = \frac{2z+1}{z^2 + 0.5z + 0.8}$$

首先要根据传递函数求出系统的状态空间方程。可先做出系统的信号流图，然后由梅森规则得出状态空间方程。但 MATLAB 的信号处理工具箱中还有实现传递函数与状态空间方程相互转换的函数 tf2ss 可直接利用，其调用语法是：

[A, B, C, D]=tf2ss (b, a)

其中，输入参数 b 为传递函数的分子多项式系数向量；a 为其分母多项式的系数向量。对连续系统的传递函数也可用 tf2ss 转换为状态空间方程，输出变量 A、B、C、D 分别为状态空间方程的 4 个系数矩阵。

（1）模板文件

根据需要，编写以下模板文件 M4_11fun.m，代码为：

```
function [sys,x0,str,ts]= M8_11fun(t,x,u,flag,b,a)
%离散系统传递函数的 S- function 实现
%参数 b,a 分别为 H(z)分母、分子多项式的系数向量
[A,B,C,D]=tf2ss(b,a);    %将 H(z)转换为状态空间方程系数矩阵
switch flag
    case 0,  %flag=0 初始化
        sizes = simsizes;                    %获取 Simulink 仿真变量结构
        sizes.NumContStates  = 0;            %连续系统的状态数为 0
        sizes.NumDiscStates = size(A,1);     %设置离散状态变量的个数
        sizes.NumOutputs = size(D,1);        %设置系统输出变量的个数
        sizes.NumInputs =size(D,2);          %输入信号数目是自适应的
        sizes.DirFeedthrough = 1;            %设置系统是直通
        sizes.NumSampleTimes = 1;            % 这里必须为 1
        sys = simsizes(sizes);               %设置系统参数
        str =[]; %通常为空矩阵
        x0=zeros(sizes.NumDiscStates,1);     %零状态
        ts  = [-1 0];                        %采样时间由外部模块给出
    case 2,            %flag=2 离散状态方程计算
        sys=A*x+B*u;
    case 3,            %flag=3 输出方程计算
        sys=C*x+D*u;
    case {1,4,9},      %其他不处理的 flag
        sys=[];        %flag 为其他值时，返回 sys 为空矩阵
    otherwise          %异常处理
        error(['Unhandled flag= ',num2str(flag)]);
end
```

（2）建立仿真模型

根据以下所述建立如图 8-50 所示的 Simulink 仿真模型，命名为 M8_11.mdl。

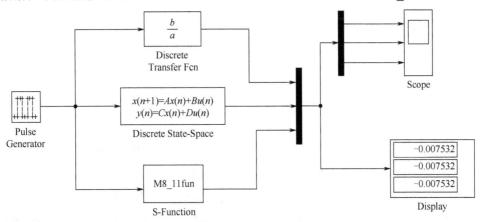

图 8-50　仿真模型框图

(3) 模块参数设置

图 8-50 中 Pulse Generator 模块的参数对话框设置效果如图 8-51 所示。

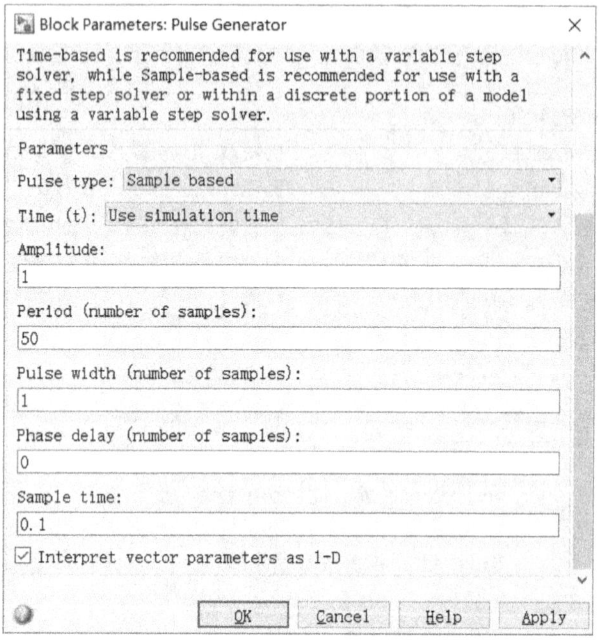

图 8-51 Pulse Generator 模块参数设置

图 8-50 中 Discrete Transfer Fcn 模块的参数对话框设置效果如图 8-52 所示。

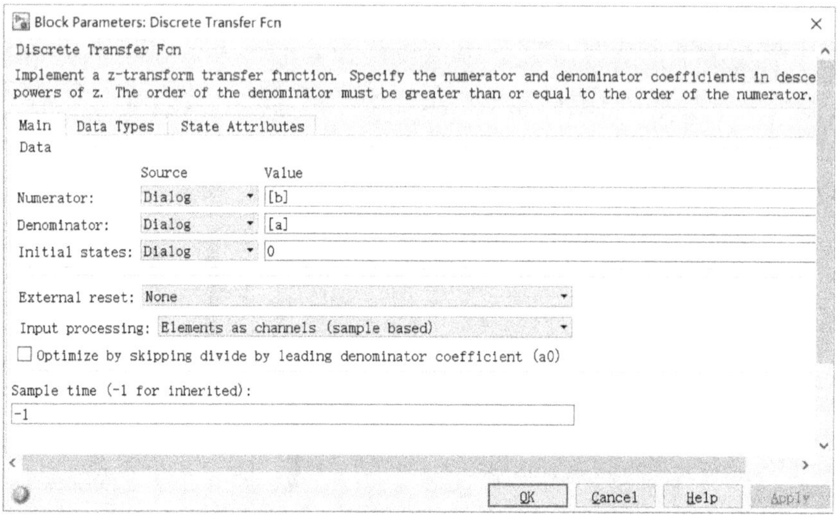

图 8-52 Discrete Transfer Fcn 模块参数设置

图 8-50 中的 Discrete State-Space 模块的参数对话框设置效果如图 8-53 所示。

图 8-50 所示仿真模型中的 S-function 模块,在弹出参数对话框中的"S-function name"文本框中输入 M8_11fun,在"S-function parameters"文本框中输入 b、a,效果如图 8-54 所示。

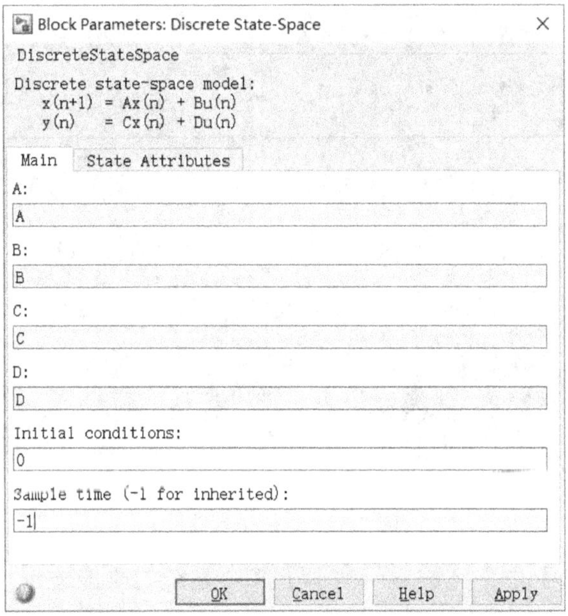

图 8-53　Discrete State-Space 模块参数设置

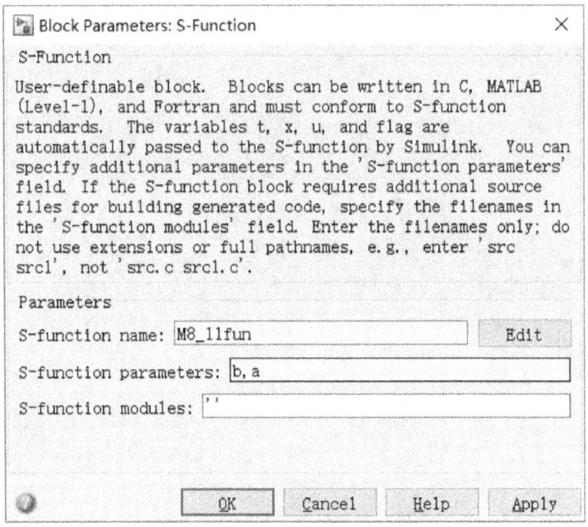

图 8-54　S-function 模块参数设置

还可利用 Sources 库中的 Display 模块来显示信号线上的当前仿真值，仿真采用固定步长，步长为 0.1s。测试系统如图 8-50 所示。

（4）运行仿真

系统的仿真参数采用默认值，在执行仿真之前，在 MATLAB 命令窗口中输入如下代码，然后单击仿真模型窗口中的 ⏵ 按钮，得到的仿真效果如图 8-55 所示。

```
>>b=[2 1];              %H(z)的分子
a=[1 0.5 0.8];          %分母
[A,B,C,D]=tf2ss(b,a);   %转换为状态方程
```

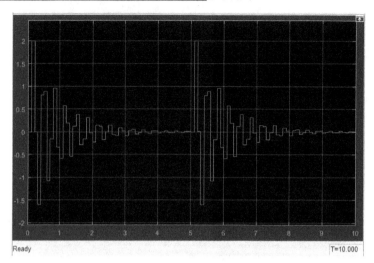

图 8-55 系统仿真效果

在图 8-55 中给出了仿真完成后示波器上 3 个系统的响应波形,显然这 3 个系统是等价的。

第 9 章 MATLAB 状态空间控制系统分析

1940—1950 年，以频域方法为基础建立了古典控制理论，其特征如下。
（1）以传递函数作为描述"受控对象"动态过程的数学模型，进行系统分析与综合。
（2）适用范围仅限于线性、定常（时不变）、确定性的、集中参数的单变量（单输入/单输出，简称 SISO，Single-Input Single-Output）系统。
（3）能解决的问题是以系统稳定性为核心的动态品质。

但其主要局限如下。
（1）经典控制理论建立的输入与输出关系，描述的只是系统的外部特性，并不能完全反映系统内部的动态特征。
（2）传递函数描述只考虑零初始条件，难以反映非零初始条件对系统性能的影响。

以 20 世纪 50 年代兴起的航天技术为代表的更加复杂的控制对象是一个多变量系统（多输入多输出，简称 MIMO，Multi-Input Multi-Output），有的控制对象具有非线性和时变特性，甚至具有不确定的、分布参数特性等。在控制目标上，希望能解决在某种目标函数意义下的最优化问题，如最少燃料消耗、最短时间等。所有这些都给包括"系统建模"和"控制方法"等在内的"理论"和"方法"提出了新问题，这些问题是古典控制理论所不能解决的。现代控制理论应运而生。

在 1960 年召开的美国自动化大会上正式确定了"现代控制理论（Modern Control Theory）"名称。"现代控制理论"是以建立在时域基础上的"状态空间模型"作为描述受控对象动态过程的数学模型，在某种意义上，"现代控制理论"是以"最优控制"为核心的控制理论。

9.1 状态空间控制系统概述

在经典控制理论中，采用 n 阶微分方程作为对控制系统输入量 $u(t)$ 和输出量 $y(t)$ 之间的时域描述，或者在零初始条件下，对 n 阶微分方程进行拉普拉斯（Laplace）变换，得到传递函数作为对控制系统的频域描述，传递函数建立了系统输入量 $U(s) = L[u(t)]$ 和输出量 $Y(s) = L[y(t)]$ 之间的关系。传递函数只能描述系统的外部特性，不能完全反映系统内部的动态特征，并且由于只考虑零初始条件，难以反映系统非零初始条件对系统的影响。

现代控制理论是建立在"状态空间"基础上的控制系统分析和设计理论，它用"状态变量"来刻画系统的内部特征，用"一阶微分方程组"来描述系统的动态特性。系统的状态空间模型描述了系统输入/输出与内部状态之间的关系，揭示了系统内部状态的运动规律，反映了控制系统动态特性的全部信息。

考虑线性、定常、连续控制系统，其状态空间描述为：

$$\begin{cases} \dot{x} = Ax + Bu \\ y = Cx \end{cases}, \quad x(t_0) = x_0, \quad t \geqslant t_0 \tag{9-1}$$

其中，$A \in R^{n \times n}$ 为系统矩阵；$B \in R^{n \times r}$ 为输入矩阵；$C \in R^{m \times n}$ 为输出矩阵；$u \in R^{r \times 1}$ 为输入向量；$x \in R^{n \times 1}$ 为状态向量；$y \in R^{m \times 1}$ 为输出向量。且 A, B, C 为给定的常数阵，其框图如图 9-1 所示。

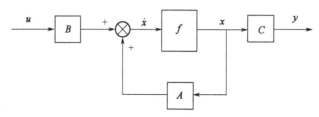

图 9-1 受控系统的结构图

系统设计问题是寻找一个控制作用 $u(t)$，使得在其作用下系统运动的行为满足预先所给出的期望性能指标。设计问题中的性能指标可分为非优化型性能指标和优化型性能指标两种类型。

1. 非优化型指标

非优化型指标是一类不等式型指标，即只要性能指标值达到或好于期望性能指标值就算实现了设计目标，常用的非优化型指标有：

（1）以一组期望的闭环极点作为性能指标，相应的设计问题称为极点配置问题。

（2）以使一个多输入-多输出系统实现"一个输入只控制一个输出"作为性能指标，相应的设计问题称为解耦控制问题。

（3）以使系统的输出 $y(t)$ 跟踪一个外部信号 $y_r(t)$，跟踪误差小于给定值，作为性能指标，相应的设计问题称为跟踪（或伺服）问题。

（4）以使系统的状态 $x(t)$（或输出 $y(t)$）在外部扰动或其他因素影响下保持其设定值作为性能指标，相应的设计问题称为调节问题。

2. 优化型指标

优化型指标则是一类极值型的指标，设计目标是要使性能指标在所有可能中取得极小（或极大）值。

性能指标常取一个相对于状态 $x(t)$ 和控制 $u(t)$ 的二次型积分性能指标，其形式为：

$$J = \frac{1}{2} x^T(t_f) \cdot F \cdot x(t_f) + \frac{1}{2} \int_{t_0}^{t_f} [x^T(t) \cdot Q \cdot x(t) + u^T(t) \cdot R \cdot u(t)] dt$$

式中，$F \in R^{n \times n}$ 为半正定对称常数的终端加权矩阵；$Q \in R^{n \times n}$ 为半正定对称常数的状态加权矩阵；$R \in R^{r \times r}$ 为正定对称常数的控制加权矩阵；t_f 为终止时刻；t_0 为初始时刻。

设计的任务是确定一个控制 $u^*(t)$，使得相应的性能指标 $J[u^*(t)]$ 取得极小值。

从线性系统理论可知，许多设计问题所得到的控制规律常具有状态反馈的形式。但是由于状态变量为系统的内部变量，通常并不是每一个状态变量都是可以直接测量的。这一矛盾的解决途径是：利用可测量变量（如输入 $u(t)$ 和输出 $y(t)$）构造出不能测量的状态，相应的理论问题称为状态重构问题，即状态观测器问题。

9.2 状态的基本概念

在介绍现代控制理论之前，我们需要定义状态、状态变量、状态向量和状态空间。

1．状态

动态系统的状态是系统的最小一组变量，称为状态变量，只要知道了在 $t=t_0$ 时的一组变量和 $t \geqslant t_0$ 时的输入量，就能够完全确定系统在任何时间 $t \geqslant t_0$ 时的行为。

状态这个概念决不限于在物理系统中的应用，它还适用于生物学系统、经济学系统、社会学系统和其他一些系统。

2．状态变量

动态系统的状态变量是确定动态系统状态的最小一组变量。如果至少需要 n 个变量才能完全描述动态系统的行为（即一旦给出 $t \geqslant t_0$ 时的输入量，并且给定 $t=t_0$ 时的初始状态，就可以完全确定系统的未来状态），则这 n 个变量就是一组状态变量。

状态变量未必是物理上可测量的或可观察的量。某些不代表物理量的变量，它们既不能测量，也不能观察，但是却可以被选为状态变量。这种在选择状态变量方面的自由性，是状态空间法的一个优点。

3．状态向量

如果完全描述一个给定系统的行为需要 n 个状态变量，那么这 n 个状态变量可以看作向量 X 的 n 个分量，该向量称为状态向量。状态向量是这样一种向量，一旦 $t=t_0$ 时的状态给定，并且给出 $t \geqslant t_0$ 时的输入 $u(t)$，则任意时间 $t \geqslant t_0$ 时的系统状态 $x(t)$ 便可以唯一确定。

4．状态空间

由 n 个状态变量 $x_1(t), x_2(t), \cdots, x_n(t)$ 所张成的 n 维欧氏空间，称为状态空间。任何状态都可以用状态空间中的一点来表示。

9.3 状态空间方程

在状态空间分析中，涉及三种类型的变量，它们包含在动态系统的模型中。这三种变量分别是输入变量、输出变量和状态变量。对于一个给定的系统，其状态空间表达式不是唯一的，但是对于同一系统的任何一种不同的状态空间表达式而言，其状态变量的数量是相同的。

假设多输入、多输出 n 阶系统中，r 个输入量为 $u_1(t), u_2(t), \cdots, u_n(t)$，$m$ 个输出量为 $y_1(t), y_2(t), \cdots, y_n(t)$，$n$ 个状态变量为 $x_1(t), x_2(t), \cdots, x_n(t)$。

于是可以用下列方程描述系统：

$$\begin{cases} \dot{x}_1(t) = f_1[x_1(t), x_2(t), \cdots, x_n(t); u_1(t), u_2(t), \cdots, u_r(t); t] \\ \dot{x}_2(t) = f_2[x_1(t), x_2(t), \cdots, x_n(t); u_1(t), u_2(t), \cdots, u_r(t); t] \\ \vdots \\ \dot{x}_n(t) = f_n[x_1(t), x_2(t), \cdots, x_n(t); u_1(t), u_2(t), \cdots, u_r(t); t] \end{cases}$$

输出方程为：

$$\begin{cases} y_1(t) = g_1[x_1(t), x_2(t), \cdots, x_n(t); u_1(t), u_2(t), \cdots, u_r(t); t] \\ y_2(t) = g_2[x_1(t), x_2(t), \cdots, x_n(t); u_1(t), u_2(t), \cdots, u_r(t); t] \\ \vdots \\ y_m(t) = g_m[x_1(t), x_2(t), \cdots, x_n(t); u_1(t), u_2(t), \cdots, u_r(t); t] \end{cases}$$

用向量形式描述如下。

状态方程：$\dot{x}(t) = f[x(t), u(t), t]$

输出方程：$y(t) = g[x(t), u(t), t]$

其中，$x(t) = \begin{bmatrix} x_1(t) \\ x_2(t) \\ \vdots \\ x_n(t) \end{bmatrix}$，$g = \begin{bmatrix} g_1 \\ g_2 \\ \vdots \\ g_m \end{bmatrix}$，$f = \begin{bmatrix} f_1 \\ f_2 \\ \vdots \\ f_n \end{bmatrix}$。

9.4 状态空间表达式的标准型

考虑由下式定义的系统：

$$y^{(n)} + a_1 y^{(n-1)} + \cdots + a_{n-1}\dot{y} + a_n y = b_0 u^{(n)} + b_1 u^{(n-1)} + \cdots + b_{n-1}\dot{u} + b_n u \qquad (9\text{-}2)$$

式中，u 为输入，y 为输出。

该式也可写为：

$$\frac{Y(s)}{U(s)} = \frac{b_0 s^n + b_1 s^{n-1} + b_{n-1} s + b_n}{s^n + a_1 s^{n-1} + \cdots + a_{n-1} s + a_n} \qquad (9\text{-}3)$$

下面给出由式（9-2）或式（9-3）定义的系统状态空间表达式之能控标准型、能观标准型和对角（或 Jordan 形）标准型。

9.4.1 对角标准型

对角标准型系统矩阵 $\tilde{A}$ 为对角矩阵时，即

$$\tilde{A} = \begin{bmatrix} \lambda_1 & & & & \\ & \lambda_2 & & & \\ & & \ddots & & \\ & & & \ddots & \\ & & & & \lambda_n \end{bmatrix} \qquad (9\text{-}4)$$

即称 $\sum(\tilde{A},\tilde{B},\tilde{C},\tilde{D})$ 为对角标准型。

由线性代数知识可知，矩阵 A 可化为对角标准型的充分必要条件是：系数矩阵 A 具有 n 个特征值，并且由这 n 个线性无关的特征向量组成变换矩阵，分为两种情况：

（1）系数矩阵有 n 个互相不相同的特征值 λ_i，对应的特征向量为 P_i，此时变换矩阵：

$$T = [P_1 \quad P_2 \quad \cdots \quad P_n]$$

（2）系数矩阵 A 有重特征值，其有重数为 q，但所有特征值 λ_i 都满足：

$$\text{rank}(\lambda_i I - A) = n - q$$

即如果系统存在 n 个互异的特征根，或者 q 重特征值 λ_i 存在 q 个线性无关特征向量时，A 的全部 n 个特征向量都是线性无关的，可以组成非奇异的线性变换矩阵 T，将 $\sum(A,B,C,D)$ 化为对角标准型。

【例 9-1】控制系统状态方程为 $\dot{x} = \begin{bmatrix} 0 & 1 & 0 \\ 0 & 0 & 1 \\ -8 & -15 & -8 \end{bmatrix} x$，试将其对角化。

```
>> clear all;
A=[0 1 0;0 0 1;-8 -15 -8];
e=eig(A);                %求矩阵 A 的特征值是否相异
P=[ones(1,3);e';e.^2']   %构成范德蒙矩阵
P1=inv(P)
Ad=P1*A*P                %求矩阵 A 的相似变换
```

运行程序，输出如下：

```
P =
    1.0000    1.0000    1.0000
   -5.5616   -1.0000   -1.4384
   30.9309    1.0000    2.0691
P1 =
    0.0765    0.1297    0.0532
    4.0000    3.5000    0.5000
   -3.0765   -3.6297   -0.5532
Ad =
   -5.5616   -0.0000   -0.0000
    0.0000   -1.0000   -0.0000
   -0.0000    0.0000   -1.4384
```

9.4.2 约当标准型

当矩阵 A 有重特征值，并且不满足式（9-4）时，线性无关的特征向量的个数小于 n，则 A 无法化成对角标准型，只能化为约当标准型。通常称

$$J_i = \begin{bmatrix} \lambda_i & 1 & 0 & \cdots & \cdots & 0 & 0 \\ 0 & \lambda_i & 1 & \cdots & \cdots & 0 & 0 \\ \cdot & \cdot & \cdot & & & \cdot & \cdot \\ \cdot & \cdot & \cdot & & & \cdot & \cdot \\ \cdot & \cdot & \cdot & & & \cdot & \cdot \\ 0 & 0 & 0 & 0 & 0 & \lambda_i & 1 \\ 0 & 0 & 0 & 0 & 0 & 0 & \lambda_i \end{bmatrix}$$

为约当块，其是 $m_i \times m_i$ 方阵，m_i 为特征值 λ_i 的重数。而由若干个约当块组成对角分块矩阵：

$$J = \begin{bmatrix} J_1 & & & & \\ & J_2 & & & \\ & & \cdot & & \\ & & & \cdot & \\ & & & & \cdot \\ & & & & & J_P \end{bmatrix}$$

总之，如果 $A_{n \times n}$ 有相重的特征值，并且线性无关的特征向量数目小于 n，则矩阵 A 不能化为对角阵，这时存在一个线性变换矩阵 P，使 A 变换成：

$$J = P^{-1}AP$$

实际中常用范德蒙矩阵实现规范化。如果系统矩阵 A 具有如下标准形式：

$$A = \begin{bmatrix} 0 & 1 & 0 & \cdots & \cdots & 0 \\ 0 & 0 & 1 & \cdots & \cdots & 0 \\ \vdots & \vdots & \vdots & & & \vdots \\ 0 & 0 & 0 & \cdots & \cdots & \\ -a_0 & -a_1 & -a_2 & \cdots & \cdots & -a_{n-1} \end{bmatrix}$$

并且 A 又有各异的特征值 $\lambda_i (i=1,2,\cdots,n)$，则以下范德蒙矩阵：

$$P_i = \begin{bmatrix} 1 & 1 & 1 & \cdots & 1 & 1 \\ \lambda_1 & \lambda_2 & \lambda_3 & \cdots & & \lambda_n \\ \lambda_1^2 & \lambda_2^2 & \lambda_3^2 & \cdots & & \lambda_n^2 \\ \cdot & \cdot & \cdot & & & \cdot \\ \cdot & \cdot & \cdot & & & \cdot \\ \cdot & \cdot & \cdot & & & \cdot \\ \lambda_1^{n-1} & \lambda_2^{n-1} & \lambda_3^{n-1} & \cdots & & \lambda_n^{n-1} \end{bmatrix}$$

可使矩阵 A 对角化。

如果 $\lambda_i(i=1,2,\cdots,n)$ 为 k 重根，则与 $\lambda_i(i=1,2,\cdots,n)$ 相对应的特征向量为

$$P_i = [1 \quad \lambda_i \quad \lambda_i^2 \quad \cdots \quad \lambda_n^{n-1}]^T$$

与约当块相对应的变换矩阵部分为

$$P = \begin{bmatrix} \cdots & P_i & \dfrac{\mathrm{d}P_i}{\mathrm{d}\lambda_i} & \dfrac{\mathrm{d}P_i}{\mathrm{d}\lambda_i^2} & \cdots & \dfrac{\mathrm{d}^{k-1}P_i}{\mathrm{d}\lambda_i^{k-1}} & \cdots \end{bmatrix}$$

可以看出，在对角规范型中，状态向量的各个分量之间没有任何联系，称为状态向量之间已经"解耦"，系统等价于若干由单个向量组成的独立子系统，从而使得系统分析简化。

【例 9-2】已知控制系统状态方程为 $\dot{x} = \begin{bmatrix} 0 & 1 & 0 \\ 0 & 0 & 1 \\ 2 & -4 & 5 \end{bmatrix} x$，试将矩阵 A 简化为约当标准型矩阵。

```
>> clear all;
A=[0 1 0;0 0 1;2 -4 5];
e=eig(A)';         %求矩阵 A 的特征值是否相异
P=[1 0 1;e(1) 1 e(3);e(1)^2 2*e(2) e(3)^2]    %构成范德蒙矩阵
P1=inv(P)
Ad=P1*A*P          %求矩阵 A 的相似变换
J=jordan(A)        %约当标准型矩阵
```

运行程序，输出如下：

```
P1 =
    0.0600 - 0.0480i   -0.0340 + 0.0836i    0.0627 - 0.0174i
   -0.6210 - 0.3375i    1.0810 - 0.3306i   -0.2243 + 0.0992i
    0.9400 + 0.0480i    0.0340 - 0.0836i   -0.0627 + 0.0174i
Ad =
    4.1528 - 0.0000i    0.0425 - 0.2885i   -0.0000 + 0.0000i
    0.0000 + 0.0000i    0.4236 - 0.5497i    0.0000 - 0.0000i
   -0.0000 + 0.0000i    0.9575 + 0.2885i    0.4236 + 0.5497i
J =
    4.1528 + 0.0000i    0.0000 + 0.0000i    0.0000 + 0.0000i
    0.0000 + 0.0000i    0.4236 + 0.5497i    0.0000 + 0.0000i
    0.0000 + 0.0000i    0.0000 + 0.0000i    0.4236 - 0.5497i
```

9.4.3 能控标准型

状态空间表达式为能控标准型：

$$\dot{x} = Ax + Bu \\ y = Cx \tag{9-5}$$

其中，

$$A = \begin{bmatrix} 0 & 1 & 0 & \cdots & 0 \\ 0 & 0 & 1 & \cdots & 0 \\ \vdots & \vdots & \vdots & & \vdots \\ 0 & 0 & 0 & \cdots & 1 \\ -a_n & -a_{n-1} & -a_{n-2} & \cdots & -a_1 \end{bmatrix}, B = \begin{bmatrix} 0 \\ 0 \\ \vdots \\ 0 \\ 1 \end{bmatrix}$$

式（9-5）中，系统矩阵和输入矩阵对 (A, B) 具有标准结构（列向量 B 中最后一个元素为 1，而其余元素为零；A 为友矩阵），易证与其对应的能控判别矩阵 Uc 是一个主对角元素均为 1 的右下三角阵，故 det(Uc)≠0，rank(Uc)=n，即系统一定能控。因此，如果单输入系统状态空间表达式中的系统矩阵和输入矩阵（A,B）具有形如式（9-5）中的标准形式，则称其为能控标准型，且该系统一定是状态完全能控的。

一个能控系统，当其系统矩阵和输入矩阵对（A,B）不具有能控标准型时，一定可以通过适当的线性非奇异变化化为能控标准型。

定理：如果系统 $\dot{x} = Ax + Bu$ 是能控的，那么必存在一非奇异变换 $\tilde{x} = Px$ 使其变换成能控标准型 $\dot{\tilde{x}} = A_c\tilde{x} + b_c u$。

P 为线性变换矩阵，$P = \begin{bmatrix} p_1 \\ p_1 A \\ \vdots \\ p_1 A^{n-1} \end{bmatrix}$。

其中，$p_1 = [0 \quad 0 \quad \cdots \quad 0 \quad 1][B \quad AB \quad A^2B \quad \cdots \quad A^{n-1}B]^{-1}$。

推论：设单输入线性定常系统为：

$$\dot{x} = Ax + Bu$$
$$y = cx \qquad (9\text{-}6)$$

能控，式中，A、B 分别为 $n \times n$、$n \times 1$ 矩阵，且系统的特征多项式为：

$$|\lambda I - A| = \lambda^n + a_1\lambda^{n-1} + \cdots + a_{n-1}\lambda + a_n$$

则可通过非奇异线性变换：

$$x = T_c \bar{x}$$

其中，

$$T_c = [B \quad AB \quad \cdots \quad A^{n-1}B]\begin{bmatrix} a_{n-1} & a_{n-2} & \cdots & a_1 & 1 \\ a_{n-2} & a_{n-3} & \ddots & 1 & 0 \\ \vdots & \ddots & \ddots & \vdots & 0 \\ a_1 & 1 & 0 & & \vdots \\ 1 & 0 & \cdots & 0 & 0 \end{bmatrix}$$

将式（9-6）变换为能控标准型：

$$\dot{\tilde{x}} = A_c\tilde{x} + B_c u$$

式中，

$$\bar{A}_c = T_c^{-1} A T_c = \begin{bmatrix} 0 & 1 & 0 & \cdots & 0 \\ 0 & 0 & 1 & \cdots & 0 \\ \vdots & \vdots & \vdots & & \vdots \\ 0 & 0 & 0 & \cdots & 1 \\ -a_n & -a_{n-1} & -a_{n-2} & \cdots & -a_1 \end{bmatrix} \qquad (9\text{-}7)$$

$$\bar{b}_c = T_c^{-1} B = \begin{bmatrix} 0 \\ 0 \\ \vdots \\ 10 \end{bmatrix}; \bar{C}_c = CT_c = [\beta_n \quad \beta_{n-1} \quad \cdots \quad \beta_1]$$

实现能控标准型变换的核心在于构造非奇异变换阵。可以证明,引入非奇异变换 $x = T_c \bar{x}$,将状态完全能控的单输入系统式(9-6)变换为能控标准型式(9-5)的变换阵 T_c 的逆矩阵可表达为:

$$T_c^{-1} = P = \begin{bmatrix} p_1 \\ p_1 A \\ \vdots \\ p_1 A^{n-1} \end{bmatrix}$$

【例 9-3】已知系统的系数矩阵 $A = \begin{bmatrix} 1 & 2 & 0 \\ 3 & -1 & 1 \\ 0 & 2 & 0 \end{bmatrix}$,$B = \begin{bmatrix} 2 \\ 1 \\ 1 \end{bmatrix}$,$C = [0 \ 0 \ 1]$,$D = 0$,试判断它的能控性,如果完全能控,将其转化为能控 II 型。

```
>> clear all;
A=[1 2 0;3 -1 1;0 2 0];
B=[2;1;1];
C=[0,0,1];
D=0;
T=ctrb(A,B)
R=rank(T)
```

运行程序,输出如下:

```
T =
    2    4   16
    1    6    8
    1    2   12
R =
    3
```

由运算结果"R=3"可知,系统完全能控,可以将其转化为能控 II 型。
接着输入如下 MATLAB 程序代码:

```
>> [AC2,BC2,CC2,DC2]=ss2ss(A,B,C,D,inv(T))
```

运行程序,输出如下:

```
AC2 =
    0    0   -2
    1    0    9
    0    1    0
BC2 =
    1
    0
    0
CC2 =
    1    2   12
DC2 =
    0
```

由计算结果可知，该系统的能控 II 型为 $\begin{cases} \dot{Z} = \begin{bmatrix} 0 & 0 & -2 \\ 1 & 0 & 9 \\ 0 & 1 & 0 \end{bmatrix} Z + \begin{bmatrix} 1 \\ 0 \\ 0 \end{bmatrix} U \\ Y = [1 \ 0 \ 0] Z \end{cases}$。

9.4.4 能观标准型

系统的能观标准型为：

$$\begin{cases} \dot{x} = Ax + Bu \\ y = Cu \end{cases} \tag{9-8}$$

其中，

$$A = \begin{bmatrix} 0 & 0 & 0 & \cdots & 0 & -a_n \\ 1 & 0 & 0 & \cdots & 0 & -a_{n-1} \\ 0 & 1 & 0 & \cdots & 0 & -a_{n-2} \\ \vdots & \vdots & \vdots & \ddots & \vdots & \vdots \\ 0 & 0 & 0 & \cdots & 0 & -a_2 \\ 0 & 0 & 0 & \cdots & 1 & -a_1 \end{bmatrix}, C = [0 \ 0 \ 0 \ \cdots \ 0 \ 1]$$

式（9-8）中，系统矩阵和输出矩阵对（A,C）具有标准结构（行向量 C 中最后一个元素为 1，而其余元素为零；A 为友矩阵的转置），易证与其对应的能观性判别矩阵 Uo 的行列式，det(Uo)≠0，因此 rank(Uo)=n，即系统一定能观。如果单输出系统状态空间表达式中的系统矩阵和输出矩阵对（A,C）具有形如式（9-7）中的标准形式，则称其为能观标准型，且该系统 定是状态完全能观的。

一个能观系统，当其系统矩阵和输出矩阵对（A,C）不具有能观标准型时，一定可以通过适当的非奇异变换化为能观标准型。

定义：如果系统是能观的，那么必存在一非奇异变换 $x = T\tilde{x}$ 将系统变换为能观标准型：

$$\begin{cases} \dot{\tilde{x}} = A_o \tilde{x} + b_o u \\ y = C_o x \end{cases}$$

其中，

$$T = [T_1 \ AT_1 \ \cdots \ A^{n-1}T_1], T_1 = \begin{bmatrix} C \\ CA \\ \vdots \\ CA^{n-1} \end{bmatrix} \begin{bmatrix} 0 \\ 0 \\ \vdots \\ 1 \end{bmatrix}$$

推论：设单输出线性定常系统：

$$\begin{cases} \dot{x} = Ax + Bu \\ y = Cx \end{cases} \tag{9-9}$$

能观，式中 A，C 分别为 $n \times n$，$1 \times n$ 矩阵，且系统的特征多项式为：

$$|\lambda I - A| = \lambda^n + a_1 \lambda^{n-1} + \cdots + a_{n-1} \lambda + a_n$$

则存在线性非奇异变换：

变换矩阵 T_o 的逆矩阵为：

$$T_o^{-1} = \begin{bmatrix} a_{n-1} & a_{n-2} & \cdots & a_1 & 1 \\ a_{n-2} & a_{n-3} & \ddots & 1 & \\ \vdots & \ddots & \ddots & & 0 \\ a_1 & 1 & & & \\ 1 & & & & \end{bmatrix} \begin{bmatrix} C \\ CA \\ \vdots \\ CA^{n-2} \\ CA^{n-1} \end{bmatrix}$$

将式（9-9）变换为能观标准式（9-8）。

其中，

$$\overline{A}_o = T_o^{-1} A T_o = \begin{bmatrix} 0 & 0 & \cdots & 0 & -a_n \\ 1 & 0 & \cdots & 0 & -a_{n-1} \\ 0 & 1 & \cdots & 0 & -a_{n-2} \\ \vdots & \vdots & \ddots & & \vdots \\ 0 & 0 & \cdots & 1 & -a_1 \end{bmatrix}$$

$$\overline{B}_o = T_o^{-1} B = \begin{bmatrix} \beta_n \\ \beta_{n-1} \\ \vdots \\ \beta_1 \end{bmatrix}, \overline{C}_o = C T_o = [0 \ 0 \ \cdots \ 0 \ 1]$$

与能控的单输入系统能控标准型变换对应，可以证明，引入非奇异变换 $x = T_o \overline{x}$，将状态完全能观的单输出系统（式（9-9））变换为能观标准型（式（9-8））的变换矩阵 T_o，由定义中的构造方法与推论中的构造方法是等效的，即

$$T_o = T$$

【例 9-4】已知系统的状态空间描述为 $A = \begin{bmatrix} 1 & 2 & 0 \\ 3 & -1 & 1 \\ 0 & 2 & 0 \end{bmatrix}$，$B = \begin{bmatrix} 2 \\ 1 \\ 1 \end{bmatrix}$，$C = [0 \ 0 \ 1]$，$D = 0$，

试求系统的能观 I 型。

其实现的 MATLAB 如下：

```
>> clear all;
A=[1 2 0;3 -1 1;0 2 0];
B=[2;1;1];
C=[0,0,1];
D=0;
T=obsv(A,C)
[AO1,BO1,CO1,DO1]=ss2ss(A,B,C,D,T)
```

运行程序，输出如下：

```
T =
     0    0    1
     0    2    0
     6   -2    2
```

```
AO1 =
    0    1    0
    0    0    1
   -2    9    0
BO1 =
    1
    2
   12
CO1 =
    1    0    0
DO1 =
    0
```

由计算结果可知，该系统的能观 I 型为 $\begin{cases} \dot{Z} = \begin{bmatrix} 0 & 1 & 0 \\ 0 & 0 & 1 \\ -2 & 9 & 0 \end{bmatrix} Z + \begin{bmatrix} 1 \\ 2 \\ 12 \end{bmatrix} U \\ Y = \begin{bmatrix} 1 & 0 & 0 \end{bmatrix} Z \end{cases}$。

9.5 极点配置

就受控系统式（9-1）的控制律的设计而言，有状态反馈极点配置和输出反馈极点配置两种。下面介绍状态反馈极点配置问题，在状态反馈律 $u = -Kx + Gv$ 作用下的闭环系统为：

$$\begin{cases} \dot{x} = A_c x + B_c v \\ y = C_c x \end{cases}, \quad x(t_0) = x_0, t \geq t_0 \qquad (9\text{-}10)$$

其中，$A_c = A - BK$，$B_c = BG$，$C_c = C$，而 $K \in R^{r \times n}$ 为状态增益阵，$G \in R^{r \times p}$ 为外部输入矩阵，$v \in R^{p \times 1}$ 为外部输入信号，其方框图如图 9-2 所示。

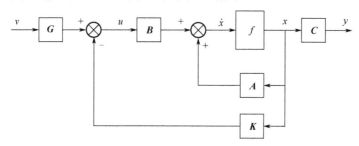

图 9-2 状态反馈控制系统

状态反馈极点配置问题就是：通过状态反馈矩阵 K 的选取，使闭环系统式（9-10）的极点，即 $(A-BK)$ 的特征值恰好处于所希望的一组给定闭环极点 $\mu_i (i=1,2,\cdots,n)$ 的位置上。

线性定常系统可以用状态反馈任意配置极点的充分必要条件是：该系统必须是完全能控的。所以，在实现极点的任意配置前，必须判别受控系统的能控性。

9.5.1 单输入系统的极点配置

单输入系统的极点配置主要有两种方法,分别为 Bass-Gura 算法和 Ackermann 算法。下面分别对两种算法进行介绍。

1. Bass-Gura 算法

设受控系统的闭环特征多项式分别为:

$$D(s) = \det(sI_n - A) = s^n + a_1 s^{n-1} + \cdots + a_{n-1}s + a_n \quad (9\text{-}11)$$

$$\phi(s) = (s-\mu_1)(s-\mu_2)\cdots(s-\mu_n) = s^n + \alpha_1 s^{n-1} + \cdots + \alpha_{n-1}s + \alpha_n \quad (9\text{-}12)$$

则状态反馈阵 K 为:

$$K = \begin{bmatrix} \alpha_n - a_n & \alpha_{n-1} - a_{n-1} & \cdots & \alpha_1 - a_1 \end{bmatrix} T^{-1}$$

其中,

$$T = \begin{bmatrix} b & Ab & \cdots & A^{n-1}b \end{bmatrix} \begin{bmatrix} a_{n-1} & a_{n-2} & \cdots & a_1 & 1 \\ a_{n-2} & a_{n-3} & \cdots & 1 & 0 \\ \vdots & \vdots & & \vdots & \vdots \\ a_1 & 1 & \cdots & 0 & 0 \\ 1 & 0 & \cdots & 0 & 0 \end{bmatrix}$$

根据上述算法,编写 bass_pp.m 函数,源代码为:

```
function K=bass_pp(A,b,p)
%(A,b)为状态方程模型
%p 为包含期望闭环极点位置的列向量
%K 为状态反馈行向量
if rank(ctrb(A,b))~=length(b)
    disp('错误!! ');
else
    n=length(b);
    alpha=poly(diag(p,'0'));
    a=poly(A);
    aa=[a(n:-1:2),1];
    W=hankel(aa);
    M=ctrb(A,b);
    K=(alpha(n+1:-1:2)-a(n+1:-1:2))*inv(W)*inv(M);
end
```

2. Ackermann 算法

状态反馈阵为:

$$K = \begin{bmatrix} 0 & \cdots & 0 & 1 \end{bmatrix} \begin{bmatrix} b & Ab & \cdots & A^{n-1}b \end{bmatrix}^{-1} \phi(A)$$

其中, $\phi(A) = A^n + \alpha_1 A^{n-1} + \cdots + \alpha_{n-1}A + \alpha_n I_n$。

在 MATLAB 控制工具箱中,提供了 acker 函数来实现 Ackermann 算法。函数的调用格式为:

K=acker(A,b,p)

参数定义与 bass_pp 函数相同，值得提出的是，acker 函数可以求解多重极点配置的问题，但不能求解多输入系统的问题。

9.5.2 多输入系统的极点配置

当控制信号是向量，即多输入系统时，状态反馈增益阵 K 不是唯一的。这样可以较自由地选择多于 n 个的参数，也就是说，除了适当地配置 n 个闭环极点之外，还可以满足诸如良好的鲁棒性、动态性能等其他指标要求。

疋田算法是一种便于计算的极点配置算法，其具体推导为：设 $\mu_i, v_i \in C^{n \times 1} (i=1,2,\cdots,n)$ 表示闭环系统的极点及其相对应的特征向量。

1．疋田算法的第一种情形

假定 μ_i 与矩阵 A 的特征值相异，且 $\mu_i \neq \mu_j (i \neq j)$，$i,j=1,2,\cdots,n$。

由

$$\begin{cases} \dot{x} = Ax + Bu \\ u = -Kx \end{cases}$$

有

$$(\mu_i I_n - A + BK) \cdot v_i = 0$$

即

$$(\mu_i I_n - A) \cdot v_i = -BKv_i$$

则

$$v_i = (A - \mu_i I_n)^{-1} BKv_i$$

令 $V_i = (A - \mu_i I_n)^{-1}$，$\varepsilon_i = Kv_i$，于是 $v_i = V_i \xi_i$，对于给定的 ξ_i，可以求出 v_i，进而 $[\xi_1, \xi_2, \cdots, \xi_n] = K[v_1, v_2, \cdots, v_n]$，一般说来 $[v_1, v_2, \cdots, v_n]$ 可逆，否则重新选择 $[\xi_1, \xi_2, \cdots, \xi_n]$。因此有

$$K = [\xi_1, \xi_2, \cdots, \xi_n] \cdot [v_1, v_2, \cdots, v_n]^{-1} = [\xi_1, \xi_2, \cdots, \xi_n] \cdot [V_1 \xi_1, V_2 \xi_2, \cdots, V_n \xi_n]^{-1}$$

由上面的推导可知，疋田算法的具体步骤如下。

（1）适当选择 $\xi_i \in R^{r \times 1}$，从而计算特征向量 $v_i = (A - \mu_i I_n)^{-1} B\xi_i \in C^{n \times 1}, i=1,2,\cdots,n$。

（2）确定状态反馈阵 $K = [\xi_1, \xi_2, \cdots, \xi_n] \cdot [v_1, v_2, \cdots, v_n]^{-1}$。

可以证明 $\xi_i (i=1,2,\cdots,n)$ 的选择有较大的任意性。当然，这也说明了多输入系统极点配置问题中确定状态反馈阵 K 的非唯一性。

2．疋田算法的第二种情形

如果假定 μ_i 与 A 的特征值有相同的，或 μ_i $(i=1,2,\cdots,n)$ 中有重根时，则可以对特征值相同的一个或几个加上一定的微小偏量，使之满足上面第一种情形的条件，然后再重新进行极点配置。如果效果不够理想，还可以重新选择 $\xi = [\xi_1, \xi_2, \cdots, \xi_n]$ 阵进行配置。

根据需要，编写 pitian 函数实现疋田算法中的第一种情形，函数源代码为：

```
function K=pitian(A,B,p)
```

```
%采用爱田算法进行极点配置
%%(A,B)为状态方程模型
%p 为期望闭环极点的列向量
%K 为状态反馈行向量
[n,r]=size(B);
zeta=[];
for j=1:1:n
    k=ceil(j/r);
    Ir=eye(r);
    zeta1=Ir(:,j-(k-1)*r);
    zeta=[zeta,zeta1];
end
V=[];
for i=1:1:n
    Inpi=p(i)*eye(n);
    V1=(inv(A-Inpi))*B*zeta(:,i);
    V=[V,V1];
end
K=zeta*(inv(V));
```

此外，在 MATLAB 控制工具箱中提供了 place 是基于鲁棒极点配置的算法，用来求取状态反馈阵 **K**，使得多输入系统具有指定的闭环极点 p，即 p=eig(A-B*K)。函数的调用格式为：

K = place(A,B,p)：单输入或多输入系统极点配置，返回反馈增益矩阵 K。

[K,prec,message] = place(A,B,p)：同时返回系统闭环实际极点与希望极点 p 的接近程度 prec。prec 中每个量的值为匹配的位数。如果系统闭环实际极点偏离希望极点 10%以上，则 message 会给出警告信息。

【例 9-5】已知控制系统的系数矩阵为：

$$A = \begin{bmatrix} 0 & 0 & 0 \\ 1 & -6 & 0 \\ 0 & 1 & -12 \end{bmatrix}, \quad B = \begin{bmatrix} 1 \\ 0 \\ 0 \end{bmatrix}$$

求系统的状态反馈矩阵 **K**，使系统的闭环特征值为：

$$\lambda_1 = -2, \lambda_2 = -1+j, \lambda_3 = -1-j$$

实现的 MATLAB 代码为：

```
>> clear all;
A=[0 0 0;1 -6 0;0 1 -12];
B=[1 0 0]';
C=[0 0 0];
D=0;
G=ss(A,B,C,D);
Co=ctrb(G)
r=rank(Co)
p=[-2 -1+j -1-j];
```

```
K=place(A,B,p)
```
运行程序，输出如下：
```
Co =
     1     0     0
     0     1    -6
     0     0     1
r =
     3
K =
   1.0e+03 *
   -0.0140    0.1860   -1.2200
```
由以上结果可看出系统是完全能控的，且状态反馈阵 **K**=[14,186,1220]。

9.5.3 极点配置的实例应用

下面介绍利用极点配置在实际领域中的应用例子。

1. 用极点配置设计调节系统

【例 9-6】已知一个倒立摆系统的数学模型如图 9-3 所示。其状态方程为：

$$\begin{bmatrix} \dot{x}_1 \\ \dot{x}_2 \\ \dot{x}_3 \\ \dot{x}_4 \end{bmatrix} = \begin{bmatrix} 0 & 1 & 0 & 0 \\ \dfrac{(m+M)g}{Ml} & 0 & 0 & 0 \\ 0 & 0 & 0 & 1 \\ \dfrac{-mg}{M} & 0 & 0 & 0 \end{bmatrix} \begin{bmatrix} x_1 \\ x_2 \\ x_3 \\ x_4 \end{bmatrix} + \begin{bmatrix} 0 \\ -\dfrac{1}{Ml} \\ 0 \\ \dfrac{1}{M} \end{bmatrix} u$$

$$\begin{bmatrix} y_1 \\ y_2 \end{bmatrix} = \begin{bmatrix} 1 & 0 & 0 & 0 \\ 0 & 0 & 1 & 0 \end{bmatrix} \begin{bmatrix} x_1 \\ x_2 \\ x_3 \\ x_4 \end{bmatrix}$$

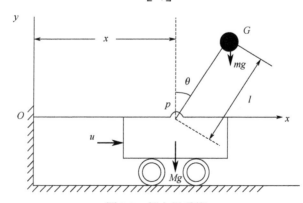

图 9-3 倒立摆系统

其中，状态变量为 $x_1=\theta$，$x_2=\dot{\theta}$，$x_3=x$，$x_4=\dot{x}$，输出变量为 $y_1=\theta$，$y_2=x$，摆的质量 $m=0.15$kg，小车的质量 $M=2.5$kg，摆的长度 $l=0.6$m。

设计要求：对于任意给定的角度 θ 和（或）角速度 $\dot{\theta}$ 的初始条件，设计一个使倒立摆保持在垂直位置的控制律。同时要求在每一个控制过程结束时，小车返回到参考位置 $x=0$。指标要求为：闭环主导极点的阻尼比 $\xi=0.6$，调整时间 $t\approx 2$s。

其实现步骤如下。

（1）将给定的 M,m,l 的值代入以上状态方程，得

$$\begin{cases} \dot{x}=Ax+Bu \\ y=Cx \end{cases}$$

其中，

$$A=\begin{bmatrix} 0 & 1 & 0 & 0 \\ 17.3133 & 0 & 0 & 0 \\ 0 & 0 & 0 & 1 \\ -0.5880 & 0 & 0 & 0 \end{bmatrix}, B=\begin{bmatrix} 0 \\ -0.6667 \\ 0 \\ 0.4 \end{bmatrix}, C=\begin{bmatrix} 1 & 0 & 0 & 0 \\ 0 & 0 & 1 & 0 \end{bmatrix}$$

该系统要对任何初始条件下的干扰有效地做出响应。因此，该系统是一个调节系统，采用极点配置的状态反馈方法来设计控制器。

（2）状态反馈阵 K 的求取。

```
>> clear all;
A=[0 1 0 0;17.3133 0 0 0;0 0 0 1;-0.5880 0 0 0];
B=[0 -0.6667 0 0.4]';
C=[1 0 0 0;0 0 1 0];
M=ctrb(A,B)
rank(M)
```

运行程序，输出如下：

```
M =
         0   -0.6667         0  -11.5428
   -0.6667         0  -11.5428         0
         0    0.4000         0    0.3920
    0.4000         0    0.3920         0
ans =
     4
```

可以看出，该系统是完全能控的。

接着，根据性能指标选择所期望的闭环极点位置。

```
>> kosi=0.6;
deta=0.02;ts=2;
wn=log(1/deta*sqrt(1-kosi.^2))/(kosi*ts);
s1=-kosi*wn+j*wn*sqrt(1-kosi.^2)
```

运行程序，输出如下：

```
s1 =
```

$-1.8444 + 2.4593\mathrm{i}$

因此,选择所期望的闭环极点为 $\mu_1 = -1.8444 + 2.4593\mathrm{i}$,$\mu_2 = -1.8444 - 2.4593\mathrm{i}$,$\mu_3 = -9.2$,$\mu_4 = -9.2$,其中 μ_3 和 μ_4 选择位于远离闭环主导极点对的 5 倍处。

```
>> p=[-1.8444+2.45933;-1.8444-2.45933;-9.2;-9.2];
K2=acker(A,B,p)
```

运行程序,输出如下:

```
K2 =
  -230.1881   -57.3317    34.2858   -40.3356
```

注意:这是一个调节器系统,所期望的 θ_d 总为 0,且所期望的小车位置也总为 0。因此,参考输入为 0。

(3)闭环系统对初始条件的响应。

假设初始条件为 $x(0) = [0.1 \ 0 \ 0 \ 0]^T$,而闭环系统的状态空间描述为 $\dot{x} = (A - BK)x$,因此闭环系统对初始条件的响应为:

```
>> figure;
K=K2;
x0=[0.1;0;0;0];
t=[0:0.01:3];
G=ss(A-B*K,x0,A-B*K,x0);
x=step(G,t);
x1=[1 0 0 0]*x';
x2=[0 1 0 0]*x';
x3=[0 0 1 0]*x';
x4=[0 0 0 1]*x';
subplot(2,2,1);plot(t,x1);
grid on;
title('状态变量 x1 的响应曲线');
subplot(2,2,2);plot(t,x2);
grid on;
title('状态变量 x2 的响应曲线');
subplot(2,2,3);plot(t,x4);
grid on;
title('状态变量 x3 的响应曲线');
subplot(2,2,4);plot(t,x4);
grid on;
title('状态变量 x4 的响应曲线');
```

运行程序,效果如图 9-4 所示。

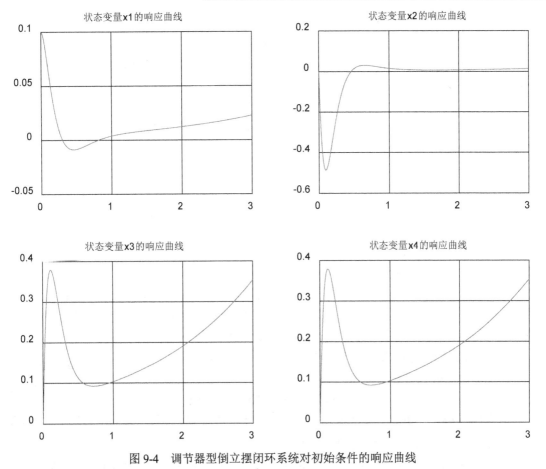

图 9-4　调节器型倒立摆闭环系统对初始条件的响应曲线

2．用极点配置设计伺服系统

这里介绍的用极点配置设计伺服系统主要包括含积分器的 I 型伺服系统和不含积分器的 I 型伺服系统。

1）含积分器的 I 型伺服系统

具有一个积分器的 I 型伺服系统如图 9-5 所示。

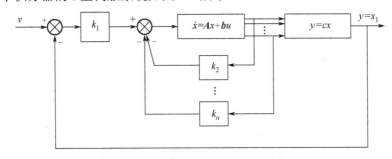

图 9-5　具有一个积分器的 I 型伺服系统

考虑能控系统式（9-1），同时假定：$r=m=1$；前馈通道含有一个积分器；受控系统如图 9-5 所示是完全能控的。在分析中假设参考输入 v 为阶跃信号，即在 $t=0$ 时施加参考输入。

采用如下的状态反馈控制律：

$$u = -\boldsymbol{K}x + k_1 v \quad (9\text{-}13)$$

其中，$\boldsymbol{K} = [k_1, k_2, \cdots, k_n] \in R^{1 \times n}$ 为反馈增益阵，$v \in R^{1 \times 1}$ 为外部参考输入，那么在 $t > 0$ 时，该闭环系统的动态特性描述为：

$$\dot{x} = (\boldsymbol{A} - \boldsymbol{b}\boldsymbol{K})x + \boldsymbol{b}k_1 v \quad (9\text{-}14)$$

设计 I 型伺服系统，使得闭环极点配置到所期望的位置上。所设计的将是一个渐近稳定系统，$y(\infty)$ 将趋于常值 v，$u(\infty)$ 将趋于零。

在稳态时有：

$$\dot{x}(\infty) = (\boldsymbol{A} - \boldsymbol{b}\boldsymbol{K})x(\infty) + \boldsymbol{b}k_1 v(\infty) \quad (9\text{-}15)$$

因为 $t > 0$ 时，有 $v(\infty) = v(t) = v$（常值）。由式（9-14）、式（9-15）可得：

$$\dot{x}(t) - \dot{x}(\infty) = (\boldsymbol{A} - \boldsymbol{b}\boldsymbol{K})[x(t) - x(\infty)] \quad (9\text{-}16)$$

设 $e(t) = x(t) - x(\infty)$，则式（9-16）变为：

$$\dot{e}(t) = (\boldsymbol{A} - \boldsymbol{b}\boldsymbol{K})e(t)$$

I 型伺服系统的设计转化为：对于给定的任意初始条件 $e(0)$，设计一个渐近稳定的调节系统，使得 $e(t)$ 趋于零。如果受控系统式（9-1）是状态完全能控的，则通过指定的所期望的特征值 $\mu_1, \mu_2, \cdots, \mu_n$ 对 $(\boldsymbol{A} - \boldsymbol{b}\boldsymbol{K})$ 阵采用极点配置的方法来确定 $\boldsymbol{K}$ 阵。

$x(t)$ 和 $u(t)$ 的稳态值求法如下。

在稳态 $(t = \infty)$ 时，有

$$\dot{x}(\infty) = 0 = (\boldsymbol{A} - \boldsymbol{b}\boldsymbol{K})x(\infty) + \boldsymbol{b}k_1 v$$

因为 $(\boldsymbol{A} - \boldsymbol{b}\boldsymbol{K})$ 所期望的特征值均在 s 复平面上的左半部，所以 $(\boldsymbol{A} - \boldsymbol{b}\boldsymbol{K})$ 阵可逆，从而 $x(\infty) = -(\boldsymbol{A} - \boldsymbol{b}\boldsymbol{K})^{-1}\boldsymbol{b}k_1 v$，同理 $u(\infty) = -\boldsymbol{K}x(\infty) + k_1 v = 0$。

根据需要，编写 p_sifuI 函数实现含有积分器的 I 型伺服设计，函数的源代码为：

```
function [K,x_ss,y_ss,u_ss]=p_sifuI(A,b,c,p,v)
%参数 v 为参考输入信号
%参数 K 为返回变量的反馈增益阵
%x_ss,y_ss,u_ss 分别为稳态值 x(∞), y(∞), u(∞)
K=acker(A,b,p);
x_ss=-(inv(A-b*K))*b*(K(1,1))*v;
y_ss=c*x_ss;
u_ss=-K*x_ss+v*K(1,1);
```

【例 9-7】设系统的传递函数为 $\dfrac{Y(s)}{U(s)} = \dfrac{1}{s(s+1)(s+2)}$，设计一个 I 型伺服系统使得闭环极点为 $-2 \pm i2\sqrt{3}$，-10，设参考输入 $v = 10 \cdot 1(t)$。

其实现步骤如下。

（1）确定系统为能控规范型。

```
>> num=[1];den=conv([1 0],conv([1 1],[1 2]));
[A,B,C,D]=tf2ss(num,den);
g=ss(A,B,C,D);
N=fliplr(eye(3));
```

```
g=ss2ss(g,N);
[A,B,C,D]=ssdata(g)
```
运行程序，输出如下：

```
A =
     0    1    0
     0    0    1
     0   -2   -3
B =
     0
     0
     1
C =
     1    0    0
D =
     0
```

（2）利用极点配置设计伺服系统参数，代码如下：

```
p=[-10;-2+2*sqrt(-3);-2-2*sqrt(-3)];
v=10;
M=ctrb(A,B);
rank(M);
[K,x_ss,y_ss,u_ss]=p_sifuI(A,B,C,p,v)
```

运行程序，输出如下：

```
K =
    11    54   160
x_ss =
         0
         0
    0.6875
y_ss =
    0.6875
u_ss =
         0
```

2）不含积分器的 I 型伺服系统

如果系统是 O 型系统，则 I 型伺服系统设计的基本原则是在误差比较器和系统间的前馈通道中插入一个积分器，如图 9-6 所示。

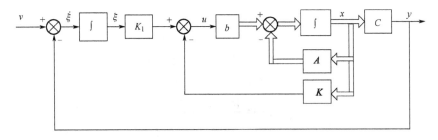

图 9-6 不含积分器的 I 型伺服系统

考虑受控系统式（9-1），同时假定 $r=m=1$；前馈通道不含积分器；受控系统是完全能控的，传递函数在原点处没有零点，则 $\operatorname{rank}\begin{bmatrix} A & b \\ -C & 0 \end{bmatrix} = n+1$。

采用如下的状态反馈控制方法：
$$u = -Kx + k_I \xi \tag{9-17}$$
$$\dot{\xi} = v - y = v - Cx \tag{9-18}$$

其中，$\xi \in R^{1\times 1}$ 为积分器的输出，也是系统的状态变量；$v \in R^{1\times 1}$ 为外部参考输入；$K = [k_1, k_2, \cdots, k_n] \in R^{1\times n}$ 为状态反馈增益阵；$k_I \in R^{1\times 1}$ 为积分增益常数。

当 $t > 0$ 时，该系统的动态特性有
$$\begin{bmatrix} \dot{x}(t) \\ \dot{\xi}(t) \end{bmatrix} = \begin{bmatrix} A & 0 \\ -C & 0 \end{bmatrix} \begin{bmatrix} x(t) \\ \xi(t) \end{bmatrix} + \begin{bmatrix} b \\ 0 \end{bmatrix} u(t) + \begin{bmatrix} 0 \\ 1 \end{bmatrix} v(t) \tag{9-19}$$

设计一个新渐近稳定系统，使得 $x(\infty)$、$\xi(\infty)$ 和 $u(\infty)$ 分别趋于常值。因此，在稳态时 $\dot{\xi}(t) = 0$，并且 $y(\infty) = v$。

注意到，当 $t > 0$ 时，$v(\infty) = v(t) = v$（常值），以及当稳态时，有
$$\begin{bmatrix} \dot{x}(\infty) \\ \dot{\xi}(\infty) \end{bmatrix} = \begin{bmatrix} A & 0 \\ -C & 0 \end{bmatrix} \begin{bmatrix} x(\infty) \\ \xi(\infty) \end{bmatrix} + \begin{bmatrix} b \\ 0 \end{bmatrix} u(\infty) + \begin{bmatrix} 0 \\ 1 \end{bmatrix} v(\infty) \tag{9-20}$$

由定义：$x_e(t) = x(t) - x(\infty) \in R^{n\times 1}$，$\xi_e(t) = \xi(t) - \xi(\infty) \in R^{1\times 1}$，$u_e(t) = u(t) - u(\infty) \in R^{1\times 1}$，$e(t) = \begin{bmatrix} x_e(t) \\ \xi_e(t) \end{bmatrix} \in R^{(n+1)\times 1}$，可得

$$\dot{e}(t) = \hat{A} e(t) + \hat{b} u_e(t) \tag{9-21}$$
$$u_e(t) = -\hat{K} e(t) \tag{9-22}$$

其中，$\hat{A} = \begin{bmatrix} A & 0 \\ -C & 0 \end{bmatrix} \in R^{(n+1)\times(n+1)}$；$\hat{b} = \begin{bmatrix} b \\ 0 \end{bmatrix} \in R^{(n+1)\times 1}$；$\hat{K} = [K, \ -k_I] \in R^{1\times(n+1)}$。

设计 I 型伺服系统的基本思想是设计一个稳定的 $(n+1)$ 阶调节系统，对于给定的任意初始条件 $e(0)$，将使 $e(t)$ 趋于零。

式（9-21）及式（9-22）描述了该 $(n+1)$ 阶调节系统的动态特征。如果由式（9-21）所定义的系统状态完全能控，则通过指定该系统所期望的极点，对 $(\hat{A} - \hat{b}\hat{K})$ 阵采用极点配置方法确定 $\hat{K}$ 阵，即 K 阵及 k_I 常数。

$x(t)$，$\xi(t)$，$u(t)$ 稳态值的求取：由于在稳态时 $\dot{x}(\infty)=0$，$\dot{\xi}(\infty)=0$，由式（9-20）、式（9-17）可得：

$$\begin{bmatrix} x(\infty) \\ \xi(\infty) \end{bmatrix} = \begin{bmatrix} A & 0 \\ -C & 0 \end{bmatrix}^{-1} \begin{bmatrix} 0 \\ -v \end{bmatrix}$$

$$y(\infty) = cx(\infty) = v$$

$$\xi(\infty) = \frac{[u(\infty) + Kx(\infty)]}{k_I}$$

注意：如果 $\operatorname{rank}\begin{bmatrix} A & b \\ -C & 0 \end{bmatrix} = n+1$，那么由式（9-21）所定义的系统状态就完全能控，该

问题的解可采用极点配置方法求得。

在实际设计中，必须考虑几个不同的矩阵 $\hat{K}$（对应几组不同期望的特征值），并且进行计算机仿真，以找出使系统总体性能最好的作为最终选择的矩阵 $\hat{K}$。

根据需要，编写 p_sifu0.m 函数实现不含积分器的 I 型伺服系统。函数的源代码为：

```
function [K,kI,x,y,t,x_ss,y_ss,u_ss,zeta_ss]=p_sifu0(A,b,c,p,v,t)
%参数 t 为时间向量
%kI 为积分增益常数
%x,y 分别为所设计系统的状态与输出响应
%zeta_ss 为稳态值 ξ(∞)
n=length(A);
AA=[A,zeros(n,1);-c,0];
bb=[b;0];
KK=acker(AA,bb,p);
K=KK(1:n);
kI=-KK(n+1);
X=(inv([[A,b];[c,0]]))*([zeros(n,1);-v]);
x_ss=X(1:n,1);
y_ss=c*x_ss;
u_ss=X(n+1,1);
zeta_ss=([K,1])*X/kI;
[y,x,t]=step([A-b*K,b*kI;-c,0],[zeros(n,1);1],[c,0],0,1,t);
```

【例 9-8】考虑例 9-6 所示的倒立摆系统及其数学模型，设计要求：希望尽可能保持倒立摆垂直，并控制小车的位置。指标要求：在小车的阶跃响应中，有 4～5s 的调整时间和 15%～16%的最大超调量。

解：为控制小车的位置，需构造一个 I 型伺服系统。由于安装在小车上的倒立摆系统没有积分器，因此将位置信号 x 反馈到输入端，并且在前馈通道中插入一个积分器，并将小车的位置 x 作为系统输出，即 C=[0 0 1 0]。

其实现步骤如下。

① 根据指标要求确定闭环主导极点。

```
>> clear all;
dp=0.16;
deta=0.02;
ts=5;
kosi=sqrt(1-(1/(1+((1/pi)*log(1/dp)).^2)));
wn=ceil(log(1/deta*sqrt(1-kosi.^2))/(kosi*ts));
s1=-kosi*wn+j*wn*sqrt(1-kosi.^2)
```

运行程序，输出如下：

```
s1 =
    -1.0077 + 1.7276i
```

因此，选择期望的闭环极点为 $\mu_1=-1+\sqrt{3}$，$\mu_2=-1-\sqrt{3}$，$\mu_3=-5$，$\mu_4=-5$。

② 确定倒立摆伺服系统的设计参数。

```
>> A=[0 1 0 0;17.3133 0 0 0;0 0 0 1;-0.5880 0 0 0];
B=[0 -0.6667 0 0.4]';
C=[0 0 1 0];
p=[-1+sqrt(-3);-1-sqrt(-3);-5;-5;-5];
v=1;
t=0:0.02:6;
R1=rank(ctrb(A,B))
R2=rank([[A,B];[-C,0]])
[K,kI,x,y,t,x_ss,y_ss,u_ss,zeta_ss]=p_sifu0(A,B,C,p,v,t);
K,kI,x_ss,y_ss,u_ss,zeta_ss
```

运行程序，输出如下：

```
R1 =
     4
R2 =
     5
K =
  -239.9684   -59.0739   -84.1841   -55.9614
kI =
   -76.5310
x_ss =
     0
     0
    -1
     0
y_ss =
    -1
u_ss =
     0
zeta_ss =
   -1.1000
```

③ 绘制对应的阶跃响应曲线。

```
>> x1=[1 0 0 0 0]*x';
x2=[0 1 0 0 0]*x';
x3=[0 0 1 0 0]*x';
x4=[0 0 0 1 0]*x';
x5=[0 0 0 0 1]*x';
subplot(3,2,1);plot(t,x1);
grid on;title('状态变量 x1 响应曲线');
subplot(3,2,2);plot(t,x2);
grid on;title('状态变量 x2 响应曲线');
```

```
subplot(3,2,3);plot(t,x3);
grid on;title('状态变量 x3 响应曲线');
subplot(3,2,4);plot(t,x4);
grid on;title('状态变量 x4 响应曲线');
subplot(3,2,5);plot(t,x5);
grid on;title('状态变量 x5 响应曲线');
```

运行程序，效果如图 9-7 所示。

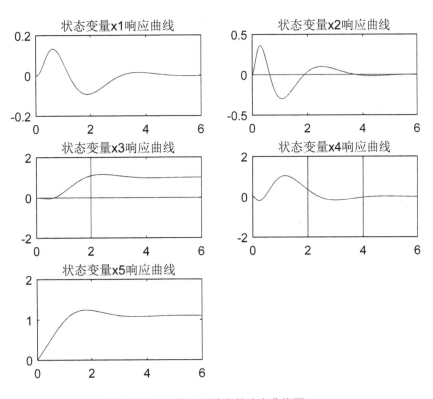

图 9-7 输入与输出的响应曲线图

由图 9-7 可看出，作用在小车上的输入 $v(t)$ 为单位阶跃信号，即 $v(t)=1$m，且所有的初始条件为零。$x_3(t)=x$ 的阶跃响应正如所希望的那样，$t_s \approx 4.5$s，最大超调量约为 11.8%。在位置 $x_3(t)$ 曲线（$x_3(t)$ 的响应曲线）上有一点很有趣，即最初的 0.6s 左右，小车向后移动，使摆向前倾斜。然后，小车在正方向加速运动。$x_3(t)$ 的响应曲线清晰地显示了 $x_3(\infty)$ 趋于 v。同样，$x_1(\infty)=x_2(\infty)=x_4(\infty)=0$，$\xi(\infty)=1.1$。

9.6 二次型最优控制

考虑受控系统式（9-1），其性能指标为：

$$J = \frac{1}{2}x^T(t_f)Fx(t_f) + \frac{1}{2}\int_{t_0}^{t_f}[x^T(t)Qx(t)+u^T(t)Ru(t)]dt \qquad (9\text{-}23)$$

通常，加权阵 F，Q，R 是由设计者事先选定的。线性二次型最优控制问题简称 LQ（Linear Quadratic）问题，就是寻找一个控制 $u^*(t)$，使得系统沿着由指定初态 x_0 出发的相应轨线 $x^*(t)$，其性能指标 J 取得极小值。

LQ 问题分为有限时间 LQ 问题和无限时间 LQ 问题。在有限时间 LQ 问题中，终端时刻 t_f 是固定的，且为有限值；而在无限时间 LQ 问题中，$t_f = \infty$。

此外，从工程应用的角度，还可以把 LQ 最优控制问题分为调节问题和跟踪问题，而调节问题又分为状态调节问题和输出调节问题。所谓状态调节问题，就是设计最优控制 $u^*(t)$，使在其作用下把系统由初始状态 x_0 驱动到零平衡状态 $x_e = 0$，同时性能指标 J 取得极小值。而跟踪问题，则要求在使系统的输出 $y(t)$ 跟踪已知的或未知的参考信号 $y_r(t)$ 的同时，使某个相应的二次型性能指标 J 为极小。

9.6.1 无限时间 LQ 状态调节

对于受控系统式（9-1），其无限时间 LQ 状态调节问题中的性能指标为：

$$J = \frac{1}{2} \int_{t_0}^{\infty} [x^T(t) Q x(t) + u^T(t) R u(t)] dt$$

并且假定 $\{A, B\}$ 为能控的，$\{A, Q^{\frac{1}{2}}\}$ 为能观的（当取 Q 为正定对称阵时，则可去掉 $\{A, Q^{\frac{1}{2}}\}$ 为能观的相应假设条件）。无限时间最优调节器系统结构图如图 9-8 所示。

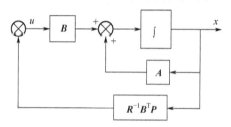

图 9-8 无限时间最优调节器系统结构图

对于无限时间 LQ 状态调节问题，$u^*(t)$ 为其最优控制的充分必要条件是其具有形式：$u^*(t) = -K^* x^*(t)$，而 $K^* = R^{-1} B^T P \in R^{r \times n}$ 是唯一的常数阵。

最优轨线 $x^*(t)$ 为 $\dot{x}^*(t) = A x^*(t) + B u^*(t)$，$x^*(t_0) = x_0$ 的解，而最优性能指标值为：$J^* = \frac{1}{2} x_0^T P x_0$，$\forall x_0 \neq 0$，其中 $P \in R^{n \times n}$ 为下述 Riccati 矩阵代数方程的正定对称解阵。

$$PAA^T P + Q - PBR^{-1} B^T P = 0$$

应该指出的是，这种设计所得到的闭环控制系统是渐近稳定的。

在 MATLAB 中，提供了 lqr 函数用于求无限时间 LQ 状态调节问题。函数的调用格式为：

[K,S,e] = lqr(SYS,Q,R,N)：计算连续时间系统的最优反馈增益矩阵 K
系统

$$\dot{x} = Ax + Bx$$

采用的反馈控制律为

$$u = -Kx$$

使性能指标函数

$$J(u) = \int_0^\infty (\boldsymbol{x}^T\boldsymbol{Q}\boldsymbol{x} + \boldsymbol{u}^T\boldsymbol{R}\boldsymbol{u} + 2\boldsymbol{x}^T\boldsymbol{N}\boldsymbol{u})\mathrm{d}t$$

最小。同时返回 Riccati 方程：

$$\boldsymbol{A}^T\boldsymbol{S} + \boldsymbol{S}\boldsymbol{A} - (\boldsymbol{S}\boldsymbol{B}+\boldsymbol{N})\boldsymbol{R}^{-1}(\boldsymbol{B}^T\boldsymbol{S}+\boldsymbol{N}^T+\boldsymbol{N}^T) + \boldsymbol{Q} = 0$$

的解 S 及闭环系统的特征值 e。默认时 $N=0$，且 $\boldsymbol{K} = \boldsymbol{R}^{-1}(\boldsymbol{B}^T\boldsymbol{S}+\boldsymbol{N}^T)$。

此外，以上问题要有解，必须满足 3 个条件。

① ($\boldsymbol{A},\boldsymbol{B}$) 是稳定的；

② $R>0$ 且 $\boldsymbol{Q} - \boldsymbol{N}\boldsymbol{R}^{-1}\boldsymbol{N}^T \geqslant 0$；

③ ($\boldsymbol{Q}-\boldsymbol{N}\boldsymbol{R}^{-1}\boldsymbol{N}^T, \boldsymbol{A}-\boldsymbol{B}\boldsymbol{R}^{-1}\boldsymbol{N}^T$) 在虚轴上不是非能观模式。

当上述条件不满足时，说明二次型最优控制无解，函数会显示警告信号。

【例 9-9】设系统状态空间表达式为：

$$\dot{x}(t) = \begin{bmatrix} 0 & 1 & 0 \\ 0 & 0 & 1 \\ -1 & -4 & -6 \end{bmatrix} x(t) + \begin{bmatrix} 0 \\ 0 \\ 1 \end{bmatrix} u(t)$$

采用输入反馈，系统的性能指标为：

$$J = \frac{1}{2}\int_0^x (\boldsymbol{y}^T\boldsymbol{Q}\boldsymbol{y} + \boldsymbol{u}^T\boldsymbol{R}\boldsymbol{u})\mathrm{d}t \text{，取 } \boldsymbol{Q} = \begin{bmatrix} 1 & 0 & 0 \\ 0 & 1 & 0 \\ 0 & 0 & 1 \end{bmatrix}, R=1。$$

试设计 LQ 最优控制器，计算最优状态反馈矩阵 $\boldsymbol{K} = [k_1, k_2, k_3]$，并绘制闭环系统的阶跃曲线。

```
>> clear all;
A=[0 1 0;0 0 1;-1 -4 -6];
B=[0 0 1]';
C=[1 0 0];D=0;
Q=diag([1 1 1]);
R=1;
K=lqr(A,B,Q,R)
k1=K(1);
Ac=A-B*K;
Bc=B*k1;
Cc=C;Dc=D;
step(Ac,Bc,Cc,Dc);
xlabel('时间');ylabel('振幅');
title('阶跃响应');
grid on;
```

运行程序，输出如下，效果如图 9-9 所示。

```
K =
    0.4142    0.7486    0.2046
```

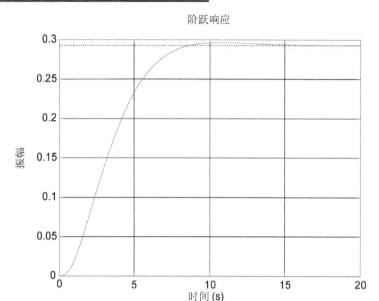

图 9-9 闭环系统的阶跃响应曲线

9.6.2 无限时间 LQ 输出调节

对于受控系统式（9-1），其无限时间 LQ 输出调节问题中的性能指标为：

$$J = \frac{1}{2}\int_{t_0}^{\infty}[\boldsymbol{y}^{\mathrm{T}}(t)\boldsymbol{Q}\boldsymbol{y}(t) + \boldsymbol{u}^{\mathrm{T}}(t)\boldsymbol{R}\boldsymbol{u}(t)]\mathrm{d}t$$

并且假定 $\{A,B\}$ 为完全能控的，$\{A,C\}$ 为完全能观的，$\{A,B,C\}$ 为完全能观的，其中，$\boldsymbol{Q} = \boldsymbol{D}^{\mathrm{T}}\boldsymbol{D}$。图 9-10 为无限时间最优输出调节器的结构图。

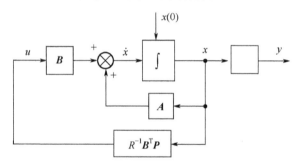

图 9-10 无限时间最优输出调节器的结构图

对于此类输出调节问题，$u^*(t)$ 为其最优控制的条件是其具有形式：$u^*(t) = -\boldsymbol{K}^*x^*(t)$，而 $\boldsymbol{K}^* = R^{-1}\boldsymbol{B}^{\mathrm{T}}\boldsymbol{P} \in R^{r\times n}$ 是唯一的常数阵。

最优轨线 $x^*(t)$ 为 $\dot{x}^*(t) = \boldsymbol{A}x^*(t) + \boldsymbol{B}u^*(t)$，$x^*(t_0) = x_0$ 的解，而最优性能指标值为 $J^* = \frac{1}{2}x_0^t \boldsymbol{P} x_0$，$\forall x_0 \neq 0$，其中 $\boldsymbol{P} \in R^{n\times n}$ 为下述 Riccati 矩阵代数方程的唯一正定对称阵。

$$\boldsymbol{P}\boldsymbol{A} + \boldsymbol{A}^{\mathrm{T}}\boldsymbol{P} + \boldsymbol{C}^{\mathrm{T}}\boldsymbol{Q}\boldsymbol{C} - \boldsymbol{P}\boldsymbol{B}\boldsymbol{R}^{-1}\boldsymbol{B}^{\mathrm{T}}\boldsymbol{P} = 0$$

应该指出的是，这种设计所得到的闭环控制系统是渐近稳定的。

在 MATLAB 控制系统工具箱中，提供了 lqry 函数用于求无限时间 LQ 输出调节问题。函数的调用格式为：

[K,S,e] = lqry(sys,Q,R,N)：计算连续时间系统的最优反馈增益矩阵 K，系统

$$\begin{cases} \dot{x} = Ax + Bu \\ y = Cx + Du \end{cases}$$

采用的反馈控制律为：

$$u = Kx$$

使性能指标函数

$$J(u) = \int_0^\infty (y^T Qx + u^T Ru + 2y^T Nu)\mathrm{d}t$$

最小，同时返回 Riccati 方程

$$A^T S + SA - (SB + N)R^{-1}(B^T S + N^T) + Q = 0$$

的解 S 及闭环系统的特征值 e。默认时 $N=0$。此函数也可以计算相应的离散时间系统的最优反馈增益矩阵 K。

【例 9-10】设受控系统的状态空间表达式为：

$$\begin{cases} \dot{x}(t) = \begin{bmatrix} 0 & 1 \\ 0 & 0 \end{bmatrix} x(t) + \begin{bmatrix} 0 \\ 1 \end{bmatrix} u(t) \\ y(t) = [1 \ 0] x(t) \end{cases}$$

而性能指标为 $J = \dfrac{1}{2}\int_0^\infty [y^2(t) + 4u^2(t)]\mathrm{d}t$，试求使系统的性能指标 J 为极小值时的最优反馈增益矩阵 K^*。

其实现的 MATLAB 代码为：

```
>> clear all;
A=[0 1;0 0];
B=[0 1]';
C=[1 0];
D=[0];
Q=1; R=4;
rank([B,A*B]),rank([C;C*A])
ans =
     2
ans =
     2
>> sys=ss(A,B,C,D);
[K,P,e]=lqry(sys,Q,R)
K =            %最优反馈增益阵
    0.5000    1.0000
P =     %Riccati 矩阵代数的解
    2.0000    2.0000
    2.0000    4.0000
```

```
e =            %闭环系统的特征值 e
   -0.5000 + 0.5000i
   -0.5000 - 0.5000i
```

9.6.3 离散二次型最优控制

如果控制系统为离散的，则状态方程为：
$$x(k+1) = Ax(k) + Bu(k) \quad (k = 0,1,2,\cdots,N-1)$$
$$x(0) = x_0$$

最优控制的性能指标为：
$$J = \frac{1}{2}x^T(N)Sx(N) + \frac{1}{2}\sum_{k=0}^{N-1}[x^T(k)Qx(k) + u^T(k)Ru(k)]$$

那么，最优控制序列为：
$$u(k) = -K_k x(k) \quad (k = 0,1,2,\cdots,N-1)$$

式中，最优反馈系数矩阵为：
$$K_k = R^{-1}B^T[P_{k+1}^{-1} + BR^{-1}B^T]^{-1}A$$

P_k 为非负定矩阵，且满足离散的 Riccati 方程：
$$P_k = Q + A^T P_{k+1}[I + BR^{-1}B^T P_{k+1}]^{-1}A$$

当 $N \to \infty$ 时，最优控制的解为稳态解，此时的性能指标为：
$$J = \frac{1}{2}\sum_{k=0}^{\infty}[x^T(k)Qx(k) + u^T(k)Ru(k)]$$

式中，K 和 P 均为常数矩阵。计算可得，最优的性能指标值为 $J = \frac{1}{2}x^T(0)Px(0)$。

在 MATLAB 控制系统工具箱中，提供了 dlqr 函数用于设计离散系统的 LQ 调节器。函数的调用格式为：

[K,S,e] = dlqr(A,B,Q,R,N)：计算离散系统的最优反馈增益矩阵 K
系统
$$x[n+1] = Ax[n] + Bu[n]$$

采用反馈律
$$u[n] = -Kx[n]$$

使性能指标函数
$$J(u) = \sum_{n=1}^{\infty}(x[n]^T Qx[n] + u[n]^T Ru[n] + 2x[n]^T Nu[n])$$

最小。同时返回 Riccati 方程
$$A^T S + SA - (SB + N)R^{-1}(B^T S + N^T) + Q = 0$$

的解 S 及闭环系统的特征值 e。默认时 $N=0$，且 $K = R^{-1}(B^T S + N^T)$。

【例 9-11】设离散系统的状态方程为：
$$\begin{cases} x(k+1) = 3x(k) + u(k) \\ y(k) = x(k) \end{cases}$$

设定性能指标为:

$$J = \frac{1}{2}\sum_{k=0}^{\infty}(\boldsymbol{x}^{\mathrm{T}}(k)\boldsymbol{Q}\boldsymbol{x}(k) + \boldsymbol{u}^{\mathrm{T}}(k)R\boldsymbol{u}(k)), \quad \boldsymbol{Q} = \begin{bmatrix} 1000 & 0 \\ 0 & 1 \end{bmatrix}, \quad R = 1$$

试计算稳定最优反馈增益矩阵、Riccati 矩阵代数的解 P 及闭环系统的特征值 e,并绘制闭环系统的单位阶跃曲线。

```
>> clear all;
a=3;b=1;c=1;d=0;
Q=[1000 0;0 1];
R=1;
A=[a 0;-c*a,1];
B=[b;-c*b];
[K,P,e]=dlqr(A,B,Q,R)
k1=-Kx(2);k2=Kx(1);
axc=[(a-b*k2),b*k1;(-c*a+c*b*k1),(1-c*b*k1)];
bxc=[0 1]';cxc=[1 0];
dxc=0;
dstep(axc,bxc,cxc,dxc,1,100);
xlabel('时间');ylabel('振幅');
title('阶跃响应');
grid on;
```

运行程序,输出如下,效果如图 9-11 所示。

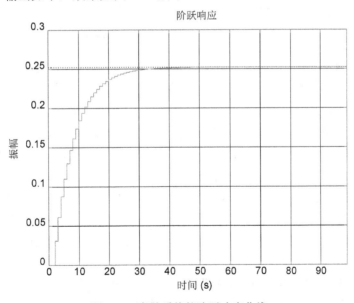

图 9-11 离散系统的阶跃响应曲线

```
K =
    2.9971   -0.0310
```

```
P =
    1.0e+03 *
    1.0090   -0.0001
   -0.0001    0.0322
e =
    0.0030
    0.9689
```

9.7 状态反馈控制系统

状态观测器的建立解决了受控系统式（9-1）不能测量的状态重构问题，使得状态反馈的工程实现成为可能。但是，状态反馈是相对于受控系统的真实状态进行设计的，下面介绍采用重构状态代替真实状态实现状态反馈的设计方法。

考虑受控系统式（9-1），假定 $\{A,B\}$ 为能控，$\{A,C\}$ 为能观，且按照性能指标的要求，可确定出状态反馈控制 $u = -Kx + v$，其中 $K \in R^{r \times n}$ 为常数阵，$v \in R^{r \times 1}$ 为参考输入。

为了实现状态反馈，还需要引入状态观测器以重构系统的状态，最后就构成了包含状态观测器的状态反馈控制系统，如图9-12所示。

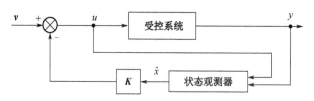

图9-12 包含状态观测器的状态反馈控制系统

于是，该闭环系统的闭环极点由受控系统在状态反馈控制作用下的闭环系统极点 $\lambda_i(A-BK)$ 和状态观测器的极点 $\lambda_j(A-LC)$ （或 $\lambda_k(\overline{A}_{22} - \overline{L}\overline{A}_{12})$）组成。其中，$i,j = 1,2,\cdots,n$；$k = 1,2,\cdots,n-m$。

根据分离性原理，即状态反馈控制律的设计和状态观测器的设计可以独立分开进行，所以包含状态观测器的状态反馈控制系统的设计过程分为两个阶段：第一个阶段是确定状态反馈增益阵 K，以产生其期望的闭环极点；第二个阶段不需要考虑状态反馈的存在，而确定状态观测器的增益阵 L 或 $\overline{L}$，以产生所期望的状态观测器的极点。值得注意的是，由状态反馈增益阵 K 的选取所产生的期望闭环极点，应使系统能满足性能指标要求，而状态观测器极点的选取通常使其响应比系统的响应快得多，即状态观测器的极点位于所期望闭环极点的左边。

包含状态观测器的状态反馈控制系统的主要设计步骤如下。

（1）按照系统性能指标要求，有选择地采用各种方法加以设计，从而满足其系统要求。

（2）在不考虑第一步设计存在的情况下，独立地设计状态观测器，使之满足其所期望的极点位置要求。

以单输入-单输出系统式（9-1）为例，介绍基于全维状态观测器的状态反馈控制系统。假定 $\{A,B\}$ 为能控，$\{A,C\}$ 为能观，包含全维状态观测器的状态反馈控制系统结构如图 9-13 所示，其中，$G(s)=C(sI_n-A)^{-1}B$ 是受控系统的传递函数，则设计出的全维状态观测器为：

$$\dot{\hat{x}}=A\hat{x}+Bu+L(y-C\hat{x})$$

其中，$L\in R^{n\times 1}$，$u=-K\hat{x}+r$，$v=-K\hat{x}\in R^{1\times 1}$，$K\in R^{1\times n}$，$r\in R^{1\times 1}$ 为外部参考输入。

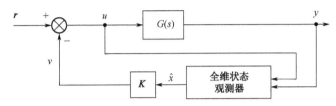

图 9-13 包含全维状态观测器的状态反馈控制系统结构图

9.7.1 全维状态观测器的控制器

考虑到 $\dot{\hat{x}}=A\hat{x}+Bu+L(y-C\hat{x})=(A-LC)\hat{x}+Bu+Ly$，所以可以将状态反馈中的 $K\hat{x}$ 写成两个子系统 $G_1(s)$ 与 $G_2(s)$ 的形式，这两个子系统分别由信号 $u(t)$ 和 $y(t)$ 单独作用，使得 $G_1(s)$ 可写成：

$$\begin{cases}\dot{\hat{x}}_1=(AL-C)\hat{x}_1+Bu\\ y_1=K\hat{x}_1\end{cases} \tag{9-24}$$

其中，$\hat{x}_1\in R^{n\times 1}$，$y_1\in R^{1\times 1}$，而 $G_2(s)$ 可写成：

$$\begin{cases}\dot{\hat{x}}_2=(A-LC)\hat{x}_2+Ly\\ y_2=K\hat{x}_2\end{cases} \tag{9-25}$$

其中，$\hat{x}_2\in R^{n\times 1}$，$y_2\in R^{1\times 1}$，$v=y_1+y_2$。

于是，系统的闭环模型可以由图 9-14 中的结构表示，并对图中的方框图进行简化，变成其等价结构，如图 9-15 所示。前向控制器 $G_c(s)=\dfrac{1}{1+G_1(s)}$ 的状态空间实现如图 9-16 所示，即

$$\begin{cases}\dot{\hat{x}}_1=(A-LC)\hat{x}_1+B(w-K\hat{x}_1)=(A-LC-BK)\hat{x}_1+Bw\\ u=w-y_1=-K\hat{x}_1+w\end{cases}$$

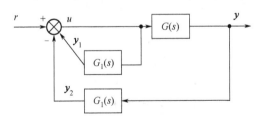

图 9-14 闭环模型结构图

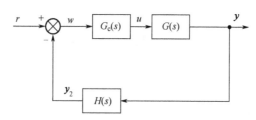

图 9-15　简化的闭环模型结构图

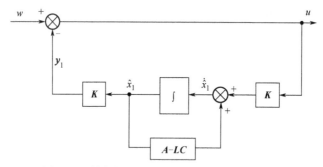

图 9-16　前向控制器 $G_c(s)$ 的状态空间实现框图

反馈控制器 $H(s)=G_2(s)$ 的状态空间实现如图 9-17 所示，表达式即式（9-25）。

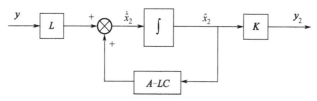

图 9-17　反馈控制器 $H(s)$ 的状态空间实现框图

可见，图 9-17 所示的结构又等效于典型的反馈控制结构。因为全维状态观测器的作用已隐含在这种反馈控制的结构之中，所以将这样的结构称为基于全维状态观测器的控制器结构。

9.7.2　全维状态观测器的调节器

如果参考输入信号 $r(t)=0$，则图 9-13 所示的结构可进一步转化为图 9-18 所示的结构。$G_c(s)=\dfrac{U(s)}{Y(s)}$ 为 $r(t)=0$ 时控制器的传递函数，这是因为：

$$\begin{aligned}\dot{\hat{x}}&=A\hat{x}+Bu+L(y-C\hat{x})\\&=(A-LC)\hat{x}+Bu+Ly\\&=(A-LC)\hat{x}+B(-K\hat{x})+Ly\\&=(A-LC-Bk)\hat{x}+Ly\end{aligned}$$

$$u=-K\hat{x}$$

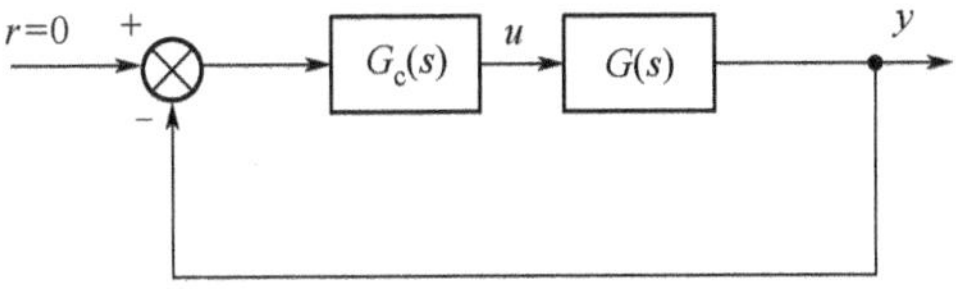

第9章 MATLAB 状态空间控制系统分析

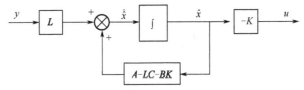

图 9-18　全维状态观测器的调节器状态空间实现框图

由于在图 9-18 所示结构中隐含有全维状态观测器，且此时参考输入信号为零，因此称控制器 $G_c(s)$ 为基于全维状态观测器的调节器，其状态空间实现如图 9-19 所示。

图 9-19　全维状态观测器的调节器 $G_c(s)$ 状态空间实现

在 MATLAB 控制系统工具箱中，提供了 reg 函数用于设计基于全维状态观测器的调节器。函数的调用格式为：

rsys = reg(sys,K,L)：生成给定状态估计增益和状态反馈增益矩阵 K 下状态空间模型线性系统的调节器或者补偿器 rsys，并假定系统所有输出能测。

rsys = reg(sys,K,L,sensors,known,controls)：sensors 用于指定能测输出，known 用于指定已知输入，controls 用于指定控制输入。这里假定系统同时具有已知输入 ud、控制输入 u 和系统噪声 w，系统输出为非完全能测。

【例 9-12】考虑下面的对象模型：

$$A = \begin{bmatrix} -0.2 & 0.5 & 0 & 0 & 0 \\ 0 & -0.5 & 1.6 & 0 & 0 \\ 0 & 0 & -14.3 & 85.8 & 0 \\ 0 & 0 & 0 & -33.3 & 100 \\ 0 & 0 & 0 & 0 & -10 \end{bmatrix}, B = \begin{bmatrix} 0 \\ 0 \\ 0 \\ 0 \\ 30 \end{bmatrix}, C = \begin{bmatrix} 1 & 0 & 0 & 0 & 0 \end{bmatrix}$$

系统由线性二次型最优状态调节器和全维状态观测器组成，性能指标为 Q=diag{1,0,0,0,0}，R=1。观测器的极点位置为-9.4716+0.5284i，-9.4716-0.5284i，-10.0000，-10.528+0.5284i，-10.528-0.5284i。

其实现的 MATLAB 代码为：

```
>> clear all;
A=[-0.2 0.5 0 0 0;0 -0.5 1.6 0 0;0 0 -14.3 85.8 0;0 0 0 -33.3 100;0 0 0 0 -10];
B=[0 0 0 0 30]';
C=[1 0 0 0 0];
D=0;
G=ss(A,B,C,D);
Q=diag([1 0 0 0 0]);
R=1;
p=[-9.4716+0.5284*sqrt(-1);-9.4716-0.5284*sqrt(-1);-10.5284+0.5284*sqrt(-1);-10.5284-0.5284*sqrt(-1);-10];
[k,P]=lqr(A,B,Q,R)
```

```
L=(acker(A',C',p))'
Gc=-reg(G,k,L);
zpk(Gc)
eig(Gc.A)
```

运行程序，输出如下：

```
k =                %最优反馈增益矩阵
    0.9260    0.1678    0.0157    0.0371    0.2653
P =                %Riccati 矩阵代数的解
    0.3563    0.0326    0.0026    0.0056    0.0309
    0.0326    0.0044    0.0004    0.0009    0.0056
    0.0026    0.0004    0.0000    0.0001    0.0005
    0.0056    0.0009    0.0001    0.0002    0.0012
    0.0309    0.0056    0.0005    0.0012    0.0088
L =
   1.0e+04 *
   -0.0008
    0.0979
   -1.9368
    0.4294
    0.0000

ans =                %零极点
 
  From input "y1" to output "u1":
 
      11.484 (s+10) (s+14.3) (s+33.34) (s+1.792)
  --------------------------------------------------
  (s+20.92) (s^2 + 30.19s + 328.1) (s^2 + 6.845s + 120)

Input groups:
         Name         Channels
     Measurement          1
 
 
Output groups:
         Name         Channels
      Controls            1
Continuous-time zero/pole/gain model.
ans =                %特征值
   -3.4224 +10.4041i
   -3.4224 -10.4041i
  -15.0959 +10.0105i
  -15.0959 -10.0105i
  -20.9216 + 0.0000i
```

可见，得到的调节器模型为稳定的最小相位系统。利用下面代码绘制出在该调节器下闭环系统的极点位置及其单位阶跃响应曲线。

```
>> t=0:0.05:2;
G1=feedback(G*Gc,1);
```

```
a1=eig(G1.A)
y1=step(G1,t);
G2=ss(A-B*k,B,C,D);
a2=eig(G2.A),
y2=step(G2,t);
G3=feedback((ss(A-B*k-L*C,B,-k,1))*G,ss(A-L*C,L,k,0));
a3=eig(G3.A)
y3=step(G3,t);
plot(t,y1,'r:',t,y2,'k--',t,y3,'m+');
legend('y1 单位阶跃响应','y2 单位阶跃响应','y3 单位阶跃响应');
grid on;
```

运行程序，输出如下，效果如图 9-20 所示。

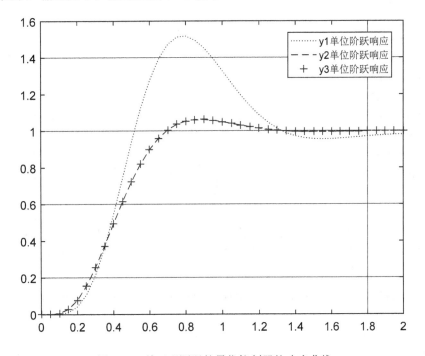

图 9-20　基于观测器的最优控制器的响应曲线

```
a1 =
  -33.3006 + 0.0000i
   -3.7825 + 4.9341i
   -3.7825 - 4.9341i
  -13.7976 + 0.0000i
   -9.4716 + 0.5284i
   -9.4716 - 0.5284i
  -11.5950 + 0.0000i
  -10.5284 + 0.5284i
  -10.5284 - 0.5284i
```

```
    -10.0000 + 0.0000i
a2 =
    -33.3006 + 0.0000i
    -13.7976 + 0.0000i
    -11.5950 + 0.0000i
     -3.7825 + 4.9341i
     -3.7825 - 4.9341i
a3 =
    -33.3006 + 0.0000i
     -3.7825 + 4.9341i
     -3.7825 - 4.9341i
    -13.7976 + 0.0000i
    -11.5951 + 0.0000i
     -9.4418 + 0.5377i
     -9.4418 - 0.5377i
     -9.5079 + 0.5208i
     -9.5079 - 0.5208i
    -10.5049 + 0.5670i
    -10.5049 - 0.5670i
    -10.5623 + 0.4937i
    -10.5623 - 0.4937i
     -9.9661 + 0.0000i
    -10.0000 + 0.0000i
```

从图 9-20 可以看出，基于观测器的控制器的响应和直接状态反馈的响应是完全一致的，而调节器的响应却赶不上直接状态反馈下的控制效果。在此需要指出的是，这样比较是不公平的，因为在推导基于观测器的调节器模型时假定了外部输入信号 $r(t)=0$，而推导基于观测器的控制器时则没有这样的假设。选择不同观测器的极点位置，可以得到不同的基于观测器的控制效果。

此外，在 MATLAB 控制系统工具箱中，提供了 lqg 函数用于分析连续系统的 LQG 控制。函数的调用格式为：

reg = lqg(sys,QXU,QWV)：根据给定的输入系统 sys 及加权函数 QXU 和 QWV，设计一个 LQG 控制系统。

其系统结构模型框图如图 9-21 所示。

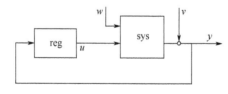

图 9-21　结构框图

即 LQG 最小的性能指标函数为：

$$J = E\left\{\lim_{T\to\infty}\frac{1}{T}\int_0^T [x',u']Q_{XU}\begin{bmatrix}x\\u\end{bmatrix}dt\right\}$$

其等价的目标方程为:

$$\frac{dx}{dt} = Ax + Bu + w$$
$$y = Cx + Du + v$$

其中,过程噪声 w 和测量噪声 v 为高斯白噪声,协方差数据为:

$$E([w;v]\cdot[w',v']) = QWV$$

reg = lqg(sys,QXU,QWV,QI):指定积分函数 QI。

其系统结构模型框图如图 9-22 所示。

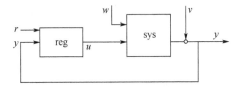

图 9-22 带积分系统框图

系统的最小性能指标函数为:

$$J = E\left\{\lim_{T\to\infty}\frac{1}{T}\left(\int_0^T [x',u']Q_{XU}\begin{bmatrix}x\\u\end{bmatrix} + x_i'Q_i x_i\right)dt\right\}$$

reg = lqg(sys,QXU,QWV,QI,'1dof'):计算单自由度的 LQG 控制器,根据情况选择 e= R-y 作为输入,而不是将[R,Y]作为输入。

reg = lqg(sys,QXU,QWV,QI,'2dof'):等价于 lqg(sys,QXU,QWV,QI),并产生两个单自由度的 LQG 控制器。

【例 9-13】已知系统模型框图如图 9-23 所示,其状态方程为:

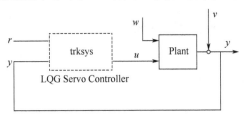

图 9-23 给定带积分 LQG 控制器的框图

$$\frac{dx}{dt} = Ax + Bu + w$$
$$y = Cx + Du + v$$

其中,

$$A = \begin{bmatrix} 0 & 1 & 0 \\ 0 & 0 & 1 \\ 1 & 0 & 0 \end{bmatrix}, B = \begin{bmatrix} 0.3 & 1 \\ 0 & 1 \\ -0.3 & 0.9 \end{bmatrix}$$
$$C = [1.9 \quad 1.3 \quad 1], D = [0.53 \quad -0.61]$$

该系统的噪声协方差数据为：

$$Q_n = E(ww^T) = \begin{bmatrix} 4 & 2 & 0 \\ 2 & 1 & 0 \\ 0 & 0 & 1 \end{bmatrix}$$

$$R_n = E(vv^T) = 0.7$$

① 当为单自由度控制器时，使用以下性能指标函数：

$$J = \int_0^\infty \left(0.1 x^T x + u^T \begin{bmatrix} 1 & 0 \\ 0 & 2 \end{bmatrix} u \right) dt$$

② 当为 LQG 控制器时，使用以下性能指标函数：

$$J = \int_0^\infty \left(0.1 x^T x + x_i^2 + u^T \begin{bmatrix} 1 & 0 \\ 0 & 2 \end{bmatrix} u \right) dt$$

其实现的 MATLAB 代码为：

```
>> clear all;
%创建状态空间系统：
A = [0 1 0;0 0 1;1 0 0];
B = [0.3 1;0 1;-0.3 0.9];
C = [1.9 1.3 1];
D = [0.53 -0.61];
sys = ss(A,B,C,D);
%定义了噪声方差数据和加权矩阵.
nx = 3;      %数据状态
ny = 1;      %输出数据个数
Qn = [4 2 0; 2 1 0; 0 0 1];
Rn = 0.7;
R = [1 0;0 2];
QXU = blkdiag(0.1*eye(nx),R);    %数字对角矩阵
QWV = blkdiag(Qn,Rn);
QI = eye(ny);                    %单位矩阵
%利用 lqg 函数实现 LQG 调整器
KLQG = lqg(sys,QXU,QWV)
KLQG =
  A =
            x1_e     x2_e     x3_e
   x1_e    -6.212   -3.814   -4.136
   x2_e    -4.038   -3.196   -1.791
   x3_e    -1.418   -1.973   -1.766
  B =
            y1
   x1_e    2.365
   x2_e    1.432
   x3_e    0.7684
```

```
C =
          x1_e       x2_e        x3_e
   u1   -0.02904   0.0008272    0.0303
   u2   -0.7147    -0.7115     -0.7132
D =
       y1
   u1   0
   u2   0
Input groups:
         Name         Channels
      Measurement        1
Output groups:
         Name         Channels
       Controls         1,2
Continuous-time state-space model.

>> %创建一个自由度的 LQG 控制器
KLQG1 = lqg(sys,QXU,QWV,QI,'1dof')
KLQG1 =
  A =
           x1_e     x2_e      x3_e     xi1
    x1_e  -7.626   -5.068    -4.891   0.9018
    x2_e  -5.108   -4.146    -2.362   0.6762
    x3_e  -2.121   -2.604    -2.141   0.4088
    xi1      0        0         0        0
  B =
            e1
    x1_e  -2.365
    x2_e  -1.432
    x3_e  -0.7684
    xi1     1
  C =
           x1_e      x2_e      x3_e      xi1
    u1   -0.5388   -0.4173   -0.2481   0.5578
    u2   -1.492    -1.388    -1.131    0.5869
  D =
          e1
    u1    0
    u2    0
Input groups:
        Name       Channels
        Error         1
Output groups:
```

	Name	Channels
	Controls	1,2

Continuous-time state-space model.

```
>> %创建两个自由度的LQG控制器
KLQG2 = lqg(sys,QXU,QWV,QI,'2dof')
KLQG2 =
 a =
         x1_e    x2_e    x3_e    xi1
  x1_e  -7.626  -5.068  -4.891  0.9018
  x2_e  -5.108  -4.146  -2.362  0.6762
  x3_e  -2.121  -2.604  -2.141  0.4088
  xi1      0       0       0       0
 b =
         r1      y1
  x1_e    0    2.365
  x2_e    0    1.432
  x3_e    0    0.7684
  xi1     1     -1
 c =
         x1_e    x2_e    x3_e    xi1
  u1   -0.5388 -0.4173 -0.2481  0.5578
  u2   -1.492  -1.388  -1.131   0.5869
 d =
       r1  y1
  u1    0   0
  u2    0   0
```

Input groups:

Name	Channels
Setpoint	1
Measurement	2

Output groups:

Name	Channels
Controls	1,2

Continuous-time state-space model.

第 10 章 MATLAB 鲁棒控制器分析

鲁棒控制（Robust Control）方面的研究始于 20 世纪 50 年代。在过去的 20 年中，鲁棒控制一直是国际自控界的研究热点。所谓"鲁棒性"，是指控制系统在一定（结构，大小）的参数扰动下，维持某些性能的特性。根据对性能的不同定义，可分为稳定鲁棒性和性能鲁棒性。以闭环系统的鲁棒性作为目标设计得到的固定控制器称为鲁棒控制器。

10.1 鲁棒控制问题概述

鲁棒系统设计的目标就是要在模型不精确和存在其他变化因素的条件下，使系统仍能保持其预期的性能。如果模型的变化和模型的不精确不影响系统的稳定性和其他动态性能，那么这样的系统就称为鲁棒控制系统。

10.1.1 小增益

鲁棒控制系统的一般结构如图 10-1 所示，其中 $P(s)$ 为增广的对象模型，而 $F(s)$ 为控制器模型。从输入信号 $u_1(t)$ 到输出信号 $y_1(t)$ 的传递函数可以表示为 $T_{y_1u_1}(t)$。在鲁棒控制中，小增益定理是个很关键的问题，下面介绍这个定理。

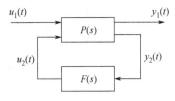

图 10-1 鲁棒系统结构

假设 $M(s)$ 为稳定的，则当且仅当小增益条件

$$\|M(s)\|_\infty \|\Delta(s)\|_\infty < 1$$

满足时，图 10-2 所示的系统对所有稳定的 $\Delta(s)$ 都是良定且内部稳定的。

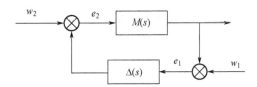

图 10-2 小增益定理框图

对线性系统可以这样理解小增益定理：如果对任意扰动模型 $\Delta(s)$，系统的回路传递函数的范数小于 1，则意味着开环系统的奈奎斯特（Nyquist）图总在单位圆内，不会包围 (–1, j0) 点，闭环系统将总是稳定的，这种稳定性又称为鲁棒稳定性。事实上，小增益定理还更适用于非线性系统。

10.1.2 标准鲁棒性

鲁棒多变量反馈控制的设计问题可以简单地描述为系统设计控制规律使系统在环境或系统本身的不确定性影响下仍然具有指定容许误差范围内的系统响应和系统误差。这里的不确定性包括很多方面，但其中最重要的是指系统的外界干扰（噪声）信号和系统传递函数的建模误差。鲁棒控制系统设计将采用 H_∞ 范数作为这类不确定性因素的度量。

鲁棒控制系统设计问题的一般描述如下。

假定一个多变量系统 $P(s)$，寻找稳定的控制器 $F(s)$，使得闭环系统的传递函数 $T_{y_i u_i}$ 满足下面的关系：

$$\frac{1}{K_M(T_{y_i u_i}(j\omega))} < 1$$

则称该式为鲁棒条件，其中，

$$K_M(T_{y_i u_i}) = \inf\{\sigma(\Delta) \mid \det((I - T_{y_i u_i})\Delta) = 0\}$$

$$\Delta = \mathrm{diag}(\Delta_1, \Delta_2, \cdots, \Delta_n)$$

式中，K_M 称为最小不确定性 Δ 的大小，由每个频率对应的奇异值来度量。函数 K_M 又称为对角扰动的多变量稳定裕度（MSM），其倒数用 μ 表示，即

$$K_M = \frac{1}{\mu}$$

如果 Δ_n 不存在，则该问题又称为鲁棒镇定问题。上述问题的求解涉及 Δ 的非凸优化问题，它不能通过标准的非线性梯度下降方法计算得到，因为此时的算法收敛性无法保证。然而，由于 μ 存在上界，所以可以通过以下公式计算 K_M：

$$\frac{1}{K_M(T_{y_i u_i})} = \mu(T_{y_i u_i}) = \inf \left\| D T_{y_i u_i} D^{-1} \right\|_\infty = \left\| D_p T_{y_i u_i} D_p^{-1} \right\|_\infty$$

这里 $D_p \in D$ 为 Perron 最优增益矩阵。$D = \{\mathrm{diag} \mid d_1 I, \cdots, d_n I \mid d_j > 0\}$。显然，$\left\| T_{y_i u_i} \right\|_\infty$ 是 $1/K_M$ 的上界。如果这些上界都满足鲁棒条件约束，那么可以充分保证 μ 和 K_M 也满足鲁棒条件约束。

因此，从鲁棒控制综合的角度看，鲁棒设计器的设计问题就变成在频域范围内寻找一个稳定的控制器 $F(s)$ 来整定 $\mu(T_{y_i u_i})$ 函数（或者其上界）。而从鲁棒分析的角度看，该问题就转换成计算 MSM 矩阵 $K_M(T_{y_i u_i})$（或者其上界）。

10.1.3 H_∞ 控制概述

H_∞ 控制理论是 20 世纪 80 年代兴起的一门新的现代控制理论。H_∞ 控制理论是为了改

变近代控制理论过于数学化的倾向以适应工程实际需要而诞生的,其设计思想的精髓是对系统的频域特性进行整形,而这种通过调整系统频域特性来获得预期特性的方法,正是工程技术人员所熟悉的技术手段,也是经典控制理论的根本。

1981年,Zames首次用明确的数学语言描述了H_∞优化控制理论,他提出用传递函数阵的H_∞范数来记述优化指标。1984年,加拿大学者Fracis和Zames用古典的函数插值理论提出了H_∞设计问题的最初解法,同时基于算子理论等现代数学工具,这种解法很快被推广到一般的多变量系统,而英国学者Glover则将H_∞设计问题归纳为函数逼近问题,并用Hankel算子理论给出这个问题的解析解。Glover的解法被Doyle在状态空间上进行了整理并归纳为H_∞控制问题,至此H_∞控制理论体系已初步形成。

在这一阶段提出了H_∞设计问题的解法,所用的数学工具非常烦琐,并不像问题本身那样具有明确的工程意义,直到1988年Doyle等人在全美控制年会上发表了著名的DGKF论文,才证明了H_∞设计问题的解可以通过适当的代数Riccati方程得到。DGKF的论文标志着H_∞控制理论的成熟。

迄今为止,H_∞设计方法主要是DGKF等人的解法。不仅如此,这些设计理论的开发者还同美国的The Math Works公司合作,开发了MATLAB中鲁棒控制软件工具箱(Robust Control Toolbox),使H_∞控制理论真正成为实用的工程设计理论。

H_∞控制方法通常将柔性结构截断模型下未建模的高阶模态作为加法或乘法摄动,通过使闭环系统在该扰动下鲁棒稳定来抑制溢出失稳现象。为了抑制低阶模态的弹性振动及实现跟踪,引入了一个广义灵敏度函数,通过求解混合灵敏度H_∞标准问题来构造鲁棒控制系统。

考虑系统状态方程,设系统的输出变量为:
$$Y(t) = [\theta(t), l\dot\theta(t) + \dot y(l,t)]$$

其中,$v_\mathrm{p} = l\dot\theta(t) + \dot y(l,t)$为柔性杆相对于惯性坐标系的绝对速度。

假设$G(s)$和$G_\mathrm{N}(s)$分别表示真实模型(无穷多阶模态)及截断模型(前N阶模态)的传递矩阵,加法模型摄动(建模误差)定义为:
$$\Delta_\mathrm{a}(s) = G(s) - G_\mathrm{N}(s)$$

根据小增益定理,如图10-3所示的反馈系统在加法模型摄动下仍保持稳定的充分条件为:

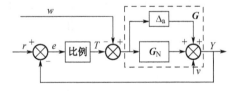

图10-3 加法摄动模型

如果$\Delta_\mathrm{a}(s)$的上限已知,即
$$\bar\sigma[\Delta_\mathrm{a}(j\omega)] \leqslant W_2(\omega), \quad (\forall \omega \in R)$$

上式等价于
$$\|W_2 R(s)\|_\infty \leqslant 1$$

这里 $R(s) \underline{\Delta} K(1+G_N K)^{-1}$，显然 $R(s)$ 越小，容许的截断误差 $\Delta_a(s)$ 越大，即标称反馈系统具有越大的鲁棒稳定裕度。因此，$R(s)$ 是评价闭环系统鲁棒稳定性的标准之一。

提高系统的跟踪响应性能就是极小化系统的输入或干扰对跟踪误差的灵敏度函数。考察跟踪系统，从输入和干扰到跟踪误差 e 的传递矩阵函数为：

$$\bar{S}(s) = [-(I+G_N K)^{-1} G_N \ -(I+G_N K)^{-1} \ (I+G_N K)^{-1}]$$

$$e(s) = \bar{S}(s)\bar{w}(s), \bar{w}(s) = [w, v, r]^T$$

这里 $\bar{S}(s)$ 称为广义灵敏度函数。

改善系统的跟踪性能就是如何减小干扰和参考输入对跟踪误差的响应，一般来说，这种影响采用能量比来评价，即 $\|e(j\omega)\|_2 / \|\bar{w}(j\omega)\|_2$。

因为

$$\|e(j\omega)\|_2 / \|\bar{w}(j\omega)\|_2 \leqslant \bar{\sigma}[\bar{S}(j\omega)]$$

因此提高系统跟踪响应性能问题可描述为：对于给定的 $G_N(s)$ 设计一个控制器 $K(s)$，使得 $\|W_1 \bar{S}(j\omega)\|_\infty \to \min$，同时满足溢出稳定条件。实际中跟踪信号和干扰功率谱在低频域上较大，在高频域上较小，所以控制目的应使加权广义灵敏度函数 $\|W_1 \bar{S}\|_\infty$ 足够小。

10.2 鲁棒控制系统的 MATLAB 法

鲁棒控制器的设计问题早期可以用 3 个不同的 MATLAB 工具箱来求解，这 3 个工具箱分别为鲁棒控制工具箱、μ 分析与综合工具箱和线性矩阵不等式工具箱。不同工具箱下，控制问题的 MATLAB 描述是不同的。这 3 个工具箱已经合并，构成新的鲁棒控制工具箱，既可以用控制系统工具箱中的框架统一描述系统模型，也可以直接描述不确定系统，还可以根据需要用不同的方式描述。在此介绍增广系统不同的描述方法。

10.2.1 鲁棒控制工具箱法

鲁棒控制工具箱中提供了一个函数 mksys，可以直接建立鲁棒控制工具箱使用的双端子系统模型。函数的调用格式为：

S=mksys(A,B1,B2,C1,C2,D11,D12,D21,D22,'tss')：参数 tss 为标识的双端子状态方程模型。如果不想使用这样的定义，可以直接使用控制系统工具箱中的 tf 或 ss 函数格式来定义系统模型。

定义了受控对象模型和加权系统模型，增广系统的 MATLAB 表示可以由鲁棒控制工具箱中提供的 augtf 函数与 augw 函数来建立，函数的调用格式为：

P=augtf(G,W1,W2,W3)
P = augw (G,W1,W2,W3)

augw 函数模型的各个组成部分只能用正则模型（即分子的阶次不高于分母阶次），所以在表示某些特定加权时会出现困难。双端子系统参数还可以通过 branch 函数提取，函数的调用格式为：

[A,B1,B2,C1,C2,D11,D12,D21,D22]=branch(G)
[A,B,C,D]=branch(G)

下面通过一个例子来演示鲁棒控制工具箱的系统描述方法相对应的函数用法。

【例 10-1】 给定以下系统状态方程模型：

$$\dot{x}(t) = \begin{bmatrix} 0 & 1 & 0 & 0 \\ -5000 & -100/3 & 500 & 100/3 \\ 0 & -1 & 0 & 1 \\ 0 & 100/3 & -4 & -60 \end{bmatrix} x(t) + \begin{bmatrix} 0 \\ 25/3 \\ 0 \\ -1 \end{bmatrix} u(t)$$

$$y(t) = [0 \ 0 \ 1 \ 0] x(t)$$

如果选择加权函数 $W_1(s) = \dfrac{100}{s+1}$，$W_3(s) = \dfrac{s}{1000}$，实现建立起增广的对象模型。

其实现的 MATLAB 代码为：

```
>> clear all;
A=[0 1 0 0;-5000 -100/3 500 100/3;0 -1 0 1;0 100/3 -4 -60];
B=[0;25/3;0;-1];
C=[0 0 1 0];
D=0;
G=ss(A,B,C,D);
s=tf('s');
W1=100/(s+1);
W3=s/1000;
W2=1e-5;
Ts=augtf(G,W1,W2,W3)    %得出增广的双端子系统模型
```

运行程序，输出如下：

```
Ts =
  A =
            x1      x2      x3      x4      x5
     x1     0       1       0       0       0
     x2   -5000  -33.33    500    33.33     0
     x3     0      -1       0       1       0
     x4     0     33.33    -4     -60       0
     x5     0       0      -1       0      -1
  B =
            u1      u2
     x1     0       0
     x2     0     8.333
     x3     0       0
     x4     0      -1
     x5     1       0
  C =
            x1      x2      x3      x4      x5
     y1     0       0       0       0      100
     y2     0       0       0       0       0
     y3     0    -0.001     0     0.001     0
     y4     0       0      -1       0       0
  D =
            u1      u2
```

```
       y1         0      0
       y2         0      1e-05
       y3         0      0
       y4         1      0
   Input groups:
       Name       Channels
       U1         1
       U2         2
   Output groups:
       Name       Channels
       Y1         1,2,3
       Y2         4
   Continuous-time state-space model.
```

注意：由于没有 $W_2(s)$ 加权函数，所以应该将其设置成小的正数，如 10^{-5}，以避免 D_{12} 矩阵成为奇异矩阵，导致原问题无解。由以上结果得增广模型为：

$$\boldsymbol{P}(s) = \begin{bmatrix} 0 & 1 & 0 & 0 & 0 & 0 & 0 \\ -5000 & -33.333 & 500 & 33.333 & 0 & 0 & 8.3333 \\ 0 & -1 & 0 & 1 & 0 & 0 & 0 \\ 0 & 33.333 & -4 & -60 & 0 & 0 & -1 \\ 0 & 0 & -1 & 0 & -1 & 1 & 0 \\ \hdashline 0 & 0 & 0 & 0 & 100 & 0 & 0 \\ 0 & 0 & 0 & 0 & 0 & 0 & 10^{-5} \\ 0 & -0.001 & 0 & -0.001 & 0 & 0 & 0 \\ \hdashline 0 & 0 & -1 & 0 & 0 & 1 & 0 \end{bmatrix}$$

10.2.2 系统矩阵法

状态方程模型 (A,B,C,D) 还可以表示成系统矩阵 $\boldsymbol{P}$ 的形式：

$$\boldsymbol{P} = \begin{bmatrix} & & n \\ A & B & \vdots \\ C & D & 0 \\ \hdashline 0 & & -\infty \end{bmatrix}$$

如果状态方程是增广系统的模型，也可以通过这样的方法构造出系统矩阵。对给出的系统模型 G，可以由 P=sys2smat(G) 函数构建系统矩阵 $\boldsymbol{P}$。输入变量 G 可以为 LTI 模型，也可以是双端子的增广矩阵。函数的源代码为：

```
function P=sys2smat(G)
G=ss(G);
n=length(G.a);
P=[G.a,G.b;G.c,G.d];
P(size(P,1)+1,size(P,2)+1)=-inf;
P(1,size(P,2))=n;
```

【例 10-2】 仍以例 10-1 中的对象模型和加权函数，实现求解系统矩阵 $\boldsymbol{P}$。

```
>> clear all;
A=[0 1 0 0;-5000 -100/3 500 100/3;0 -1 0 1;0 100/3 -4 -60];
B=[0;25/3;0;-1];
C=[0 0 1 0];
D=0;
G=ss(A,B,C,D);
W1=[0 100;1 1];
W2=1e-5;
W3=[1 0;0 1000];
S=augtf(G,W1,W2,W3);
P=sys2smat(S)    %将增广矩阵变换为系统矩阵
```

运行程序，输出如下：

```
P =
  1.0e+03 *
    0       0.0010      0         0         0        0        0        0.0050
   -5.0000 -0.0333    0.5000    0.0333      0        0      0.0083       0
    0      -0.0010      0       0.0010      0        0        0          0
    0       0.0333   -0.0040   -0.0600      0        0     -0.0010       0
    0         0      -0.0010      0      -0.0010   0.0010     0          0
    0         0         0         0       0.1000      0        0          0
    0         0         0         0         0        0      0.0000        0
    0      -0.0000      0       0.0000      0        0        0          0
    0         0      -0.0010      0         0      0.0010     0          0
    0         0         0         0         0        0        0        -Inf
```

由以上结果，得到系统矩阵为：

$$P = \begin{bmatrix} 0 & 1 & 0 & 0 & 0 & 0 & 0 & 5 \\ -5000 & -33.333 & 500 & 33.333 & 0 & 0 & 8.3333 & 0 \\ 0 & -1 & 0 & 1 & 0 & 0 & 0 & 0 \\ 0 & 33.333 & -4 & -60 & 0 & 0 & -1 & 0 \\ 0 & 0 & -1 & 0 & -1 & 1 & 0 & 0 \\ 0 & 0 & 0 & 0 & 100 & 0 & 0 & 0 \\ 0 & 0 & 0 & 0 & 0 & 0 & 10^{-5} & 0 \\ 0 & -0.001 & 0 & 0.001 & 0 & 0 & 0 & 0 \\ 0 & 0 & -1 & 0 & 0 & 1 & 0 & 0 \\ 0 & 0 & 0 & 0 & 0 & 0 & 0 & -\infty \end{bmatrix}$$

值得指出的是，如果系统和加权函数存在非正则的子模型，则不能用系统矩阵的方式描述，只能用 augtf 函数表示。

10.2.3 不确定系统法

鲁棒控制工具箱定义了一个新的对象类 ureal，可以定义在某个区间内可变的变量。函数的调用格式为：

p=ureal('p',p0,'Range',[pm,pM])：区间变量 p∈[pm,pM]。

p=ureal('p',p0,'PlusMinus',δ)：正负偏差 p=p0±δ。

p=ureal('p',p0,'Percentage',A)：百分率偏差 p=p0(1±0.01A)。

其中，p0 为该变量的标称值，其变化范围可以由后面的参数直接定义。有了这样的不确定变量，则可以由 tf 或 ss 函数建立起不确定系统的传递函数或状态方程模型。还可以用 G1=usample(G,N)函数从不确定系统 G 中随机选择 N 个样本赋给 G1。此外，还可以将 bode 函数、step 函数等同样用于不确定系统分析。

【例 10-3】 已知典型二阶开环传递函数 $G(s) = \dfrac{\omega_n^2}{s(s+2\xi\omega_n)}$，$\xi \in (0.2, 0.9)$，$\omega_n \in (2,10)$，且选定标称值为 $\xi_0 = 0.7$，$\omega_0 = 5$，请构造不确定系统模型，并绘制出样本系统的开环 Bode 图和闭环阶跃响应曲线。

注意：每次调用 usample 函数得出的样本将是不同的。

其实现的 MATLAB 代码为：

```
>> clear all;
z=ureal('z',0.7,'Range',[0.2 0.9]);
wn=ureal('wn',5,'Range',[2,10]);
Go=tf(wn^2,[1,2*z*wn,0]);
Go1=usample(Go,10);
bode(Go1);      %开环 Bode 图
grid on;
figure;step(feedback(Go1,1));   %闭环阶跃图
grid on;
```

运行程序，效果如图 10-4 及图 10-5 所示。

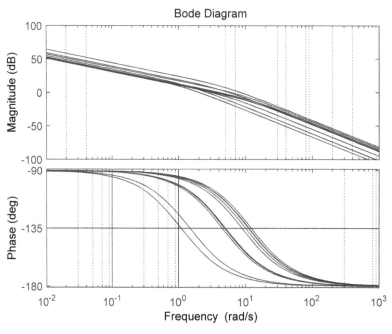

图 10-4 开环系统 Bode 图

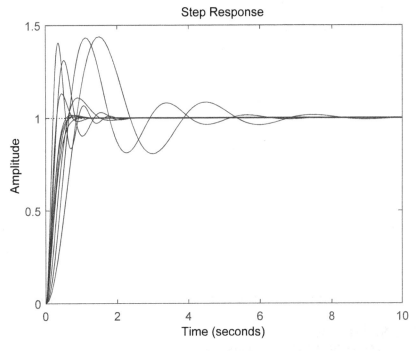

图 10-5 闭环系统阶跃响应图

10.3 范数鲁棒控制器的设计

合并后的鲁棒控制工具箱中的函数几乎全部改写,但早期的函数可以照用,而新版本的工具箱设计了一组全新函数,使得控制器设计更容易,且函数名及调用格式更规范。

10.3.1 H_2,H_∞ 鲁棒控制器的设计

考虑图 10-1 所示的双端子状态方程对象模型结构,H_∞ 控制器设计的目标是找到一个控制器 $F(s)$,它能保证闭环系统的 H_∞ 范数限制在一个给定的小整数 γ 下,即 $\left\|T_{y_1u_1}(s)\right\|_\infty < \gamma$。这时控制器的状态方程表示为:

$$\dot{x}(t) = A_f x(t) - ZLu(t)$$
$$y(t) = Kx(t)$$
$$A_f = A + \gamma^{-2}B_1B_1^T X + B_2K + ZLC_2$$

其中,$K = -B_2^T X$,$L = -YC_2^T$,$Z = (I - \gamma^{-2}YX)^{-1}$。

且 X 与 Y 分别为下面两个代数 Riccati 方程的解。

$$A^T X + XA + X(\gamma^{-2}B_1B_1^T X - B_2B_2^T)X + C_1C_1^T = 0$$
$$AY + YA^T + Y(\gamma^{-2}C_1^T C_1 + C_2^T C_2)Y + B_1^T B_1 = 0$$

H_∞ 控制器存在的前提条件为:

(1)D_{11} 足够小,且满足 $D_{11} < \gamma$。

(2) 控制器 Riccati 方程的解 X 为正定矩阵。

(3) 观测器 Riccati 方程的解 Y 为正定矩阵。

(4) $\lambda_{\max}(XY) < \gamma^2$，即两个 Riccati 方程的积矩阵的所有特征值均小于 γ^2。

在上述前提条件下搜索最小的 γ 值，则可设计出最优 H_∞ 控制器。

10.3.2 H_2, H_∞ 鲁棒控制器的实现

对双端子模型 G，鲁棒控制工具箱中相应的函数可以直接用于控制器设计，这些函数的调用格式为：

[Gc,Gc1]=h2syn(G)：H_2 控制器设计。

[Gc,Gc1,r]=hinfsyn(G)：H_∞ 最优控制器设计。

其中，返回的变量 Gc 和 Gc1 分别为控制器模型和闭环系统状态方程模型，后者以双端子状态方程形式给出，可以用 branch 函数提取状态方程参数。最优 H_∞ 控制器设计返回的 r 是在加权函数下能获得的最小 r 值。

【例 10-4】考虑以下条件给出的对象模型 $G(s) = \dfrac{300}{s^2 + \delta s + 300}$。此处不确定性参数 δ 可以在某个指定的范围内变化。

① 试用 MATLAB 语言设计 H_∞ 控制器；

② 设计最优 H_∞ 控制器。

解析：首先给 δ 选择一个标准值 $\delta = 1.5$，引入加权函数

$$W_1(s) = \frac{100(0.06s+1)^2}{\rho(0.3s+1)^2}, \quad W_3(s) = \frac{s^2}{3000}$$

假定 $\rho = 1$。

① 设计一个 H_∞ 控制器，代码为：

```
>> clear all;
num=300;
den=[1 1.5 300];
G=tf(num,den);
nW1=100*conv([0.005,1],[0.005,1]);
dW1=conv([0.3,1],[0.3,1]);
nW3=[1,0,0];
dW3=[3000];
[a,b,c,d]=tf2ss(num,den);
S=mksys(a,b,c,d);
W1=[nW1;dW1];
W3=[nW3;0,0,dW3];
Tss=augtf(S,W1,[],W3);
[cF1,ccL]=hinf(Tss);
```

运行程序，输出如下：

```
        << H-inf Optimal Control Synthesis >>
    Computing the 4-block H-inf optimal controller
     using the S-L-C loop-shifting/descriptor formulae
Solving for the H-inf controller F(s) using U(s) = 0 (default)
Solving Riccati equations and performing H-infinity
existence tests:
    1.  Is D11 small enough?                      OK
    2.  Solving state-feedback (P) Riccati ...
        a.  No Hamiltonian jw-axis roots?         OK
        b.  A-B2*F stable (P >= 0)?               FAIL
    3.  Solving output-injection (S) Riccati ...
        a.  No Hamiltonian jw-axis roots?         OK
        b.  A-G*C2 stable (S >= 0)?               OK
    4.  max eig(P*S) < 1 ?                        OK
-----------------------------------------------------
       NO STABILIZING CONTROLLER MEETS THE SPEC. !!
                 -- CLOSED-LOOP UNSTABLE --
```

可以看出，控制器设计中所有的存在条件均满足，所以该 H_∞ 控制器的设计是成功的，返回的结构可在树变量 cF1 中给出。控制器 $F(s)$ 的其他形式也可由 MATLAB 命令得到。例如，可以由以下代码得到零极点模型：

```
>> [a1,b1,c1,d1]=branch(cF1);
>> Gc=zpk(ss(a1,b1,c1,d1))
```

运行程序，输出如下：

```
Gc =
   -1741.5 (s+24.82) (s^2 + 1.5s + 300)
   ------------------------------------
     (s-158.7) (s+71.77) (s+3.333)^2

Continuous-time zero/pole/gain model.
```

绘制出闭环系统的阶跃响应曲线代码为：

```
>> G_0=G*Gc;
G_c=feedback(G_0,1);       %负反馈
step(G_c);
xlabel('时间');ylabel('振幅');
title('单位阶跃响应');
grid on;
```

运行程序，效果如图 10-6 所示。

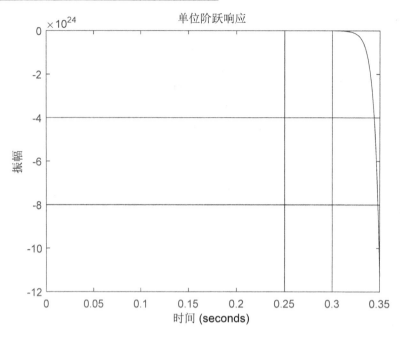

图 10-6 闭环系统的单位阶跃响应

② 采用 hinfopt 函数设计最优 H_∞ 控制器,代码为:

```
>>clear all;
num=300;
den=[1 1.5 300];
G=tf(num,den);
nW1=100*conv([0.005,1],[0.005,1]);
dW1=conv([0.3,1],[0.3,1]);
nW3=[1,0,0];
dW3=[3000];
[a,b,c,d]=tf2ss(num,den);
S=mksys(a,b,c,d);
W1=[nW1;dW1];
W3=[nW3;0,0,dW3];
Tss=augtf(S,W1,[],W3);
[gg,cFopt,ccL]=hinfopt(Tss);
gg
[a2,b2,c2,d2]=branch(cFopt);
Gc=zpk(ss(a2,b2,c2,d2))
G_0=G*Gc;
G_c=feedback(G_0,1);        %负反馈
step(G_c);
xlabel('时间');ylabel('振幅');
title('单位阶跃响应');
```

```
grid on;
```

运行程序，输出如下，效果如图10-7所示。

```
                  << H-Infinity Optimal Control Synthesis >>
No    Gamma       D11<=1  P-Exist  P>=0  S-Exist  S>=0  lam(PS)<1  C.L.
-------------------------------------------------------------------------
 1   1.0000e+00    OK      OK     FAIL    OK       OK      OK      UNST
 2   5.0000e-01    OK      OK      OK     OK       OK      OK      STAB
 3   7.5000e-01    OK      OK      OK     OK       OK      OK      STAB
 4   8.7500e-01    OK      OK     FAIL    OK       OK      OK      UNST
 5   8.1250e-01    OK      OK      OK     OK       OK      OK      STAB
 6   8.4375e-01    OK      OK      OK     OK       OK      OK      STAB
 7   8.5938e-01    OK      OK     FAIL    OK       OK      OK      UNST
 8   8.5156e-01    OK      OK      OK     OK       OK      OK      STAB

     Iteration no. 8 is your best answer under the tolerance: 0.0100 .
gg =
    0.8516
Gc =
  59011 (s+23.32) (s^2 + 1.5s + 300)
  ---------------------------------
   (s+5026) (s+87.84) (s+3.333)^2

Continuous-time zero/pole/gain model.
```

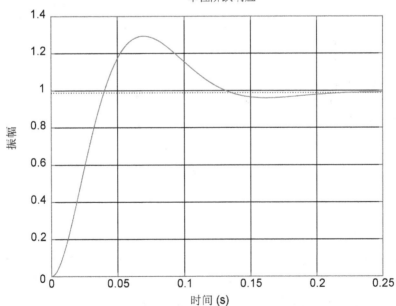

图10-7 负反馈系统单位阶跃响应

由以上结果可看出，经过 8 次迭代，终于求出最优的 $\gamma = 0.8516$，并设计了最优 H_∞ 控制。比较图 10-6 及图 10-7 可看出，与原来的 H_∞ 控制器相比，控制系统的超调量减小，动态响应也显著改进了。

【例 10-5】 考虑如下给出的多变量系统模型：

$$G(s) = \begin{bmatrix} \dfrac{0.806s + 0.264}{s^2 + 1.15s + 0.202} & \dfrac{-15s - 1.42}{s^3 + 12.8s^2 + 13.6s + 2.36} \\ \dfrac{1.95s^2 + 2.12s + 0.49}{s^3 + 9.15s^2 + 9.39s + 1.62} & \dfrac{7.15s^2 + 25.8s + 9.35}{s^4 + 20.8s^3 + 116.4s^2 + 111.6s + 18.8} \end{bmatrix}$$

考虑混合灵敏度问题，引入加权矩阵：

$$W_1(s) = \begin{bmatrix} \dfrac{100}{s + 0.5} & 0 \\ 0 & \dfrac{100}{s + 1} \end{bmatrix}, \quad W_3(s) = \begin{bmatrix} \dfrac{s}{100} & 0 \\ 0 & \dfrac{s}{200} \end{bmatrix}$$

设置 $W_2(s) = \mathrm{diag}([10^{-5}, 10^{-5}])$，即实现受控对象模型和增广的双端子模型，并直接设计最优 H_∞，绘制该控制器的阶跃响应曲线和开环系统的奇异值曲线。

```
>> clear all;
g11=tf([0.806 0.264],[1 1.15 0.202]);
s=tf('s');
g12=tf([-15 -1.42],[1 12.8 13.6 2.36]);
g21=tf([1.95 2.12 0.49],[1 9.15 9.39 1.62]);
g22=tf([7.15 25.8 9.35],[1 20.8 116.4 111.6 18.8]);
G=[g11,g12;g21,g22];
w2=tf(1);
W2=1e-5*[w2,0;0,w2];
W1=[100/(s+0.5),0;0,100/(s+1)];
W3=[s/100,0;0,s/200];
Ts=augtf(G,W1,W2,W3);
[Gc,a,g]=hinfsyn(Ts);
zpk(Gc(1,2));
step(feedback(G*Gc,eye(2)),0.1);
grid on;
figure;sigma(G*Gc);
grid on;
```

运行程序，效果如图 10-8 和图 10-9 所示。

从结果可看出，得出的阶跃响应曲线是相当理想的，第 1 路阶跃输入作用子系统时能得出很好的 $y_1(t)$ 输出，而 $y_2(t)$ 几乎为 0。第 2 路输入单独作用时效果也相似。然而，这样设计出的控制器阶次是相当高的。零极点表达式为 14 阶模型：

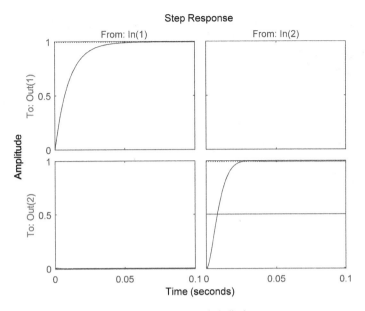

图 10-8 阶跃响应曲线

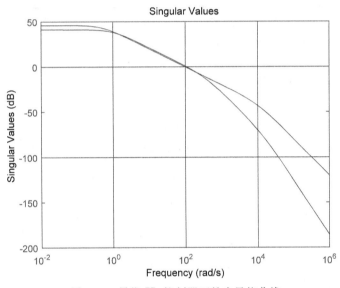

图 10-9 最优 H_∞ 控制器下的奇异值曲线

```
ans =
  8694.2 (s+2.881e04) (s+8844) (s+11.54) (s+8.113) (s+8.002) (s+0.9354) (s+0.9336)
  (s+0.9306)    (s+0.5)    (s+0.2175)    (s+0.2164)    (s+0.2147)    (s+0.09467)
  -----------------------------------------------------------------------------------
      (s+1.37e04)  (s+9644)  (s+342)  (s+11.55)  (s+8.1)  (s+1.052)  (s+1)  (s+0.9331)  (s+0.9218)
  (s+0.5)(s+0.3369)(s+0.2467)(s+0.2263) (s+0.2167)
 
Continuous-time zero/pole/gain model.
```

由得出的设计结果还可以看出，$y_{22}(t)$ 的响应速度和 $y_{11}(t)$ 相比显得很慢，因此需要加

重 $W_2(s)$ 的 $w_{1,22}(s)$ 权值，令 $w_{1,22}(s)=\dfrac{1000}{(s+1)}$，则可以重新设计最优 H_∞ 控制器，实现代码为：

```
>> W1=[100/(s+0.5) 0;0 1000/(s+1)];
Ts=augtf(G,W1,W2,W3);
[Gc1,a,g]=hinfsyn(Ts);
step(feedback(G*Gc1,eye(2)),0.1);
grid on;
figure;sigma(G*Gc1);
grid on;
```

运行程序，效果如图 10-10 和图 10-11 所示。

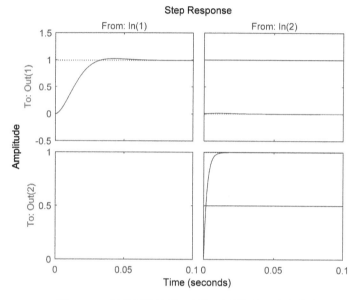

图 10-10　新控制器作用下的闭环系统阶跃响应曲线

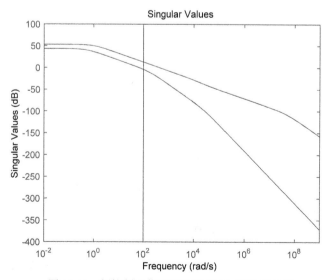

图 10-11　新控制器作用下的最优 H_∞ 奇异值曲线

由图 10-10 和图 10-11 可见，在新控制器下，$y_{22}(t)$ 效果明显改善。

由于控制器的阶次很高，在实际应用中难以实现，因此可以考虑采用降阶算法降低控制器的阶次。可以采用闭环系统的控制器模型降阶的概念，降低控制器的阶次直接实现降阶。

假如原系统对象中有位于虚轴上的极点，则不能直接应用鲁棒控制设计来设计控制器。在这样的情况下，需引入一个新的变量 p，使得 $s = \dfrac{\alpha p + \delta}{\gamma p + \beta}$，即可在对象模型中用 p 变量取代 s 变量，这样的变换称为双线性变换，还称为频域平面双线性变换。

在双线性变换下，可将原系统中虚轴上的极点移开，这样可以将这个模型用作新的对象模型，基于这个模型来设计一个控制器。假设已经设计出一个控制器 $F(p)$，则还应该引入变换 $p = \dfrac{-\beta s + \delta}{\gamma s + \alpha}$，将得出控制器中的 p 变量再变回到 s 变量，从而获得新的控制器 $G_c(s)$。

MATLAB 鲁棒控制工具箱中提供了 bilin 函数来完成给定传递函数模型的正向或反向双线性变换。函数的调用格式为：

S=bilin(G,vers,method,aug)：其中参数 G 为原模型，而 S 为变换后的模型。变量 vers 用来指定双线性变换的方向，当 vers=1 时，表示 s 到 p 的变换（默认），而 vers=-1 时，表示 p 到 s 的变换。变量 method 用来指定所采用的变换算法。选项 'Tustin' 经常选用，表示 Tustin 变换来移动虚轴上的极点。

另外一种常用的移位算法采用特殊的双线性变换法，令 $p = s + \lambda$，$\lambda < 0$，这样的变换将会把原对象模型 (A,B,C,D) 移到 $(A - \lambda I, B, C, D)$。控制器设计后，再采用反向双线性变换将得出的控制器。

【例 10-6】假设带有双积分器的非最小相位受控对象 $G(s) = \dfrac{5(-s+3)}{s^2(s+6)(s+10)}$，选择加权函数 $W_1(s) = \dfrac{300}{s+1}$，$W_2(s) = 10^{-5}$，$W_3(s) = 100s^2$，并选择极点移位为 $p = 0.2$。求出移位后的增广系统，并设计最优 H_∞ 控制器，绘制校正后系统的闭环阶跃响应曲线。

其实现的 MATLAB 代码为：

```
>> clear all;
p=0.2;
s=tf('s');
G=5*(-s+3)/s^2/(s+6)/(s+10);
[A,B,C,D]=ssdata(ss(G));
A1=A+p*eye(size(A));
G0=ss(A1,B,C,D);
W1=300/(s+1);
W2=1e-5;
W3=100*s^2;
G1=augtf(G0,W1,W2,W3);
[Gc,a,g]=hinfsyn(G1);
[A,B,C,D]=ssdata(Gc);
```

```
A1=A-p*eye(size(A));
Gc1=zpk(ss(A1,B,C,D))
step(feedback(G*Gc1,1),30);
grid on;
figure;
step(feedback(Gc1,G),30)
grid on;
```

运行程序，输出如下，效果如图 10-12 和图 10-13 所示。

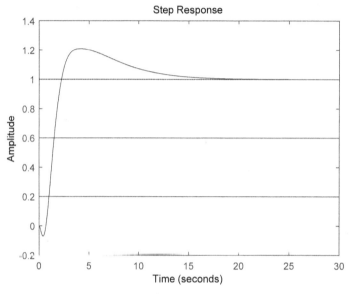

图 10-12　H_∞ 控制下的阶跃响应曲线

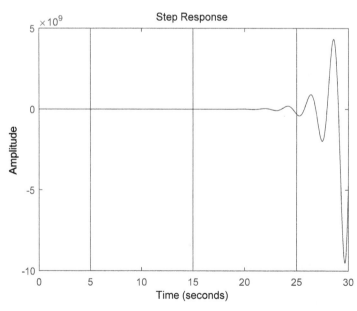

图 10-13　H_∞ 控制下的信号曲线

```
Gc1 =
      4.541e13 (s+10) (s+6.002) (s+1.031) (s+0.1841)
    ---------------------------------------------------
      (s+5e07) (s+1.143e06) (s+1.2) (s^2 + 6.165s + 16.57)
Continuous-time zero/pole/gain model.
```

从结果可看出,虽然在 H_∞ 控制器的控制下闭环系统输出曲线较理想,但控制信号过大,在实际中不可能实现,所以设计出来的控制器是没有用的。观察给出的加权函数就可以发现出现这种现象的原因:由于控制信号的加权 $W_2(s)$ 设置成了小数 10^{-5},就相当于对控制信号没有约束,所以会导致控制量增大到不可接受的程度。现在修改该加权值,使得该信号和 $e(t)$、$y(t)$ 信号同等加权。例如,可以设置 $W_2(s)=100$,这样即可设计出新的控制器,实现代码为:

```
>> W2=100;
G1=augtf(G0,W1,W2,W3);
[Gc2,a,g]=hinfsyn(G1)
[A,B,C,D]=ssdata(Gc2);
A1=A-p*eye(size(A));
Gc2=zpk(ss(A1,B,C,D))
step(feedback(G*Gc2,1),30);
grid on;
figure;
step(feedback(Gc2,G),30)
grid on;
```

运行程序,输出如下,效果如图 10-14 和图 10-15 所示。

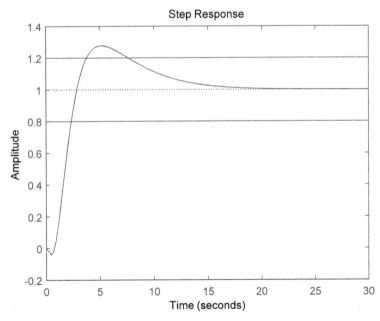

图 10-14 加权函数修改后的阶跃响应曲线

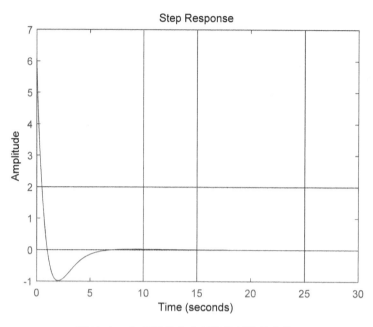

图 10-15　加权函数修改后的控制信号曲线

```
Gc2 =
         2.1069e05 (s+10) (s+6) (s+1.113) (s+0.1653)
  -------------------------------------------------
   (s+3.464e04) (s+12.04) (s+1.2) (s^2 + 6.748s + 14.15)

Continuous-time zero/pole/gain model.
```

由结果可见，虽然控制性能略有降低，但大幅度减少了控制量，使其达到了可以接受的幅度，因此控制器的效果有明显改观。

从这个实例可看出，可以通过修正加权的方式，用试凑的方法修改控制器设计的条件，达到所期望的效果。

10.4　鲁棒控制的其他函数

在 MATLAB 的鲁棒控制工具箱中还提供了许多其他的鲁棒控制器设计函数，包括类似于 hinfsyn 函数功能的混合灵敏度最优 H_∞ 控制器设计函数、回路成型控制器设计函数和基于 μ 分析与综合的设计函数。

10.4.1　混合灵敏度函数

对于正则加权函数来说，mixsyn 函数也可以用于最优 H_∞ 控制器的设计，函数的调用格式为：

[K,CL,GAM,INFO]=mixsyn(G,W1,W2,W3)：参数 Wi 为加权应该直接填写相关的传递函数或传递函数矩阵，而不能采用前面介绍的形式。

另外，应该注意，W3 不再支持非正则形式的传递函数，如果确实需要这样的传递函数，则应该由带有位于很远极点的正则模型去逼近,并且要保证 D_{12} 矩阵为非奇异。

【例 10-7】考虑例 10-1 中给出的受控对象模型,选择 $W_1(s)=\dfrac{10000}{s+1}$,$W_2(s)=0.01$,$W_{30}(s)=\dfrac{s}{10}$。由于 $W_{30}(s)$ 为非正则的传递函数,所以应该用 $W_3(s)=\dfrac{s}{0.001s+10}$ 去逼近。请分别设计出最优 H_∞ 控制器。

其实现的 MATLAB 代码为:

```
>> clear all;
A=[0 1 0 0;-5000 -100/3 500 100/3;0 -1 0 1;0 100/3 -4 -60];
B=[0;25/3;0;-1];
C=[0 0 1 0];
D=0;
G=ss(A,B,C,D);
s=tf('s');
W1=10000/(s+1);
W2=1e-2;
W30=s/10;
W3=s/(0.001*s+10);
Gc=mixsyn(G,W1,W2,W3);
Gc=zpk(Gc)
G1=augtf(G,W1,W2,W30);
Gc1=hinfsyn(G1);
Gc1=zpk(minreal(Gc1))
figure;bode(G*Gc,G*Gc1,'k:');
legend('原系统 Bode 图','W30 逼近系统 Bode 图');
grid on;
figure;step(feedback(G*Gc,1),'r-',feedback(G*Gc1,1),'-.',0.1);
legend('原闭环阶跃响应','W30 逼近闭环阶跃响应');
grid on;
```

运行程序,输出如下,效果如图 10-16 和图 10-17 所示。

```
Gc =
   -7.7343e09 (s+1e04) (s+67.4) (s+0.06391) (s^2 + 25.87s + 4643)
   ----------------------------------------------------------
   (s+1.206e06) (s+1e04) (s+386.3) (s+1) (s^2 + 23.3s + 536.1)
Continuous-time zero/pole/gain model.
Gc1 =
   -7.7675e09 (s+67.4) (s+0.06391) (s^2 + 25.87s + 4643)
   ---------------------------------------------------
   (s+1.211e06) (s+386.3) (s+1) (s^2 + 23.3s + 536.1)
Continuous-time zero/pole/gain model.
```

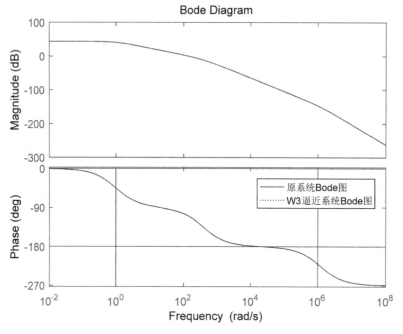

图 10-16　系统的 Bode 图

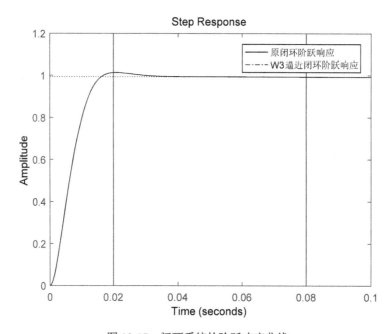

图 10-17　闭环系统的阶跃响应曲线

由结果可见，对给定的受控对象模型来说，控制效果是很令人满意的。另外，用 $W_3(s)$ 去逼近非正则的 $W_{30}(s)$ 模型对控制器设计没有影响。

10.4.2　回路成型函数

灵敏度问题由鲁棒控制工具箱中的 loopsyn 就可以直接求解，该函数采用 H_∞ 回路成型算法设计控制器。函数的调用格式为：

[K,CL,GAM,INFO]=loopsyn(G,Gd)：参数 G 为受控对象模型，Gd 为期望的回路传递函数，返回参数 K 为回路成型控制器模型，CL 为在该控制器下的闭环系统模型，而 GAM 为成型精度，当 GAM=1 时表示设计出精确的成型控制器。

一般情况下，即受控对象 G 的 D 矩阵为非满秩矩阵时，不能得出精确的成型控制器，这时回路奇异值上/下限满足：

$$\begin{cases} \underline{\sigma}(G(j\omega)K(j\omega)) \geqslant \dfrac{1}{\gamma}\underline{\sigma}(G_d(j\omega)), & \omega \geqslant \omega_0 \\ \overline{\sigma}(G(j\omega)K(j\omega)) \leqslant \gamma\underline{\sigma}(G_d(j\omega)), & \omega \leqslant \omega_0 \end{cases}$$

当 $\omega \leqslant \omega_0$ 时，系统实际回路奇异值介于 $\left(\dfrac{\underline{\sigma}[G_d(j\omega)]}{\gamma}, \overline{\sigma}[G_d(j\omega)]\gamma \right)$ 之间。

【例 10-8】对以下给定的多变量模型：

$$G(s) = \begin{bmatrix} \dfrac{0.806s+0.264}{s^2+1.15s+0.202} & \dfrac{-15s-1.42}{s^3+12.8s^2+13.6s+2.36} \\ \dfrac{1.95s^2+2.12s+0.49}{s^3+9.15s^2+9.39s+1.62} & \dfrac{7.15s^2+25.8s+9.35}{s^4+20.8s^3+116.4s^2+111.6s+18.8} \end{bmatrix}$$

选择两个回路的模型均为 $G_d(s) = \dfrac{500}{s+1}$，则直接设计回路成型控制器。

实现的 MATLAB 代码为：

```
>> clear all;
g11=tf([0.806 0.264],[1 1.15 0.202]);
g12=tf([-15 -1.42],[1 12.8 13.6 2.36]);
g21=tf([1.95 2.12 0.49],[1 9.15 9.39 1.62]);
g22=tf([7.15 25.8 9.35],[1 20.8 116.4 111.6 18.8]);
G=[g11,g12;g21,g22];
s=tf('s');
Gd=500/(s+1);
[F,a,g]=loopsyn(G,Gd);
zpk(F)
g
sigma(G*F,'r-.',Gd/g,'k--',Gd*g,'m');   %绘制奇异值和回路上下界
legend('奇异值曲线','上界曲线','下界曲线');
grid on;
figure;
step(feedback(G*F,eye(2)),0.1); %闭环系统阶跃响应曲线
grid on;
```

运行程序，输出如下，效果如图 10-18 和图 10-19 所示。

g =
   1.6200

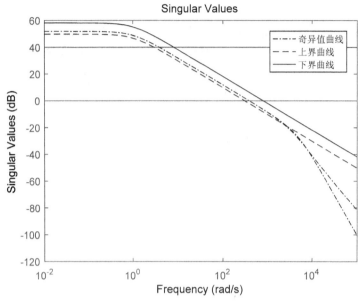

图 10-18　回路成型控制奇异值曲线和上下界

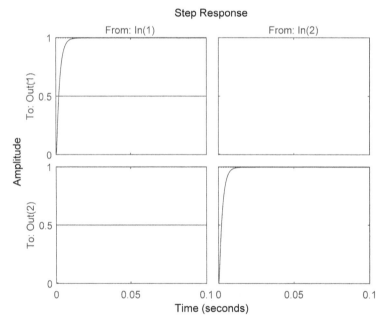

图 10-19　回路成型控制闭环系统阶跃响应曲线

由结果可看出，设计的效果还是很理想的。

此外，从图 10-18 可看出，当频率较高时，得出的实际 Bode 图幅值在预期的上、下界之外。事实上，这时的实际幅值很低（−20dB 相当于 0.1 倍左右，远远低于低频时的幅值），不会影响大局。另外，这样设计出的控制器阶次很高，达到 18 阶，实际应用中有很大困难。

10.4.3 μ分析的综合鲁棒控制器设计

鲁棒控制工具箱还提供了基于 μ 分析与综合的设计函数 hinfsyn，该函数的另一种调用格式为：

K=hinfsyn(P,p,q,rm,rM,e)：P 为增广系统的矩阵；p、q 为系统输出和输入信号的路数。该函数采用二分法求解最优的 r 值，事先要先给出 r 的范围（rm,rM），且给定判定收敛的误差限 e，这些选项都不能省略。

【例 10-9】以例 10-1 中增广的系统模型，用 μ 分析的综合鲁棒工具箱相关函数直接设计出最优 H_∞ 控制器。

```
>> clear all;
A=[0 1 0 0;-5000 -100/3 500 100/3;0 -1 0 1;0 100/3 -4 -60];
B=[0;25/3;0;-1];
C=[0 0 1 0];
D=0;
G=ss(A,B,C,D);
s=tf('s');
W1=100/(s+1);
W3=s/1000;
W2=1e-5;
G1=augtf(G,W1,W2,W3);   %得出增广的双端子系统模型
[G2,a,g1]=hinfsyn(G1,1,1,0.1,10,1e-3);
G22=zpk(G2)
[Gc1,a,g2]=hinfsyn(G1);
Gc11=zpk(Gc1)
figure;bode(G*Gc1,'r--',G*G2,'k');
figure;step(feedback(G*Gc1,1),'k:',feedback(G*G2,1),'r-');
```

运行程序，输出如下，效果如图 10-20 和图 10-21 所示。

```
Test bounds:      0.1000 <  gamma  <=    10.0000
   gamma       hamx_eig   xinf_eig   hamy_eig   yinf_eig   nrho_xy    p/f
   10.000      1.2e+01    2.6e-06    6.4e-02    0.0e+00    0.0000     p
    5.050      1.2e+01    2.6e-06    6.4e-02    0.0e+00    0.0000     p
    2.575      1.2e+01    2.6e-06    6.4e-02    0.0e+00    0.0000     p
    1.337      1.2e+01    2.6e-06    6.4e-02    0.0e+00    0.0000     p
    0.719      1.2e+01    2.6e-06    6.4e-02    0.0e+00    0.0000     p
    0.409      1.2e+01    2.6e-06    6.4e-02    0.0e+00    0.0000     p
    0.255      1.2e+01   -1.3e+05#   6.4e-02    0.0e+00    0.0000     f
    0.332      1.2e+01   -1.3e+06#   6.4e-02    0.0e+00    0.0000     f
    0.371      1.2e+01    2.6e-06    6.4e-02    0.0e+00    0.0000     p
    0.351      1.2e+01   -3.1e+06#   6.4e-02    0.0e+00    0.0000     f
    0.361      1.2e+01   -7.2e+06#   6.4e-02    0.0e+00    0.0000     f
    0.366      1.2e+01   -1.8e+07#   6.4e-02    0.0e+00    0.0000     f
    0.368      1.2e+01   -7.0e+07#   6.4e-02    0.0e+00    0.0000     f
    0.369      1.2e+01    2.6e-06    6.4e-02    0.0e+00    0.0000     p
    0.369      1.2e+01   -2.2e+08#   6.4e-02    0.0e+00    0.0000     f
Gamma value achieved:     0.3695
```

```
G22 =
  -6.127e09 (s+67.4) (s+0.06391) (s^2 + 25.87s + 4643)
  ----------------------------------------------------
     (s+1.658e05) (s+1279) (s+1) (s^2 + 23.79s + 535.7)
Continuous-time zero/pole/gain model.
Gc11 =
  -7.818e08 (s+67.4) (s+0.06391) (s^2 + 25.87s + 4643)
  ----------------------------------------------------
     (s+2.101e04) (s+1296) (s+1) (s^2 + 23.79s + 535.7)
Continuous-time zero/pole/gain model.
```

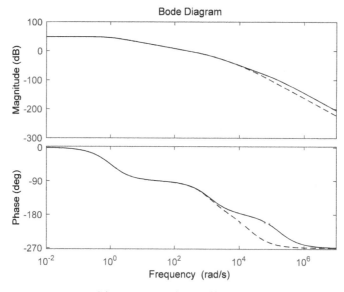

图 10-20　开环传递函数 Bode 图

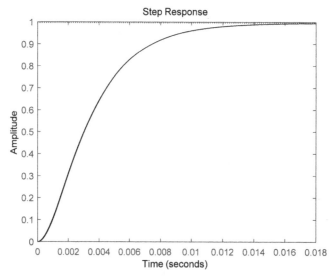

图 10-21　闭环系统阶跃响应曲线

由结果可看出,由系统矩阵和增广系统模型设计出的控制器效果稍有不同,但差别不大,在该实例中前者效果稍好。

从设计的结果可看出,控制效果完全取决于加权函数的选择,而加权函数并没有一般的通用选择方法,在应用中经常按实际需要试凑地选择加权函数,从而达到理想的控制效果。

10.5 线性矩阵不等式

近年来,线性矩阵不等式广泛应用于解决系统与控制中的一系列问题。随着解决 LMI(线性矩阵不等式)内点法的提出及 MATLAB 中 LMI 控制工具箱的推广,LMI 控制工具箱已经成为从控制工程到系统识别设计和结构设计等诸多领域的一个强大的设计工具。由于许多控制问题都可以转化为一个 LMI 系统的可行性问题,或者是一个具有 LMI 约束大的徒优化问题,应用 LMI 来解决系统和控制问题已经成为这些领域中的一大研究热点。

10.5.1 线性不等式的描述

一个线性矩阵不等式是具有形式:

$$F(x) = F_0 + x_1 F_1 + \cdots + x_m F_m < 0 \quad (10\text{-}1)$$

的一个表达式。其中 $x_1, \cdots, x_m$ 是 m 个实数变量,称为线性矩阵不等式的决策变量,$x = (x_1, \cdots, x_m)^T \in R^m$ 是由决策变量构成的向量,称为决策向量。$F_i = F_i^T \in R^{n \times n}, i = 0, 1, \cdots, m$ 是一组给定的实对称矩阵,式(10-1)中的不等号"<"指的是矩阵 $F(x)$ 是负定的,即对所有非零的向量 $v \in R^m$,$v^T F(x) v < 0$ 或 $F(x)$ 的最大特征值小于零。

在许多系统与控制问题中,问题的变量是以矩阵的形式出现的,如 Lyapunov 矩阵不等式:

$$F(X) = A^T X + XA + Q < 0 \quad (10\text{-}2)$$

其中,$A, Q \in R^{n \times n}$ 是给定的常数矩阵,且 Q 是对称的,$X \in R^{n \times n}$ 是对称的未知矩阵变量,因此该矩阵不等式中的变量是一个矩阵。设 $E_1, \cdots, E_M$ 是 S^n 中的一组基,则对任意对称 $X \in R^{n \times n}$,存在 $x_1, \cdots, x_M$ 使得 $X = \sum_{i=1}^{M} x_i E_i$。

因此,有

$$F(X) = F\left(\sum_{i=1}^{M} x_i E_i\right) = A^T \left(\sum_{i=1}^{M} x_i E_i\right) + \left(\sum_{I=1}^{M} x_i E_I\right) A + Q$$
$$= Q + x_1 (A^T E_1 + E_1 A) + \cdots + x_M (A^T E_M + E_M A) < 0 \quad (10\text{-}3)$$

即 Lyapunov 矩阵不等式(10-1)写成了线性矩阵不等式的一般形式(10-3)。

线性矩阵不等式问题通常可分为三类:可行解问题、线性目标函数最优化问题与广义特征值最优化问题。

1. 可行解问题

所谓可行解问题，就是最优化问题中的约束条件求解问题，即单纯求解不等式：
$$F(x) < 0$$
得出满足该不等式的问题。求解线性矩阵不等式可行解就是求解 $F(x) < t_{\min}I$，其中 $t_{\min}$ 是能够用数值方法找到的最小值。如果找到的 $t_{\min} < 0$，则得出的解是原问题的可行解，否则会提示无法找到可行解。

2. 线性目标函数最优化问题

考虑下面的最优化问题：
$$\min_{x \text{ s.t. } F(x)<0} c^T x \quad (10\text{-}4)$$

由于约束条件是由线性矩阵不等式表示的，这样的问题实质上就是普通的线性规则问题。

控制系统状态方程模型 (A, B, C, D) 的 H_∞ 范数可以通过 MATLAB 控制系统工具箱的 norm 函数直接求解，该算法中采用基于二分法的数值方程求解算法来计算系统的 H_∞ 范数。采用线性矩阵不等式方法也可以求出该系统的 H_∞ 范数。该范数即下面问题：

$$\min_{\gamma, P} \gamma \quad \text{s.t.} \begin{cases} \begin{bmatrix} A^T P + PA & PB & C^T \\ B^T P & -\gamma I & D^T \\ C & D & -\gamma I \end{bmatrix} < 0 \\ P > 0 \end{cases}$$

3. 广义特征值最优化问题

广义特征值问题是线性矩阵不等式理论的一类最一般的问题，可将 λ 看作矩阵的广义特征值，从而归纳出以下最优化问题：

$$\min_{\lambda, x} \lambda \quad \text{s.t.} \begin{cases} A(x) < \lambda B(x) \\ B(x) > 0 \\ C(x) < 0 \end{cases}$$

在这样的约束条件下求取最小的广义特征值问题可以由一类特殊的线性矩阵不等式来表示。事实上，如果将这几个约束合并成单一的线性矩阵不等式，则这样的最优化问题和线性目标函数最优化问题是同样的问题。

10.5.2 线性矩阵不等式的 MATLAB 求解

在 MATLAB 的鲁棒工具箱中，也提供了相关函数用于实现线性矩阵不等式的求解，调用这些函数可以求解线性矩阵不等式的各种问题。

描述线性矩阵不等式有以下几个步骤。

（1）创建 LMI 模型

如果想描述一个含有若干 LMI 的整体线性矩阵不等式问题，需要先调用 setlmis([])函数来建立 LMI 框架，从而将在 MATLAB 工作空间中建立一个 LMI 模型框架。

（2）定义需要求解的变量

未知矩阵变量可以由 lmivar 函数来申明，函数的调用格式为：

P=lmivar(key,[n1,n2])：参数 key 为未知矩阵类型的标记，如果 key=2 时，则变量 P 表示为 n1×n2 的一般矩阵。如果 key=1，则 P 矩阵为 n1×n2 的对称矩阵。如果 key 为 1，且 n1 和 n2 为向量，则 P 为块对角对称矩阵。key=3 则表示 P 为特殊类型的矩阵。

（3）描述分块形式给出线性矩阵不等式

申明了需要求解的变量名后，可以由 lmiterm 函数来描述各个 LMI 式子，函数的调用格式为：

lmiterm([k,i,j,P],A,B,flag)：参数 k 为 LMI 编号，一个线性矩阵不等式问题可以由若干个 LMI 构成，用这样的方法可以分别描述各个 LMI。k 取负值时表示不等号<右侧的项。一个 LMI 子项可以由多个 lmiterm 函数来描述。如果第 k 个 LMI 是以分块形式给出的，则 i,j 表示该分块所在的行和列号。P 为已经由 lmivar 函数申明过的变量名。A,B 矩阵表示该项中变量 P 左乘和右乘的矩阵，即该项含有 APB。A 和 B 设置成 1 和-1 则分别表示单位矩阵 I 或负单位矩阵-I。如果 flag 选择为's'，则该项表示对称项 APB+(APB)^T。如果该项为常数矩阵，则可以将相应的 P 设置为 0，同时略去 B 矩阵。

（4）完成 LMI 模型描述

由 lmiterm 函数定义了所有的 LMI 后，就可以用 getlmis 函数来确定 LMI 问题的描述，调用格式为：

G=getlmis。

（5）求解 LMI 问题

定义了 G 模型后，就可以根据问题的类型调用相应函数直接求解，对应的格式为：

[t_min,x]=feasp(G,options,target)：可行解问题。

[C_opt,x]=mincx(G,c,otions,x0,target)：线性目标函数问题。

[lopt,x] = gevp(lmisys,nlfc,options,linit,xinit,target)：广义特征值问题。

（6）解的提取

前面函数获得的解 x 是一个向量，可以调用 dec2mat 函数将所需的解矩阵提取出来。控制选项 options 是由 5 个值构成的向量，其第一个量表示要求的求解精度，通常可以取为10^{-5}。

【例 10-10】考虑 Riccati 不等式 $A^T X + XA + XBR^{-1}B^T X + Q < 0$，其中，

$$A = \begin{bmatrix} -2 & -2 & -1 \\ -3 & -1 & -1 \\ 1 & 0 & -4 \end{bmatrix}, B = \begin{bmatrix} -1 & 0 \\ 0 & -1 \\ -1 & -1 \end{bmatrix}, Q = \begin{bmatrix} -2 & 1 & -2 \\ 1 & -2 & -4 \\ -2 & -4 & -2 \end{bmatrix}, R = I_2$$

现需求出该不等式的一个正定可行解 X。

解析：该不等式显然不是线性矩阵不等式，可以引用 Schur 补性质对其进行变换，得出分块的线性矩阵不等式组表示为

$$\begin{cases} \left[\begin{array}{c|c} A^T X + XA + Q & XB \\ \hline B^T X & -R \end{array} \right] < 0 \\ X > 0，即 X 为正定矩阵 \end{cases}$$

这样使用 lmiterm 函数时，只需将 k 设置成 1 和 2 即可。另外，根据 A 和 B 矩阵的维数，可以假定 X 为 3×3 对称矩阵。值得指出的是，因为第 2 个不等式为 X >0，所以序号采

用-2。

其实现的 MATLAB 代码为：

```
>> clear all;
A=[-2 -2 -1;-3 -1 -1;1 0 -4];
B=[-1 0;0 -1;-1 -1];
Q=[-2 1 -2;1 -2 -4;-2 -4 -2];
R=eye(2);
setlmis([]);                    %建立空白的 LTI 框架
X=lmivar(1,[3,1]);              %申明需要求解的矩阵 X 为 3×3 对称矩阵
lmiterm([1 1 1 X],A',1,'s')     %(1,1)分块，对称表示为 A'X+XA
lmiterm([1 1 1 0],Q)            %（1，1）分块后面补一个 Q 常数矩阵
lmiterm([1 1 2 X],1,B)          %（1，2）分块，填写 XB
lmiterm([1 2 2 0],-1)           %（2，2）分块，填写-R
lmiterm([-2 1 1 X],1,1)         %设置第 2 个不等式，即不等式 X>0
G=getlmis;                      %完成 LTI 框架的设置
[t_min,b]=feasp(G)              %求解可行解问题
X=dec2mat(G,b,X)                %提取解矩阵
```

运行程序，输出如下：

```
Solver for LMI feasibility problems L(x) < R(x)
    This solver minimizes   t   subject to    L(x) < R(x) + t*I
    The best value of t should be negative for feasibility

 Iteration    :    Best value of t so far
     1                       0.609256
     2                       0.430733
     3                      -0.396204
 Result:  best value of t:   -0.396204
          f-radius saturation:   0.000% of R =   1.00e+09

t_min =
   -0.3962
b =
    1.0329
    0.4647
    0.7790
   -0.2358
   -0.0507
    1.4336
X =
    1.0329    0.4647   -0.2358
    0.4647    0.7790   -0.0507
   -0.2358   -0.0507    1.4336
```

需要注意的是，可能是由于该工具箱本身的问题，如果在描述 LMI 时给出了对称项，

如 lmiterm([1,2,1,X],B',1)，则该函数将得出错误结果，所以在求解线性矩阵不等式问题时一定不能给出对称项。

【例 10-11】如果线性连续系统的状态方程为：

$$A = \begin{bmatrix} -4 & -3 & 0 & -1 \\ -3 & -7 & 0 & -3 \\ 0 & 0 & -13 & -1 \\ -1 & -3 & -1 & -10 \end{bmatrix}, B = \begin{bmatrix} 0 \\ -4 \\ 2 \\ 5 \end{bmatrix}, C = \begin{bmatrix} 0 & 0 & 4 & 0 \end{bmatrix}, D = 0$$

利用解线性矩阵不等式求解系统的 H_∞ 范数。

其实现的 MATLAB 代码为：

```
>> clear all;
A=[-4 -3 0 -1;-3 -7 0 -3;0 0 -13 -1;-1 -3 -1 -10];
B=[0 -4 2 5]';
C=[0 0 4 0];
D=0;
G=ss(A,B,C,D);
N=norm(G,inf)              %求模型的无穷范数
setlmis([]);               %建立空白的 LTM 框架
P=lmivar(1,[4,1]);         %申明需要求解的矩阵 X 为 4×4 对称矩阵
gam=lmivar(1,[1,1]);       %申明需要求解的矩阵 X 为 1×1 对称矩阵
lmiterm([1 1 1 P],1,A,'s')
lmiterm([1 1 2 P],1,B)
lmiterm([1 1 3 0],C')
lmiterm([1 2 2 gam],-1,1)
lmiterm([1 2 3 0],D')
lmiterm([1 3 3 gam],-1,1)
lmiterm([-2 1 1 P],1,1)
H=getlmis;                 %完成 LTI 框架的设置
c=mat2dec(H,0,1)           %提取解矩阵
[a,b]=mincx(H,c)
gam_opt=dec2mat(H,b,gam)
```

运行程序，输出如下：

```
N =
    0.4640
c =
     0
     0
     0
     0
     0
     0
     0
     0
```

```
     0
     0
     1
Solver for linear objective minimization under LMI constraints
Iterations   :    Best objective value so far
     1            2.799901
     2            1.691414
     3            1.023500
     4            0.943996
     5            0.869379
     6            0.869379
     7            0.799262
     8            0.799262
     9            0.574049
    10            0.574049
    11            0.516617
    12            0.516617
    13            0.475772
    14            0.475772
***               new lower bound:    0.419214
    15            0.467469
    16            0.465041
***               new lower bound:    0.450526
    17            0.465041
***               new lower bound:    0.454462
    18            0.465041
***               new lower bound:    0.462006
 Result:   feasible solution of required accuracy
              best objective value:    0.465041
              guaranteed absolute accuracy:   3.04e-03
              f-radius saturation:   0.005% of R =   1.00e+09
a =
    0.4650
b =
   1.0e+04 *
    0.4595
    0.8986
    1.7572
   -0.8903
   -1.7411
    1.7258
    1.0786
    2.1092
```

```
       -2.0900
        2.5318
        0.0000
gam_opt =
        0.4650
```

由以上结果可看出，得出的结果 0.4650 和由 norm 函数得出的 0.4640 稍有区别，所以很自然引出问题：哪个是准确的？严格来说，哪个都不准确。用 norm 函数中二分法得出的是近似解，而用 mincx 函数得出的解由于默认精度较低，所以应该求解精度设计为 10^{-5}，这样可以得出更精确的范数值，代码为：

```
>> options=[1e-5,0,0,0,0];
>> [a,b]=mincx(H,c,options);
 Solver for linear objective minimization under LMI constraints
    Iterations    :    Best objective value so far
         1              2.799901
         2              1.691414
         3              1.023500
         4              0.943996
         5              0.869379
         6              0.869379
         7              0.799262
         8              0.799262
         9              0.574049
        10              0.574049
        11              0.516617
        12              0.516617
        13              0.475772
        14              0.475772
 ***          new lower bound:    0.419214
        15              0.467469
        16              0.465041
 ***          new lower bound:    0.450526
        17              0.465041
 ***          new lower bound:    0.454462
        18              0.464264
 ***          new lower bound:    0.462006
 * switching to QR
        19              0.464070
 ***          new lower bound:    0.463235
        20              0.464001
 ***          new lower bound:    0.463789
        21              0.463979
 ***          new lower bound:    0.463911
```

```
         22                     0.463974
***                  new lower bound:      0.463955
         23                     0.463974
***                  new lower bound:      0.463970
 Result:   feasible solution of required accuracy
                best objective value:      0.463974
                guaranteed absolute accuracy:   3.81e-06
                f-radius saturation:   0.005% of R =   1.00e+09
>> gam_opt=dec2mat(H,b,gam)
gam_opt =
    0.4640
```

第 11 章　MATLAB 智能控制分析

智能控制是自动控制发展的高级阶段，是控制论、系统论、信息论和人工智能等多种学科交叉和综合的产物，为解决那些用传统方法难以解决的复杂系统控制提供了有效理论和方法。自从付京孙教授 1965 年最早提出智能控制的概念以来，智能控制理论和技术得到了很大发展，相继出现了人工神经网络控制、模糊控制、专家控制和遗传算法控制等多个较成熟的控制方法，并在许多领域得到广泛应用。

11.1　智能控制概述

目前几大被广泛认可的智能控制形式包括专家系统、模糊控制、人工神经网络控制、自学习控制、预测控制等。很多智能控制问题的求解往往依赖于最优化技术，而求解最优解时可能会陷入局部最优解，不一定能得全局最优解，所以应该考虑引入并行的全局最优解搜索方法。目前比较常用的并行方法包括遗传算法、粒子群算法、模拟退火方法和模式搜索方法等。

11.1.1　智能控制与传统控制的比较

自 1892 年 Lyapunov 建立了稳定性概念理论及 20 世纪 20 年代 Black、Nyquist、Bode 关于反馈放大器的研究奠定了自动控制理论基础，传统控制得到了巨大发展和应用，但传动控制也具有明显局限性，特别在对于处理高度非线性和复杂系统、处理对象的不确定性和复杂性方面效果很差，在自适应性和鲁棒性方面存在难以弥补的严重缺陷，应用有效性受到很大限制。传统控制缺乏和难以实现通过自学习、自适应、自组织等方法来调整控制策略和行动，自学习、自适应、自组织功能和容错能力较弱。传统控制将整个系统置于固定的控制算法和模型框架下，灵活性和应变能力较差。智能控制和传统控制在应用领域、控制方法、知识获取和加工、系统描述、性能考核及执行等方面存在明显不同，主要表现在以下方面。

（1）智能控制主要解决高度非线性、不确定性和复杂系统控制问题，而传统控制则着重解决单机自动化、不太复杂的过程控制和大系统的控制问题。

（2）在知识获取方面，传统控制通常通过各种定理、定律来获取精确知识，而智能控制通常通过直觉、学习和经验来获取和积累知识，这种知识通常是非精确知识。

（3）在系统描述上传统控制通常基于运动学方程、动力学方程和传递函数等数学模型来描述系统，而智能控制系统则是通过经验、规则用符号来描述。

（4）在系统分析研究设计和信息处理方法上，传统控制理论通常应用时域法、频域法、根轨迹法、状态空间法等定量方法进行处理，而智能控制系统多采用学习训练、逻辑推理、判断、决策等符号加工的方法。

（5）在执行和性能指标方面，传统控制有稳态和动态等严格的性能指标，智能控制无统一的性能指标，而注重目的和行为的达到。

11.1.2 智能控制的主要方法

基于人工神经网络理论、模糊数学理论、模式识别理论及专家系统理论等基础理论，并融合生理学、心理学、行为学、运筹学、传统控制理论等多学科的知识和方法，出现了许多有效的智能控制理论和方法，分析当前国际最新智能控制方法及应用状况和发展趋势，智能控制的主要方法有：

（1）神经网络控制（NNC）。
（2）模糊控制（FC）。
（3）专家控制（EC）。
（4）分级递阶智能控制（HIC）。
（5）拟人智能控制（AHIC）。
（6）集成智能控制，即将几种智能控制方法或机理融合在一起而构成的智能控制方法。
（7）组合智能控制方法，即将智能控制和传统控制有机结合起来而形成的控制方法。

11.1.3 智能控制的研究热点

当前智能研究热点主要有：
（1）神经网络控制。
（2）模糊控制。
（3）专家控制。
（4）集成智能控制。
（5）组合智能控制。

11.2 神经网络控制系统

神经网络发展至今已有半个多世纪的历史，概括起来经历了 3 个阶段：20 世纪 40～60 年代的发展初期；20 世纪 70 年代的研究低潮期；20 世纪 80 年代，神经网络理论研究取得了突破性进展。神经网络控制是将神经网络在相应的控制系统结构中作为控制器或辨识器。虽然神经网络控制的发展仅有几十年的历史，但已有了多种控制结构。

11.2.1 神经网络概述

神经网络不善于显式表达知识，但它具有很强的逼近非线性函数的能力，即非线性映射能力。把神经网络用于控制正是利用了它的这个独特优点。

控制系统的目的在于通过确定适当的控制量输入，使得系统获得期望的输出特性。图 11-1 给出了一般反馈控制系统的原理图，图 11-2 采用神经网络替代图 11-1 中的控制器。

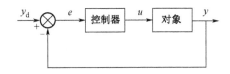

图 11-1　一般反馈控制系统框图

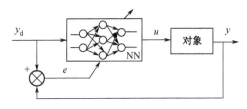

图 11-2　神经网络系统框图

下面来分析一下神经网络是如何工作的。

设被控对象的输入 u 和系统输出 y 之间满足如下非线性函数关系，

$$y = g(u) \tag{11-1}$$

控制的目的是确定最佳的控制量输入 u，使系统的实际输出 y 等于期望的输出 y_d。在该系统中，可把神经网络的功能看做输入/输出的某种映射，或称函数变换，并设其函数关系为：

$$u = f(y_d) \tag{11-2}$$

为了满足系统输出 y 等于期望的输出 y_d，将式（11-2）代入式（11-1），可得

$$y = g[f(y_d)] \tag{11-3}$$

显然，当 $f(\cdot) = g^{-1}(\cdot)$ 时，满足 $y = y_d$ 的要求。

由于要采用神经网络控制的被控对象一般是复杂的且多具有不确定性，因此非线性函数 $g(\cdot)$ 是难以建立的，可以利用神经网络具有逼近非线性函数的能力来模拟 $g^{-1}(\cdot)$。尽管 $g(\cdot)$ 的形式未知，但通过系统的实际输出 y 与期望输出 y_d 之间的误差来调整神经网络中的连接权值，即让神经网络学习，直至误差

$$e = y_d - y = 0$$

的过程就是神经网络模拟 $g^{-1}(\cdot)$ 的过程。它实际上是对被控对象的一种求逆过程，由神经网络的学习算法实现这一求逆过程，就是神经网络实现直接控制的基本思想。

2．神经网络在控制中的作用

由于神经网络是从微观结构与功能上对人脑神经系统的模拟而建立起来的一类模型，具有模拟人的部分智能的特性，主要具有非线性、学习能力和自适应性，使神经控制能对变化的环境（包括外加扰动、量测噪声、被控对象的时变特性三个方面）具有自适应性，且成为基本上不依赖于模型的一类控制，所以决定了它在控制系统中应用的多样性和灵活性。

为了研究神经网络控制的多种形式，先来给出神经网络控制的定义。所谓神经网络控

制,即基于神经网络的控制或简称神经控制,是指在控制系统中采用神经网络这一工具对难以精确描述的复杂非线性对象进行建模,或充当控制器,或优化计算,或进行推理,或故障诊断等,以及同时兼有上述某种功能的适应组合,将这样的系统统称为基于神经网络的控制系统,这种控制方式则被称为神经网络控制。

根据上述定义,可将神经网络在控制中的作用分为以下几种。

(1)在基于精确模型的各种控制结构中充当对象的模型。

(2)在反馈控制系统中直接起控制器的作用。

(3)在传统控制系统中起优化计算的作用。

(4)在与其他智能控制方法与优化算法,如模糊控制、专家控制及遗传算法等融合中,为其提供非参数化对象模型、优化参数、推理模型及故障诊断等。

由于人工智能中的新技术不断出现及其在智能控制中的应用,神经网络必将在和其他新技术的融合中,智能控制方法发挥更大作用。

神经网络控制主要是为了解决复杂的非线性、不确定、不确知系统在不确定、不确知环境中的控制问题,使控制系统稳定性好,鲁棒性强,具有满意的动静特性。为了表达要求的性能指标,处在不确定、不确知环境中的复杂的非线性不确定、不确知系统的设计问题,就成了控制研究领域的核心问题。为了解决这类问题,可以在系统中设置两个神经网络,如图 11-3 所示。图中的神经网络 NNI 作为辨识器,由于神经网络的学习能力,辨识器的参数可随着对象、环境的变化而自适应地改变,因此它可线性辨识非线性不确定、不确知对象的模型。辨识的目的是根据系统所提供的测量信息,在某种准则意义下估计出对象模型的结构和参数。图中的神经网络 NNC 作为控制器,其性能随着对象、环境的变化而自适应地改变(根据辨识器)。

在图 11-3 所示的系统中,对于神经控制系统的设计,就是对神经辨识器 NNI 和神经控制器 NNC 结构(包括神经网络种类、结构)的选择,以及在一定的准则函数下,它们的权系数经过学习与训练,使之对应于不确定、不确知系统与环境,最后使控制系统达到所要求的性能。由于该神经网络控制结构有两个神经网络,它在高维空间搜索寻优,网络训练时,可调参数多,需调整的权值多,且收敛速度与所选的学习算法、初始权值有关,因此系统设计相当有难度。

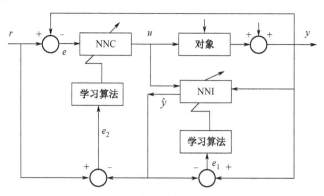

图 11-3 神经网络控制系统框图

3.神经网络控制系统的分类

神经网络控制的结构和各类划分,根据不同观点可以有不同的形式,目前尚无统一的分类标准。

1991 年 Werbos 将神经网络控制划分为学习控制、直接逆动控制、神经自适应控制、BTT 控制和自适应决策控制 5 类。

1992 年 Hunt 等人发表长篇综述文章,将神经网络控制结构分为监督控制、直接逆控制、模型参考控制、内模控制、预测控制、系统辨识、最优决策控制、自适应线性控制、增强学习控制、增益排除论及滤波和预报等。

上述两种分类并无本质差别,只是后者划分更细一些,几乎涉及传统控制、系统辨识、滤波和预报等所有方面,这也间接反映了随着神经网络理论和应用研究的深入,将向控制领域、信息领域等进一步渗透。

为了更能从本质上认识神经网络在实现智能控制中的作用和地位,1998 年李士勇从神经网络控制与传递控制和智能控制两大门类结合上考虑分为两类:基于传统控制理论的神经控制和基于神经网络的智能控制。

11.2.2 神经自适应 PID 控制

PID 控制是线性控制中的常用形式,这是因为 PID 控制器结构简单、实现简易,且能对相当一些工业对象(或过程)进行有效控制。但常规 PID 控制的局限性在于被控对象具有复杂的非线性特性时难以建立精确的数学模型,且由于对象和环境的不确定性,使控制参数整定困难,尤其是不能自调整,往往难以达到满意的控制效果。神经自适应 PID 控制是针对上述问题而提出的一种控制策略。采用神经网络调整 PID 控制参数就构成了神经网络自适应 PID 控制结构,如图 11-4 所示。其中 NN 为系统在线辨识器,系统在由 NN 对被控对象进行在线辨识的基础上,通过实时调整 PID 控制器的参数,使系统具有自适应性,从而达到有效控制的目的。

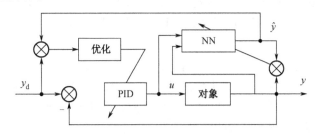

图 11-4 神经网络自适应 PID 控制系统结构框图

11.2.3 神经网络的智能控制

基于神经网络的智能控制是只由神经网络单独进行控制或由神经网络同其他智能控制方式相融合的控制统称,前者称为神经控制,后者称为神经智能控制。属于这一大类的有以下 3 种形式。

1. 神经网络直接反馈控制

这种控制方式是神经网络直接作为控制器，利用反馈和使用遗传算法进行自学习控制。这是一种只使用神经网络实现的智能控制方式。

2. 神经网络专家系统控制

专家系统关于表达知识和逻辑推理，神经网络擅长非线性映射和直觉推理，将二者相结合发挥各自优势，就会获得更好的控制效果。

图 11-5 是一种神经网络专家系统的结构方案，这是一种将神经网络和专家系统相结合用于智能机器人的控制系统结构。EC 是对动态 P 进行控制的基于规则的专家控制器，神经网络控制器 NC 将接收小脑模型关联控制器 CMAC 的训练，每当运行条件变化使神经控制器性能下降到某一限度时，运行监控器 EM 将调整系统工作状态，使神经网络处于学习状态；此时 EC 将保证系统的正常运行。该系统运行共有 3 种状态：EC 单独运行、EC 和 NC 同时运行、NC 单独运行。监控器 EM 负责管理它们之间运行的切换。

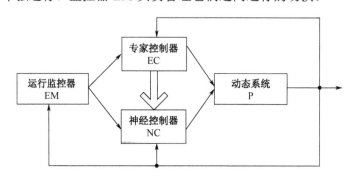

图 11-5　神经网络专家系统结构框图

3. 神经网络模型模糊逻辑控制

模糊逻辑具有模拟人脑抽象思维的特点，而神经网络具有模拟人脑形象思维的特点，把二者相结合将有助于从抽象和形象思维两方面模拟人脑的思维特点，是目前实现智能控制的重要形式。

模糊逻辑系统适于直接表示知识；神经网络长于学习，通过数据隐含表达知识。前者适于自上而下的表达，后者适于自下而上的学习过程，二者存在一定的互补、关联性。因此，它们的融合可以取长补短，可以更好地提高控制系统的智能性。

神经网络和模糊逻辑相结合有以下几种方式。

（1）用神经网络驱动模糊推理的模糊控制

这种方法是利用神经网络直接设计多元的隶属度函数，把 NN 作为隶属度函数生成器组合在模糊控制系统中。

（2）用神经网络记忆模糊规则的控制

通过一组神经元不同程度地兴奋表达一个抽象的概念值，由此将抽象的经验规则转化成多层神经网络的输入/输出样本，通过神经网络，如 BP 网络记忆这些样本，控制器以联想记忆方式使用这些经验，在一定意义上与人的联想记忆思想方式接近。

(3) 用神经网络优化模糊控制器的参数

在模糊控制系统中，对控制性能有影响的因素，除上述隶属度函数、模糊规则外，还有控制参数，如误差、误差变化的量化因子及输出的比例因子都可以调整，利用神经网络的优化计算功能可优化这些参数，改善模糊控制系统的性能。

(4) 神经网络滑模控制

变结构控制从本质上应该看作一种智能控制，将神经网络和滑模控制相结合就构成神经网络滑模控制。这种方法将系统的控制或状态分类，根据系统和环境的变化进行切换和选择，利用神经网络具有的学习能力，在不确定的环境下通过自学习来改进滑模开关曲线，进而改善滑模控制的效果。

11.3 三种典型的神经网络控制系统

神经网络在系统辨识和动态系统控制中已经得到了非常成功的使用。由于神经网络具有全局逼近能力，使得其在对非线性系统建模和对一般情况下的非线性控制器的实现等方面应用得比较普遍。在此将介绍三种在神经网络工具箱的控制系统模块中利用 Simulink 实现得比较普遍的神经网络结构。这三种神经网络结构分别为：

- 神经网络模型预测控制（NN Predictive Controller）。
- 反馈线性化控制（NARMA-L2 Controller）。
- 模型参考控制（Model Reference Controller）。

使用神经网络控制时，通常有两个步骤，即系统辨识和控制设计。

在系统辨识阶段，主要任务是对需要控制的系统建立神经网络模型。在此将要介绍的三种控制网络结构中，系统辨识阶段是相同的，而控制设计阶段各不相同。

对于模型预测控制，系统模型用于预测系统未来的行为，并且找到最优算法，用于选择控制输入，以优化未来的性能。

对于反馈线性化控制，控制器仅仅是将系统模型进行重整。

对于模型参考控制，控制器是一个神经网络，它被训练用于控制系统，使得系统跟踪一个参考模型，这个神经网络系统模型在控制器训练中起辅助作用。

11.3.1 模型预测控制

1. 模型预测控制概述

神经网络预测控制器是使用非线性神经网络模型来预测未来模型性能的。控制器计算控制输入，而控制输入在未来一段指定的时间内将最优化模型性能。模型预测第一步是要建立神经网络模型（系统辨识）；第二步是使用控制器来预测未来的神经网络性能。

(1) 辨识系统

模型预测的第一步就是训练神经网络未来表示网络的动态机制。模型输出与神经网络输出之间的预测误差用来作为神经网络的训练信号，该过程如图 11-6 所示。

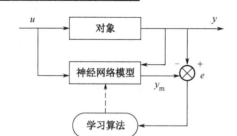

图 11-6 训练神经网络

神经网络模型利用当前输入和当前输出预测神经网络的未来输出值。神经网络模型结构如图 11-7 所示,该网络可以采用批量在线训练。

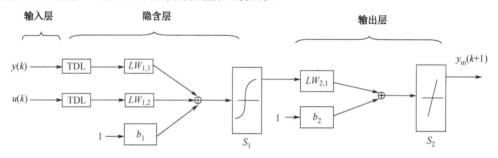

图 11-7 神经网络模型结构框图

(2) 模型预测

模型预测方法是基于水平后退的方法,神经网络模型预测在指定时间内预测模型响应。预测使用数学最优化程序来确定控制信号,通过最优化如下的性能准则函数:

$$J = \sum_{j=1}^{N_2}[y_r(k+j) - y_m(k+j)]^2 + \rho \sum_{j=1}^{N_u}[u(k+j-1) - u(k+j-2)]^2$$

式中,N_2 为预测时域长度;N_u 为控制时域长度;u 为控制信号;y_r 为期望响应;y_m 为网络模型响应;ρ 为控制量加权系数。

图 11-8 描述了模型预测控制的过程。控制器由神经网络模型和最优化方块组成,最优化方块确定 u(通过最小化 J),最优 u 值作为神经网络模型输入,控制器方块可用 Simulink 实现。

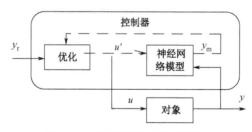

图 11-8 模型预测控制过程框图

2. 模型预测神经网络的实现

在 MATLAB 神经网络工具箱中实现的神经网络预测控制器,使用了一个非线性系统模型,用于预测系统未来的性能。

接着这个控制器将计算控制输入,用于在某个未来的时间区间里优化系统的性能。进行模型预测控制首先要建立系统模型,然后使用控制器来预测未来的性能。

下面结合 MATLAB 神经网络工具箱中提供的实例,介绍 Simulink 中的实现过程。

(1)问题的描述

要讨论的问题基于一个搅拌器(CSTR),如图 11-9 所示。

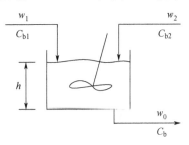

图 11-9　搅拌器示意图

对于这个系统,其动力学模型为:

$$\frac{\mathrm{d}h(t)}{\mathrm{d}t}=w_1(t)+w_2(t)-0.2\sqrt{h(t)}$$

$$\frac{\mathrm{d}C_b(t)}{\mathrm{d}t}=(C_{b1}-C_b(t))\frac{w_1(t)}{h(t)}+(C_{b2}-C_b(t))\frac{w_2(t)}{h(t)}-\frac{k_1 C_b(t)}{(1+k_2 C_b(t))^2}$$

其中,$h(t)$ 为液面高度;$C_b(t)$ 为产品输出浓度;$w_1(t)$ 为浓缩液 C_{b1} 的输入流速;$w_2(t)$ 为稀释液 C_{b2} 的输入流速。输入浓度设定为:C_{b1}=24.9,C_{b2}=0.1。消耗常量设置为 k_1=1,k_2=1。

控制的目标是通过调节流速 $w_2(t)$ 来保持产品浓度。为了简化演示过程,不妨设 $w_1(t)$=0.1。在实例中不考虑液面高度 $h(t)$。

(2)建立 Simulink 模型

在 MATLAB 神经网络工具箱中提供了这个演示实例。只需在 MATLAB 命令窗口中输入 predcstr 即可自动调用 Simulink,模型效果如图 11-10 所示。

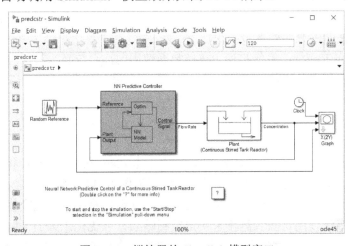

图 11-10　搅拌器的 Simulink 模型窗口

其中神经网络预测控制器（NN Predictive Controller）模块和 X(2Y) Graph 模块由 Neural Network Toolbox 中的 Control Systems 模块库复制。

图 11-10 中的 Plant（Continuous Stirred Tank Reactor）模块包含了搅拌器系统的 Simulink 模型，双击该模块，可得到具体的 Simulink 实现，在此不讨论。

NN Predictive Controller 模块的 Control Signal 端连接到搅拌器系统模型的输入端，同时搅拌器系统模型的输出端连接到 NN Predictive Controller 模块的 Plant Output 端，Reference 信号连接到 NN Predictive Controller 模块的 Reference 端。

双击 NN Predictive Controller 模块，将会产生一个 Neural Network Predictive Control 窗口，如图 11-11 所示，这个窗口用于设计模型预测控制器。

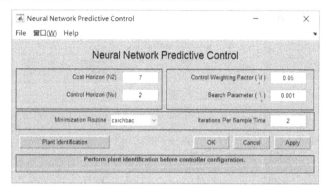

图 11-11　Neural Network Predictive Control 窗口

在这个窗口中，有多项参数可以调整，用于改变预测控制算法中的有关参数。将鼠标移到相应的位置，就会出现对应这一参数的说明。下面将加以解释。

① Cost Horizon(N2)：预测时域长度；
② Control Horizon(Nu)：控制时域长度；
③ Control Weighting Factor(\r)：控制量加权系数；
④ Search Prameter(\)：线性搜索参数，决定搜索何时停止；
⑤ Minimization Routine：选择一个线性搜索用作最优化算法；
⑥ Iterations Per Sample Time：选择在每个采样时间中优化算法迭代的次数。

界面中 4 个按钮的说明如下。

① Plant Identification：系统辨识。在控制器使用前，系统必须进行辨识。
② OK、Apply：在控制器参数设定好后，单击这两个按钮中的任一个都可以将这些参数导入 Simulink 模型。
③ Cancel：取消刚才的设置。

（3）系统辨识

在 Neural Network Predictive Control 窗口中单击 Plant Identification 按钮，将产生一个 Plant Identification 窗口，用于设置系统辨识参数，如图 11-12 所示。

在控制器使用前，必须首先利用辨识技术建立神经网络模型。这个模型预测系统未来的输出值。优化算法使用这些预测值来决定控制输入，以优化未来的性能。系统的神经网络模型有一个隐含层。这个隐含层的大小、输入和输出的时延，以及训练函数都在如图 11-12

所示的窗口中设置。可以选择 BP 网络中的任意训练函数来训练网络模型。

在窗口菜单中有一项 File，其包含的子项中有两项用于导入和导出系统模型对应的网络。

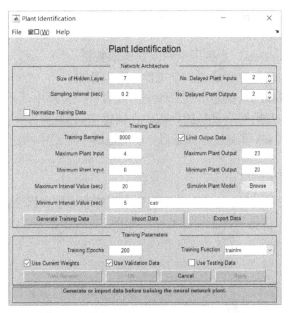

图 11-12　搅拌器的 Plant Identification 窗口

与图 11-11 类似，在如图 11-12 所示的窗口中，有很多参数需要设置。将鼠标移到相应的位置，也会出现对这些参数的说明。各参数的说明如下。

- Size of Hidden Layer：设置在系统模型网络隐含层中的神经元数。
- Sampling Interval(sec)：指定程序从 Simulink 模型中采集数据的间隔。
- No.Delayed Plant Inputs：指定了加到系统网络模型的输入延迟。
- No.Delayed Plant Outputs：指定了加到系统网络模型的输出延迟。
- Normalize Training Data：指定是否使用 premnmx 函数来将数据标准化。
- Training Sample：指定了为训练而产生的数据点的数目。
- Maximum Plant Input：指定了随机输入的最大值。
- Minimum Plant Input：指定了随机输入的最小值。
- Maximum Interval Value(sec)：指定一个最大间隔，在这个间隔中，随机输入将保持不变。
- Minimum Interval Value(sec)：指定一个最小间隔，在这个间隔中，随机输入将保持不变。
- Limit Output Data：用于选择系统输出是否为有界值。
- Maximum Plant Output：指定输出的最大值。
- Minimum Plant Output：指定输出的最小值。
- Simulink Plant Model：指定用于产生训练数据的模型（.mdl 文件）。
- Training Epochs：指定训练迭代的次数。

- Training Function：指定训练函数。
- Use Current Weights：指定是否选择当前的权值用于连续训练。
- Use Validation Data：指定是否选择合法数据停止训练。
- Use Testing Data：指定在训练过程中测试数据是否被追踪。

而对应各个按钮说明如下。
- Generate Training Data：产生用于网络训练的数据。
- Import Data：从工作空间或者一个文件中导入数据。
- Export Data：将训练数据导出到工作空间或者一个文件中。
- Train Network：开始网络模型的训练，在训练前必须已经产生或者导入了数据。
- OK、Apply：在网络模型经过训练后，单击这两个按钮中的任一个都可以将网络导入 Simulink 模型。
- Cancel：取消刚才的设置。

在图 11-12 中首先单击 "Generate Traing Data" 按钮，程序就会通过对 Simulink 网络模型提供一系列随机阶跃信号来产生训练数据，如图 11-13 所示。

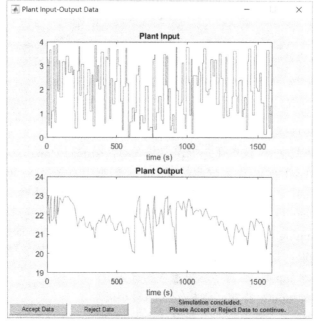

图 11-13　训练数据

在图 11-13 中，有两个按钮，一个为 "Accept Data" 按钮，单击该按钮，就接受了这些训练数据。另一个为 "Refuse Data" 按钮，单击该按钮，将会放弃这些训练数据返回到系统辨识窗口，并且可以重新开始。

在图 11-13 的训练数据窗口中，单击 "Accept Data" 按钮，然后再在图 11-12 中单击 "Train Network" 按钮，网络模型开始训练。训练与选择的训练算法有关（在此使用 trainlm）。

训练结束后，相应的结果被显示出来，效果如图 11-14 及图 11-15 所示。

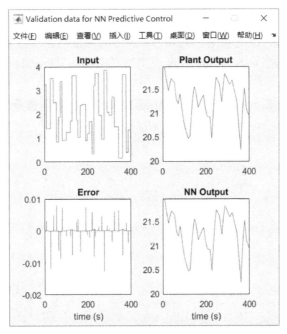

图 11-14　输入/输出训练数据

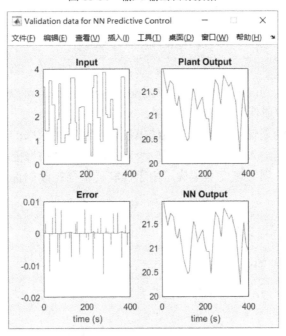

图 11-15　输入/输出合法数据

图 11-14 显示的是训练数据，图 11-15 显示的是合法数据。在这两个图中，左上角的图显示了随机输入信号的阶跃高度和宽度；右上角的图显示了被控对象的输出；左下角的图显示了误差，即系统输出与网络模型输出的差别；右下角的图显示了神经网络模型输出。

网络模型训练后，可在图 11-12 中单击"Train Network"按钮继续再次使用同样的数据进行训练，也可以单击"Erase Generated Data"按钮，产生新的数据。在图 11-12 中单击"OK"

按钮,即可返回如图 11-11 所示的神经网络预测控制窗口。

如果接收当前的模型,则在图 11-11 中的神经网络预测控制窗口中单击"OK"按钮,将训练好的神经网络模型导入到 Simulink 模型窗口中的 NN Predictive Controller 模块。

(4) 系统仿真

在图 11-10 所示的 Simulink 模型窗口中选择"运行仿真"按钮 ▶ 实现仿真。仿真的过程需要一段时间,得到的仿真效果如图 11-16 所示。

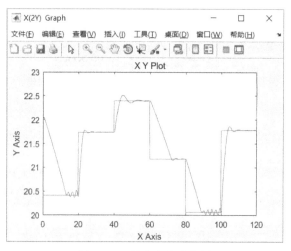

图 11-16 输出和参考信号

(5) 保存数据

在图 11-12 中利用"Import Data"和"Export Data"命令,可以将设计好的网络和训练数据保存到工作空间中或保存到磁盘文件中。

神经网络预测控制是使用神经网络系统模型来预测系统未来的行为。优化算法用于确定控制输入,这个控制输入优化了系统在一个有限时间段里的性能。系统训练仅针对静态网络的成批训练算法,训练速度非常快。由于控制器不要在线的优化算法,因此需要比其他控制器更多的计算。

11.3.2 反馈线性化控制

1. 反馈线性化控制的概述

反馈线性化(NARMA-L2)的中心思想是通过去掉非线性,将一个非线性系统变换成线性系统。

辨识 NARMA-L2 模型与模型预测控制一样,反馈线性化控制的第一步就是辨识被控系统。通过训练一个神经网络来表示系统的前向动态机制,在第一步中首先选择一个模型结构以供使用,一个用来代表一般离散非线性系统的标准模型是:非线性回归移动平均模型(NARMA),用下式表示:

$$y(k+d) = N[y(k), y(k-1), \cdots, y(k-n+1), u(k), u(k-1), \cdots, u(k-n+1)]$$

其中,$u(k)$ 表示系统输入;$y(k)$ 表示系统输出。在辨识阶段,训练神经网络使其近似等于非线性函数 N。

如果希望系统输出跟踪一些参考曲线 $y(k+d) = y_r(k+d)$，下一步就是建立一个如下形式的非线性控制器：

$$u(k) = G[y(k), y(k-1), \cdots, y(k-n+1), y_r(k+d), u(k-1), \cdots, u(k-n+1)]$$

使用该类控制器的问题是，如果想训练一个神经网络用来产生函数 G（最小化均方差），必须使用动态反馈，且该过程相当慢。由 Narendra 和 Mukhopadhyay 提出的一个解决方法是使用近似模型来代表系统。

在此使用的控制器模型是基于 NARMA-L2 的近似模型：

$$\hat{y}(k+d) = f[y(k), y(k-1), \cdots, y(k-n+1), u(k-1), \cdots, u(k-n+1)]$$
$$+ g[y(k), y(k-1), \cdots, y(k-n+1), u(k-1), \cdots, u(k-n+1)]u(k)$$

该模型是并联形式，控制器输入 $u(k)$ 没有包含在非线性系统中。这种形式的优点是，能解决控制器输入使系统输出跟踪参考曲线 $y(k+d) = y_r(k+d)$。

最终的控制器形式为：

$$u(k) = \frac{y_r(k+d) - f[y(k), y(k-1), \cdots, y(k-n+1), u(k), u(k-1), \cdots, u(k-n+1)]}{g[y(k), y(k-1), \cdots, y(k-n+1), u(k), u(k-1), \cdots, u(k-n+1)]}$$

直接使用该等式会引起实现问题，因为基于输出 $y(k)$ 的同时必须得到 $u(k)$，所以采用下述模型：

$$y(k+d) = f[y(k), y(k-1), \cdots, y(k-n+1), u(k), \cdots, u(k-n+1)]$$
$$+ g[y(k), y(k-1), \cdots, y(k-n+1), u(k), \cdots, u(k-n+1)]u(k+1)$$

式中，$d \geq 2$。

利用 NARMA-L2 模型，可得到如下 NARMA-L2 控制器：

$$u(k+1) = \frac{y_r(k+d) - f[y(k), y(k-1), \cdots, y(k-n+1), u(k), u(k-1), \cdots, u(k-n+1)]}{g[y(k), y(k-1), \cdots, y(k-n+1), u(k), u(k-1), \cdots, u(k-n+1)]}$$

2．反馈线性化控制实例

（1）问题描述

悬浮磁铁控制系统如图 11-17 所示，有一块磁铁，被约束在垂直方向上运动。在其下方有一块电磁铁，通电后，电磁铁就会对其上的磁铁产生电磁力作用。目标就是通过控制电磁铁，使其上的磁铁保持悬浮在空中，不会掉下来。

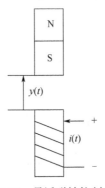

图 11-17 悬浮磁铁控制系统

建立这个实际问题的动力学方程为：

$$\frac{\mathrm{d}^2 y(t)}{\mathrm{d}t^2} = -g + \frac{\alpha i^2(t)}{My(t)} - \frac{\beta \mathrm{d}y(t)}{M\mathrm{d}t}$$

式中，$y(t)$ 表示磁铁离电磁铁的距离；$i(t)$ 代表电磁铁中的电流；M 代表磁铁的质量；g 代表重力加速度；β 代表黏性摩擦系数，它由磁铁所在容器的材料决定；α 代表场强常数，它由电磁铁上所绕的线圈圈数及磁铁的强度决定。

（2）模型建立

MATLAB 的神经网络工具箱提供了这个演示实例。只需要在 MATLAB 命令窗口中输入 narmamaglev，就会自动调用 Simulink，弹出如图 11-18 所示的模型窗口。NARMA-L2 控制模块已经被放置在这个模型中。Plant(Magnet Levitation)模块包含了磁悬浮系统的 Simulink 模型。

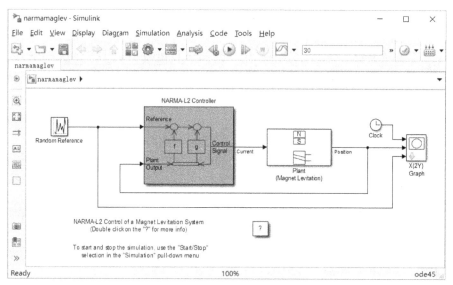

图 11-18　narmamaglev 模型框图

在窗口 11-18 中有一个 NARMA-L2 Controller 模块，这个模块是在神经网络工具箱中生成并复制的。这个模块的 Control Signal 端连接到悬浮系统模型的 Current 输入端，此系统模型的 Position 输出端连接到 NARMA-L2 Controller 模块的 Plant Output 端，参考信号连接到该模块的 Reference 端。

（3）系统辨识

双击图 11-18 中的 NARMA-L2 Controller 模块，将会产生一个新的窗口，如图 11-19 所示。这个窗口用于训练 NARMA-L2 模型。在此没有单独的控制器窗口，原因是控制器是直接由模型得到的，在这一点上与模型预测控制不同。

与模型预测控制类似，在使用神经网络控制前，必须先对系统进行辨识。在如图 11-19 所示的系统辨识参数设置窗口中有很多参数需要设置。系统辨识与前面介绍过的一样分为两步：第一步为产生训练数据；第二步为训练网络模型。

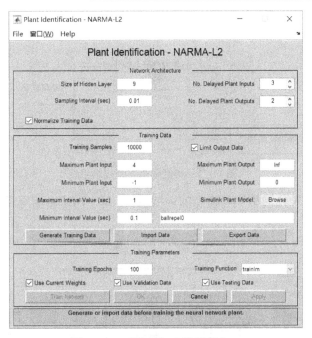

图 11-19 系统辨识参数设置窗口

（4）系统仿真

在图 11-18 所示的 Simulink 模型窗口中选择"运行仿真"按钮 实现仿真。仿真的过程需要一段时间，得到的仿真结果如图 11-20 所示。

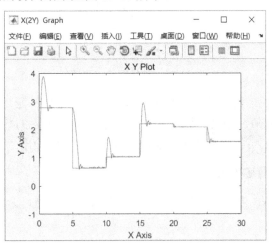

图 11-20 仿真结果

11.3.3 模型参考控制

1. 模型参考控制的概述

神经模型参考控制采用两个神经网络：一个控制器网络和一个训练模型网络，如图 11-21 所示。首先辨识出实验模型，然后训练控制器，使得实验输出跟随参考模型输出。

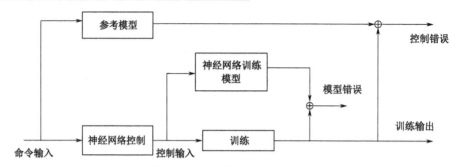

图 11-21 神经模型参考控制系统

图 11-22 显示了神经网络实验模型的详细情况,每个网络由两层组成,并且可以选择隐含层的神经元数目。

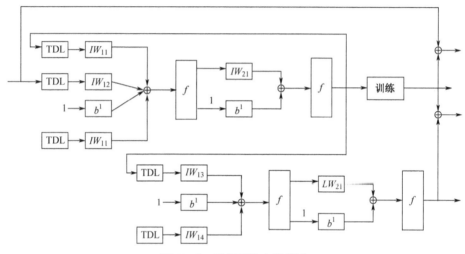

图 11-22 神经网络实验模型

有 3 组控制器输入:延迟的参考输入、延迟的控制输出和延迟的系统输出。对于每一种输入,可以选择延迟值。通常,随着系统阶次的增加,延迟的数目也增加。对于神经网络系统模型,有两组输入:延迟的控制器输出和延迟的系统输出。

2. 模型参考神经网络控制实例

下面结合 MATLAB 神经网络工具箱中提供的一个实例,介绍神经网络控制器的训练过程。

(1)问题描述

图 11-23 中显示了一个简单的单连接机械臂,目的是控制它的运行。

图 11-23 简单的单连接机械臂

建立它的运动方程,为:

$$\frac{d^2 \Phi}{dt^2} = -10\sin\Phi - 2\frac{d\Phi}{dt} + u$$

式中,Φ 代表机械臂的角度,u 代表 DC(直流)电动机的转矩。目标是训练控制器,使得机械臂能够跟踪参考模型:

$$\frac{d^2 y_r}{dt^2} = -9y_r - 6\frac{dy_r}{dt} + 9r$$

式中,y_r 代表参考模型的输出,r 代表参考信号。

(2)模型建立

实例中控制器的输入包含两个延迟参考输入、两个延迟系统输出和一个延迟控制器输出。采样间隔为 0.05s。

在 MATLAB 命令窗口中输入 mrefrobotarm,即自动调用 Simulink,弹出如图 11-24 所示的 Simulink 模型窗口。模型参考控制模块(Model Reference Controller)和机械臂系统的模块已被放置在这个模型中。模型参考控制模块是从神经网络工具箱中复制过来的。这个模块的 Control Signal 端连接到机械臂系统模块的 Torque 输入端,系统模型的 Angle 输出端连接到模块的 Plant Output 端,参考信号连接到模块的 Reference 端。机械臂系统模型窗口如图 11-25 所示。

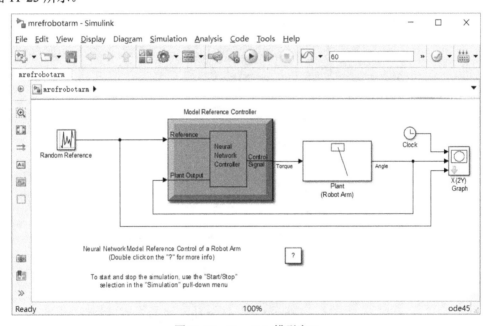

图 11-24 Simulink 模型窗口

(3)系统辨识

神经网络模型参考控制体系结构使用了两个神经网络:一个控制器神经网络和一个系统模型神经网络。首先,对系统模型神经网络进行辨识,然后对控制器神经网络进行辨识(训练),使得系统输出跟踪参考模型的输出。

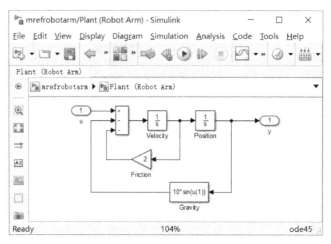

图 11-25　机械臂系统模型窗口

1．对系统模型神经网络进行辨识

在图 11-24 中，双击模型参考控制模块，将会产生一个模型参考控制参数（Mode Reference Control）设置窗口，如图 11-26 所示。这个窗口用于训练模型参考神经网络。窗口中各参数的设置说明参照前面的解释。

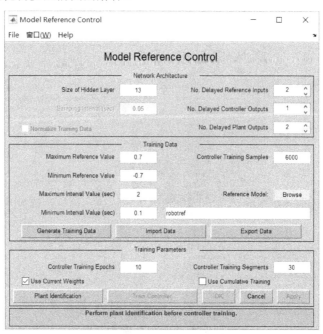

图 11-26　模型参考控制参数设置窗口

在图 11-26 中单击"Plant Identification"按钮，将会弹出一个如图 11-27 所示的系统辨识参数设置窗口。系统辨识过程的操作同前，当系统辨识结束后，单击图 11-27 中的"OK"按钮，返回图 11-26 所示的模型参考控制参数设置窗口。

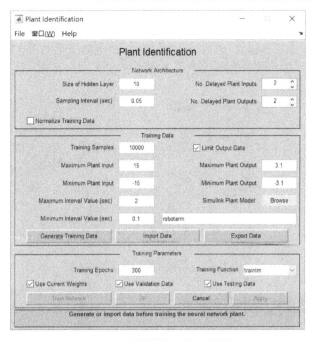

图 11-27　系统辨识参数设置窗口

2．对控制器神经网络进行辨识

当系统模型神经网络辨识完成后，先在图 11-26 所示的模型参考控制参数设置窗口中单击"Generate Training Data"按钮，即实现对控制器产生训练数据。当接收这些数据后，即可利用图 11-26 中的"Train Controller"按钮对控制器进行训练。控制器训练需要的时间比系统模型训练需要的时间多得多。这是因为控制器必须使用动态反馈算法。

训练结束后，返回到模型参考控制参数设置窗口，如果控制器的性能不准确，则可以再次单击"Train Controller"按钮，这样就会继续使用同样的数据对控制器进行训练。如果需要使用新的数据继续训练，则可以在单击"Train Controller"按钮前再次单击"Generate Training Data"按钮或"Import Data"按钮（注意，要确认"Use Current Weights"被选中）。另外，如果系统模型不够准确，也会影响控制器的训练。

在图 11-26 模型参考控制参数设置窗口中单击"OK"按钮，即将训练好的神经网络控制器权值导入 Simulink 模型窗口，并返回到图 11-24 所示 Simulink 模型窗口。

（4）系统仿真

在图 11-24 所示的 Simulink 模型窗口中选择"运行仿真"按钮 ▶ 实现仿真。仿真的过程需要一段时间，得到的仿真效果如图 11-28 所示。

对于模型参考控制，先建立一个神经网络系统模型。接着，使用这个系统模型来训练一个神经网络控制器，迫使系统输出跟踪参考模型的输出。这种控制结构需要使用动态反传算法来训练控制器。通常情况下，它比使用标准的反传算法训练静态网络花费的时间要多。然而，这种方法比 NARMA-L2（反馈线性化）控制结构更能适应一般情况。这种控制器需要在线计算时间最少。

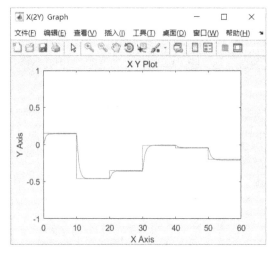

图 11-28 系统的输出和参考信号

11.4 模糊逻辑控制系统

模糊控制作为结合传统的基于规则的专家系统、模糊集理论和控制理论而诞生，使其与基于被控过程数学模型的传统控制理论有很大区别。在模糊控制中，并不是像传统控制那样需要对被控过程进行定量的数学建模，而是试图通过从能成功控制被控过程的领域专家那里获取知识，即专家行为和经验。当被控过程十分复杂甚至"病态"时，建立被控过程的数学模型或者不可能，或者需要高昂的代价，此时模糊控制就显得具有吸引力和实用性。由于人类专家的行为是实现模糊控制的基础，因此必须用一种容易且有效的方式来表达人类专家的知识。IF-THEN 规则格式是这种专家控制知识最合适的表示方式之一。

一个实际的模糊控制系统实现时需要解决三个问题：知识表示、推理策略和知识获取。知识表示是指如何将语言规则用数值方式表示出来；推理策略是指如何根据当前输入"条件"产生一个合理的"结果"；知识获取解决如何获得一组恰当的规则。由于领域专家提供的知识常常是定性的，包含某种不确定性，因此，知识的表示和推理必须是模糊的或近似的，近似推理理论正是为满足这种需要而提出的。近似推理可看作根据一些不精确的条件推导出一个精确结论的过程。

11.4.1 模糊控制概述

从线性控制与非线性控制的角度分类，模糊控制是一种非线性控制。从控制器智能性看，模糊控制属于智能控制的范畴，而且它已成为目前实现智能控制的一种重要而又有效的形式。尤其是模糊控制和神经网络、预测控制、遗传算法和混沌理论等新学科的结合，正在显示出其巨大的应用潜力。

1．模糊控制的组成

模糊控制系统由模糊控制器和控制对象组成，如图 11-29 所示。

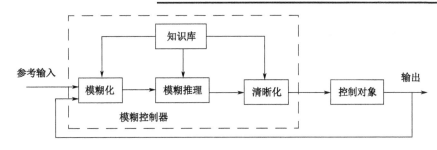

图 11-29　模糊控制系统的组成

2．模糊控制器的结构

模糊控制器的基本结构如图 11-29 虚线框中所示，主要包括以下 4 部分。

（1）模糊化

模糊化的作用是将输入的精确量转换成模糊化量，其中输入量包括外界的参考输入、系统的输出或状态等。

（2）知识库

知识库中包含了具有应用领域中的知识和要求的控制目标。它通常由数据库和模糊控制规则库两部分组成。

① 数据库主要包含各种语言变量的隶属度函数、尺度变换因子及模糊空间的分级数等。

② 规则库包括用模糊语言变量表示的一系列控制规则。它们反映了控制专家的经验和知识。

（3）模糊推理

模糊推理是模糊控制器的核心，它具有模拟人的基于模糊概念的推理能力。该推理过程是基于模糊逻辑中的蕴涵关系及推理规则来进行的。

（4）清晰化

清晰化的作用是将模糊推理得到的控制量（模糊量）变换为实际用于控制的清晰量。它们包含以下两部分内容：

① 将模糊的控制量清晰化变换，变成表示在论域范围的清晰量。

② 将表示在论域范围的清晰量经尺度变换，变成实际的控制量。

3．模糊逻辑控制的基本原理

模糊化运算是将输入空间的观测量映射为输入论域上的模糊集合。模糊化在处理不确定信息方面具有重要作用。在模糊控制中，观测到的数据常常是清晰量。由于模糊控制器对数据进行处理是基于模糊集合的方法，因此对输入数据进行模糊化是必不可少的一步。在进行模糊运算前，先需对输入量进行尺度变换，使其变换到相应的论域范围。

在模糊控制中，主要采用以下两种模糊化方法。

（1）如果输入量数据 x_0 是准确的，则通过将其模糊化为单点模糊集合。设该模糊集合用 A 表示，则有

$$\mu_A = \begin{cases} 1, & x = x_0 \\ 0, & x \neq x_0 \end{cases}$$

其隶属度函数如图 11-30 所示。

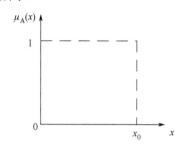

图 11-30　单点模糊集合的隶属度函数

这种模糊化方法只是形式上将清晰量转变成了模糊量，而实质上它表示的仍是准确量。在模糊控制中，当测量数据准则时，采用这样的模糊化方法是十分自然和合理的。

（2）三角形模糊集合

如果输入数据存在随机测量噪声，则这时的模糊化运算相当于将随机量变换为模糊量。

对于这种情况，可以取模糊量的隶属度函数为等腰三角形，如图 11-31 所示。三角形的顶相应的等于该随机数的均值，底边的长度等于 2σ，σ 表示该随机数据的标准差。隶属度函数取为三角形，主要是考虑其表示方便，计算简单。另一种常用的方法是取隶属度函数为菱形函数，即

$$\mu_A(x) = e^{-\frac{(x-x_0)}{2\sigma^2}}$$

它也就是正态分布的函数。

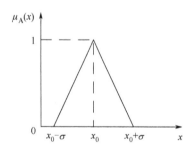

图 11-31　三角形模糊集合的隶属度函数

4．数据库

如前所述，模糊控制器中的知识库由两部分组成：数据库和模糊控制规则库。首先讨论数据库。数据库中包含了与模糊控制规则及模糊数据处理有关的各种参数，其中包括尺度变换参数、模糊空间分割和隶属度函数的选择等。

（1）输入量变换

对于实际的输入量，第一步先需要进行尺度变换，将其变换到要求的论域范围。变换的方法可以是线性的，也可以是非线性的。例如，如果实际的输入量为 x_0^*，其变化范围为 $[x_{\min}^*, x_{\max}^*]$，如果要求的论域为 $[x_{\min}, x_{\max}]$，如果采用线性变换，则

$$x_0 = \frac{x_{\min} + x_{\max}}{2} + k\left(x_0^* - \frac{x_{\min}^* + x_{\max}^*}{2}\right), \quad k = \frac{x_{\max} - x_{\min}}{x_{\max}^* - x_{\min}^*}$$

式中，k 称为比例因子。

论域可以是连续的，也可以是离散的。如果要求离散的论域，则需要将连续的论域离散化或量化。量化可以是均匀的，也可以是非均匀的。

（2）输入和输出空间的模糊分割

模糊控制规则中的输入和前提的语言变量构成模糊输入空间，结论的语言变量构成模糊输出空间。每个语言变量的取值为一组模糊语言名称，它们构成了语言名称的集合。每个模糊语言名称相对应一个模糊集合。对于每个语言变量，其取值的模糊集合具有相同的论域。模糊分割是要确定对于每个语言变量取值的模糊语言名称的个数，模糊分割的个数决定了模糊控制精细化的程度。这些语言名称通常均具有一定的含义。例如，NB——负大（Negative Big）；NM——负中（Negative Medium）；NS——负小（Negative Small）；ZE——零（Zeros）；PS——正小（Positive Small）；PM——正中（Positive Medium）；PB——正大（Positive Big）。图 11-32 给出了两个模糊分割的例子，论域均为[-1,1]，隶属度函数的形状为三角形梯形。图 11-32（a）所示为模糊分割较粗的情况，图 11-32（b）所示为模糊分割较细的情况。图中所示的论域为正则化的情况，即 $x \in [-1,1]$，且模糊分割是完全对称的。在此假设尺度变换时已经做了预处理而变换成这样的标准情况。一般情况下，模糊语言名称也可为非对称和非均匀的分布。

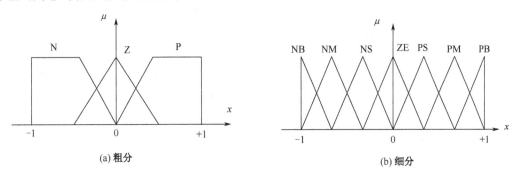

图 11-32 模糊分割的图形表示

模糊分割的个数也决定了最大可能的模糊规则的个数。例如，对于两输入/单输出的模型系统，如果 x 和 μ 的模糊分割数分别为 3 和 7，则最大可能的规则数为 3×7=21。可见，模糊分割数越多，控制规则数也越多，所以模糊分割不可太细，否则需要确定太多的控制规则，这也是很困难的一件事。当然，模糊分割数太小将导致控制太粗略，难以对控制性能进行精心调整。目前，尚没有一个确定模糊分割数的指导性的方法和步骤，它仍主要依靠经验和试凑。

3．规则库

模糊控制规则库是由一系列"IF-THEN"型的模糊条件名构成的。条件名的前件为输入和状态，后件为控制变量。

（1）模糊控制规则的前件和后件变量的选择

模糊控制规则的前件和后件变量是指模糊控制器的输入和输出的语言变量。输出量即为控制量，它一般比较容易确定。输入量选什么及选几个则需要根据要求来确定。输入量

比较常见的是误差 e 和它的导数 $\dot{e}$，有时还可以包括它的积分等。输入和输出语言变量的选择及其隶属度函数的确定，对于模糊控制器的性能有着十分关键的作用。它们的选择和确定主要依靠经验和工程知识。

（2）模糊控制的建立

模糊控制规则是模糊控制的核心。因此，怎样建立模糊控制规则也就成为一个十分关键的问题。下面讨论 4 种建立模糊控制规则的方法。它们之间并不是互相排斥的，相反，如果能结合这几种方法则可以更好地帮助建立模糊规则库。

① 基于专家的经验和控制工程知识

模糊控制规则具有模糊条件句的形式，它建立了前件中状态变量与后件中控制变量之间的联系。在日常生活中，用于决策的大部分信息主要基于语义的方式而非数值的方式。因此，模糊控制规则是对人类行为和进行决策分析过程的最自然的描述方式。这也就是它为什么采用 IF-THEN 形式的模糊条件句的主要原因。

② 基于操作人员的实际控制过程

在许多人工控制的工业系统中，很难建立控制对象的模型，因此用常规的控制方法来对其进行设计和仿真比较困难。而熟练的操作人员却能成功地控制这样的系统。事实上，操作人员有意或无意地使用了一组 IF-THEN 模糊规则来进行控制。但是它们往往并不能用语言明确地将其表达出来，因此可以通过记录操作人员实际控制过程时的输入/输出数据，并从中总结出模糊控制规则。

③ 基于过程的模糊模型

控制对象的动态特性通常可用微分方程、传递函数、状态方程等数学方法来加以描述，这样的模型称为定量模型或清晰化模型。控制对象的动态特性也可以用语言的方法来描述，这样的模型称为定性模型或模糊模型。基于模糊模型，也能建立起相应的模糊控制规律。这样设计的系统是纯粹的模糊系统，即控制器和控制对象均是用模糊的方法来加以描述的，因而它比较适合于采用理论的方法来进行分析控制。

④ 基于学习

许多模糊控制主要用来模仿人的决策行为，但很少具有类似于人的学习功能，即根据经验和知识产生模糊控制规则并对它们进行修改的能力。Mamdani 于 1979 年首先提出了模糊自组织控制，它便是一种具有学习功能的模糊控制。该自组织控制具有分层递阶的结构，包含有两个规则库。第一个规则库是一般的模糊控制的规则库，第二个规则库由宏规则组成，它能够根据对系统的整体性能要求来产生并修改一般的模糊控制规则，从而显示了类似人的学习能力。自 Mamdani 的工作后，近来又有不少人在这方面做了大量的研究工作。最典型的例子是 Sugeno 的模糊小车，它是具有学习功能的模糊控制车，经过训练后它能够自动停靠在要求的位置。

（3）模糊控制规则的类型

在模糊控制中，目前主要应用如下两种形式的模糊控制规则。

① 状态评估模糊控制规则

具有如下形式：

R_1：如果 x 是 A_1 and y 是 B_1，则 z 是 C_1

also R_2：如果 x 是 A_2 and y 是 B_2，则 z 是 C_2

…

also R_n：如果 x 是 A_n and y 是 B_n，则 z 是 C_n。

在现有的模糊控制系统中，大多数情况均采用这种形式。前面所讨论的也都是这种情形。

对于更一般的情形，模糊控制规则的后件可以是过程状态变量的函数，即

R_i：如果 x 是 A_i … and y 是 B_i，则 z 是 $f_i(x,\cdots,y)$。

它根据对系统状态的评估，然后按照一定的函数关系计算出控制作用 z。

② 目标评估模糊控制规则

典型的形式如下所示：

R_i：如果 [u 是 $C_i \to$ (x 是 A_i and y 是 B_i)]，则 u 是 C_i。

其中，u 是系统的控制量；x 和 y 表示要求的状态和目标或者是对系统性能的评估，因而 x 和 y 的取值常常是"好"、"差"等模糊语言。对于每个控制命令 C_i，通过预测相应的结果（x，y），从中选用最适合的控制规则。

上面的规则可进一步解释为：当控制命令选 C_i 时，如果性能指标 x 是 A_i，y 是 B_i，则选用该条规则将 C_i 取为控制器的输出。

11.4.2 带 PID 功能的模糊控制器

在常规控制中，PID 控制是最简单实用的一种控制方法，它既可以依靠数学模型通过解析的方法进行设计，也可不依赖模型而凭借经验和试凑来确定。前面讨论的模糊控制，一般均假设用误差 e 和误差导数 $\dot{e}$ 作为模糊控制的输入量，因而它本质上相当于一种非线性 PID 控制。为了消除稳态误差，需要加入积分作用，图 11-33 给出了两种典型的具有 PID 功能的模糊控制器的结构图，简称模糊 PID 控制器，其中图 11-33（a）为常规模糊 PID 控制，图 11-33（b）为增量模糊 PID 控制。

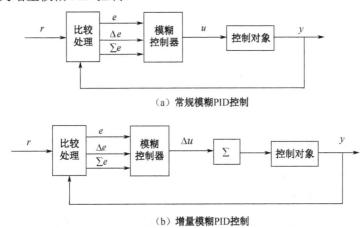

图 11-33 具有 PID 功能的模糊控制器的结构框图

在如图 11-33 所示的典型结构中，模糊控制器有 3 个输入。如果每个输入量分为 7 个等级，则最多可能需要 $7^3 = 343$ 条模糊规则；而当输入量为两个时，最多只需要 $7^2 = 49$ 条模

糊规则。可见，增加一个输入量，大大增加了模糊控制器设计和计算的复杂性。为此，可考虑采用如图 11-34 所示的变形结构，它同样可以实现模糊 PID 控制的功能。

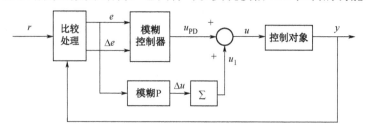

图 11-34 具有 PID 功能的模糊控制器的变形结构框图

在如图 11-34 所示的变形结构中，采用两个模糊控制器，其中一个是最常见的具有 PD 功能的模糊控制器，简称为模糊 PD 控制器，它有两个输入，最多需 49 条规则。另外一个是具有 P 功能的模糊控制器，简称为模糊 P 控制器，它只有一个输入，最多需 7 条规则。因此总共最多只需 49+7=56 条规则。可见这种变形结构比通常的模糊 PD 控制器并未增加太大的复杂性，同时也实现了模糊 PID 控制器的功能。

最后指出，理论分析和实验都表明，只利用模糊控制器进行系统控制，往往不能满足控制对象的所有指标，所以一个完整的模糊控制系统还需要某种传统的控制器作为补充，一般采用的是 PID 控制法。通常，系统的控制器是由模糊控制器和常规 PID 控制器串联组成的。也就是说，PID 控制器的输入就是模糊控制器的输出，PID 控制器的输出就是整个控制器的输出。

11.5 MATLAB 模糊逻辑工具箱的实现

针对模糊逻辑尤其是模糊控制的迅速推广应用，MathWorks 公司在其 MATLAB 版中添加了 Fuzzy Logic 工具箱。该工具箱具有如下特点。

1．易于使用

模糊逻辑工具箱提供了建立和测试模糊逻辑系统的一整套功能函数，包括定义语言变量及其隶属度函数、输入模糊推理规则、整个模糊推理系统的管理，以及交互式地观察模糊推理的过程和输出结果。

2．提供图形化的系统设计界面

在模糊逻辑工具箱中包含 5 个图形化的系统设计工具，这 5 个设计工具如下。

（1）模糊推理系统编辑器。该编辑器用于建立模糊逻辑系统的整体框架，包括输入与输出数目、去模糊化方法等。

（2）隶属度函数编辑器。用于通过可视化手段建立语言变量的隶属度函数。

（3）模糊推理规则编辑器。

（4）系统输入/输出特性曲面浏览器。

（5）模糊推理过程浏览器。

3．支持模糊逻辑中的高级技术

（1）自适应神经模糊推理系统（Adaptive Neural Fuzzy Inference System，ANFIS）。
（2）用于模式识别的模糊聚类技术。
（3）模糊推理方法的选择。用户可在广泛采用的 Mamdani 型推理方法和 Takagi-Sugeno 型推理方法两者之间选择。

4．集成的仿真和代码生成

模糊逻辑工具箱不但能够实现 Simulink 的无缝连接，而且通过 Real-Time Workshop 能够生成 ANSI C 源代码，从而易于实现模糊系统的实时应用。

5．独立运行的模糊推理机

在用户完成模糊逻辑系统的设计后，可以将设计结果以 ASCII 码文件保存。利用模糊逻辑工具箱提供的模糊推理机，可以实现模糊逻辑系统的独立运行或作为其他应用的一部分运行。

11.5.1 模糊推理系统的基本类型

在模糊推理系统中，模糊模型的表示主要有两类：一类是模糊规则的后件是输出量的某一模糊集合，如 NB、PB 等。由于这种表示比较常用且首次由 Mamdani 采用，因而称它为模糊系统的标准模型或 Mamdani 模型表示；另一类是模糊规则的后件是输入语言变量的函数，典型的情况是输入变量的线性组合。由于该方法是日本学者高木（Takagi）和关野（Sugeno）首先提出来的，因此通常称它为模糊系统的高木——关野（Takagi-Sugeno）模型表示，简称为 Sugeno 模型表示。

1．Mamdani 模型系统

在标准模型模糊逻辑系统中，模糊规则的前件和后件均为模糊语言值，即具有如下形式：

$$\text{IF } x_1 \text{ is } A_1 \text{ and } x_2 \text{ is } A_2 \text{ and } \cdots \text{ and } x_n \text{ is } A_n \text{ THEN } y \text{ is } B$$

式中，$A_i(i=1,2,\cdots,n)$ 是输入模糊语言值；B 是输出模糊语言值。

基于标准模型的模糊逻辑系统的原理图如图 11-35 所示。图中的模糊规则库由若干"IF-THEN"规则构成。模糊推理在模糊推理系统中起着核心作用，它将输入模糊集合按照模糊规则映射成输出模糊集合。它提供了一种量化专家语言信息和在模糊逻辑原则下系统地利用这类语言信息的一般化模式。

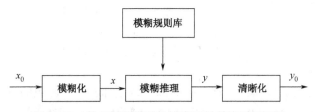

图 11-35　基于标准模型的模糊逻辑系统原理框图

2. Sugeno 模型系统

Sugeno 模糊逻辑系统是一类较为特殊的模糊逻辑系统，其模糊规则不同于一般的模糊规则形式。在 Sugeno 模糊逻辑系统中，采用如下形式的模糊规则：

$$\text{IF } x_1 \text{ is } A_1 \text{ and } x_2 \text{ is } A_2 \text{ and } \cdots \text{ and } x_n \text{ is } A_n \text{ THEN } y = \sum_{i=1}^{n} c_i x_i$$

式中，$A_i(i=1,2,\cdots,n)$ 是输入模糊语言值；$c_i(i=1,2,\cdots,n)$ 是真值参数。

对于 Sugeno 模糊推理系统，推理规则后项结论中的输出变量的隶属度函数只能是关于输入的线性或常值函数。当输出变量的隶属度函数为线性函数时，称该系统为 1 阶 Sugeno 型系统；当输出变量的隶属度函数为常值函数时（如 $y=k$），称该系统为 0 阶系统。

可看出，Sugeno 模糊逻辑系统的输出量是精确值。这类模糊逻辑系统的优点是输出量可用输入值的线性组合来表示，因而能够利用参数估计方法来确定系统的参数 c_i；同时，可以应用线性控制系统的分析方法来近似分析和设计模糊逻辑系统。其缺点是规则的输出部分不具有模糊语言值的形式，因而不能充分利用专家的控制知识，模糊逻辑的各种不同原则在这种模糊逻辑系统中应用的自由度也受到限制。

11.5.2 模糊逻辑工具箱函数

1. 模糊推理系统的建立、修改与存储管理

在 MATLAB 模糊逻辑工具箱中，把模糊推理系统的各部分作为一个整体，并以文件的形式对模糊推理系统进行建立、修改和存储等管理功能。下面分别对实现这些功能的函数进行介绍。

（1）newfis 函数

函数 newfis 可用于创建一个新的模糊推理系统，模糊推理系统的特性可由函数的参数指定，其参数个数可达 7 个。函数的调用格式为：

a=newfis(fisName,fisType,andMethod,orMethod,impMethod, aggMethod,defuzzMethod);

输出参数 a 为新建的模糊推理系统在工作空间中以矩阵的形式保存的文件名称，可依据 MATLAB 语法规则进行设定。该名称可用来引用模糊推理系统的属性值，如 a.input、a.andMethod 和 a.defuzzMethod 等。输入参数 fisName 为模糊推理系统名称，字符型；fisType 为模糊推理类型，字符型（'mamdani'或'sugeno'）；andMethod 为与运算操作符，字符型；orMethod 为或运算操作符，字符型；impMethod 为模糊蕴涵方法，字符型；aggMethod 为各条规则推理结果的综合方法，字符型；defuzzMethod 为去模糊化方法，字符型。

（2）readfis 函数

函数 readfis 用于从磁盘中读取模糊推理系统。函数的调用格式为：

fismat = readfis('filename')：读取根目录下名为 filename 的推理系统。

fismat = readfis：打开一个对话框，默认选择模糊推理系统检索文件。

（3）getfis 函数

利用函数 getfis 可获取模糊推理系统的部分或全部特性。函数的调用格式为：

getfis(a)：a 为模糊推理系统结构在内存中对应的矩阵变量，必须已经存在。

getfis(a,'fisprop')：fisprop 用于指定期望获取的某一属性。此时 getfis 函数仅输出指定的属性值。

getfis(a, 'vartype', varindex)：vartype 为变量类型，varindex 为变量索引。

getfis(a,'vartype',varindex,'varprop')：varprop 为变量属性。

getfis(a,'vartype',varindex,'mf',mfindex)：mf 为正在寻找的隶属度函数信息，为字符串。

getfis(a,'vartype',varindex,'mf',mfindex,'mfprop')：mfprop 表示隶属度函数属性的值，为字符串形式。

（4）writefis 函数

模糊推理系统在内存中的数据是以矩阵形式存储的，其对应的矩阵名为 fisMat。当需要将模糊推理系统的数据写入磁盘文件时，就可以利用 writefis 函数。函数的调用格式为：

writefis(fismat)：内存空间中以矩阵格式保存的模糊推理系统名称。

writefis(fismat,'filename')：参数 filename 为磁盘上已存在的模糊推理系统名称。

writefis(fismat,'filename','dialog')：打开一对话框，将推理系统以 filename 命名保存在磁盘中。

（5）showfis 函数

函数 showfis 可用于以分行的形式显示模糊推理系统矩阵的所有属性。函数的调用格式为：

showfis(fismat)：fismat 为内存空间中以矩阵格式保存的模糊推理系统名称。

（6）setfis 函数

函数 setfis 用于设置模糊推理系统的属性。函数的调用格式为：

a = setfis(a,'fispropname','newfisprop')：参数 fispropname 为模糊推理系统 a 属性的名称；newfisprop 为期望设置的新属性值。

a = setfis(a,'vartype',varindex,'varpropname','newvarprop')：参数 vartype 为变量类型；varindex 为变量索引号；varpropname 为变量名称；newvarprop 为新的变量值。

a = setfis(a,'vartype',varindex,'mf',mfindex,'mfpropname','newmfprop')：参数 mf 为隶属度函数；mfindex 为隶属度函数的索引号。

（7）plotfis 函数

函数 plotfis 实现绘图表示模糊推理系统。函数的调用格式为：

plotfis(fisMat)：参数 fisMat 为模糊推理系统对应的矩阵名称。

（8）mam2sug 函数

在模糊逻辑控制工具箱中，提供了 mam2sug 函数用于将 Mamdani 型的模糊推理系统转换为 Sugeno 型系统。函数的调用格式为：

sug_fis=mam2sug(mam_fis)：函数 mam2sug 将一个 Mamdani 型的模糊推理系统转换成一个 Sugeno 型结构的系统。对于这个被转换的 Mamdani 系统并不要求是单输出的。转换之后的 Sugeno 系统是零阶的（模糊规则的输出是常数）。这些常值是根据原来 Mamdani 系统的输出隶属度函数的中心来计算的。转换后，前项条件中输入变量的隶属度函数并不发生变化。

2．模糊语言变量及其值

在模糊推理系统中，专家的控制知识以模糊规则形式表示。为直接反映人类自然语言的模糊性特点，模糊规则的前件和后件中引入语言变量和语言值的概念。语言变量分为输入语言变量和输出语言变量：输入语言变量是对模糊推理系统输入变量的模糊化描述，通常位于模糊规则的前件中；输出语言变量是对模糊推理系统输出变量的模糊化描述，通常位于规则的后件中。语言变量具有多个语言值，每个语言值对应一个隶属度函数。语言变量的语言值构成了对输入和输出空间的模糊分割，模糊分割的个数即语言值的个数及语言值对应的隶属度函数决定了模糊分割的精细化程度。模糊分割的个数也决定了模糊规则的个数，模糊分割数越多，控制规则数也越多。因此，在设计模糊推理系统中，应在模糊分割的精细程度与控制规则的复杂性之间取得折中。

在 MATLAB 模糊逻辑工具箱中，提供了向模糊推理系统添加或删除模糊语言变量及其语言值的函数，下面给予介绍。

（1）addvar 函数

在模糊逻辑控制工具箱中，提供 addvar 函数用于向模糊逻辑推理系统添加模糊语言变量。函数的调用格式为：

a = addvar(a,'varType','varName',varBounds)：参数 a 为模糊推理系统的名称；varType 为要添加变量的类型，可选 input 或 output；varName 为要添加的变量名称；varBounds 为设定的模糊语言变量的论域。

（2）rmvar 函数

在模糊逻辑控制工具箱中，提供了 rmvar 函数从模糊系统中删除的模糊语言变量。函数的调用格式为：

fis2 = rmvar(fis,'varType',varIndex)：fis 为模糊推理系统；varType 为删除的变量类型；varIndex 为删除的变量索引。

[fis2,errorStr] = rmvar(fis,'varType',varIndex)：同时返回任何错误消息的字符串 errorStr。

注意：当一个模糊语言变量正在被当前的模糊规则集使用时，不能删除该变量。在一个模糊语言变量被删除后，MATLAB 模糊逻辑工具箱将会自动对模糊规则集进行修改，以保持一致。

3. 模糊语言变量的隶属度函数

隶属度函数可有两种描述方式，即数值描述方式和函数描述方式。数值描述方式适用于语言变量的论域为离散的情形，此时隶属度函数可用向量或表格的形式来表示；对于论域为连续的情况，隶属度函数则采用函数描述方式。

在 MATLAB 模糊逻辑工具箱中支持的隶属度函数类型有如下几种：高斯型、三角形、梯形、钟型、Sigmoid 型、π 型和 Z 型。利用工具箱中提供的函数可以建立和计算上述各种类型的隶属度函数。

隶属度函数曲线的形状决定了对输入/输出空间的模糊分割，对模糊推理系统的性能有重要影响。在 MATLAB 模糊逻辑工具箱中提供了丰富的隶属度函数类型的支持，下面分别对这些函数进行介绍。

（1）plotmf 函数

在模糊逻辑工具箱中，提供了 plotmf 函数用于绘制语言变量所有语言值的隶属度函数曲线。函数的调用格式为：

plotmf(fismat,varType,varIndex)：参数 fismat 为模糊推理系统工作空间的名称；varType 为模糊语言变量的类型；varIndex 为模糊语言变量的索引。

（2）addmf 函数

在模糊逻辑工具箱中，提供了 addmf 函数用于向模糊推理系统的模糊语言变量添加隶属度函数。函数的调用格式为：

a = addmf(a,'varType',varIndex,'mfName','mfType',mfParams)：参数 a 为模糊推理系统；varType 为变量类型；varIndex 为变量索引号；mfName 为需要添加的隶属度函数名称；mfType 为需要添加的隶属度函数类型；mfParams 为指定的隶属度函数的参数向量。

（3）rmmf 函数

在模糊逻辑工具箱中，提供了 rmmf 函数用于从模糊推理系统中删除某个模糊语言变量的某一个隶属度函数。函数的调用格式为：

fis = rmmf(fis,'varType',varIndex,'mf',mfIndex)：参数 fis 为模糊推理系统工作空间文件名称；varType 为模糊语言变量的类型；varIndex 为模糊语言变量的编号；参数 mf 为说明要删除的是隶属度函数；参数 mfIndex 为要删除的隶属度函数的索引号。

注意：当一个隶属度函数正在被当前模糊推理规则使用时不能被删除。

（4）gaussmf 函数

在模糊逻辑工具箱中，提供了 gaussmf 函数用于创建高斯型分布的隶属度函数。函数的调用格式为：

y = gaussmf(x,[sig c])：参数 x 指定变量的论域范围；参数 sig 决定了函数曲线的宽度 σ；c 决定了函数的中心点。

（5）gauss2mf 函数

在模糊逻辑工具箱中，提供了 gauss2mf 函数用于创建双边高斯型分布的隶属度函数曲线。函数的调用格式为：

y = gauss2mf(x,[sig1 c1 sig2 c2])：参数 x 指定变量的论域范围，双边高斯型隶属度函数的曲线由两个中心点相同的高斯型函数的左半边 sig1,c1、右半边 sig2,c2 曲线组成。

（6）gbellmf 函数

在模糊逻辑工具箱中，提供了 gbellmf 函数用于创建钟型分布的隶属度函数。函数的调用格式为：

y = gbellmf(x,params)：参数 x 指定变量的论域范围；params 为指定钟型的形状。

（7）pimf 函数

在模糊逻辑工具箱中，提供了 pimf 函数用于创建 π 型分布的隶属度函数。函数的调用格式为：

y = pimf(x,[a b c d])：参数 x 指定变量的论域范围；参数[a,b,c,d]决定了 π 型函数的形状，a、b 对应 π 型函数下部两个拐点，b、c 对应 π 型函数上部两个拐点。

（8）trapmf 函数

在模糊逻辑工具箱中，提供了 trapmf 函数用于创建梯形分布的隶属度函数。函数的调用格式为：

y = trapmf(x,[a b c d])：参数 x 指定变量的论域；参数 a、b、c、d 指定梯形的形状。

（9）trimf 函数

在模糊逻辑工具箱中，提供了 trimf 函数用于创建三角形分布的隶属度函数。函数的调用格式为：

y = trimf(x,params)
y = trimf(x,[a b c])

其中，参数 x 指定变量的论域范围；参数 a、b、c 用于指定三角形的形状。

（10）zmf 函数

在模糊逻辑工具箱中，提供了 zmf 函数用于创建 Z 型隶属度函数曲线。函数的调用格式为：

y = zmf(x,[a b])：参数 x 指定变量的论域范围；参数 a、b 分别用于指定样条差值的起点和终点。

（11）psigmf 函数

在模糊逻辑工具箱中，提供了 psigmf 函数用于通过两个 sigmoid 型函数的乘积来构建新的隶属度函数。函数的调用格式为：

y = psigmf(x,[a1 c1 a2 c2])：参数 x 指定变量的论域范围；a1、c1 和 a2、c2 分别用于指定两个 sigmoid 型函数的开关。

（12）dsigmf 函数

在模糊逻辑工具箱中，提供了 dsigmf 函数用于通过两个 sigmoid 型函数之差来构造新的隶属度函数曲线。函数的调用格式为：

y = dsigmf(x,[a1 c1 a2 c2])：参数 x 指定变量的论域范围；a1、c1 和 a2、c2 分别用于指定两个 sigmoid 型函数的形状。

（13）mf2mf 函数

在模糊逻辑工具箱中，提供了 mf2mf 函数用于进行不同类型隶属度函数之间的参数转换。函数的调用格式为：

outParams = mf2mf(inParams,inType,outType)：参数 inParams 为转换前隶属度函数的参数；inType 为转换前隶属度函数的类型；outType 为转换后隶属度函数的类型；参数 outParams 为转换后隶属度函数的参数。

（14）fuzarith 函数

在模糊逻辑工具箱中，提供了 fuzarith 函数用于模糊计算。函数的调用格式为：

C = fuzarith(X, A, B, operator)：参数 X 为模糊集合 A、B 的论域，A、B 必须是维数相同的向量；operator 为模糊运算的操作符，是"sum"、"sub"、"prod"、和"div"（加、减、乘、除）中的一种。其中假定 A、B 均为凸模糊集，且超出论域范围的隶属度函数值为 0。

（15）evalmf 函数

在模糊逻辑工具箱中，提供了 evalmf 函数用于计算隶属度函数值。函数的调用格式为：

y = evalmf(x,mfParams,mfType)：参数 x 为隶属度函数的论域；mfType 为隶属度函数的类型，可以是模糊工具箱内的隶属度函数，也可以是自定义的隶属度函数；mfParams 为所选隶属度函数的参数值。

4．模糊规则的建立与修改

模糊规则的构造是模糊推理系统的关键。在实际应用中，初步建立的模糊规则往往难以达到良好的效果，必须不断加以修正和试凑。在模糊规则的建立修正和试凑过程中，应尽量保证模糊规则的完备性和相容性。在 MATLAB 模糊逻辑工具箱中，提供了有关对模糊规则建立和操作的函数，下面给予介绍。

（1）addrule 函数

在模糊逻辑工具箱中，提供了 addrule 函数用于向模糊逻辑推理系统添加模糊规则。函数的调用格式为：

a = addrule(a,ruleList)：参数 a 为模糊推理系统在工作空间中的矩阵名称；ruleList 以向量的形式给出需要添加的模糊规则，该向量的格式有严格的要求。如果模糊推理系统有 m 个输入模糊语言变量和 n 个输出模糊语言变量，则向量 ruleList 的列数必须为 m+n+2，而行数任意。在 ruleList 的每一行中，前 m 个数字表示各输入语言变量的语言值。其后的 n 个数字输出表示输出语言变量的语言值，第 m+n+1 个数字是该规则的权重，权重在[0,1]区间，一般设为 1。第 m+n+2 个数字为 0 或 1 两值之一。如果取 1，则表示模糊规则前件的各语言变量是"与"的关系；如果取 0，则表示模糊规则前件的各语言变量是"或"的关系。

（2）parsrule 函数

在模糊逻辑工具箱中，提供了 parsrule 函数用于解析模糊规则。函数的调用格式为：

fis2 = parsrule(fis,txtRuleList)：参数 fis 为规则解析前模糊推理系统矩阵；txtRuleList 为以模糊语句表示的模糊语言规则。

fis2 = parsrule(fis,txtRuleList,ruleFormat)：参数 ruleFormat 为模糊规则的格式，包括语言型（verbose）、符号型（symbolic）和索引型（indexed）。

fis2 = parsrule(fis,txtRuleList,ruleFormat,lang)：文本规则采用的语言的字符串，可以是"English"、"Francais"、"Deutsch"。默认为"English（英语）"，使用英语时，采用关键词 if，then，is，and，or 和 not。如果使用该参数，则 ruleFormat 参数会自动设为"verbos。

（3）showrule 函数

在模糊逻辑工具箱中，提供了 showrule 函数用于显示模糊规则。函数的调用格式为：

showrule(fis)：fis 为模糊推理系统的矩阵名称。

showrule(fis,indexList)：indexList 为规则编号，规则编号可以用向量的形式指定多个规则。

showrule(fis,indexList,format)：format 为显示规则方式。

showrule(fis,indexList,format,Lang)：同函数 parsrule 的 lang 参数，使用参数时参数 format 必须是 verbose。

5．模糊推理计算与去模糊化

在建立好模糊语言变量及其隶属度的值并构造完成模糊规则后，就可执行模糊推理计算了。模糊推理的执行结果与模糊蕴涵操作的定义、推理合成规则、模糊规则与部分的连接词"and"的操作定义等有关，因而有多种不同的算法。

在 MATLAB 模糊逻辑工具箱中提供了有关对模糊推理计算与去模糊化的函数，下面给予介绍。

（1）evalfis 函数

在模糊逻辑工具箱中，提供了 evalfis 函数用于计算模糊推理输出结果。函数的调用格式为：

output= evalfis(input,fismat)：参数 input 为输入数据；fismat 为模糊推理矩阵。input 的每一行是一个特定的输入向量，output 对应的每一行是一个特定的输出向量。

output= evalfis(input,fismat, numPts)：参数 numPts 为基于输入/输出范围计算隶属度函数数值采样点的数目，如果这个参数没有被设置或设置小于 101，则系统自动将其设定为 101 个采样点。

[output, IRR, ORR, ARR]= evalfis(input,fismat)：参数 IRR 为相应最后一行输入数据的隶属度函数值；ORR 相应最后一行输入数据是在采样点上对应于各条规则输出隶属度函数值；ARR 为综合合成各条规则后各输出采样点处的隶属度函数值。IRR、ORR、ARR 的值与 input 的最后一行相关。

[output, IRR, ORR, ARR]= evalfis(input,fismat,numPts)：numPts 为一个可选参数，为样点隶属度函数的输入或输出范围。如果不使用此参数，则默认值为 101 点。

（2）defuzz 函数

在模糊逻辑工具箱中，提供了 defuzz 函数用于执行去模糊化计算。函数的调用格式为：

out = defuzz(x,mf,type)：返回一个去模糊化值。mf 为隶属度函数信息；type 为指定的类型。

（3）gensurf 函数

在模糊逻辑工具箱中，提供了 gensurf 函数用于生成模糊推理系统的输入/输出推理关系曲面，并显示或存为变量。函数的调用格式为：

gensurf(fis)：参数 fis 为模糊推理系统对应的矩阵变量。

gensurf(fis,inputs,output)：参数 inputs 为模糊推理系统要表示的语言变量的编号行向量，最多为两个元素也可仅有一个，如[1,2]或[3]；output 为要表示的输出语言变量的编号，只能选一个。

gensurf(fis,inputs,output,grids)：参数 grids 为二元行向量；当函数仅有一个输入参数 fis 时，该函数生成由模糊推理系统的前两个输入[1,2]和第一个输出所构成的三维曲面。

gensurf(fis,inputs,output,grids,refinput)：当系统输入变量多于两个时，参数 refinput 用于指定保持不变的输入变量。refinput 为与输入数目相同长度的行向量，每一个元素代表一个输入，变化的输入用 NaNs 表示（不超过两个），固定的输入则用具体的数值表示。如果没有指定固定输入的具体数值，则系统自动计算该输入范围的中点作为固定输入点。

gensurf(fis,inputs,output,grids,refinput,numofpoints)：允许指定采样点的数量隶属度函数的输入或输出范围。如果 numofpoints 没有指定，则默认值为 101。

[x,y,z]=gensurf(…)：不显示图形，有关的三维图形存入矩阵[x,y,z]中。可以用 mesh(x,y,z) 或 surf(x,y,z)来绘图。

11.5.3 模糊推理的应用实例

前面对各个函数的调用格式及说明进行了简要介绍，下面通过几个例子来演示函数的用法。

【例 11-1】假设一单输入/单输出系统，输入为表征饭店侍者服务好坏的值（0～10），输出为客人付给小费（0～30）。其中规则有如下 3 条：

IF 服务 差   THEN 小费 低

IF 服务 好   THEN 小费 中等

IF 服务 很好 THEN 小费 高

适当选择服务和小费的隶属度函数后，设计一个基于 Mamdani 模型的模糊推理系统，并绘制输入/输出曲线。

其实现的 MATLAB 代码为：

```
>> clear all;
fisMat=newfis('M11_1');
fisMat=addvar(fisMat,'input','服务',[0 10]);
fisMat=addvar(fisMat,'output','小费',[0 30]);
```

```
fisMat=addmf(fisMat,'input',1,'差','gaussmf',[1.8 0]);
fisMat=addmf(fisMat,'input',1,'好','gaussmf',[1.8 5]);
fisMat=addmf(fisMat,'input',1,'很好','gaussmf',[1.8 10]);
fisMat=addmf(fisMat,'output',1,'低','trapmf',[0 0 5 15]);
fisMat=addmf(fisMat,'output',1,'中等','trimf',[5 15 25]);
fisMat=addmf(fisMat,'output',1,'高','trapmf',[15 25 30 30]);
rulelist=[1 1 1 1;2 2 1 1;3 3 1 1];
fisMat=addrule(fisMat,rulelist);
subplot(3,1,1);plotmf(fisMat,'input',1);
xlabel('服务');ylabel('输入隶属度');title('vb')
subplot(3,1,2);plotmf(fisMat,'output',1);
xlabel('小费');ylabel('输出隶属度');
subplot(3,1,3);gensurf(fisMat);
xlabel('服务');ylabel('小费');
```

运行程序，效果如图 11-36 所示。

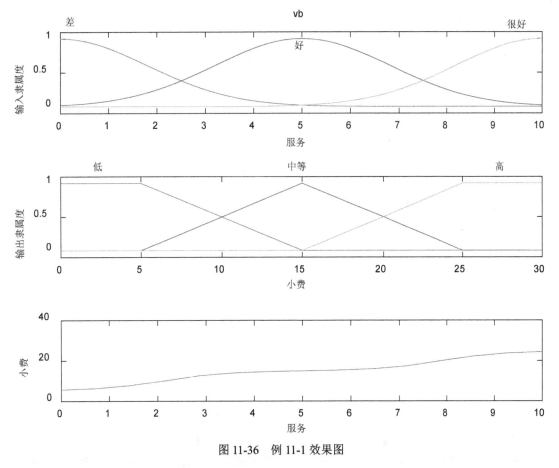

图 11-36　例 11-1 效果图

由图 11-36 可见，由于隶属度函数的合适选择，模糊系统的输出是输入的严格递增函数，也就是说，付给侍者小费随着服务量的提高而增加。当隶属度函数的选取不能保证相邻模糊量的交点大于 0.5 时，输出将不是输入的严格递增函数，这时小费可能会随着服务质量的提高而减少。

【例 11-2】 假设一个单输入/单输出系统，输入 $x \in [0,15]$ 模糊化成三级，小、中和大；输出 $y \in [0,15]$ 由下列 3 条规则确定：

IF x is 小 THEN $y = x$
IF x is 中 THEN $y = -0.5x + 9$
IF x is 大 THEN $y = 2x - 18.5$

设计一个基于 Sugeno 模型的模糊推理，并绘制输入/输出曲线。

其实现的 MATLAB 代码为：

```
>> fisMat=newfis('M11_2','sugeno');
fisMat=addvar(fisMat,'input','x',[0 15]);
fisMat=addvar(fisMat,'output','y',[0 15]);
fisMat=addmf(fisMat,'input',1,'小','gaussmf',[3.4 0]);
fisMat=addmf(fisMat,'input',1,'中','gaussmf',[3.4 8]);
fisMat=addmf(fisMat,'input',1,'大','gaussmf',[3.4 15]);
fisMat=addmf(fisMat,'output',1,'第 1 区','linear',[0 1]);
fisMat=addmf(fisMat,'output',1,'第 2 区','linear',[-0.5 9]);
fisMat=addmf(fisMat,'output',1,'第 3 区','linear',[2 -18.5]);
rulelist=[1 1 1 1;2 2 1 1;3 3 1 1];
fisMat=addrule(fisMat,rulelist);
subplot(2,1,1);plotmf(fisMat,'input',1);
subplot(2,1,2);gensurf(fisMat);
getfis(fisMat,'output',1,'mf',1);
getfis(fisMat,'output',1,'mf',2);
getfis(fisMat,'output',1,'mf',3);
```

运行程序，输出如下，效果如图 11-37 所示。

```
Name = 第 1 区
Type = linear
Params = [0 1]
Name = 第 2 区
Type = linear
Params = [-0.5 9]
Name = 第 3 区
Type = linear
Params = [2 -18.5]
```

由图 11-37 可见，由于隶属度函数的合适选择，模糊系统的输出曲线是光滑的。从以上的输入/输出关系图中可以清楚地看到，经过 Sugeno 方法运算后，输入/输出的关系由原来给定的三个线性函数内插为一条光滑的输入/输出曲线，这也说明了 Sugeno 系统是一种将线性方法用于非线性系统的简单、有效的手段。这一点正是它被广泛使用在诸如系统控制、系统建模等领域的一个重要原因。

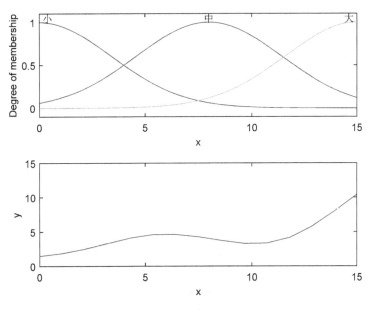

图 11-37 例 11-2 效果图

【例 11-3】 某一工业过程要根据测量的温度和压力来确定阀门开启的角度。假设输入温度 $\in[0,30]$ 模糊化成两组：冷和热。压力 $\in[0,3]$ 模糊化成两级：高和正常。输出阀门开启角度的增量 $\in[-10,10]$ 模糊化成三级：正、负和零。模糊控制规则为：

IF 温度 is 冷 and 压力 is 高 THEN 阀门角度增量 is 正

IF 温度 is 热 and 压力 is 高 THEN 阀门角度增量 is 负

IF 压力 is 正常 THEN 阀门角度增量 is 零

适当选择隶属度函数后，设计一基于 Mamdani 模型的模糊推理系统，计算当温度和压力分别为 5 和 1.5，以及 11 和 2 时阀门开启的角度增量，并绘制输入/输出曲面图。

其实现的 MATLAB 代码为：

```
>> fisMat=newfis('M11_3');
fisMat=addvar(fisMat,'input','温度',[0 30]);
fisMat=addvar(fisMat,'input','压力',[0 3]);
fisMat=addvar(fisMat,'output','阀门角度增量',[-10 10]);
fisMat=addmf(fisMat,'input',1,'冷','trapmf',[0 0 10 20]);
fisMat=addmf(fisMat,'input',1,'热','trapmf',[10 20 30 30]);
fisMat=addmf(fisMat,'input',2,'正常','trimf',[0 1 2]);
fisMat=addmf(fisMat,'input',2,'高','trapmf',[1 2 3 3]);
fisMat=addmf(fisMat,'output',1,'负','trimf',[-10 -5 0]);
fisMat=addmf(fisMat,'output',1,'零','trimf',[-5 0 5]);
fisMat=addmf(fisMat,'output',1,'正','trimf',[0 5 10]);
rulelist=[1 2 3 1 1;2 2 1 1 1;0 1 2 1 0];
fisMat=addrule(fisMat,rulelist);
gensurf(fisMat);
```

```
in=[5 1.5;11 2];
out=evalfis(in,fisMat)
```
运行程序,输出如下,效果如图 11-38 所示。
```
out =
    2.5000
    3.3921
```

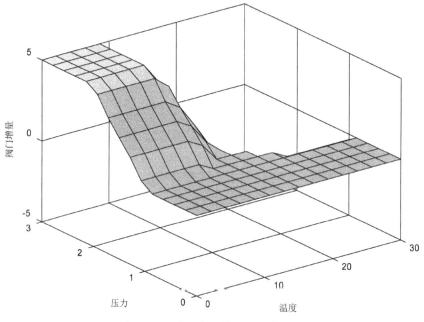

图 11-38 系统输入/输出特性曲面图

由以上结果可知,当温度和压力分别为 5 和 1.5 时,阀门开启角度的增量为 2.5;温度和压力分别为 11 和 2 时,阀门开启角度的增量为 3.3921。

11.5.4 模糊逻辑工具箱图形用户界面

在模糊推理系统编辑器中,可以对模糊系统整体框架、主题结构等总体大局进行设计。设计任何模糊系统都应该先用 FIS Editor 设计完成系统的总体架构之后,再分别进行细节编辑与设计,最后再返回修改、调整和完善。

1. 模糊推理系统编辑器

模糊推理系统编辑器(Fuzzy)提供了利用图形界面(GUI)对模糊系统高层属性的编辑、修改功能,这些属性包括输入/输出语言变量的个数和去模糊化方法等。用户在基本模糊编辑器中,可以通过菜单选择激活其他几个图形界面编辑器,如隶属度函数编辑器(Mfedit)、模糊规则编辑器(Ruleedit)、模糊规则浏览器(Ruleview)和模糊推理输入/输出曲面浏览器(Surfview)。

在 MATLAB 命令窗口中,输入 fuzzy 命令即可启动模糊推理系统的编辑器 FIS Editor,效果如图 11-39 所示。

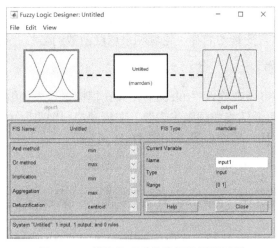

图 11-39　模糊推理系统编辑器图形界面

从图 11-39 可看出，在窗口上半部分以图形框的形式列出了模糊推理系统的基本组成部分，即输入模糊变量（input1）、模糊规则（Mamdani 型或 Sugeno 型）和输出模糊变量（outout1）。用鼠标双击上述图形能够激活隶属度函数编辑器和模糊规则编辑器等相应的编辑窗口。在窗口下半部分的右侧，列出了当前选定的模糊语言变量（Current Variable）的名称、类型及其论域范围。窗口的中部给出了模糊推理系统的名称（FIS Name）及其类型（FIS Type）。窗口下半部分的左侧列出了模糊推理系统的一些基本属性，包括"与"运算（And method）、"或"运算（Or method）、蕴涵运算（Implication）、模糊规则的综合运算（Aggregation）及去模糊化（Defuzzification）等。用户只需用鼠标即可设定相应的属性。

2. 隶属度函数编辑器

在 MATLAB 命令窗口输入"mfedit"或在模糊推理系统编辑器中选择编辑隶属度函数菜单 Edit|Membership Functions，都可激活隶属度函数编辑器。在该编辑器中，提供了对输入/输出语言变量各语言值的隶属度函数类型、参数进行编辑、修改的图形界面工具，其界面如图 11-40 所示。

图 11-40　隶属度函数编辑器

在该图形界面中,窗口上半部分为隶属度函数的图形显示,下半部分为隶属度函数的参数设定界面,包括语言变量的名称、论域和隶属度函数的名称、类型和参数。

3. 模糊规则编辑器

在 MATLAB 命令窗口中输入"ruleedit",或在模糊推理系统编辑器中选择编辑模糊规则菜单 Edit|Rules,都可激活模糊规则编辑器。在模糊规则编辑器中,提供了添加、修改和删除模糊规则的图形界面,其空白界面如图 11-41 所示。

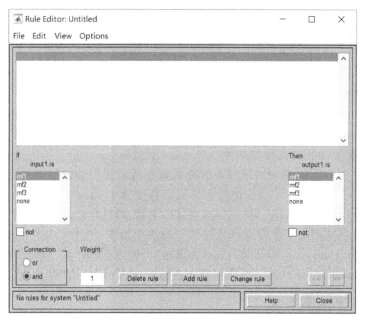

图 11-41　模糊规则编辑器

在模糊规则编辑器中提供了一个文本编辑窗口,用于规则的输入和修改。模糊规则的形式可有三种,即语言型(Verbose)、符号型(Simbolic)及索引型(Indexed)。在窗口的下部有一个下拉列表框,供用户选择某一规则类型。

为了利用规则编辑器建立规则,首先应定义该编辑器使用的所有输入和输出变量(系统自动将在该编辑器中定义的输入/输出变量显示在窗口的左下部),然后在窗口上选择相应的输入/输出变量(是否加否定词 not)和不同输入变量之间的连接关系(or 或 and),以及权值 weight 的值(默认值为 1),最后单击"Add rule"按钮,即可将此规则显示在编辑器的显示区域中。

4. 模糊规则浏览器

在 MATLAB 命令窗口输入"ruleview",或在编辑界面中选择菜单 View|Rules 都可激活模糊规则浏览器。在模糊规则浏览器中,以图形形式描述了模糊推理系统的推理过程,其空白界面如图 11-42 所示。

图 11-42　模糊规则浏览器

5．模糊推理输入/输出曲面浏览器

在 MATLAB 命令窗口中输入"surfview"或在编辑器窗口中选择 View|Surface，即可打开模糊推理输入/输出曲面浏览器。该窗口以图形的形式显示模糊推理系统的输入/输出特性曲面，其空白界面如图 11-43 所示。

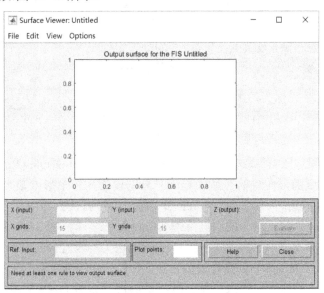

图 11-43　模糊推理输入/输出曲面浏览器

6．模糊逻辑的图形用户界面实现

前面已对几种常用的模糊逻辑编辑器进行了介绍，下面通过一个实例来演示其实际应用。

【例 11-4】 利用 MATLAB 模糊逻辑工具箱的图形用户界面模糊推理系统编辑器，重新求解【例 11-3】中的问题。

其实现步骤如下。

（1）在命令窗口中输入 fuzzy，即可打开模糊推理系统编辑器（FIS Editor）。

（2）在模糊推理系统编辑器窗口中选择 Edit|Add Variable|Input 菜单项，即添加一个输入语言变量，并将两个输入语言变量和一个输出语言变量的名称分别定义为温度、压力和阀增量，如图 11-44 所示。

（3）在编辑器窗口中选择 Edit|Membership Functions 菜单项，打开隶属度函数编辑器，将输入语言变量"温度"的取值范围（Rang）和显示范围（Display Rang）均设置为[0,30]；所包含的两条隶属度函数曲线的类型（Type）均设置为梯形函数（trapmf），其名称（Name）和参数（Params）分别设置为冷、[0 0 10 20]和热、[10 20 30 30]。

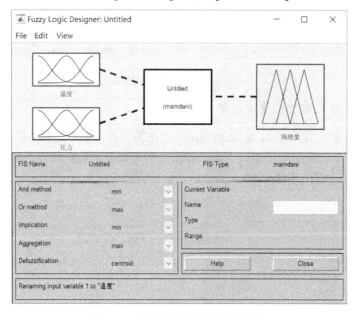

图 11-44 模糊推理系统编辑器窗口

将输入语言变量"压力"取值范围（Rang）和显示范围（Display Rang）均设置为[0,3]；所包含的两条隶属度函数曲线的类型（Type）分别设置为三角形函数（trimf）和梯形函数（trapmf），其名称（Name）和参数（Params）分别设置为正确、[0 1 2]，高、[1 2 3 3]。

将输出语言变量"阀增量"的取值范围（Rang）和显示范围（Display Rang）均设置为[-10 10]；所包含的 3 条隶属度函数曲线的类型（Type）均设置为三角形函数（trimf），其名称（Name）和参数（Params）分别设置为：负、[-10 -5 0]，零、[-5 0 5]，正、[0 5 10]。其中，输出语言变量"阀增量"的隶属度函数编辑器窗口如图 11-45 所示。

（4）在编辑器窗口中选择 Edit|Rules 菜单项，打开模糊规则编辑器（Rules Editor），根据题中给的 3 条模糊控制规则进行设置，所以规则权重 Weight 均取默认值 1，如图 11-46 所示。

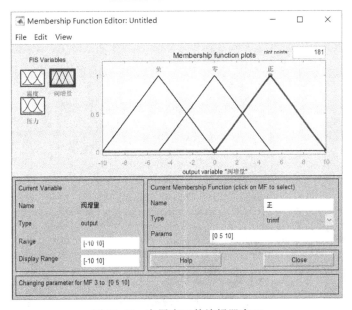

图 11-45 隶属度函数编辑器窗口

图 11-46 模糊规则编辑器窗口

（5）在编辑器窗口中选择 View|Surface 菜单项，可得输入/输出特性曲面，其中该模糊推理系统的输入/输出特性曲线界面如图 11-47 所示。

（6）在编辑器窗口中选择 View|Rules 菜单项，可得该模糊推理系统的模糊规则浏览器，如图 11-48 所示。在图 11-48 所示的模糊规则浏览器窗口左下角的输入窗口（Input）中，分别输入[5,1.5]和[11 2]时，可得对应的模糊推理系统的输出结果分别为：阀增量=2.92 和阀增量=3.16。

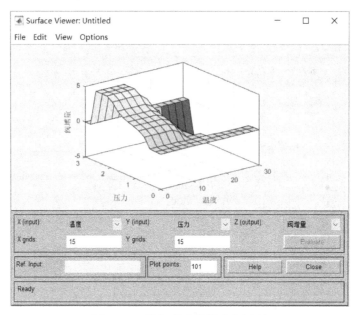

图 11-47 输入/输出特性曲线界面

(7)在编辑器窗口中选择 File|Export|to Workspace 菜单项,将当前的模糊推理系统命名为 fisMat,保存到 MATLAB 工作空间的 fisMat.fis 模糊推理矩阵中。在命令窗口中输入:

```
>> in=[5 1.5;11 2];
>> out=evalfis(in,fisMat)
```

运行程序,输出如下:

```
out =
    2.9173
    3.1642
```

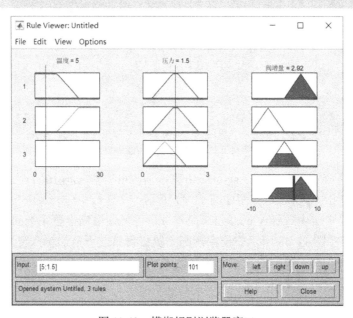

图 11-48 模糊规则浏览器窗口

11.5.5 模糊逻辑系统模块

MATLAB 的模糊逻辑工具箱提供了与 Simulink 的无缝连接功能。在模糊逻辑工具箱中建立了模糊推理系统后，可以立即在 Simulink 仿真环境中对其进行仿真分析。在 Simulink 中有相应的模糊逻辑控制器模块图（Fuzzy Logic Block），将该模块图拖放到用户建立的 Simulink 仿真模型中，并使模糊逻辑控制模块的模糊推理矩阵名称与用户在 MATLAB 工作空间建立的模糊推理系统名称相同，即可完成将模糊推理系统与 Simulink 的连接。

在 Simulink 模块浏览库中，打开 Fuzzy Logic Toolbox 模块库，效果如图 11-49 所示。

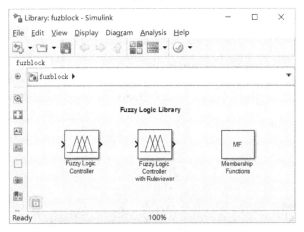

图 11-49　Fuzzy Logic Toolbox 模块库

在 Fuzzy Logic Toolbox 模块库中包含了以下三种模块：
① 模糊逻辑控制器（Fuzzy Logic Controller）。
② 带有规则浏览器的模糊逻辑控制器（Fuzzy Logic Controller with Ruleviewer）。
③ 隶属度函数模块库（Membership Functions）。

双击图 11-49 中的 Membership Functions 模块图标，即可打开如图 11-50 所示的隶属度函数模块库，其包含了多种隶属度函数模块。

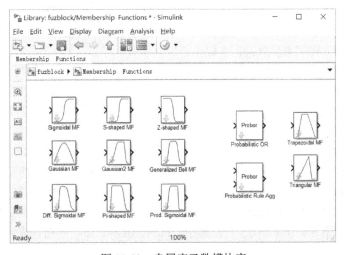

图 11-50　隶属度函数模块库

11.5.6 模糊推理系统的实现

下面以 MATLAB 模糊工具箱自带的一个水位模糊控制系统仿真实例来说明模糊逻辑控制器（Fuzzy Logic Controller）的使用，同时也通过一个实例来演示模糊推理系统在控制系统中的应用。

【例 11-5】水位控制系统的 Simulink 仿真模型如图 11-51 所示。

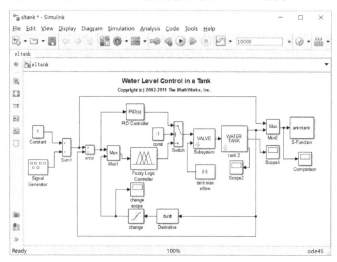

图 11-51　水位控制系统的 Simulink 框图

采用如下的简单模糊控制规则：

① IF（水平误差小）THEN（阀门大小不变）。
② IF（水位低）THEN（阀门迅速打开）。
③ IF（水位高）THEN（阀门迅速关闭）。
④ IF（水位误差小且变化率为正）THEN（阀门缓慢关闭）。
⑤ IF（水位误差小且变化率为负）THEN（阀门缓慢打开）。

主要实现步骤：

（1）在命令窗口中输入 sltank，即可打开如图 11-51 所示的模型窗口。

（2）在命令窗口中输入 fuzzy，即可新建一个 FIS Editor Viewer 窗口，选择 File|Import|From Workspace 菜单项，即可载入 tank.fis 模型。

（3）在 FIS Editor 编辑器中选择 Edit|Add input 菜单项，添加一条输入语言变量，并将两个输入语言变量和一个输出语言变量的名称分别定义为：level、rate、value。其中，level 代表水位；rate 代表水位变化率；value 代表阀门。模糊推理系统 tank 编辑器图形界面如图 11-52 所示。

（4）在 FIS Editor 编辑器中选择 Edit|Membership Functions 菜单项，打开隶属度函数编辑器（Membership Functions Editor），将输入语言变量 level 的取值范围（Rang）和显示范围（Display Rang）均设置为[-1,1]，隶属度函数的类型（Type）设置为高斯型函数（gaussmf），而所包含的 3 条曲线名称（Name）和参数（Params）（[宽度 中心点]）分别设置为：high、[0.3 -1]；okay、[0.3 0]；low、[0.3 1]。其中，high、okay、low 分别代表水位高、刚好（误差小）和低。

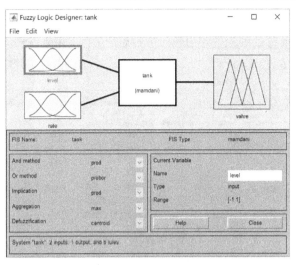

图 11-52　模糊推理系统 tank 编辑器图形界面

将输入语言变量 rate 的取值范围（Rang）和显示范围（Display Rang）均设置为[-0.1,0.1]，隶属度函数的类型（Type）设置为高斯型函数（gaussmf），而所包含的 3 条曲线名称（Name）和参数（Params）（[宽度　中心点]）分别设置为：negative、[0.03 -0.1]；none、[0.03 0]；positive、[0.03 0.1]。其中，negative、none、positive 分别代表水位变化率为负、不变和正。

输出语言 value 的取值范围（Rang）和显示范围（Display Rang）均设置为[-1,1]，隶属度函数的类型（Type）设置为高斯型函数（trimf），而所包含的 3 条曲线名称（Name）和参数（Params）（[a,b,c]）分别设置为：close_fast、[-1 -0.9 -0.8]；close_slow、[-0.6 -0.5 -0.4]；no_change、[-0.1 0 0.1]；open_slow、[0.2 0.3 0.4]；open_fast、[0.8 0.9 1]。其中，close_slow 表示迅速关闭阀门；close_slow 表示缓慢关闭阀门；no_change 表示阀门大小不变；open_slow 表示缓慢打开阀门；open_slow 表示迅速打开阀门。在此参数 a、b 和 c 指定三角形函数的形状，第二位值代表函数的中心点，第一、三位值决定了函数曲线的起始和终止点。输出语言变量 value 的取值范围和隶属度函数的设置如图 11-53 所示。

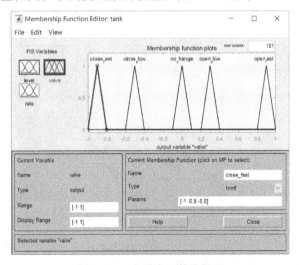

图 11-53　隶属度函数编辑器

（5）在编辑器窗口选择 Edit|Ruels 菜单项，打开模糊规则编辑器，根据题目给定的模糊控制规则进行设置，所有规则权值 Weight 均取默认值 1，如图 11-54 所示。

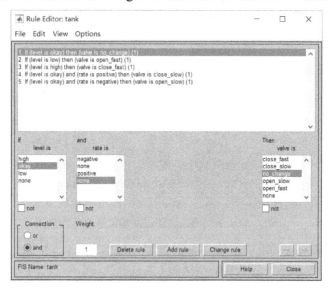

图 11-54　模糊规则编辑器

（6）在编辑器窗口中选择 View|Rules 和 View|Surface 菜单项，可得该模块推理系统的模糊规则浏览器，如图 11-55 所示。系统的输入/输出特性曲面如图 11-56 所示。

在图 11-55 中，显示了当输入语言变量分别为 level=0.5，rate=0.05 时，模糊系统的输出结果为 value=0.345。

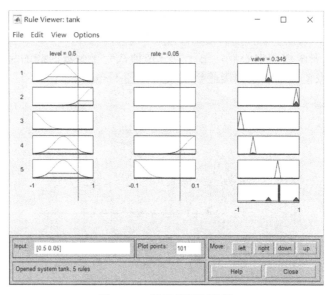

图 11-55　模糊规则浏览器

（7）在编辑器窗口中选择 File|Export to Workspace 菜单项，将当前的模糊推理系统命名为 tank 保存到 MATLAB 工作空间的 tank.fis 模糊推理矩阵中。

(8)在图 11-51 所示的 Simulink 框图中,双击打开 Fuzzy Logic Controller 模糊逻辑控制器参数模块,在 FIS File or Structure 框中输入"tank",如图 11-57 所示。

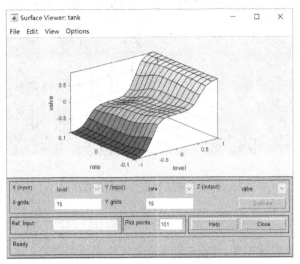

图 11-56　系统的输入/输出特性曲面

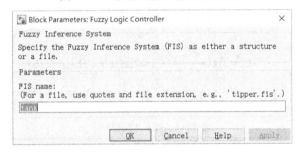

图 11-57　模糊逻辑控制器模块参数

(9)在图 11-51 中,单击"模型仿真参数"快捷按钮,打开如图 11-58 所示的参数仿真设置窗口,设置完参数后,单击"运行仿真"按钮,得到如图 11-59 所示的仿真效果。

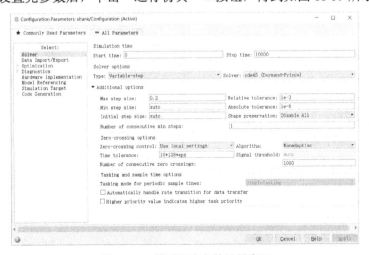

图 11-58　模型仿真参数设置窗口

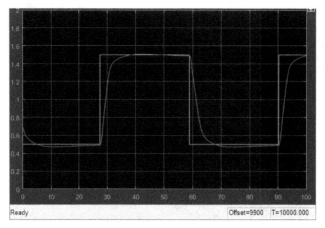

图 11-59　系统输出变化曲线效果图

【例 11-6】假设某一工业过程可等效成二阶系统 $G(s)=\dfrac{20}{8s^2+6s+1}$，设计一个模糊控制器，使其能自动建立模糊规则库，保证系统输出尽快跟随系统输入。采样时间 $T=0.01$；系统输入 $r(t)=1.0$。

解析：当模糊控制器的输入/输出取相同的论域时，模糊控制规则如表 11-1 所示，这种规则可表示为：

$$U=\mathrm{fix}\left(\frac{E+DE}{2}\right)=\mathrm{fix}(\alpha E+(1-\alpha)DE)$$

式中，fix 为取整函数；E 为误差的模糊集；DE 为误差导数的模糊集；α 为常数。

表 11-1　模糊控制规则

U DE/DF	E NB	NS	ZR	PS	PB
NB	PB	PB	PS	PS	ZR
NS	PB	PS	PS	ZR	ZR
ZR	PS	PS	ZR	ZR	NS
PS	PS	ZR	ZR	NS	NS
PB	ZR	ZR	NS	NS	NB

这样表示的模糊控制系统可通过改变 α 值方便地修改如表 11-1 所示的模糊控制规则，从而自动建立系统的模糊规则库。

适当选择 α 后，利用以下 MATLAB 代码实现设计：

```
>> clear all;
%被控系统建模
num=20; den=[8 6 1];
[A,b,c,d]=tf2ss(num,den);
%系统参数
```

```
T=0.01; h=T;
N=500; R=1.0*ones(1,N);
uu=zeros(1,N); yy=zeros(3,N);
ka=1;
for alpha=[0.45 0.75 0.90];
    %定义输入/输出变量及其隶属度函数
    fisMat=newfis('M11_6');
    fisMat=addvar(fisMat,'input','e',[-6,6]);
    fisMat=addvar(fisMat,'input','de',[-6,6]);
    fisMat=addvar(fisMat,'output','u',[-6,6]);
    fisMat=addmf(fisMat,'input',1,'NB','trapmf',[-6 -6 -5 -3]);
    fisMat=addmf(fisMat,'input',1,'NS','trapmf',[-5 -3 -2 0]);
    fisMat=addmf(fisMat,'input',1,'ZR','trimf',[-2 0 2]);
    fisMat=addmf(fisMat,'input',1,'PS','trapmf',[0 2 3 5]);
    fisMat=addmf(fisMat,'input',1,'PB','trapmf',[3 5 6 6]);
    fisMat=addmf(fisMat,'input',2,'NB','trapmf',[-6 -6 -5 -3]);
    fisMat=addmf(fisMat,'input',2,'NS','trapmf',[-5 -3 -2 0]);
    fisMat=addmf(fisMat,'input',2,'ZR','trimf',[-2 0 2]);
    fisMat=addmf(fisMat,'input',2,'PS','trapmf',[0 2 3 5]);
    fisMat=addmf(fisMat,'input',2,'PB','trapmf',[3 5 6 6]);
    fisMat=addmf(fisMat,'output',1,'NB','trapmf',[-6 -6 -5 -3]);
    fisMat=addmf(fisMat,'output',1,'NS','trapmf',[-5 -3 -2 0]);
    fisMat=addmf(fisMat,'output',1,'ZR','trimf',[-2 0 2]);
    fisMat=addmf(fisMat,'output',1,'PS','trapmf',[0 2 3 5]);
    fisMat=addmf(fisMat,'output',1,'PB','trapmf',[3 5 6 6]);
    %模糊规则矩阵
    for i=1:5
        for j=1:5
            rr(i,j)=round(alpha*i+(1-alpha)*j);
        end
    end
    rr=6-rr;
    r1=zeros(prod(size(rr)),3);
    k=1;
    for i=1:size(rr,1)
        for j=1:size(rr,2)
            r1(k,:)=[i,j,rr(i,j)];
            k=k+1;
        end
    end
    [r,s]=size(r1);
    r2=ones(r,2);
    rulelist=[r1 r2];
```

```
        fisMat=addrule(fisMat,rulelist);
        %模糊控制系统仿真
        Ke=30; Kd=0.2;
        Ku=1.0; x=[0;0];
        e=0; de=0;
        for k=1:N
            e1=Ke*e;
            de1=Kd*de;
            %将模糊控制器的输入变量变换到论域
            if e1>=6
                e1=6;
            elseif e1<=-6
                e1=-6;
            end
            if de1>=6;
                de1=6;
            elseif de1<=-6
                de1=-6;
            end
            %计算模糊控制器的输出
            in=[e1 de1];
            uu(1,k)=Ku*evalfis(in,fisMat);
            u=uu(1,k);
            %利用四阶龙格-库塔法计算系统输出
            K1=A*x+b*u;
            K2=A*(x+h*K1/2)+b*u;
            K3=A*(x+h*K2/2)+b*u;
            K4=A*(x+h*K3)+b*u;
            x=x+(K1+2*K2+2*K3+K4)*h/6;
            y=c*x+d*u;
            yy(ka,k)=y;
            %计算误差和误差微分
            e1=e;e=y-R(1,k);
            de=(e-e1)/T;
        end
        ka=ka+1;
end

%绘制结果曲线
kk=[1:N]*T;
plot(kk,yy(1,:),'r:',kk,yy(2,:),'k-.',kk,yy(3,:),'b--',kk,R,'m');
xlabel('时间');ylabel('输出');
legend('alpha=0.45','alpha=0.75','alpha=0.90');
```

grid on;

运行程序,得到系统阶跃响应与 α 的关系曲线,如图 11-60 所示。

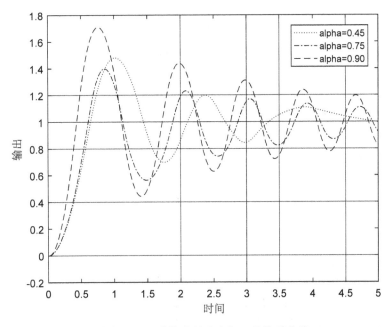

图 11-60　系统阶跃响应与 α 的关系曲线

11.6　遗传算法

遗传算法(Genetic Algorithm)是模拟达尔文生物进化论的自然选择和遗传学机理生物进化过程的计算模型,是一种通过模拟自然进化过程搜索最优解的方法。

11.6.1　遗传算法概述

遗传算法的基本思想是,从一个代表最优化问题解的一组初值开始进行搜索,这组解称为一个种群,种群由一定数量、通过基因编码的个体组成,其中每一个个体称为染色体,不同个体通过染色体的复制、交叉或变异又生成新的个体,依照适者生存的规则,个体也在一代一代进化,通过若干代的进化最终得出条件最优的个体。

早期 MATLAB 版本提供了遗传算法与直接搜索工具箱,后改名为全局优化工具箱,除了遗传算法函数 ga 外,还提供了模拟退火函数 simulannealbnd 和直接搜索函数 patternsearch。

遗传算法也是计算机科学人工智能领域中用于解决最优化的一种搜索启发式算法,是进化算法的一种。这种启发式通常用来生成有用的解决方案来优化和搜索问题。进化算法最初是借鉴了进化生物学中的一些现象而发展起来的,这些现象包括遗传、突变、自然选择及杂交等。遗传算法在适应度函数选择不当的情况下有可能收敛于局部最优,而不能达到全局最优。

遗传算法的基本运算过程如下。

（1）选择 N 个个体构成初始种群 P_0，并求出种群内各个个体的函数值。染色体可以用二进制数组表示，也可以用实数数组表示，种群可以由随机数生成函数建立。其实使用遗传算法求解函数 gaopt，则会自动生成所需的初始种群 P_0。

（2）设置代数为 $i=1$，即设置其为第 1 代。

（3）计算选择函数的值，所谓选择即通过概率的形式从种群中选择若干个体的方式。遗传算法最优化工具箱提供了 4 个选择函数，其中，roulette 实现了轮盘选择算法，normGeomSelect 函数实现了归一化几何选择方法，tournSelect 函数实现了锦标赛形式的选择方式，normGeomSelect 函数为默认选择函数。

（4）染色体个体基因的复制、交叉、变异等创建新的个体，构成新的种群 P_{i+1}，其中，复制、交叉和变异都有相应的 MATLAB 函数，gaopt 函数选择其中默认的方式进行这样的处理，构成新的种群。

（5）$i=i+1$，如果终止条件不满足，则转移到步骤（3）继续进行处理。

遗传算法是解决搜索问题的一种通用算法，对于各种通用问题都可以使用。搜索算法的共同特征为：

① 首先组成一组候选解。
② 依据某些适应性条件测算这些候选解的适应度。
③ 根据适应度保留某些候选解，放弃其他候选解。
④ 对保留的候选解进行某些操作，生成新的候选解。

在遗传算法中，上述几个特征以一种特殊的方式组合在一起：基于染色体群的并行搜索，带有猜测性质的选择操作、交换操作和突变操作。这种特殊的组合方式将遗传算法与其他搜索算法区别开来。

遗传算法还具有以下几方面的特点：

（1）遗传算法从问题解的串集开始搜索，而不是从单个解开始。这是遗传算法与传统优化算法的极大区别。传统优化算法是从单个初始值迭代求最优解的，容易误入局部最优解。遗传算法从串集开始搜索，覆盖面广，利于全局择优。

（2）遗传算法同时处理群体中的多个个体，即对搜索空间中的多个解进行评估，减小了陷入局部最优解的风险，同时算法本身易于实现并行化。

（3）遗传算法基本上不用搜索空间的知识或其他辅助信息，而仅用适应度函数值来评估个体，在此基础上进行遗传操作。适应度函数不仅不受连续可微的约束，而且其定义域可以任意设定。这一特点使得遗传算法的应用范围大大扩展。

（4）遗传算法不是采用确定性规则，而是采用概率的变迁规则来指导其搜索方向。

（5）具有自组织、自适应和自学习性。遗传算法利用进化过程获得的信息自行组织搜索时，适应度大的个体具有较高的生存概率，并获得更适应环境的基因结构。

（6）此外，算法本身也可以采用动态自适应技术，在进化过程中自动调整算法控制参数和编码精度，如使用模糊自适应法。

11.6.2 遗传算法的实现

MATLAB 全局优化工具箱中的 ga 函数可以直接求解基于遗传算法的无约束最优化问

题和带有各种约束条件的最优化问题，用于求最小化问题。函数的调用格式为：

[x,f,flag,out]=ga(fun,n,opts)
[x,f,flag,out]=ga(fun,n,A,B,Aeq,Beq,xm,xM,nfun,opts)

其中，参数 fun 为描述目标函数的 MATLAB 函数，优化变量个数 n 为必须提供的变量，opts 为遗传算法控制选项，可以调用 gaoptimset 函数设置各种选项。例如，用其 Generations 属性可以设定最大允许的代数，用 InitialPopulation 属性可以设置初始种群，用 PopulationsSize 属性可以给定种群的规模，用 SelectionFcn 属性可以定义选择函数等。返回参数 x 为搜索的结果，如果返回 flag 大于 0，则表示求解成功，否则求解出现问题。

调用 ga 函数求解有最优化问题时，应采用 gaoptimset 函数修改变异函数属性，并可以考虑使得增大初始种群的大小，如设置成 100。

opts=gaoptimset('MutationFcn',@mutationadaptfeasible,'PopulationSize',100);

【例 11-7】对以下约束不等式问题利用遗传寻优法进行求解。

$$\begin{bmatrix} 1 & 1 \\ -1 & 2 \\ 2 & 1 \end{bmatrix} \begin{bmatrix} x_1 \\ x_2 \end{bmatrix} = \begin{bmatrix} 2 \\ 2 \\ 3 \end{bmatrix}$$

$$x_1, x_2 \geq 0$$

调用 ga 函数求解优化问题，代码为：

```
>> clear all;
A = [1 1; -1 2; 2 1];
b = [2; 2; 3];
lb = zeros(2,1);
[x,fval,exitflag,output] = ga(@lincontest6,2,A,b,[],[],lb)
```

运行程序，输出如下：

```
x =            %最优解
    0.6670    1.3340
fval =
   -8.2258
exitflag =
     1
output =
       problemtype: 'linearconstraints'
          rngstate: [1x1 struct]
       generations: 167
         funccount: 8400
           message: 'Optimization terminated: average change in the fitness value less than options.FunctionTolerance.'
      maxconstraint: 1.0000e-03
```

【例 11-8】考虑下面的线性规划问题：

$$\min \quad x_1 + 2x_2 + 3x_3$$

$$\text{s.t.} \begin{cases} -2x_1 + x_2 + x_3 \leqslant 9 \\ -x_1 + x_2 \geqslant -4 \\ 4x_1 - 2x_2 - 3x_3 = -6 \\ x_1, x_2 \leqslant 0, x_3 \geqslant 0 \end{cases}$$

该函数用线性规划函数求解的代码为：

```
>> clear all;
f=[1 2 3];
A=[-2 1 1;1 -1 0];
B=[9 4]';
Aeq=[4 -2 -3];
Beq=-6;
x=linprog(f,A,B,Aeq,Beq,[-inf;-inf;0],[0;0;inf])
```

运行程序，输出如下：

```
Optimization terminated.
x =
   -7.0000
  -11.0000
    0.0000
```

即 $x_1=-7$，$x_2=-11$，$x_3=0$。

用搜索函数 patternsearch 求解的代码为：

```
>> f=@(x)[1 2 3]*x(:);
A=[-2 1 1;1 -1 0];
B=[9 4]';
Aeq=[4 -2 -3];
Beq=-6;
xm=[-inf;-inf;0];
xM=[0;0;inf];
x0=[0 0 0]';
x=patternsearch(f,x0,A,B,Aeq,Beq,xm,xM)
```

运行程序，输出如下：

```
Optimization terminated: mesh size less than options.MeshTolerance.
x =
   -6.9991
  -10.9981
    0.0000
```

而使用 ga 可以直接求解有约束最优化问题，但处理等式约束的能力不佳，试用 ga 求解，代码为：

```
>> x=ga(f,3,A,B,Aeq,Beq,xm,xM)
```

运行程序，输出如下：

```
Optimization terminated: maximum number of generations exceeded.
```

```
x =
    -6.7888   -10.6843    0.0710
```

从最优化问题求解的方法看，最优化工具箱中的函数一次只能搜索到一个解，对非凸性问题来说往往可能找到一个局部最优值，而用遗传算法则可以同时从一组初值点出发，有可能找到更好的局部最优值甚至全局最优值，但其求取最优值算法的精度和速度均不是很理想。在实际求解问题中，可以考虑采用这样的策略，先用遗传算法初步定出全局最优值所在的大概位置，然后以该位置为初值，调用最优化工具箱中的函数快速、准确地求出该最优解。

参 考 文 献

[1] 宋叶志. MATLAB 数值分析与应用（第 2 版）. 北京：机械工业出版社，2014.
[2] 李国勇，杨丽娟. 神经.模糊.预测控制及其 MATLAB 实现（第 3 版）. 北京：电子工业出版社，2013.
[3] 王正林，王胜开，陈国顺. MATLAB/Simulink 与控制系统仿真.北京：电子工业出版社，2005.
[4] 赵广元. MATLAB 与被控系统为线仿真实践（第 3 版）. 北京：北京航空航天大学出版社，2016.
[5] 唐穗欣. MATLAB 控制系统仿真教程. 武汉：华中科技大学出版社，2016.
[6] 张德丰. MATLAB 控制系统设计与仿真[M]. 北京：清华大学出版社，2014.
[7] 王正林，王胜开，陈国顺，王祺. MATLAB/Simulink 与控制系统仿真（第 3 版）. 北京：电子工业出版社，2011.
[8] 杨莉. MATLAB 语言与控制系统仿真[M]. 黑龙江：哈尔滨工程大学出版社，2013.
[9] 夏玮，李朝晖，常春藤. MATLAB 控制系统仿真与实例详解. 北京：人民邮电出版社，2008.
[10] 王海英，袁丽英，吴勃. 控制系统的 MATLAB 仿真与设计. 北京：高等教育出版社，2003.
[11] 宋志安，朱绪力，谷青松. MATLAB/Simulink 与机电控制系统仿真（第 2 版）. 北京：国防工业出版社，2008.
[12] 黎明安，钱利. MATLAB/Simulink 动力学系统建模与仿真. 北京：国防工业出版社，2015.
[13] 黄忠霖，黄京. 控制系统 MATLAB 计算及仿真[M]. 北京：国防工业出版社，2009.
[14] 黄忠霖. 新编控制系统 MATLAB 仿真实训. 北京：机械工业出版社，2013.
[15] 薛定宇. 控制系统计算机辅助设计——MATLAB 语言与应用（第 3 版）. 北京：清华大学出版社，2012.
[16] MATLABR2013a 帮助系统.
[17] http://baike.baidu.com/link?url=hJ2GJP3ku6mU_oqy1b4Tb6IWvdBo0rUpeG5umByi2OPEk_f6aB8A3SG1VgX-yaRNxW-RBQUXxDQ03NIAFthusJKzWKqqvNeGwRAE_ZtgeBbFlCAP3_At6pFs9MVZJiwUxWkLDwfcB3EVwGP4fS1KekjJhP6IqDGMvOLog2kBAUlEw2alwtHdkZf7s_pcZK22.
[18] http://baike.baidu.com/link?url=ooG91bGjvdCo4EtnF9TAQTrEtKImfxEM7dAtZIFhnknNtCuQs2H84yjcPSrkJUg-2A7XKjEb1QCAQWIxFEXRfq.
[19] http://baike.baidu.com/link?url=2c0H3fMfVq-TxJmPHg_EAfyXIXUQzFvCNZWGh_yQcT3FV9R3iDKH9WKIF1YaPct4DUlM6CFuUOVKixVH2MkhGTqceB1qTUDD3fi6qy_X_gN-Fzal88UsRT2PbDpWkV26.
[20] http://wenku.baidu.com/link?url=inCCxSFOxWlcx9PD53Gzkarc2Xojguaq6Ppi_RSaKmqy

VTUFoDva6JG5octoXbEeUS-euiT7YcQwJmiei9KBPXoBDiw8x05LAutgIYcrfnK.

[21] http://wenku.baidu.com/link?url=FWwz-IFBYF8qPv2t1ibqoiW_hh_Xwi4qLcuLkpm6cmdcj7_StJvSfGw9gHrBMmV1DHaG8MzEAR78jxepwtEQ0r9qZxhjJmUJSPErlq-PVuS.

[22] http://blog.sina.com.cn/s/blog_60e856310100eybi.html.

[23] http://baike.baidu.com/link?url=sgq1GOVXPRn8P-aFosP0Fb5uF2CQ7NStbucOmRNDuh_usRuqshzs7JqFrk4acHqxikQDuuIQbyoN6ltHmODAxFPJDvCAIGS60ufT7lNfC0Jv8O8FtXygNeweFfi7iRnZzuBuoJnPicfLBS5Mam5b9ntSU4PRz0XGymaARL19Tma.

[24] http://wenku.baidu.com/view/816e3c136c175f0e7cd137e0.html###.

[25] http://baike.baidu.com/link?url=UCDFsPEb5SikRdE3WOjMZqfygxUfSINBFoI5gXa_XCxDS7wZY-yjLsUAwaNUOduWPOKt2KHwu4qq7G4DO49vWOV_1q5O7-YKW0gD9lLgBHC.

反侵权盗版声明

电子工业出版社依法对本作品享有专有出版权。任何未经权利人书面许可，复制、销售或通过信息网络传播本作品的行为；歪曲、篡改、剽窃本作品的行为，均违反《中华人民共和国著作权法》，其行为人应承担相应的民事责任和行政责任，构成犯罪的，将被依法追究刑事责任。

为了维护市场秩序，保护权利人的合法权益，我社将依法查处和打击侵权盗版的单位和个人。欢迎社会各界人士积极举报侵权盗版行为，本社将奖励举报有功人员，并保证举报人的信息不被泄露。

举报电话：（010）88254396；（010）88258888
传　　真：（010）88254397
E-mail：　dbqq@phei.com.cn
通信地址：北京市万寿路 173 信箱
　　　　　电子工业出版社总编办公室
邮　　编：100036